服装高等教育"十二五"部委级规划教材（高职高专）

服装制作工艺

——实训手册

（第2版）

许 涛　主　编

陈汉东　副主编

U0217007

中国纺织出版社

内 容 提 要

本书是服装高等教育"十二五"部委级规划教材。根据服装专业的教学需要，本书全面系统地介绍了服装缝制工艺基础知识、基础缝纫工艺、衬衫缝制工艺、直筒裙缝制工艺、裤子缝制工艺、夹克缝制工艺、女西装缝制工艺、男西装缝制工艺、大衣缝制工艺、中式服装缝制工艺等内容。为适应服装企业的新要求、新课题，本书引入了服装制板的新理念和新技术，加大了有关服装材料方面知识的介绍和应用。本书的中心内容——缝制工艺，是以类似于企业工艺单的表格形式，直观、系统、全面地展示服装缝制工艺过程。

本书既可作为大专院校服装专业的教材，也可作为服装爱好者的参考用书。

图书在版编目（CIP）数据

服装制作工艺：实训手册 / 许涛主编 . —2 版 . —北京：中国纺织出版社，2013.4（2022.5重印）

服装高等教育"十二五"部委级规划教材 . 高职高专

ISBN 978-7-5064-9112-9

Ⅰ.①服… Ⅱ.①许… Ⅲ.①服装—生产工艺—高等职业教育—教材 Ⅳ.① TS941.6

中国版本图书馆 CIP 数据核字（2012）第 210078 号

策划编辑：张晓芳　　责任编辑：魏 萌　　特约编辑：李春香
责任校对：梁 颖　　责任设计：何 建　　责任印制：何 建

中国纺织出版社出版发行
地址：北京市朝阳区百子湾东里 A407 号楼　邮政编码：100124
销售电话：010—67004422　传真：010—87155801
http://www.c-textilep.com
中国纺织出版社天猫旗舰店
官方微博 http://weibo.com/2119887771
三河市宏盛印务有限公司印刷　各地新华书店经销
2007 年 10 月第 1 版　2013 年 4 月第 2 版
2022 年 5 月第 15 次印刷
开本：787×1092　1/16　印张：24.25
字数：389 千字　定价：38.00 元

出版者的话

《国家中长期教育改革和发展规划纲要》(简称《纲要》)中提出"要大力发展职业教育"。职业教育要"把提高质量作为重点。以服务为宗旨,以就业为导向,推进教育教学改革。实行工学结合、校企合作、顶岗实习的人才培养模式"。为全面贯彻落实《纲要》,中国纺织服装教育学会协同中国纺织出版社,认真组织制订"十二五"部委级教材规划,组织专家对各院校上报的"十二五"规划教材选题进行认真评选,力求使教材出版与教学改革和课程建设发展相适应,并对项目式教学模式的配套教材进行了探索,充分体现职业技能培养的特点。在教材的编写上重视实践和实训环节内容,使教材内容具有以下三个特点:

(1)围绕一个核心——育人目标。根据教育规律和课程设置特点,从培养学生学习兴趣和提高职业技能入手,教材内容围绕生产实际和教学需要展开,形式上力求突出重点,强调实践。附有课程设置指导,并于章首介绍本章知识点、重点、难点及专业技能,章后附形式多样的思考题等,提高教材的可读性,增加学生学习兴趣和自学能力。

(2)突出一个环节——实践环节。教材出版突出高职教育和应用性学科的特点,注重理论与生产实践的结合,有针对性地设置教材内容,增加实践、实验内容,并通过多媒体等形式,直观反映生产实践的最新成果。

(3)实现一个立体——开发立体化教材体系。充分利用现代教育技术手段,构建数字教育资源平台,开发教学课件、音像制品、素材库、试题库等多种立体化的配套教材,以直观的形式和丰富的表达充分展现教学内容。

教材出版是教育发展中的重要组成部分,为出版高质量的教材,出版社严格甄选作者,组织专家评审,并对出版全过程进行跟踪,及时了解教材编写进度、编写质量,力求做到作者权威、编辑专业、审读严格、精品出版。我们愿与院校一起,共同探讨、完善教材出版,不断推出精品教材,以适应我国职业教育的发展要求。

中国纺织出版社
教材出版中心

第2版前言

本教材自2007年10月第1次印刷发行至今,历经6次重印。在此,代表本书的编者感谢读者的厚爱与支持。众所周知,服装是个时尚性很强的行业,可想,五年来,纺织新材料不断问世,相应的加工技术、设备都在与时俱进的出新,设计、生产及消费者的观念也在不断改变。作为教材,本书在使用过程中发现了一些错误与不足,因此应对其进行相应的修改、调整和增删。概括起来,笔者做了如下几方面的修订。

1. 本书原来的风格仍保持不变。

2. 每章的开篇都增设了课题内容、教学目的与要求、教学方法、课题用时、教学重点、课前准备和课后作业等内容,更利于专业的教与学。

3. 本书大多服装款式的结构制图均采用原型法制图。女装采用新文化原型法,比原用的旧文化原型更科学,板型更好,且与前面所学的结构课程相衔接。

4. 在一些重要章节中增加了工业制板的部分内容。例如西装缝制工艺章节,在制板前要对一些净板进行适当的技术处理,之后要对相关衣片净板进行检验与确认,最后再进行放缝处理。缝合对位标记的设计方面也更为严谨,这样,从细节上更贴近企业实际,学生毕业后能尽快适应企业的技术和生产环境。

5. 新增了女西装缝制工艺一章内容。与传统缝制工艺书相比做了较大改革,如结构制图、净板处理、对位点确定、净板检验与确认、工业制板、缝制程序与方法都引入了新的内容,一则强化了工业化生产服装的意识、知识和能力,二则为男西装的缝制系统打好知识和技术基础。

6. 针对学生材料选配能力的弱项,每章增加了服装材料的选配知识。针对不同用途、不同场合、不同季节,选择不同的面料,使前面所学的材料学知识得以实际应用,把所学的材料理论知识与实践结合起来,巩固了理论知识,在应用中提高了综合能力,逐步树立"缝制工程应材料先行"的正确观念。

7. 在每章后增加了一些思考题。这些思考题不局限于缝制方面,还涉及一些制板、材料方面的问题,使学生通过本课程的学习实践,不仅学会缝制,还把结构、材料与工艺结合了起来,相信会对结构、材料有更进一步的认识。

笔者近几年在教学一线不断实践探索,在结构、制板、材料及缝制方面都有新的提高和感受,观念上也有新的改变。

修订之后,本书内容为十章,包括服装制图与缝制工艺基础知识、服装基础缝纫工艺、衬衫缝制工艺、直筒裙缝制工艺、男裤缝制工艺、男夹克缝制工艺、女西装缝制工艺、男西装缝制工艺、大衣缝制工艺、中式服装缝制工艺等。总体上体现出高职高专教学改革的特点，突出服装结构、制板、材料、工艺等理论知识的衔接与实践能力的培养，力图使学校教学实践与企业生产相靠近。以"必需、够用"为度，以应用生产为目的，加强实用性、实践性。通过实践，一些理论才能得到验证；通过总结，理论知识才能得到升华。

本书主编由太原理工大学许涛担任，同时编写第五章、第六章、第七章，并负责全书的修订审稿和部分结构制图绘制。

由于修订时间仓促，书中难免有不足之处，恳请读者多多指正。我们共同努力，为把我国从服装大国向服装强国转变贡献一些绵薄之力。

编　者
2012年3月

第1版前言

为适应我国社会进步和经济发展以及高等职业教育的教学模式、教学方法不断改革的需要，本书秉承高职高专教材"理论部分讲清楚，够用为度；重在实际操作，操作说明详细、严密、规范；具有一定前瞻性"的原则与定位，主要突出了以下几个特点：

1. 在编写方法上打破了以往教材过于注重"系统性"的倾向，对服装工艺采用"图表式"的编写模式，强调实践性，突出实用技能，内容体系更加合理；

2. 注重服装工业的现实与发展以及岗位需求，结合服装工业生产方式，以培养职业岗位群的综合能力为目标，强化技术与设备的应用，有针对性地培养学生较强的职业技能；

3. 教材内容的设置有利于学习者的自主学习，着力于培养和提高学习者的综合运用能力；

4. 教材内容充分反映新技术、新知识、新工艺和新方法，具有较强的实用性。

参加本教材编写的教师不仅具有丰富的教学经验，而且有着丰富的服装工业生产的实际经验和较强的专业动手示范能力，使得本教材在编写指导思想、编写内容和编写方法上具有新意，并突出高等职业教育的特点，满足高职高专学生的学习和就业的需要。

本书共九章，内容包括服装基础缝制工艺、衬衫缝制工艺、直筒裙缝制工艺、裤子缝制工艺、夹克缝制工艺、西装缝制工艺、大衣缝制工艺、中式服装缝制工艺等。在总体上体现了高职高专教学改革的特点，突出理论知识的应用和实践能力的培养，以"必需、够用"为度，以"应用"为目的，加强实用性。同时，编者结合职业院校的现状和自己多年的教学经验，内容安排深入浅出，语言叙述通俗易懂，便于教师教学和学生自学。

本书由太原理工大学轻纺美院许涛任主编，编写第五、第六章并负责全书的审稿；武汉职业技术学院陈汉东任副主编，编写第七章并负责全书的统稿；河南纺织高等专科学院高亦文、王荷萍编写第一、第二、第三、第四章；浙江纺织服装职业技术学院周俊飞编写第八章；辽东学院吴世刚编写第九章。

由于编者水平有限，书中难免有不足之处，恳请读者提出宝贵意见，以便修改。

编者

2007年6月

教学内容与课时安排

章/课时	课程性质	节	课程内容
第一章/2	专业基础知识		服装制图与缝制工艺基础知识
		一	服装结构制图与缝制符号
		二	服装常用术语
		三	服装排料
		四	相关知识
第二章/50	专业基础技能与训练		基础缝制工艺
		一	机缝工艺
		二	熨烫工艺
		三	基础零部件缝制工艺训练
第三章/48	专业知识、专业技能与训练		衬衫缝制工艺
		一	男衬衫缝制工艺
		二	女衬衫缝制工艺
第四章/24			直筒裙缝制工艺
第五章/48			男裤缝制工艺
		一	男西裤缝制工艺
		二	男式牛仔裤缝制工艺
第六章/24			男夹克缝制工艺
第七章/48			女西装缝制工艺
第八章/56			男西装缝制工艺
第九章/40			大衣缝制工艺
		一	男大衣缝制工艺
		二	女大衣缝制工艺
第十章/56			中式服装缝制工艺
		一	传统特色工艺
		二	装袖旗袍缝制工艺
		三	中式男装缝制工艺
		四	中式女马甲缝制工艺

说明：目前没有全国统一的服装缝制工艺必修内容及相应学时的指导文件，因此，全国各服装院校的教学计划都是各自为政，本书提出的教学内容不具有权威性，只能作为使用本书的服装院校的参考，建议依据各自的实际情况与市场要求来定。

依据笔者多年的教学实践，最好将缝制工艺内容分成几个模块：基础模块，包括第一章、第二章、第四章等内容；衬衫缝制模块，包括第三章内容；裤子缝制模块，包括第五章内容；上装缝制基础模块，包括第六章、第七章等内容；男西装缝制模块，包括第八章内容；大衣缝制模块，包括第九章内容；中式服装缝制模块，包括第十章内容。且建议将结构设计课程与相关缝制工艺课程放在一起教学，使制图与工艺内容实现无缝衔接，教学效果也比较理想。笔者认为这是服装专业教学模式的发展方向，其实这种教学模式是一些发达国家长期采用的，如日本。

目录

第一章　服装制图与缝制工艺基础知识

专业基础知识

课题名称：服装制图与缝制工艺基础知识

课题内容：

1.我国与英、美国家服装结构制图与缝制中使用的符号。

2.我国服装工业在制图与缝制中常用的术语。

3.服装排料方面的知识介绍。

4.关于服装放缝与机针、缝线和线迹密度选配知识简介。

课题用时：2学时

教学目的与要求：使学生熟悉服装结构制图、制板、排料等方面的基础知识，了解制图与缝制中的常用术语。

教学方法：理论讲授与实物样品相结合。

教学重点：

1.我国服装结构制图和缝制中常用的符号。

2.服装排料的相关知识。

服装工艺与服装缝制工艺是两个不同的概念。所谓服装工艺是指服装从排料、划样、裁剪到缝纫、熨烫等整个加工形成的过程。而服装缝制工艺则主要包括缝纫和熨烫这两个成形工艺。

第一节　服装结构制图与缝制符号

服装结构制图不像机械制图那样要求十分精准，但应做到标准和规范。随着我国对外贸易的不断增加，服装企业接触外来纸样的机会越来越多，我国和英、美等国在制图符号方面也有着一定的差异。下面介绍我国国家标准中有关服装制图符号和英、美国家常用制图符号。

一、中国服装结构制图（图1-1）与制图符号（表1-1）

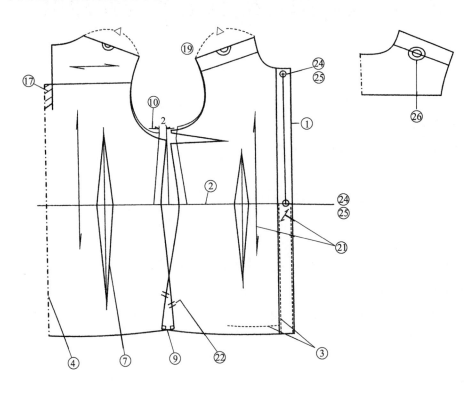

注 图中标号说明见表1-1中同号内容

图1-1 中国服装结构制图符号

表 1-1 中国国家标准服装制图符号

序号	图线名称	图线形式	图线用途
①	粗实线	——————	服装和零部件轮廓线或部位轮廓线
②	细实线	——————	图样结构的基本线、尺寸线、尺寸界线或引出线
③	虚线	— — — — —	背面轮廓影示线、缝纫明线
④	点划线	— · — · —	对称折叠线
⑤	双点划线	— ·· — ·· —	某部分需折转的线，如翻驳领的翻折线
⑥	等分线	⌒⌒⌒⌒	表示某部位平均等分
⑦	省缝		表示省缝部位
⑧	缩缝	﹀﹀﹀﹀﹀	用于布料缝合时收缩

续表

序号	图线名称	图线形式	图线用途
⑨	直角	⌐ ⌐ ⌐	表示相交的两条直线呈直角
⑩	标注线	⊢ ⊢ ⊢ ⊣	表示某部位尺寸
⑪	顺序号	①②③④	表示操作的先后次序
⑫	归拢号		表示需熨烫归缩的部位
⑬	拉链		表示拉链
⑭	花边		表示装有花边的位置
⑮	特殊放缝	△ 2	数字表示所需的缝份量
⑯	斜料	✕	符号对应处用斜料（即相对于直丝缕45°左右的经纱方向）
⑰	单阴裥		裥底位于下方的折裥
⑱	扑裥		裥底位于上方的折裥
⑲	等量号	▲□○……	相同符号表示等长的两线段
⑳	拔开号		表示需熨烫抻开的部位
㉑	经向号	⟵———	表示布料直丝缕方向
㉒	重叠号		两裁片交叉重叠部分及长度相等
㉓	毛向号	———→	绒毛或图案的顺向
㉔	锁眼号	⊖	锁扣眼的位置
㉕	纽扣号	⊕	钉纽扣的位置
㉖	连接（拼接）号		两部分对应相连，裁片时作为一个整体，不分开
㉗	熨斗推移方向	⟵- - - - - -	虚线与箭头表示熨斗前进运行的方向

二、英、美国家常用服装结构制图（图1-2）与制图符号（表1-2）

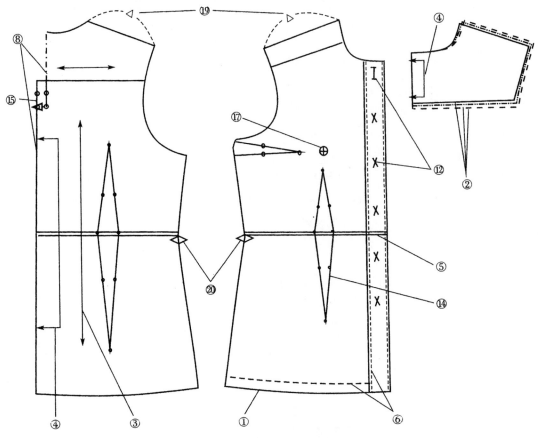

注　图中标号说明见表1-2中同号内容

图1-2　英、美国家常用服装结构制图

表 1-2　英、美国家常用服装结构制图符号

序号	图线名称	图线形式	图线用途
①	轮廓线	———————	服装和零部件轮廓线或部位轮廓线
②	多个规格的裁剪（轮廓）线	—— —— ——	不同规格的服装和零部件轮廓线、部位轮廓线
③	布纹号	◁—————▷	布料的直丝缕方向，即平行于布边放置
④	对折号		对称折叠线
⑤	调整线	═══════	拉长或缩短纸样的位置线
⑥	线迹号	─ ─ ─ ─	缝纫线迹（主要是明线）
⑦	缝份号	—— · ——	缝份量符号
⑧	前中或后中线	—— — —	
⑨	折边和缝份号	——————	
⑩	扣眼号	├──┤　├┤	扣眼的总长

序号	图线名称	图线形式	图线用途
⑪	扣和扣眼号		同时表示扣眼总长位置与钉扣位置的符号
⑫	扣位号		钉扣位置的符号
⑬	按扣号		钉按扣位置的符号
⑭	省道号		表示省的大小与长度的符号，当省道对折时用点或小圆圈表示
⑮	单向褶裥号		单向褶裥
⑯	双向褶裥号		双向褶裥
⑰	BP 点		BP 点位置
⑱	粗实线		腰围线或臀围线符号
⑲	等量号		相同符号表示等长的两线段
⑳	单剪口号		剪口符号，通常前袖窿用单剪口
㉑	双剪口号		剪口符号，通常后袖窿用双剪口
㉒	三剪口号		缝制时两边线剪口位置与数量相同
㉓	拉链号		表示拉链缝制的位置和长度

第二节　服装常用术语

　　本教材中所使用的名词术语，是按照 2008 年中华人民共和国国家质量监督检验检疫总局和中国国家标准化管理委员会颁布的《服装工业常用标准汇编》（第 7 版）中的"GB/T 15557—2008 服装术语"为标准的，并根据近年来服装工业的发展所出现的一些新的技术用语，做部分增补。

一、概念性术语

1. **验色差**　检查原、辅料色泽级差，按色泽级差归类。

2. **查疵点**　检查原、辅料疵点。

3. **查纬斜**　检查原料纬纱斜度。

4. **复米**　复查每匹原、辅料的长度。

5. **划样**　用样板或漏划板按不同规格在原料上划出衣片裁剪线条。

6. **复查划样**　复核表层划样的数量和质量。

7. **排料**　在裁剪过程中，对布料如何使用及用料的多少所进行的有计划的工艺操作。

8. **铺料**　按照排料的要求（如长度、层数等），把布料平铺在裁床上。

9. **钻眼**　亦称为扎眼。用电钻在裁片上做出缝制标记。

10. **打粉印**　用划粉在裁片上做出缝制标记，一般作为暂时标记。

11. **编号**　将裁好的各种衣片按其床序、层序、规格等编印上相应的号码，同一件衣服上的号码应一致。

12. **配零料**　配齐一件衣服的零部件材料。

13. **钉标签**　将有顺序号的标签钉在衣片上。

14. **验片**　检查裁片质量。

15. **换片**　调换不符合质量要求的裁片。

16. **分片**　将裁片分开整理，即按序号配齐或按部件的种类配齐。

17. **段耗**　指坯布经过铺料后断料所产生的损耗。

18. **裁耗**　铺料后坯布在划样开裁中所产生的损耗。

19. **成衣坯布制成率**　制成衣服的坯布重量与投料重量之比。

20. **缝合、合、缉**　均指用缝纫机缝合两层或以上的裁片，俗称缉缝、缉线。为了使用方便，一般将"缝合"、"合"称为暗缝，即在产品正面无线迹，"合"则是缝合的缩略词；"缉"称为明缝，即在成品正面有整齐的线迹。

21. **缝份**　俗称缝头，指两层裁片缝合后被缝住的余份。

22. **缝口**　两层裁片缝合后正面所呈现出的痕迹。

23. **绱**　亦称装，一般指部件安装到主件上的缝合过程，如绱（装）领、绱袖、绱腰头；安装辅件也称为绱或装，如绱拉链、绱松紧带等。

24. **打刀口**　亦称打剪口、打眼刀、剪切口，"打"即剪的意思。例如在绱袖、绱领等工艺中，为了使袖、领与衣片吻合准确，而在规定的裁片边缘剪0.3cm深的小三角缺口作为定位标记。

25. **包缝**　亦称锁边、拷边、码边，指用包缝线迹将裁片毛边包光，使织物纱线不易脱散。

26. **针迹**　指缝针刺穿缝料时，在缝料上形成的针眼。

27. **线迹**　指缝制物上两个相邻针眼之间的缝线形式。

28. **缝型（缝子）**　指缝纫机缝合衣片的不同方法。

29. **缝迹密度**　指在规定单位长度内的线迹数，也称针距密度。一般单位长度为 2cm 或 3cm。

二、缝制操作技术术语

1. **缲袖衩**　将袖衩边与袖口贴边缲牢固定。

2. **烫原料**　熨烫原料褶皱。

3. **刷花**　在裁剪绣花部位上印刷花印。

4. **修片**　按标准样板修剪毛坯裁片。

5. **打线丁**　用白棉纱线在裁片上做出缝制标记，一般用于毛呢服装上的缝制标志。

6. **剪省缝**　将毛呢服装上因缝制后的厚度影响衣服外观的省缝剪开。

7. **环缝**　将毛呢服装剪开的省缝用环形针法绕缝，以防纱线脱散。

8. **缉省缝**　将省缝折合机缉缝合。

9. **烫省缝**　将省缝坐倒熨烫或分开熨烫。

10. **归拔前衣片**　亦称为推门，将平面前衣片推烫成立体形态的衣片。

11. **缉衬**　机缉前衣身衬布。

12. **烫衬**　熨烫缉好的胸衬，使之形成人体胸部形态，与经归拔后的前衣片相吻合。

13. **敷胸**　在前衣片上敷胸衬，使衣片与衬布贴合一致，且衣片布纹处于平衡状态。

14. **纳驳头**　亦称扎驳头，用手工或机扎驳头。

15. **拼接耳朵皮**　将大衣、西服挂面上端形状如耳朵的部分用手工或机缝进行拼接。

16. **包底领**　底领四边包光后机缉。

17. **绱领子**　将领子缝装在领窝处，领子要稍宽松些。

18. **分烫绱领缝**　将绱领缉缝分开，熨烫后修剪。

19. **分烫领串口**　将领串口缉缝分开熨烫。

20. **叠领串口**　将领串口缝与绱领缝扎牢，注意使串口缝保持齐直。

21. **包领里**　将西装、大衣领面外口包转，用三角针与领里绷牢。

22. **归拔偏袖**　偏袖部位归拔熨烫成人体手臂的弯曲形态。

23. **敷止口牵条**　将牵条布敷在止口部位。

24. **敷驳口牵条**　将牵条布敷在驳口部位。

25. **缉袋嵌线**　将袋嵌线料缉在开袋口线两侧。

26. **开袋口**　将已缉袋嵌线的袋口中间部分剪开。

27. **封袋口** 袋口两端机缉倒回针封口，也可用套结机进行封结。

28. **敷挂面** 将挂面敷在前衣片止口部位。

29. **合止口** 将衣片和挂面在门里襟止口处机缉缝合。

30. **修剔止口** 将缉好的止口毛边剪窄、剔薄。一般有双边修与单边修两种方法。

31. **扳止口** 将止口毛边与前身衬布用斜针扳牢。

32. **撬止口** 在翻出的止口上，手工或机扎一道临时固定线。

33. **合背缝** 将背缝机缉缝合。

34. **归拔后衣片** 将平面的后衣片按体形需要归烫成立体衣片。

35. **敷袖窿牵条** 将牵条布缝在后衣片的袖窿部位。

36. **敷背衩牵条** 将牵条布缝在后背衩的边缘部位。

37. **封背衩** 将背衩上端封结。一般有明封与暗封两种方法。

38. **扣烫底边** 将底边折光或折转熨烫。

39. **撬底边** 将底边扣烫后扎一道临时固定线。

40. **倒钩袖窿** 沿袖窿用倒钩针法缝扎，使袖窿牢固。

41. **叠肩缝** 将肩缝份与衬布扎牢。

42. **做垫肩** 用布和棉花或中空纤维等做成衣服垫肩。

43. **装垫肩** 将垫肩装在袖窿肩头部位。

44. **倒钩领窝** 沿领窝用倒钩针法缝扎。

45. **拼领衬** 在领衬拼缝处机缉缝合。

46. **拼领里** 在领里拼缝处机缉缝合。

47. **归拔领里** 将敷衬的领里归拔熨烫成符合人体颈部的形态。

48. **归拔领面** 将领面归拔熨烫成符合人体颈部的形态。

49. **敷领面** 将领面敷上领里，使领面、领里复合一致，领角处的领面要宽松些。

50. **叠袖里缝** 将袖子面、里缉缝对齐扎牢。

51. **收袖山** 抽缩袖山上的松度或缝吃头。

52. **滚袖窿** 用滚条将袖窿毛边包光，增加袖窿的牢度和挺度。

53. **缲领钩** 将底领领钩开口处用手工缲牢。

54. **叠暗门襟** 暗门襟扣眼之间用暗针缝牢。

55. **定眼位** 按衣服长度和造型要求划准扣眼位置。

56. **滚扣眼** 用滚扣眼的布料把扣眼毛边包光。

57. **锁扣眼** 将扣眼毛边用粗丝线锁光。一般有机锁和手工锁眼。

58. **挂面滚边** 将挂面里口毛边用滚条包光，滚边宽度一般为 0.4cm 左右。

59. **做袋爿** 将袋爿毛边扣转，缲上里布做光。

60. **翻小襻** 小襻的面、里布缝合后将正面翻出。

61. **缉袖襻** 将袖襻装在袖口上规定的部位。

62. **倒烫里子缝**　将里布绲缝压倒熨烫。

63. **绷袖窿**　将袖窿里布固定于袖窿上，然后将袖子里布固定于袖窿里布上。

64. **绷底边**　将底边与大身绷牢，有明绷与暗绷两种方法。

65. **领角薄膜定位**　将领角薄膜在领衬上定位。

66. **热缩领面**　将领面进行防缩熨烫。

67. **压领角**　领子翻出后，将领角进行热压定型。

68. **夹翻领**　将翻领夹进底领面、里布内机绲缝合。

69. **镶边**　将镶边料按一定宽度和形状缝合安装在衣片边沿上。

70. **镶嵌线**　将嵌线料镶在衣片上。

71. **绲明线**　机绲或手工绲缝于服装表面的线迹。

72. **绱袖衩条**　将袖衩条装在袖片衩位上。

73. **封袖衩**　在袖衩上端的里侧机绲封牢。

74. **绱拉链**　将拉链装在门里襟或侧缝等部位。

75. **绱松紧带（橡皮筋）**　将松紧带装在袖口底边等部位。

76. **定纽位**　用铅笔或划粉定准纽扣位置。

77. **钉纽**　将纽扣钉在纽位上。

78. **划绗缝线**　防寒服制作时在布料上划出绗棉间隔标记。

79. **绲纽襻**　将纽襻边折光绲缝。

80. **盘花纽**　用绲好的纽襻条按一定花型盘成各式纽扣。

81. **钉纽襻**　将纽襻钉在门里襟纽位上。

82. **打套结**　将衩口用手工或机器打套结。

83. **拔裆**　将平面裤片拔烫成符合人体臀部下肢形态的立体裤片。

84. **翻门襟**　门襟绲好后将正面翻出。

85. **绱门襟**　将门襟安装在裤片门襟上。

86. **绱里襟**　将里襟安装在里襟上。

87. **绱腰头**　将腰头安装在裤片腰口处。

88. **绱串带襻**　将串带襻装缝在腰头上。

89. **绱雨水布**　将雨水布装在裤腰里下口处。

90. **封小裆**　将小裆开口机绲或手工封口，增加前门襟开口的牢度。

91. **钩后裆缝**　在后裆缝弯处用粗线做倒钩针缝，增加后裆缝的穿着牢度。

92. **扣烫裤底**　将裤底外口毛边折转熨烫。

93. **绱大裤底**　将裤底装在后裆十字缝上。

94. **花绷十字缝**　裤裆十字缝分开绷牢。

95. **扣烫贴脚条**　将裤脚口贴条扣转熨烫。

96. **绱贴脚条**　将贴脚条装在裤脚里口边沿。

97. **叠卷脚**　将裤脚翻边分别在侧缝、下裆缝处缝牢。

98. **抽碎褶**　用缝线抽缩成不规则的细褶。

99. **叠顺褶**　缝叠成同一方向的褶裥。

100. **手针工艺**　应用手针缝合衣料的各种工艺形式。

101. **装饰手针工艺**　兼有功能性和艺术性，并以艺术性为主的手针工艺。

102. **吃势**　亦称层势。吃指缝合时使衣片缩短，吃势指缩短的程度。吃势分为两种：一是两衣片原来长度一致，缝合时因操作不当，造成一片长、一片短（即短片有了吃势），这是应避免的缝纫弊病；二是将两片长短略有差异的衣片有意地将长衣片某个部位缩进一定尺寸，从而达到预期的造型效果。例如，圆装袖的袖山有吃势可使袖山顶部丰满圆润。部件面的角端有吃势可使部件面的止口外吐，从正面看不到里料，还可使表面形成自然的窝势，不反翘，如袋盖两端圆角、领面领角等处。

103. **里外匀**　亦称里外容，指由于部件或部位的外层松、里层紧而形成的窝服形态。其缝制加工的过程称为里外匀工艺，如钩缝袋盖、驳头、领子等，都需要采用里外匀工艺。

104. **修剪止口**　指将缝合后的止口缝份剪窄，有修双边和修单边两种方法。其中修单边亦可称为修阶梯状，即两缝份宽窄不一致，一般宽的为 0.7cm、窄的为 0.4cm，质地疏松的面料可再增加 0.2cm 左右。

105. **回势**　指被拔开部位的边缘处呈现荷叶边形状，亦称还势。

106. **归**　归是归拢之意，指将长度缩短的工艺，一般有归缝和归烫两种方法。裁片被烫的部位，靠近边缘处出现弧形绺，被称为余势。

107. **拔**　拔是拔长、拔开之意，指使平面拉长或拉宽。例如，后背肩胛处的拔长、裤子的拔裆、臀部的拔宽等，都可以采用拔烫的方法。

108. **推**　推是归或拔的继续，指将裁片归的余势、拔的回势推向人体相对应凸起或凹进的位置。

109. **起壳**　指面料与衬料不贴合，即里外层不相融。

110. **封结**　亦称套结，指在袋口或各种开衩、开口处用回针的方法进行加固，有平缝机封结、手工封结及专用机封结等。

111. **极光**　熨烫时裁片或成衣下面的垫布太硬或无垫布盖烫而产生的亮光。

112. **止口反吐**　指将两层裁片缝合并翻出后，里层止口超出面层止口。

113. **起吊**　指使衣缝皱缩、上提，或成品上衣面、里不符，里子偏短引起的衣面上吊、不平服。

114. **胖势**　亦称凸势，指服装应凸出的部位胖出，使之圆顺、饱满。例如，上衣的胸部、裤子的臀部等，都需要有适当的胖势。

115. **胁势**　亦称吸势、凹势，指服装应凹进的部位吸进。例如，西服上衣腰围处、裤子后裆以下的大腿根部位等，都需要有适当的胁势。

116. **翘势** 主要指小肩宽外端略向上翘。

117. **窝势** 多指部件或部位由于采用里外匀工艺，呈现正面略凸、反面凹进的形态。与之相反的形态称反翘，是缝制工艺中的弊病。

118. **耳朵皮** 指西服或大衣的挂面上部有像耳朵形状的结构，可有圆弧形和方角形两类。方角耳朵皮须与衣里拼缝后再与挂面拼缝；圆弧耳朵皮则与挂面连裁，滚边后搭缝在衣里上。西服上衣里袋开在耳朵皮上。

119. **水花印** 指盖水布熨烫不匀或喷水不匀，出现水渍。

120. **塑形** 指将裁片加工成所需要的形态。

121. **定型** 指使裁片或成衣形态具有一定的稳定性的工艺过程。

122. **眼皮** 亦称掩皮，指衣片里子边缘缝合后，止口能被掀起的部分。例如，带夹里的衣服下摆、袖口等处都应留眼皮，但在衣面缝接部位出现眼皮则是弊病。

123. **起烫** 指消除极光的一种熨烫技法。需在有极光处盖水布，用高温熨斗快速轻轻熨烫，趁水分未干时揭去水布自然晾干。

三、结构制图术语

1. **省道** 或简称省，在衣片的缝合处，呈三角形折叠并缉合起来，以使衣片具有立体感，满足人体立体曲线的要求。例如，女衬衫和旗袍的胸省，西裤和一步裙的腰省等。

2. **折裥** 根据体型需要把衣片的缝合处折叠起来，下口放开，上口缝合。例如，裤子前片的折裥、男衬衫后片过肩处的折裥等。

3. **起翘** 也称翘势，主要指裤子后腰、上衣底边等与基础线拉开的距离。

4. **困势** 指裤子后片裆缝比前片裆缝倾斜和程度。

5. **窜高** 指制图时上衣后片的上平线比前片的上平线高出的部分。窜高的大小通常与人体背部的厚度有关。

6. **抽褶** 又称收细裥，是缝纫制作中的一种常用工艺。例如在袖山的弧线处均匀地抽褶，以备下一步装袖。抽褶也可作为一种造型装饰手段，如童装和女衬衫的前胸分割线处的抽褶等。

7. **挂面** 也称前门贴边，是装在搭门反面的一层面料。

8. **克夫** 指在袖口或下摆底边处所缝接的双层结构。例如，男衬衫的袖口和夹克的底边处都叫克夫。

9. **止口** 指门襟、领子、腰头等结构的外边沿处。

10. **门襟、里襟** 锁扣眼的部位叫门襟，钉纽扣的部位叫里襟。凡是有搭门的部位都有门襟和里襟的区别。

11. **驳头** 指西装领向外翻折的部分。

上衣衣片常见结构名称如图 1-3 所示。

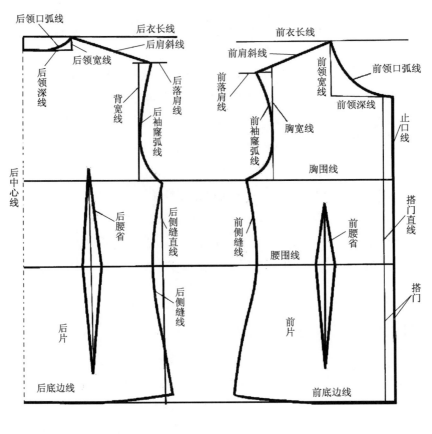

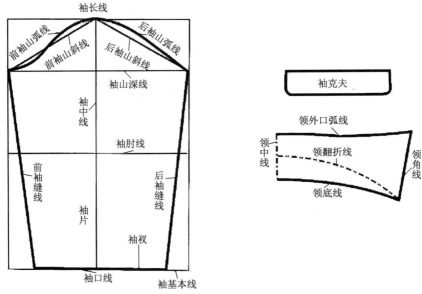

图1-3　衣片结构名称

裤片与裙片常见结构名称如图 1-4、图 1-5 所示。

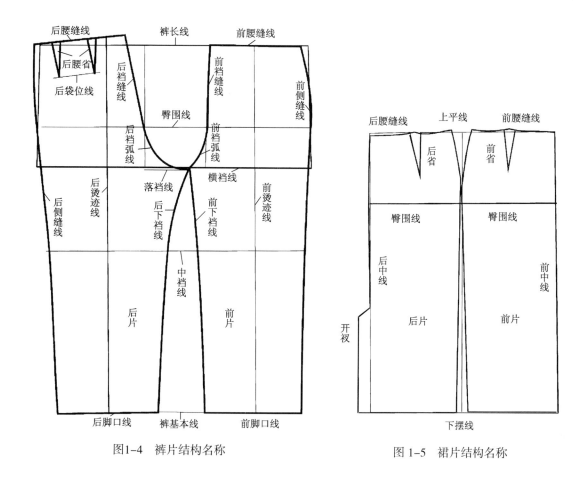

图1-4 裤片结构名称

图1-5 裙片结构名称

第三节 服装排料

一、排料的意义

在裁剪中，对面料如何使用及用料的多少所进行的有计划的工艺操作称为排料。不进行排料就不知道用料的准确长度，铺料就无法进行。排料划样不仅为铺料裁剪提供依据，使后序工作能够顺利进行，而且对面料的消耗、裁剪的难易、服装的质量都有直接的影响，是一项技术性很强的操作工艺。

二、排料方法与要求

(一) 排料的方法

排料图的设计有多种方法，一是采取手工划样排料，即用样板在面料上划样套排；二是采用 CAD 计算机服装设计辅助系统绘图排料；三是采用漏花样（用涤纶片制成的排料图）粉刷工艺划样排料。

（二）排料的具体要求

排料实际是一个解决材料如何使用的问题，而材料的使用方法在服装制作中是非常重要的。如果材料使用不当，不仅会给制作加工造成困难，而且会直接影响服装的质量和效果，难以达到产品的设计要求。因此，排料前必须对产品的设计要求和制作工艺了解清楚，对使用材料的性能、特点等有所认识。排料中必须根据设计要求和制作工艺决定每片样板的排列位置，即是决定材料的使用方法。

排料的具体要求如下：

1. **面料的正反面与衣片的对称**　大多服装面料是分正反面的，而服装设计与制作的要求一般都是使面料的正面作为服装的表面。同时，服装上许多衣片具有对称性，如上衣的衣袖、裤子的前片和后片等，都是左右对称的两片。因此，排料时必须注意既要保证裁片正反一致，又要保证裁片的对称，避免出现"一顺"现象。

2. **排料的方向性**　服装面料是具有方向性的，主要表现在以下三个方面：

（1）面料有经向（直纱）与纬向（横纱）之分。在服装制作中，面料的经向与纬向表现出不同的性能。例如，经向挺拔垂直，不易伸长变形；纬向有较大伸缩性，富有弹性，易弯曲延伸，围成圆势时自然、丰满。因此，不同衣片在用料上有经向、纬向与斜向之分。排料时，应根据服装制作的要求，注意用料的纱线方向。一般情况下，排料时样板的方向不可任意放置。为便于排料时确定纱向，样板上一般都画出经纱的方向（裁片的丝缕方向），排料中使其与面料的经纱方向一致。

一般，服装的长度部分如衣长、裤长、袖长等，零部件如门襟、腰面、嵌线等，为防止拉宽变形均采用经纱向。

纬向多用在大身丝缕相一致的部件，如呢料服装的领面、袋盖和边料等。

而斜料一般用于伸缩比较大的部位，如滚条、呢上装的领里、化纤服装的领面、领里，另外，还可用在增加美观的部位，如条格料的过肩、育克、门襟等。在排料时，不仅要明确样板规定的丝缕方向，还应根据产品要求明确是否允许偏斜及允许偏斜的程度。

（2）面料表面具有绒毛，且绒毛具有方向性，如灯芯绒、丝绒、人造毛皮等。在用倒顺毛面料进行排料时，首先要弄清楚倒顺毛的方向，绒毛的长度和倒顺向的程度等，然后才能确定划样方向。例如，灯芯绒面料的绒毛很短，为了使产品毛色和顺，采用倒毛制作（逆毛面上）。又如兔毛呢和人造毛皮类绒毛较长的面料，不宜采用倒毛制作，而应采用顺毛制作。

为了节约面料，对于绒毛较短的面料，可采用一件倒、一件顺的两件套排划样方法，但是同一件产品的各部件，无论其绒毛的长短和倒顺向的程度如何，都不能有倒有顺，而应该一致。领面的倒顺毛方向，应以成品领面翻下后保持与后身绒毛同一方向为准。

（3）有些面料表面的花纹图案具有方向性，如倒顺花、阴阳格、团花等。对于此类花型的面料，需根据花型特点及设计要求进行划样。

倒顺花是指有方向性花型的图案,如人像、山、水、桥、亭等不可倒置的图案。此类花型划样需保持图案与人体高度方向一致,顺向排料,不能一片倒、一片顺,更不能全部倒置排料。

3. **对条、对格面料的排料** 国家服装质量检验标准中关于对条对格有明确的规定,凡是面料有明显条格的,且格的宽度在1cm以上者,要条料对条、格料对格。高档服装对条、对格有更严格的要求。

(1)上衣对格的部位:在进行上衣对格排料时,左右两片门里襟、前后身侧缝、袖与大身、后身拼缝、左右领角和衬衫的左右袖口等的条格都要对称。后领面与后身中缝条格要对准,驳领产品的挂面两片要对称,大小袖片横格对准,同件袖子左右要对称。大小袋与大身对格,左右袋对称,左右袋嵌线条子对称。

(2)裤子对格的部位:裤子对格的部位有侧缝、下裆(中裆以上)、前后裆缝;左右腰面条格要对称;两后袋、两前斜插袋与大身对格,且左右对称。

对条、对格的方法有两种:

①在划样时,将需要对条、对格的部位条格画准。在铺料时,一定要采取对格铺料的方法。

②将对条、对格的其中一片画准,将另一片采取放格的方法,开刀时裁下毛坯,然后校准条、格,再裁剪。一般,较高档服装的排料使用这种方法。

(3)对条、对格注意事项:

①划样时,尽可能将需要对格的部件画在同一纬度上,可以避免面料纬斜和格子稀密不匀而影响对格。

②上下不对称的面料,同一件产品要保证一个方向排料,不能颠倒。

4. **对花面料的排料** 对花是指面料上的花型图案经过加工成为服装后,其明显的主要部位组合处的花型仍要保持完整。对花的花型一般都属于丝织品上较大的团花,如龙、凤、福、禄、寿等不可分割的花型。对花产品是中式丝绸服装的特色。对花的部位为两片前身、袋与大身、袖与前身等。

(1)对花产品排料注意事项:

①计算好花型的组合。例如,前身两片在门襟处要对花,划样时要画准,左、右片重合时,花型应完整。

②仔细检查面料的花型间隔距离是否规则。如果花型间隔距离大小不一,划样图就要分开画,以免由于花型距离不一而引起对花错位。

③无肩缝中式丝绸服装的对花。有的产品门襟、袖中缝、领与后身、后身中缝、袋与大身、领角两端等部位都需要对团花,也有的产品的袖中缝、领与后身部位不一定要求对团花,其他部位与整肩产品(无肩缝)相同。

(2)对花产品具体要求:

①面料花纹不得裁倒,有文字的以主要文字图案为标准,无文字的以主要花纹的倒顺

为标准。

②面料花纹中有倒有顺或花纹中全部无明显倒顺者（如梅、兰、竹、菊等），允许两件套排一倒一顺裁（但同一件不可有倒有顺）。另外，以下几种具体情况也不宜一倒一顺裁：

- 花纹有方向性且全部一顺倒的。
- 花纹中虽有顺有倒，但其中文字或图案（如瓶、壶、鼎、鸟、兽、桥、亭等）向一顺倒的。
- 花纹中大部分无明显倒顺，但某一主体花型不可倒置的均不可倒裁。
- 前身左、右两片在胸部位置的排花要对准。
- 两袖要对排花、团花，袖子和前身要对排花、团花。排花的色、花都要对，散花袖子和前身不对花。
- 中式大襟和小襟（包括琵琶襟）不对排花。
- 男式晨衣贴袋遇团花要对团花，中式贴袋一般不对团花。
- 团花和散花的排花，只对横排，不对竖排。
- 对花以上部为主，排花高低允许误差 2cm，团花拼接允许误差 0.5cm。
- 有背缝、无肩缝款式的团花和排花只对前身，不对后身。

5. **节约用料** 在保证设计和制作工艺要求的前提下，尽量减少面料的用量是排料时应遵循的重要原则。

服装的成本，很大程度上在于面料的用量多少，而决定面料用量多少的关键是排料方法。同样一套样板，由于排放的形式不同，所占的面积大小就会不同，也就是用料多少不同。排料的目的之一，就是要找出一种用料最省的样板排放形式。如何通过排料达到这一目的，很大程度上要靠经验和技巧。根据经验，以下一些方法对提高面料的利用率、节约用料是行之有效的。

（1）先主后次：排料时，先将主要部件较大的样板排好，然后再将零部件较小的样板放在大片样板的间隙中及剩余部分进行排列。

（2）紧密套排：样板形状各不相同，其边线有直的，有斜的，有弯的，有凹凸的，等等。排料时应根据它们的形状采取直对直、斜对斜、凸对凹、弯与弯相顺，这样可以尽量减少样板之间的空隙，充分提高面料的利用率。

（3）缺口合拼：有的样板具有凹状缺口，但有时缺口内又不能插入其他部件。此时可将两片样板的缺口拼在一起，使两片之间的空隙加大。空隙加大后便可以排放其他小片样板。

（4）大小搭配：当同一裁床上要排多件服装时，应将大小不同规格的样板相互搭配，统一排放，使样板不同规格之间可以取长补短，实现合理用料。

（5）拼接合理：排料过程中的零部件拼接，是正常现象。产生拼接的原因也是多样的，有的是号型大，有的是面料幅宽较小，从而导致某些裁片不得不拼接。但不能随便拼接，否则会影响服装的外形美观，因此，应在《中华人民共和国国家标准》（简称《国标》）所允许的范围内进行合理拼接。

要做到充分节约面料，排料时就必须根据上述规律反复进行试排，不断改进，最终选出最合理的排料方案。

第四节　相关知识

一、缝针、缝线和针距密度的选配

在缝制过程中必不可少的重要工具就是缝针，而缝针又分手缝针与缝纫机针。手缝针按长短粗细有 15 个号型。缝纫机针的号型为 9~18。缝纫时，缝纫机针一般可根据缝料的厚薄软硬及质地，按表 1-3 选择适当的机针和缝线；手缝针可根据加工工艺的需要和缝制材料的不同，选用不同号型的针，见表 1-4。

表 1-3　缝纫机针与缝线关系表

针号	缝线号 /tex	适合缝料
9	12.5~10(80~100 公支)	薄纱布、薄绸、细麻纱等轻薄面料
11	16.67~12.5(60~80 公支)	薄化纤、薄棉布、绸缎、府绸等薄面料
14	20~16.67(50~60 公支)	粗布、卡其、薄呢等中厚面料
16	33.67~20(30~50 公支)	粗厚棉布、薄绒布、灯芯绒等较厚面料
18	50~25(20~40 公支)	厚绒布、薄帆布、大衣呢等厚重面料

表 1-4　手缝针与缝纫项目配合表

号型	长度 /mm	粗细 /mm	用途
4	33.5	0.8	钉纽
5	32	0.8	锁、钉
6	30.5	0.71	锁、攘、滴
7	29	0.61	攘、滴
8	27	0.61	缲、绷
9	25	0.56	缲、绷
长 9	33	0.56	通针

针距密度除和缝针类型、缝针大小、缝料、缝线、缝纫项目有关系外还与服装款式有关系，见表 1-5、表 1-6。

表 1-5　男、女西服针距密度表

项目		针距密度	备注
明线		3cm 不少于 14~17 针	包括暗线
三线包缝		3cm 不少于 9 针	—
手缝针		3cm 不少于 7 针	肩缝、袖窿、领子不低于 9 针
手拱止口		3cm 不少于 5 针	—
三角针		3cm 不少于 5 针	以单面计算
锁眼	细线	1cm 12~14 针	机锁眼
	粗线	1cm 不少于 9 针	手工锁眼
钉扣	细线	每孔 8 根线	缠脚线高度与止口厚度相适应
	粗线	每孔 4 根线	—

表 1-6　连衣裙针距密度表

项目	针距密度
明线、暗线	3cm 不少于 12 针
包缝线	3cm 不少于 12 针
机锁眼	1cm 11~15 针
机钉扣	每孔不少于 6 根线
手工钉扣	双线两上两下绕三绕
手工缲针	3cm 不少于 4 针

二、缝份与折边

缝份又称为缝头或做缝，是指缝合衣片所需的必要宽度。折边是指服装边缘部位如门襟、底边、袖口、裤口等的翻折量。由于结构制图中的线条大多是净缝，所以只有将结构制图加放一定的缝份或折边之后才能满足工艺要求。缝份及折边加放量需考虑下列因素。

（一）根据缝型加放缝份

缝型是指一定数量的衣片和线迹在缝制过程中的配置形式。缝型不同对缝份的要求也不相同。缝份加放量见表 1-7。

表 1-7　缝份加放量

缝型	参考放量 /cm	说明
分缝	1	也称劈缝，即将两边缝份分开烫平
倒缝	1	也称坐倒缝，即将两边缝份向一边扣倒
明线倒缝	缝份大于明线宽度 0.2~0.5	在倒缝上缉单明线或双明线
包缝	后片 0.7~0.85，前片 1.5~1.85	也称裹缝，分暗包缲或明包暗缲
弧缝	0.6~0.8	相缝合的一边或两边为弧线
搭缝	0.8~1	一边搭在另一边上的缝合

（二）根据面料加放缝份

样板的缝份与面料的质地性能有关。面料的质地有厚有薄、有松有紧，而质地疏松的面料在裁剪和缝纫时容易脱散，因此在放缝时应在常规放量基础上略多放些，质地紧密的面料则可按常规处理。

（三）根据工艺要求加放缝份

样板缝份的加放需根据不同的工艺要求灵活掌握。有些特殊部位即使是同一条缝边其缝份也不相同。例如，后裤片的后裆缝部位在腰口处放 2~2.5cm，臀围处放 1cm；普通上衣袖窿弧形部位放 0.8~0.9cm 的缝份；装拉链部位应比一般部位缝份稍宽，以便于缝制；上衣的背缝、裙子的后缝应比一般缝份稍宽，一般为 1.5~2cm，以利于该部位的平服。

（四）规则型折边的处理

规则型折边一般与衣片连接在一起称连折边，可以在净线的基础上直接向外加放相应的折边量。由于服装的款式和工艺要求不同，折边量的大小也不相同。凡是直线或接近于直线的折边，加放量可适当放大一些，弧线形折边的宽度要适量减少，以免扣倒折边后出现不平服现象。有关折边加放量见表 1-8。

表 1-8　折边加放量

部位	各类服装折边参考加放量 /cm
底边	男女上衣：毛呢类 4，一般上衣 3~3.5，衬衫 2~2.5，一般大衣 5，内挂毛皮衣 6~7
袖口	一般同底边
裤口	一般 4，高档产品 5，短裤 3
裙边	一般 3，高档产品稍加宽，弧度较大的裙摆折边取 2
口袋	暗挖袋已在制图中确定 明贴袋无盖式 3.5，有盖式 1.5，小盖无袋式 2.5，有盖式 1.5，借缝袋 1.5~2
开衩	又称开气，一般取 1.7~2
开口	装有纽扣、拉链的开口，一般取 1.5

（五）不规则折边的处理

不规则折边是指折边的形状变化幅度比较大，不可能直接在衣片上加放折边，在这种情况下可采用镶折边的工艺方法，即按照衣片的净线形状绘制折边，再与衣片缝合在一起。宽度以能够容纳弧线（或折线）的最大起伏量为原则，一般取 3~5cm。

本章小结

本章共学习了四大内容，服装结构制图与缝制符号、缝制工作中常用术语、服装排料知识及与服装缝制相关专业知识。服装制板、服装缝制中要用到许多线条和符号，它们是行业语言，在专业生产和技术管理以及同行间交流中有不可替代的作用，是服装专业人士必须要掌握和熟悉的知识。服装排料介绍了排料的方法及所用的设备，掌握这些知识对提高面料的利用率，提高裁剪效率和裁片质量，降低生产成本至关重要；与缝制有关的缝针、缝线、针距密度等的选配，与制板相关的衣片放缝及折边的不同处理方法，对提高缝制质量和服装外观效果影响很大，是服装制板不可或缺的知识。学好本章知识，可为学习后续章节知识打好基础。

思考题

1.为什么在服装缝制过程中要重视排料工作？

2.为什么不同缝料、不同部位、不同缝型的服装要确定不同的缝份？

3.为什么在服装制图和缝制中要使用统一的符号？

第二章　基础缝制工艺

专业基础技能与训练

课题名称：基础缝制工艺

课题内容：

1.机缝工艺

2.熨烫工艺

3.基础零部件缝制工艺训练

4.装饰手针工艺

课题用时：

总学时：50学时

学时分配：机缝工艺16学时，零部件工艺 34学时（也可将该部分内容放在相关的缝制章节中）

教学目的与要求：

1.使学生了解机缝缝型的意义与应用，通过训练能够较熟练地操作平缝机。

2.使学生了解熨烫的基本原理及使用熨斗进行各种熨烫的手法。

3.通过缝制实践熟悉常见服装零部件的缝制程序、方法和要求。

4.了解装饰工艺的种类及手法。

教学方法：理论讲授、示范操作、实物样品参考、巡回辅导。

课前准备：

1.工具准备：剪刀、拆线器、小螺丝刀等。

2.材料准备：白棉布3m、无纺衬1m、袋布（涤棉细布）1m、缝纫线、20㎝普通拉链5条等。

教学重点：

1.机缝缝型的意义、种类、方法与应用。

2.熨烫的原理与熨烫手法。

课后作业：

1.按要求完成服装中常用缝型的缝制作业。

2.按要求完成五种服装零部件的缝制作业。

第一节　机缝工艺

服装的成型技术形式发展到今天有缝合、黏合、编织等多种，但主要成型方法仍是缝合。缝合是将服装部件用一定形式的线迹固定后作为特定缝型的组合形式。缝迹和缝型是缝合中两个最基本的要素。选择与面料相配，并符合穿着强度要求的线迹和缝型，又是影响缝合质量至关重要的因素。

一、线迹与缝型

(一) 线迹的国际标准

缝纫机种类很多，同一种缝纫机又可形成多种形式线迹结构来适应不同的服饰用途，所以线迹名称种类繁多。为了使用方便，根据线迹的形成方法和结构上的变化，国际标准化组织（International Organization for Standardization）于 1981 年 10 月拟定了线迹类型国际标准 ISO 4915—1981，将线迹分成各种类别和型号。

各种国际标准的线迹图形，分为以下六大系列 88 种：

100 系列——单线链式线迹，7 种；

200 系列——仿手工线迹，13 种；

300 系列——锁式线迹，27 种；

400 系列——多线链式线迹，17 种；

500 系列——包缝链式线迹，15 种；

600 系列——覆盖链式线迹，9 种。

(二) 缝制服装常用的线迹及性能

在服装生产中常用的线迹，按照我国的习惯，可以分为以下四种类型。

1. **锁式线迹**　锁式线迹亦称梭缝线迹，是由两根缝线在缝料中交叉锁套形成的线迹。面线 1 和梭子底线 a 分别在缝料的正反面呈相同的外形。有的线迹在缝料的正面不露缝线，形成各种锁式缲边线迹 (表 2-1)。

表 2-1　常见锁式线迹代号、构成示意图及其性能

线迹系列	线迹代号	线迹性能	线迹构成示意图	线迹用途	线迹适用设备
300系列锁式线迹	301	直线型锁式线迹，从其结构上可以看出，该线迹用线量较少，结构简单，上下同形，坚固不易脱散，易拉断，底线容量少，线迹的拉伸性较差	301	广泛应用于缝合机织物服装，如缝合衣片、裤片、缝制口袋、衣领、门襟、钉商标、滚带等	平缝机（平车）

续表

线迹系列	线迹代号	线迹性能	线迹构成示意图	线迹用途	线迹适用设备
300系列锁式线迹	304	也称两点人字线迹，为曲折型锁式线迹，按照一个曲折中的针迹点数目命名。缝线用量相对较多，其拉伸性较301号线迹明显提高，同时还具有美观的外形	304	缝制有弹性要求的针织服装或作装饰衣边之用	打结机和部分锁眼机
	308	又称三点人字线迹。缝线用量相对较多，其拉伸性较304号线迹明显提高，同时还具有美观的外形	308	缝制有弹性要求的针织服装或作装饰衣边之用	打结机和部分锁眼机
	320	也称装饰绷边线迹，具有一定的拉伸性，而且在缝料正面不露明线	320	专门用于衣边、袖口边、裤口边的绷边，是针织外衣生产中常用线迹结构	绷边机

2. 链式线迹　链式线迹是由一根或两根以上缝线串套联结而成。链式线迹用线量较多，拉伸性较好（表2-2）。

表2-2　常见链式线迹代号、构成示意图及其性能

线迹系列	线迹代号	线迹性能	线迹构成示意图	线迹用途	线迹适用设备
100系列单线链式线迹	101	拉伸性能一般，缝线断裂时会发生连锁脱散	101	一般用于缝制面粉袋、水泥袋等，在缝制针织服装时与其他线迹结合使用，如缝制厚绒衣时必领用绷缝线迹加固，也可用于绷边和钉扣	单线绷边机，工厂中俗称24KS小龙头

续表

线迹系列	线迹代号	线迹性能	线迹构成示意图	线迹用途	线迹适用设备
400系列多线链式线迹	401	该线迹呈直线型，由于其正面线迹形态与锁式线迹相同，弹性和强力优于锁式线迹，同时又不容易脱散，有一定的耐磨性	401	适用于针织服装缝制，在机织面料服装中也被广泛应用，如西裤裆缝、衬衫袖缝、侧缝等	双针链缝机
	404	亦称双线链式人字线迹（曲折型），性能基本同于401号线迹，但弹性优于401号线迹，且有一定的装饰作用	404	一般用于服装的饰边，如犬牙边	装饰缝纫机
	409	也称双线链式缲边线迹，性能同于401号线迹	409	专门用于衣边、袖口边、裤口边的缲边，是针织外衣生产中常用线迹结构	双线链式缲边机

3. **包缝线迹** 由一根、两根或多根缝线相互串套在缝料边缘形成的线迹。最常用的是三线、四线和五线包缝线迹（表2-3）。

表2-3 常用包缝线迹代号、构成示意图及其性能

线迹系列	线迹代号	线迹性能	线迹构成示意图	线迹用途	线迹适用设备
500系列包缝线迹	504	三线包缝线迹，缝线a为大弯针线（或称面线），缝线b为小弯针线（或称底线）。504号线迹拉伸性、防脱散性好且有装饰作用	504	包缝衣片边缘	三线包缝机

续表

线迹系列	线迹代号	线迹性能	线迹构成示意图	线迹用途	线迹适用设备
500系列包缝线迹	507	四线包缝线迹，由两根直针线和两根弯针线形成，其牢度和抗脱散性能强于504号线迹，故又称安全缝线迹。其他性能与504号线迹相同	507	包缝衣片边缘	四线包缝机
	401+504	五线包缝线迹，由双线链式线迹和三线包缝线迹复合而成，并各自保持其独立性。由于是在一台机器上同时完成两种独立的线迹实现平包连缝，既可以简化工序，又可以提高缝制质量和生产效率	401+504	主要用于针织服装的缝制，机织服装也有应用，如牛仔裤的下裆缝（内裆缝）等	五线包缝机

4.覆盖链式线迹　由两根或两根以上的直针线和一根弯针线（底线）相互循环串套，并在缝料表面配置一根或多根装饰线而形成的。我国习惯上将这种类型的线迹称为绷缝线迹。详见表2-4，表中图线1、2数字表示直针线，线a为弯针线，Y和Z为装饰线。此线迹一般选用光泽好的人造丝线或彩色线。

表2-4　常见覆盖链式线迹代号、构成示意图及其性能

线迹系列	线迹代号	线迹性能	线迹构成示意图	线迹用途	线迹适用设备
600系列覆盖链式线迹	602	该线迹强力大，拉伸性好，同时还能使线迹平整。在缝料上覆盖的装饰线（一般用光泽好的人造丝线或彩色线）可以美化缝迹外观，似有花边效果	602	可起到防止针织物边缘线圈脱散的作用，多用于针织服装的滚领、滚边、折边、绷缝、拼接缝和饰边等	双针四线绷缝机，亦称特种缝纫机

续表

线迹系列	线迹代号	线迹性能	线迹构成示意图	线迹用途	线迹适用设备
600系列覆盖链式线迹	603	基本同于602号线迹。因为多一根装饰线，用线量稍多些	603	可起到防止针织物边缘线圈脱散的作用，多用于针织服装的滚领、滚边、折边、绷缝、拼接缝和饰边等	双针五线绷缝机，亦称特种缝纫机

（三）缝型的国际标准方法

缝型,即缝纫的形式,就是由一系列的线迹或线的形式与一层或数层缝料相结合的形式。缝型的结构形态对缝制品的品质（外观和强度）具有决定性的意义。由于缝制时衣片的数量和配置形式及缝针穿刺形式的不同，使缝型变化较之线迹更为复杂。为了逐步推行缝型的标准化，国际标准化组织又于1981年3月拟定出缝型标号的国际标准 ISO 4916—1981。

缝型的国际标准用一个五位阿拉伯数字表示。第一个数字表示缝型的分类；第二、第三位数字用以表达排列的形态，用01，02，…，99等两位数字表示；第四、第五位数字用以表示缝料穿刺布片的部位和形式,有时也表示缝料位置的排列关系,如2.04.05,其中的"2"表示第二大类，"04"表示缝料的不同构成形态，"05"表示机针的穿刺部位和形式。

在第一个表示缝型的分类数字中，根据所缝合的布片数量和配置方式，将缝型分成八大类。其中按布片布边缝合时的位置分为"有限"和"无限"两种。缝迹直接配置其上的布边称为有限布边，远离缝迹的布边称为无限布边。直线边为有限布边，波纹边为无限布边（图 2-1）。

一类缝型——由两片或两片以上缝料组成，其有限布边全部位于同一侧，其中包括两侧均为有限布边的缝料。

二类缝型——由两片或两片以上缝料组成，其有限布边各处一侧，两片缝料相对配置并互相搭置。若再有缝料时，其有限布边可

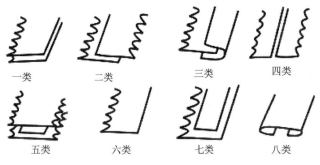

一类　二类　三类　四类

五类　六类　七类　八类

图 2-1　缝型的种类

随意位于一侧，或者两侧均为有限布边。

三类缝型——由两片或两片以上缝料组成，其中一片缝料有一侧布边是有限的，另一片缝料两侧布边都是有限的，并把第一片缝料的有限布边夹裹其中。如再有缝料时，似同第一片或第二片缝料。

四类缝型——由两片或两片以上缝料组成，其有限布边各处一侧，两片缝料相对配置于同一水平上。如再有缝料时，其有限布边可随意位于一侧，或者两侧均为有限布边。

五类缝型——由一片或一片以上缝料组成，如缝料在两片以下，其两侧均为无限布边。如再有缝料时，其一侧或两侧均可为有限布边。

六类缝型——只有一片缝料，其中一侧或左或右均可为有限布边。

七类缝型——由两片或两片以上缝料组成，其中一片的一侧为无限布边，其余缝料两侧均为有限布边。

八类缝型——由一片或一片以上缝料组成，不管片数多少，所有缝料两侧均为有限布边。

缝型国际标准中有关图示的描绘方法说明如下：

（1）缝针穿刺缝料有两种可能：一种是穿过所有缝料，另一种是缝针不穿透所有缝料或成为缝料的切线（图2-2）。

（2）用一个大圆点表示衬绳的横截面（图2-3）。

穿过所有缝料 未穿透所有缝料 成为缝料切线

图2-2　缝针穿刺缝料图示   图2-3　衬绳横截面表示方法

（3）所有缝型示意图都按机上缝合的情况绘出，如经多次缝合，应绘最后一次缝合情况。

（四）服装生产常用缝型

在国际标准ISO 4916中八大类缝型共列举284种缝料配置形态，并根据缝针的穿刺形式标出543种缝型标号。比较常见和常用的缝型选列于表2-5中。缝型标号斜线后数字为选用的线迹代号。

表2-5　缝型名称及缝型符号

线迹类型	缝型名称、代号及线迹代号（ISO 4916/4915）		缝型符号
包缝类	1	三线包缝合缝（1.01.01/504 或 505）	
	2	四线包缝合缝（1.01.03/507 或 514）	
	3	五线包缝合缝（1.01.03/401 + 504）	

线迹类型		缝型名称、代号及线迹代号（ISO 4916/4915）	缝型符号
包缝类	4	四线包缝合肩（加肩条）（1.23.03/512 或 514）	
	5	三线包缝包边（6.01.01/504）	
锁缝类	1	合缝（1.01.01/301）	
	2	来去缝（1.01.03/301）	
	3	育克缝（2.02.03/301）	
	4	滚边（小带）（3.01.01/301）	
	5	装拉链（4.07.02/301）	
	6	钉口袋（5.31.02/301）	
	7	折边（6.03.04/301 或 304）	
	8	绣花（6.01.01/304）	
	9	缲边（毛边）（6.02.03/313 或 320）	
	10	缲边（光边）（6.03.03/313 或 320）	
	11	缝扁松紧带腰（7.26.01/301 或 304）	
	12	缝圆松紧带腰（7.23.01/301 或 304）	
	13	钉商标（7.02.01/301）	
	14	缝带衬布腰头（7.37.01/301+301）	
绷缝类	1	滚边（3.03.01/602 或 605）	

续表

线迹类型		缝型名称、代号及线迹代号（ISO 4916/4915）	缝型符号
绷缝类	2	双针绷缝（4.04.01/406）	
	3	打裥（运动裤前中线）（5.01.03/406）	
	4	折边（腰边）（6.02.01/406 或 407）	
	5	松紧带腰（7.15.02/406）	
	6	缝裤串带（8.02.01/406）	
链缝类	1	单线缉边合缝（1.01.01/101）	
	2	双链缝合缝（1.01.01/401）	
	3	双针双链缝双包边（2.04.04/401+404）	
	4	双针双链缝犬牙边（3.03.08/401+404）	
	5	滚边（滚实）（3.05.03/401）	
	6	滚边（滚虚）（3.05.01/401）	
	7	双链缝缲边（6.03.03/409）	
	8	单链缝缲边（6.03.03/105 或 103）	
	9	锁眼（双线链式）（6.05.01/404）	
	10	双针四线链缝松紧腰（7.25.01/401）	
	11	四针八线链缝松紧腰（7.75.01/401）	

二、缝型训练（表2-6）

表 2-6　缝型训练示意

缝型类型	缝型名称		缝型标准代号	缝型符号	缝型操作方法	缝型用途及操作注意事项
折边缝类	包缝	内包缝（反包缝）	2.04.06/301			常用于肩缝、侧缝、袖缝等部位。制作时要求第一道缉线顺直，宽窄一致，第二道缉线亦同，不能漏缉。缝份折齐，缉第二道线时布料捋平，防止拧绞或布面不平整。止口整齐、美观
		外包缝（正包缝）	2.04.05/301			常用于西裤、夹克等服装中，制作要求同内包缝（注意观察内、外包缝的区别）
		滚包缝	1.08.01/301			适宜于薄料服装，既省工，又省钱。制作时要求包卷折边平整无绞皱、宽窄一致、线迹顺直、止口均匀、无毛边
		扣压缝（扣缝）	5.31.02/301			常用于男裤的侧缝、衬衫的过肩、贴袋等部位。操作时，要求针迹整齐、止口均匀、平行美观、位置准确，裁片折边平服、无毛边

续表

缝型 类型	缝型名称	缝型标准 代号	缝型符号	缝型操作方法	缝型用途及操作 注意事项
折边缝类	闷绲缝 （光滚边）	3.05.01/301		正 0.1 正	常用于缝制裙、裤的腰或袖克夫等需一次成型的部位。注意车缝时边车缝边用锥子推上层缝料，保持上下层松紧一致。最好使用针牙同步缝机绲缝
	卷边缝	6.03.01/301		正	多用于轻薄透明衣料或不加里子服装的下摆。操作时要求扣折的衣边平服、宽度一致、无拧绞现象，线迹顺直、止口整齐、无毛边。最好使用针牙同步缝机绲缝
搭缝类	平缝（合缝、钩缝）	1.01.01/301		反 0.8~1	广泛应用于上衣的肩缝、侧缝，袖子的内外缝等部位。并注意在开始和结束时打回针，以防脱散。操作时下层衣片因由送布牙直接送走较快，上层衣片有压脚的阻力为间接扒送，所以走得较慢，易产生上赶下吃的现象。为保持上、下层的缝合平齐，缝合时可稍拉下层、推上层（有特殊工艺要求的除外）

续表

缝型类型	缝型名称	缝型标准代号	缝型符号	缝型操作方法	缝型用途及操作注意事项
搭缝类	分压缝（劈压缝）	2.02.03/301			多应用于薄料的裤子裆缝等处，起固定缝口、增强牢度的作用。制作时要求缝份处平服、无皱缩现象，止口宽窄均匀，布料反面缝迹与原平缝线迹基本重合
平搭、折边组合缝类	来去缝	1.06.03/301			常用于薄料女衬衫、童装的侧缝、袖缝等处的缝合。制作时要求第一道缉线缝份要小于第二道缉线（去缝）缝份。来缝毛边要修齐，缝份不能过小，以免影响牢度，去缝缝份整齐均匀，无绞皱
	骑缝（闷缝、咬缝）	3.14.01/301			常用于缲领、缲袖克夫、缲裤腰头等。操作时正面止口要尽量推送上层，以保持上、下层平齐，防止出现拧绞现象。线迹要顺直，第二道线刚好盖住第一道线，折边口不能看见第一道线迹及缝份。缉缝第二道线时，用手辅助将平送料，使折边均匀、平服、无绞皱

续表

缝型类型	缝型名称	缝型标准代号	缝型符号	缝型操作方法	缝型用途及操作注意事项
平搭、折边组合缝类	漏落缝（灌缝）	4.07.03/301	⊃⊂	反 正　正	常用于固定挖袋嵌线。制作时要求沿边绗缝第二道线时，须将两边扒开，既不能绗住折边，也不能离开折边，应紧靠折边

第二节　熨烫工艺

熨烫，就是单独运用或组合运用温度、湿度和压力三个因素来改变织物密度、形状、式样和结构的工艺过程，也是对服装材料（织物）进行消皱、热塑型和定型的过程。经过熨烫的服装外观显得平服、挺括，富有立体感。它是服装生产中的重要工序之一。按加工方式，熨烫可分为熨制、压制和蒸制三种形式。熨制是使加热器的表面在面料上移动并施加一定压力的熨烫方法，如熨斗熨烫。压制则是将面料夹在两热表面之间并加压的熨烫方式，如各种专用烫衣机熨烫。蒸制是以蒸汽喷吹织物表面或穿过衣片的形式，如人形喷吹熨烫机熨烫。

一、手工熨烫

（一）常用熨烫工具

1. **电熨斗**　电熨斗是熨烫的主要工具（图2-4），可分为普通电熨斗、调温电熨斗和蒸汽电熨斗。常用电熨斗有300W、500W、700W和1000W四种功率。700W以上的熨斗一般用于成品整烫和呢料织物熨烫，它面积大、压力大，工作效率高。

总之，电熨斗功率大小的选择一般取决于操作衣料的薄厚程度。使用熨斗时要注意安全。不用时，应切断电源，并放在特制的熨斗架上，不要随手放在织物及工作台上，以免烫坏织物或工作台板，或引起火

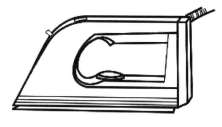

图2-4　电熨斗

灾。注意不要让熨斗底部粘上衬胶或污垢，以免弄脏或损坏衣物。

2.喷水壶 喷水壶是熨烫工艺中不可缺少的一种辅助工具［使用蒸汽熨斗的除外，图 2-5(a) ］，如归拔工艺必须喷上水花才能进行有效的熨烫。使用喷水壶需注意两点：一是壶内水要清洁，否则易堵塞喷嘴、弄污衣物；二是使用时压力要均匀适当，不能过轻或过猛，否则，易造成出水不匀。

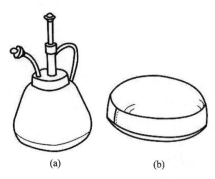

3.烫枕 烫枕又称布馒头，是用白坯布包裹木屑做成枕头形［图 2-5(b) ］。熨烫时用它垫在服装的胸部、臀部等丰满处，此类部位烫后丰满，有立体感。

图 2-5　喷水壶、烫枕

4.水盆和刷子 水盆、刷子是熨烫时用于局部给湿的工具，如分缝烫、小部件熨烫等的给湿。刷子的毛最好是羊毛，它吸水饱满，毛质比较软，不易损坏织物，且刷水均匀［图 2-6(a) ］。

5.铁凳 铁凳主要用于熨烫袖窿、肩缝、裤后裆缝等［图 2-6(b) ］，以达到熨烫这些部位时能转动自如，而不影响其他部位。

6.烫布 烫布也称水布，为棉布去浆后制成。其规格可按不同需要灵活选用，一般用于大面积熨烫的水布约为 90cm×50cm 或 100cm×60cm，小面积熨烫可用 30cm×20cm 左右的水布。熨烫时覆盖在衣料上，可起到避免衣料烫脏和减少极光的作用。

7.桌子 平整的桌子是熨烫时必备的设备。

8.薄棉毯或毡 亦称垫呢，铺在桌面上作为烫垫。在毛毡上面可以覆盖一层白坯布或没有退浆的麻衬。

9.烫袖板 烫袖板用于熨烫袖子、裤腿等较狭窄的部位［图 2-6（c）］。

10.烫衣板 烫衣板为常用的家庭方便烫台（图 2-7）。

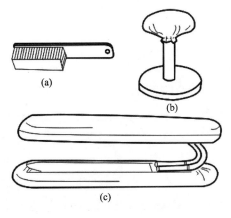

图 2-6　刷子、铁凳、烫袖板

图 2-7　烫衣板

（二）熨烫技法训练

熨烫工艺要求根据衣料质地和衣片部位所处的外表部位以及服装的款式、造型、结构、产品档次等不同要求来选择运用不同的技法。熨烫方法是一手提拿熨斗，用其尖及底面熨烫衣片，另一手则可对衣片做些辅助工作。熨烫技法大致有熨（平烫）、归、拔、推、扣、分、压等七种基本技法。

1. **平烫**　就是用熨斗在铺平的衣料、衣片上进行水平熨烫，它是最基本的技法，用途也最为广泛。在平烫的过程中，不宜在织物上水平用力推移熨斗，应当采用轻轻抬起→放下的熨烫手法，以防面料变形或产生褶皱（图2-8）。

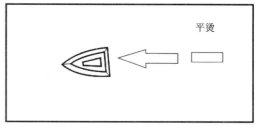

图2-8　平烫

2. **归烫**　归烫也称归拢，就是将预定部位聚拢归缩，归缩一般是从里面做弧形运动，逐步向外缩烫至外侧，缩量渐增，压实定型，造成衣片外侧因纱线排列的密度增加而缩短，从而形成外凹里凸的对比和弧面变形。简单说，归烫是把直线或外弧衣片边线烫成内弧线，如男西服后肩线、背部等部位（图2-9）。

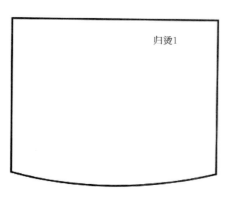
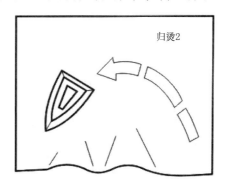

图2-9　归烫

3. **拔烫**　拔烫也称拔开。与归烫相反，是把预定的部位伸烫拔开。一般是由内侧边做弧形运动的熨烫。由加力抻拔逐步向外推进，拔量渐减，并压实定型，造成衣片外侧因纱线排列的密度减小而增长，相应的表面中间呈纵向的中凹形变。简单说，拔烫是把内弧衣片边线烫成直线或外弧线，如男西服前肩线、腰部等部位（图2-10）。

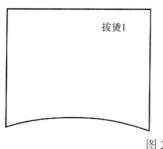
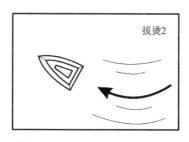

图2-10　拔烫

4. **推烫** 推烫是推移变位的技法，属于配合归或拔向定位推移的过渡性烫法。如归缩袖窿外边时，需随即逐渐向胸点推移，拔伸侧缝、侧腰也需同时向背腰推进等。推烫的操作是随同归或拔的相应配合动作。

5. **扣烫** 扣烫分扣倒或扣折，扣倒是把衣片按预定要求一边折倒而扣压烫贴定型。扣折是把衣片按预定要求扣折压烫贴并定型。操作时一般是一手扣折，一手烫压。扣的用法比较广泛，如扣烫底边、袖口、裤口，折烫褶裥等，凡取倒缝的部位都需用扣烫技法。扣烫省道时，于省道和面料之间放上一片大于省长和省宽的纸条，可以避免在服装的正面出现压痕（图2-11）。

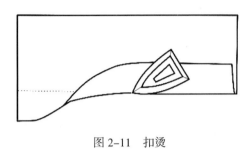

图2-11 扣烫

6. **分烫** 分烫专用于服装中的分缝，一般也是一手劈缝，一手拿熨斗，并把熨斗前尖对准缝中，边劈缝，边分烫压实定型（图2-12）。

7. **压烫** 压烫是加力压实的技法，主要用于较厚的毛呢料服装，尤其是对层数较多的各边角部位，更需用熨斗压实、压薄。在压烫或平烫起绒织物时，要把织物的正面放在毡毯烫垫或同种起绒面料的垫布上，从反面熨烫（图2-13）。

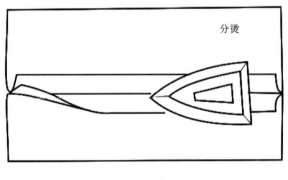

图2-12 分烫

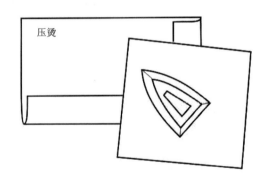

图2-13 压烫

二、熨烫的基本条件与原理

（一）熨烫的基本条件

1. **温度** 一般来说，温度越高，织物越易变形，但不同织物，其物理、化学性能不同，这就决定了它们承受温度的能力也不同。当超过限度时，衣料就会被烫坏，温度不够又达不到变形的目的。所以，必须根据衣料的性质准确掌握熨烫温度。

2. **湿度** 水汽能加速织物的传热能力，同时使纤维膨胀、伸展，织物易变形，有利于织物的热变形。

3. **压力** 压力是造成织物弹性变形和塑性变形的首要外力条件。但并不是压力越大越好，而应该由衣料的性质、成衣的结构和不同的制作工艺决定熨烫压力的大小。压力过小，难以达到塑型效果；压力过大，熨斗底面又很光滑时，易在面料上形成反光面，即极光。

4. **时间**　结合熨烫的温度、湿度、压力，熨烫过程还必须保证有充分的延续时间，因为热在织物中传导及织物变形需要在一定的时间内完成。

5. **冷却方式**　冷却的目的是使织物降温，从而使熨烫所获得的变形固定下来，称为定型。冷却越快越好。一般使用的冷却方式有自然冷却、冷压冷却以及抽湿冷却等。抽湿冷却往往能起到比较好的定型作用。

（二）熨烫的基本原理

通过热湿结合的方法，使纤维大分子间的作用力减小，分子链段可以自由移动，此时，纤维的变形能力增大，刚度明显降低，在一定外力的作用下强迫其变形，使纤维内部的分子链在新的位置上重新得到建立。冷却和解除外力后，纤维及织物的形状会在新的分子排列状态下稳定下来。熨烫定型包括以下三个基本过程：

（1）纺织材料通过加热而柔软。

（2）柔性材料在外力作用下变形。

（3）变形后冷却使新形态得以稳定。

在这三个基本过程中，纤维的柔性化是织物改变形态的首要条件，对织物所施加的外力则是产生变形的主要手段。它加速了变形过程，并能按操作者的想法塑形。在纺织品达到了预定要求的变形后给予冷却则是关键。无论柔软、变形，还是冷却，这三个过程都需要一定的时间来完成。

三、机械熨烫

（一）熨烫设备简介

机械熨烫设备主要是指工业生产中用于大件或整件衣物整烫定型的专用设备。服装缝制的熨烫方法，已从一般加温、加压进入蒸汽熨烫时代。蒸汽熨烫机具备能稳定地喷出高温高压蒸汽的功能，对衣物给湿和加热，其高温蒸汽均匀地渗透衣物的内部，从而使衣料纤维变得柔软可塑，然后再通过各种压模压住衣物，使其被热压变形，最后利用真空泵抽去水分，使衣料迅速冷却、干燥，服装就得到了定型。由于这种蒸汽熨烫设备的高温和热压条件远远超过只能在局部范围一部分一部分熨烫的熨斗，所以既省时省力，又熨烫彻底，效果较好。当然，现在服装加工过程中，对服装小部件的熨烫主要还是采用电熨斗。

为了满足各种服装面料、款式、风格的熨烫要求，现今已生产了各种各样的熨烫机：按熨烫对象分类可以分为西服熨烫系列机、针织物熨烫机等；按在制衣流程中的作用可分为中间熨烫机、成品熨烫机、模型熨烫机、人形熨烫机等;按操作方式可分为手动熨烫机、半自动熨烫机和全自动熨烫机等。下面介绍几种常用的熨烫机。

1.中间熨烫机 中间熨烫机（图2-14）主要用于成衣加工中间过程小部件和半成品的熨烫，如熨省缝、贴边、领子归拔等。中间熨烫机可以是手动式也可以是自动式。

2.成品熨烫机 成品熨烫机（图2-15）是对缝制工序结束后的成衣进行熨烫的设备。熨烫机有手动的，也有自动的。因为是缝制后的成衣熨烫，故成品熨烫机配置在熨烫生产线中，可与真空泵、锅炉、空压机等配套使用。成品熨烫机有熨烫衣领、衣袖、衣身之分。

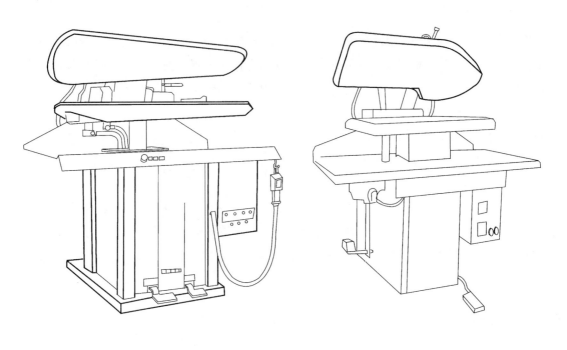

图 2-14　中间熨烫机　　　　　　　图 2-15　成品熨烫机

3.人形熨烫机 人形熨烫机（图2-16）也称人像机，主要用于羊毛衫、兔毛衫等长纤维服装的熨烫，也可用于经洗染工艺后服装的熨烫。熨烫时将衣服套在人形熨烫模型上并使衣服张开，高温蒸汽从衣服内向外喷射，使衣服熨烫定型。使用人形熨烫机，衣服表面不受压，因此衣服的绒毛不会倒伏，整件衣服显得平整、丰满、毛感强。

4.真空抽蒸汽烫台 真空抽蒸汽烫台（图2-17）是带有真空抽湿装置并能配备各种形状的模头，配有蒸汽电熨斗对面料进行熨烫的工作台。由于与工作台配套的模头有各种式样，更换方便，因而适用范围广，既可以用于中间熨烫，也可以用于成品熨烫，适于小批量、多品种的生产。

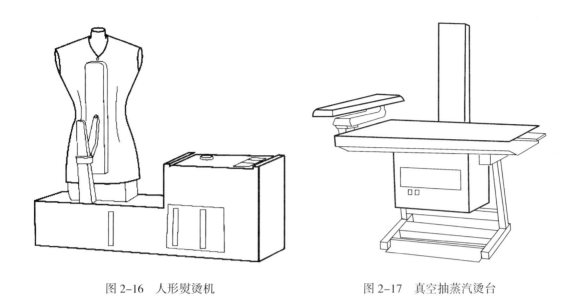

图 2-16　人形熨烫机　　　　　　　　图 2-17　真空抽蒸汽烫台

（二）熨烫工艺参数的确定

熨烫工艺参数的选择与面料性质、熨烫部位以及设备特点有关。合理设置熨烫工艺参数是提高产品质量、降低能耗的重要因素。

1. **熨烫温度**　蒸汽熨烫的温度与蒸汽的压力有着直接的关系，蒸汽的压力决定了蒸汽的温度。一般来说，蒸汽压力越大，蒸汽温度越高。具体数据见表 2-7。

表 2-7　蒸汽压力、温度与适用面料配比

蒸汽压力 /kPa (kgf/cm²)	蒸汽温度 /℃	适用品种
245（2.5）	120	化纤面料
294（3）	128	混纺面料
392（4）	149.6	薄型毛织物
491（5）	160.5	中厚及厚型毛织物

2. **熨烫时间**　在熨烫过程中，熨烫时间配置和面料的性能相关（表 2-8）。在熨烫时间的搭配上，可以是连续熨烫，也可以是间歇熨烫。所谓连续、间歇，主要指加压、喷汽、抽湿等动作的连续与否。由于服装面料的性能不同，所处的部位也不同，纤维充分软化所需的条件就不一样，所以，对于中厚面料及较厚的部位宜采用间歇式熨烫，以保证熨烫的质量；而对于较薄的面料则采用连续式熨烫，在保证质量的前提下，可提高生产效率。

表 2-8　熨烫时间与适用面料配比

面料	加压时间 /s	抽湿冷却时间 /s
丝绸面料	3	5
化纤面料	4	7
混纺面料	5	7
薄型毛面料	6	8
中厚毛面料	7	10

3. 熨烫压力　熨烫压力根据织物情况及熨烫部位的不同而不同。手动式熨烫机是通过烫模的闭合对衣料产生压力，并通过加压微调机构来获得不同的压力。在实际生产中，是由技术员凭经验调节的。一般的织物都需进行加压熨烫，但如果压力使用不当，织物表面往往会出现极光现象。此时应采用虚汽熨烫。对毛呢织物进行熨烫时，为了保持其毛茸丰满、立体感强的特点，不宜采用加压熨烫，而是采用虚汽熨烫的方法。所谓虚汽熨烫，就是合模时，上模与下模之间留有间隙，始终不接触，然后进行喷射蒸汽、抽湿冷却等操作。这样既不破坏毛呢织物的外观，又达到了熨烫定型的目的。对毛呢织物采用虚汽熨烫时，虚汽的时间宜长，以使纤维充分软化。然后抽湿冷却，其时间也宜长些，这样熨烫出的效果最佳。毛呢织物虚汽熨烫参数见表 2-9。

表 2-9　毛呢织物虚汽熨烫参数

面料	熨烫压力 /kPa	熨烫温度 /℃	喷汽时间 /s	冷却时间 /s
毛呢织物	0	160	10	15

4. 蒸汽喷射方式　熨烫机喷射蒸汽的方式可分为上模喷射和上、下模同时喷射两种形式。它是由机构本身决定的。一般部位的熨烫机只要具备上模喷射就可以了，但对于熨烫厚实部位的熨烫机（如敷衬机）以及产生较大变形的归拔烫机（如裤片归拔机）等，则需上、下模同时喷射蒸汽才能达到比较理想的定型效果。

（三）熨烫工艺流程

在熨烫工艺设计工作中，需要根据加工产品的种类及特点，以因地制宜、优质高产选择合理的工艺流程为原则。工艺流程合理与否，会直接影响加工产品的产量和质量。

熨烫工艺流程因加工对象不同而不同。对于同一加工对象，其流程又可分为中间熨烫工艺流程及成品熨烫工艺流程。由于熨烫的工艺流程往往因习惯的不同及工厂条件的限制等客观因素也会不尽相同，下面举几个例子仅供参考。

1. 西装上衣熨烫工艺流程

（1）中间熨烫：敷衬——归拔背缝、侧缝、肩缝——分省缝——分背缝——分侧缝——分止口—→烫挂面—→烫袋盖—→烫大袋—→分肩缝—→分袖缝—→归拔领子。

（2）成品熨烫：烫大袖—→烫小袖—→烫双肩—→烫前身—→烫侧缝—→烫后背—→烫驳头—→烫领子—→烫领头—→烫袖窿—→烫袖山。

2.西裤熨烫工艺流程

（1）中间熨烫：拔裆—→烫后袋—→烫门襟—→烫侧袋—→分后裆缝—→分下裆缝—→烫侧缝。

（2）成品熨烫：烫裤腰—→烫裤身—→烫裤口。

第三节 基础零部件缝制工艺训练

在进行整件服装制作之前，我们先进行基础零部件的缝制训练，以提高初学者的缝制工艺水平。这里主要介绍制作直插袋（表2-10）、斜插袋（表2-11）、双嵌线挖袋（表2-12），制作宝剑头式袖开衩（表2-13），绱过肩（表2-14），绱腰头（表2-15），制作有领座的衬衫领（表2-16），绱裤前门襟拉链（表2-17），装饰手针工艺（表2-18）。

表2-10 直插袋制作工艺

序号	操作内容	操作图示	操作方法	缝型符号	使用工具	注意事项
1	裁配缝片	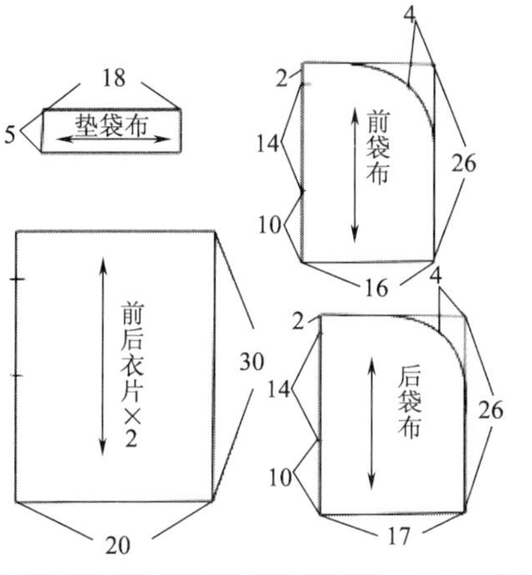	模拟衣片2片，前、后袋布各1片，垫袋布1片，袋口衬1片，对位点打剪口		剪刀	
2	粘袋口衬，合侧缝，分烫缝份	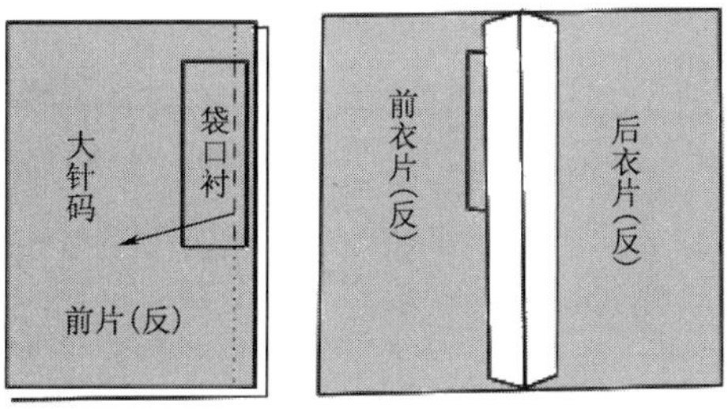	将前衣片袋口位粘无纺衬，合侧缝，缝至袋止口位倒回针，袋口部分大针码缝合，分烫缝份	⧿	熨斗、单针平缝机	为了加固袋口，也可以在袋口粘牵条衬

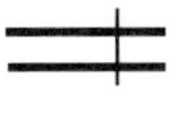

续表

序号	操作内容	操作图示	操作方法	缝型符号	使用工具	注意事项
3	绱前袋布，袋口缉明线	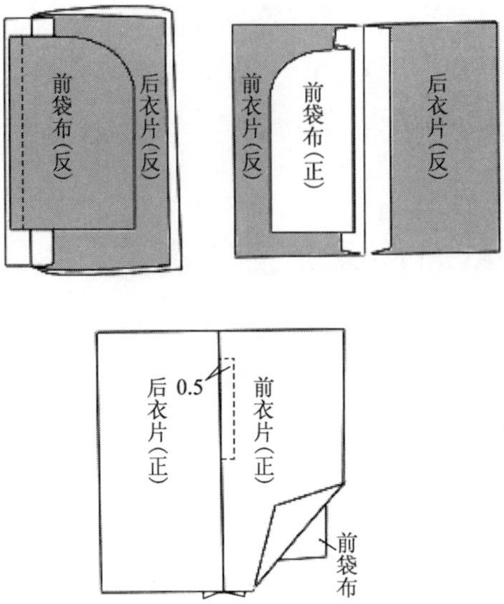 前袋布（反）　后衣片（反）　前衣片（反）　前袋布（正）　后衣片（反） 后衣片（正）　0.5　前衣片（正）　前袋布	衣片正面相合倒向后衣片平铺，将前衣袋布与前衣片缝份正面相对，袋口对位，平缝绱合，然后将袋布翻转扣烫，最后将衣片展开，正面向上，袋布位于前衣片下方，沿前衣片袋口缉0.5cm的明线	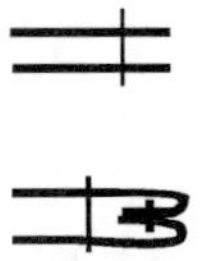	熨斗、单针平缝机	
4	后袋布绱垫袋布，绱后袋布	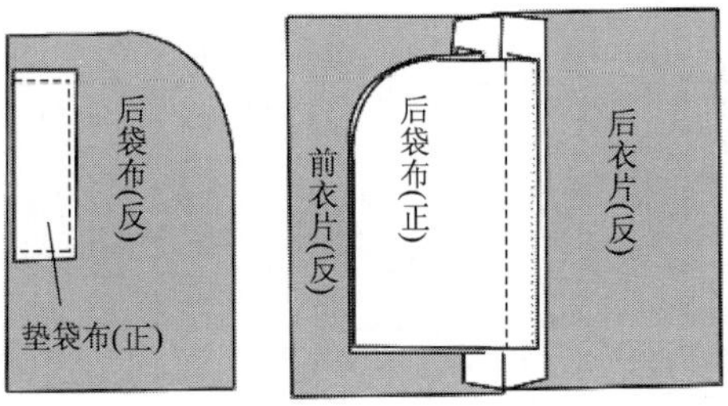 后袋布（反）　前衣片（反）　后袋布（正）　后衣片（反） 垫袋布（正）	将垫袋布三边折光，扣缝于后袋布袋口处，后袋布袋口毛边折光，与后衣片缝份正面相对，袋口对位，沿净缝线缝合	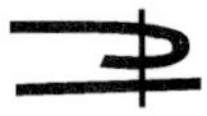	单针平缝机	
5	钩缝前、后袋布，包缝袋布边	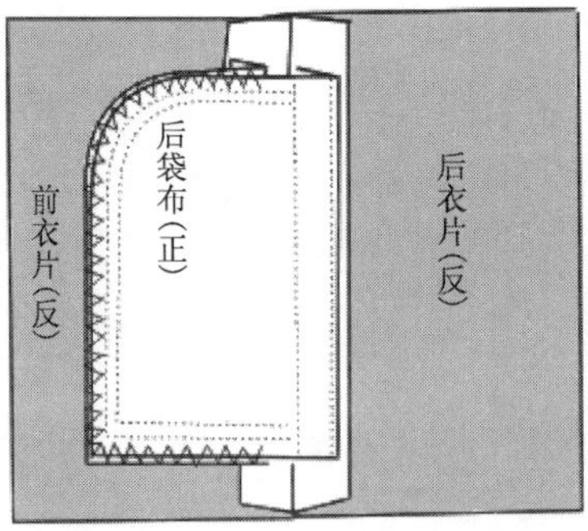 前衣片（反）　后袋布（正）　后衣片（反）	将前、后袋布相合，沿袋布边缘平缝钩绱两道，缝份0.7cm，线距0.5 cm；之后将袋布毛边用三线包缝机包缝（锁边）		单针平缝机、三线包缝机	

续表

序号	操作内容	操作图示	操作方法	缝型符号	使用工具	注意事项
6	袋口封结	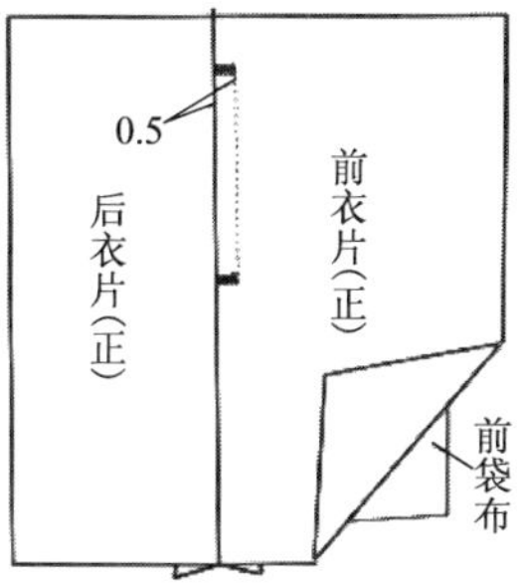 0.5 后衣片（正） 前衣片（正） 前袋布	将衣片正面向上，在袋口缝来回针3~5道封结	MMMM	单针平缝机	也可用套结机封结

表 2-11　裤斜插袋制作工艺

序号	操作内容	操作图示	操作方法	缝型符号	使用工具	注意事项
1	裁配缝片	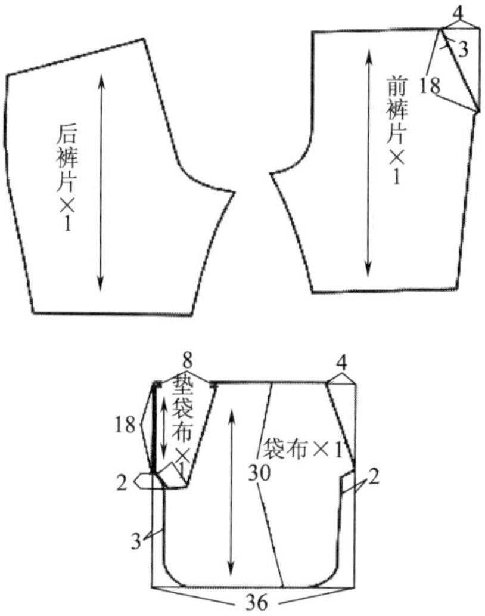 后裤片×1　前裤片×1　4 3 18　垫袋布×1　8 18 2 3　袋布×1　4 2　30 36	模拟前、后裤片各1片，垫袋布1片，袋布1片		剪刀	袋布中折线两端打剪口 裤片斜插袋上下止口打剪口 垫袋布选用直丝
2	做袋布	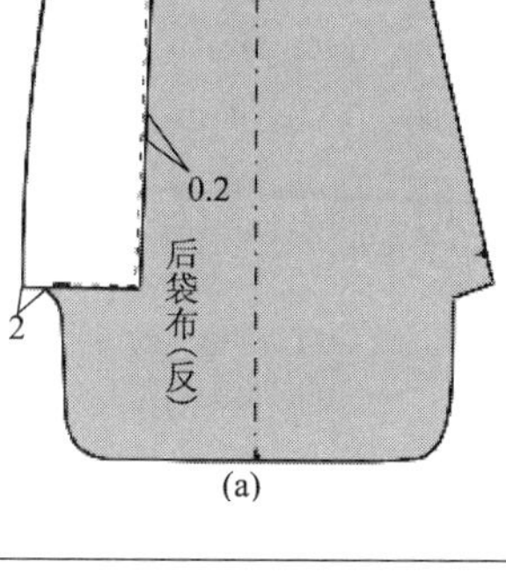 0.2 后袋布（反） 2 (a)	a.将垫袋布扣缝在后袋布反面相应位置	 ⊨	单针平缝机	车缝时，在袋口下端距边2cm处倒回针

序号	操作内容	操作图示	操作方法	缝型符号	使用工具	注意事项
2	做袋布	前袋布(反) 2 0.5 (b) 前袋布(正) 0.6 (c)	b. 将袋布沿中折线剪口位置正面对折，沿袋布下口缉0.5cm缝份至距袋口止点2cm处倒回针 c. 翻出袋布正面，沿袋下口缉0.6cm缝份至距袋口止点2cm处倒回针		单针平缝机	
3	缉前袋布	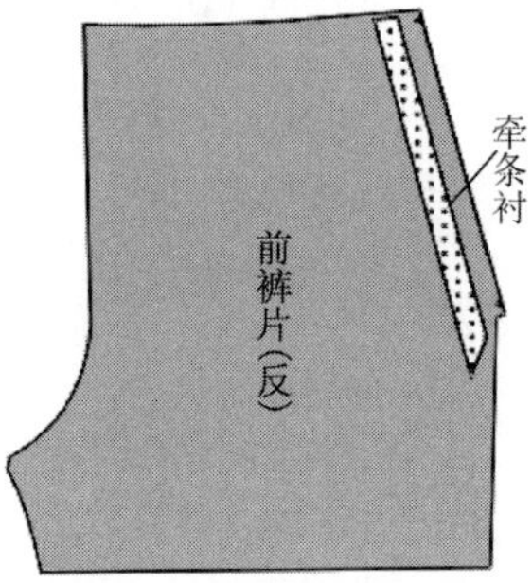 牵条衬 前裤片(反) (a) 0.8 前袋布(正) 前裤片(正) (b)	a. 在前裤片斜袋口位粘上1.5cm宽的牵条衬 b. 将前袋布反面与前裤片的正面在袋口位相对车缝，缝份0.8cm		熨斗、单针平缝机	前裤片粘衬位置在净缝内侧 粘牵条应用直丝，目的是防止袋口受力变形

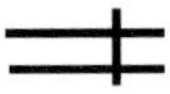

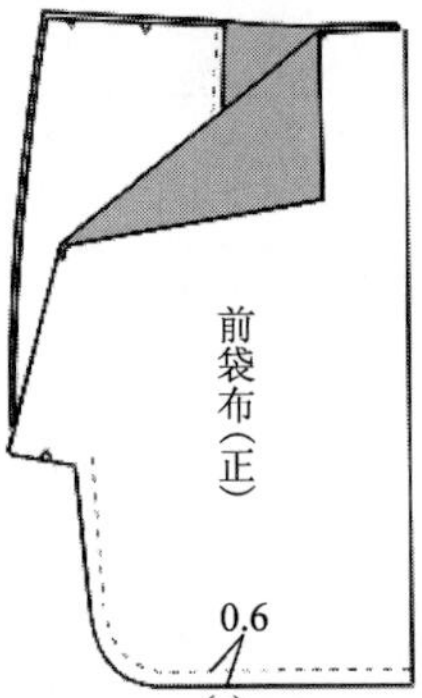

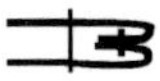

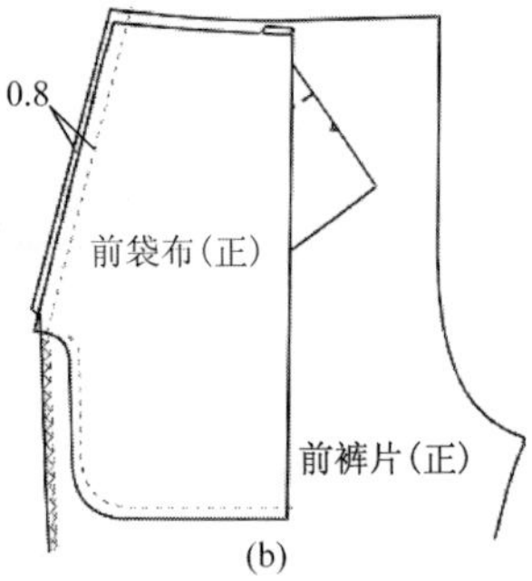

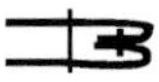

续表

序号	操作内容	操作图示	操作方法	缝型符号	使用工具	注意事项
3	绱前袋布	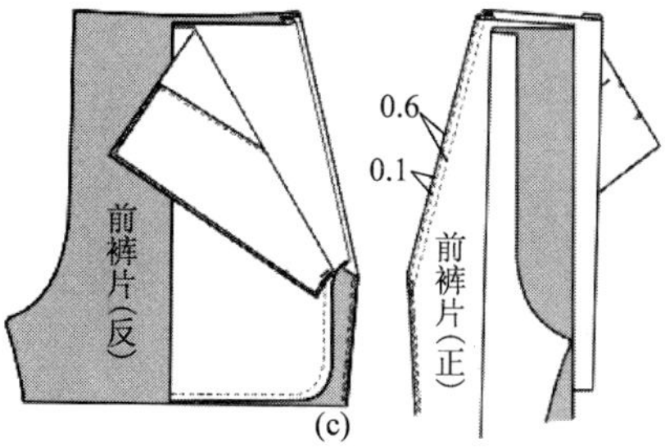 0.6 0.1 前裤片(反) 前裤片(正) (c)	c. 按袋口净缝扣烫缝份；前裤片沿袋口正面压缉 0.1cm 与 0.6cm 双明线		熨斗、单针平缝机	前裤片粘衬位置在净缝内侧 粘牵条应用直丝，目的是防止袋口受力变形
4	合侧缝	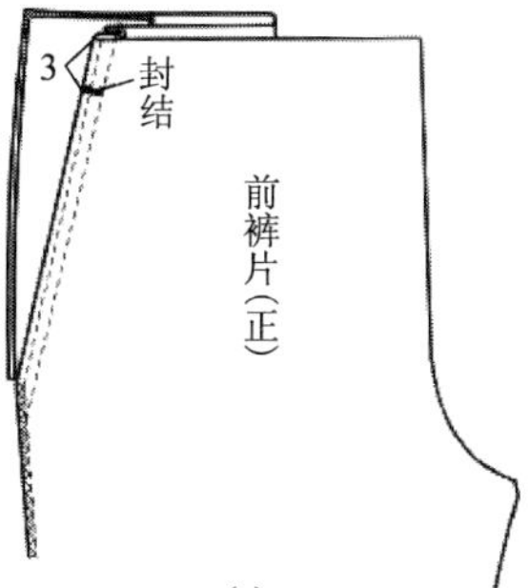 3 封结 前裤片(正) (a)	a. 将垫袋布的腰口剪口位置与前裤片腰口处袋口位置对齐放平，从腰口处与后袋布缝合3cm长0.1cm宽明线固定，并做横向封结	〰	单针平缝机	
		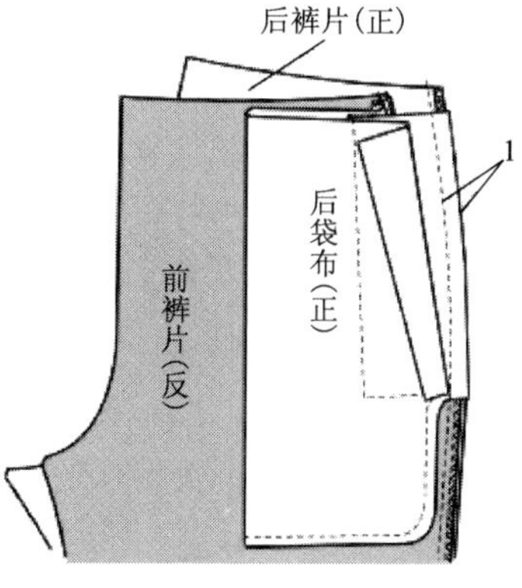 后裤片(正) 前裤片(反) 后袋布(正) 1 (b)	b. 后裤片在下，前裤片在上，正面相对，腰口对齐，掀开后袋布把垫袋布、前裤片与后裤片沿侧缝车缝至裤口。缝份1cm。修剪垫袋布缝份，分缝熨平		熨斗、单针平缝机	
		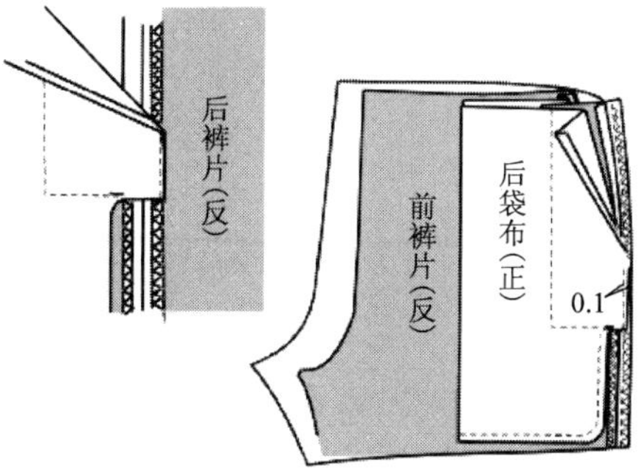 后裤片(反) 后袋布(正) 前裤片(反) 0.1 (c)	c. 后袋布袋口处毛边向反面折光0.3cm，扣折后缝于后裤片缝份上，止口0.1cm	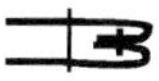	单针平缝机	

续表

序号	操作内容	操作图示	操作方法	缝型符号	使用工具	注意事项
5	封袋口	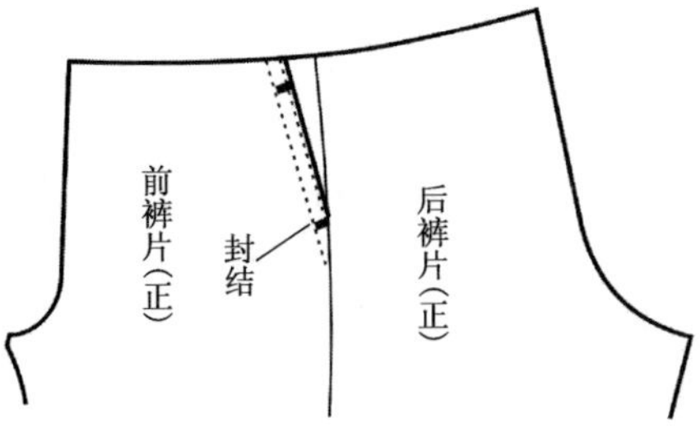 前裤片（正）　封结　后裤片（正）	将裤片及袋布铺平，在袋口回针3~4次封结，或用套结机封结	〰	单针平缝机或套结机	

表2-12　双嵌线挖袋制作工艺

序号	操作内容	操作图示	操作方法	缝型符号	使用工具	注意事项
1	裁配衣片	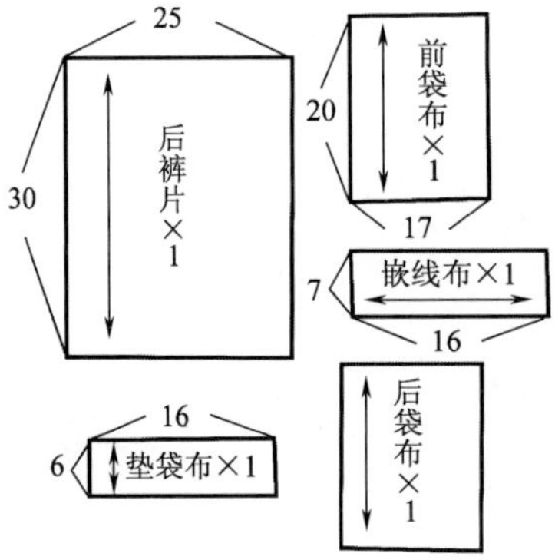 25　30　后裤片×1　20　前袋布×1　17　嵌线布×1　7　16　6　垫袋布×1　16　后袋布×1	模拟后裤片1片，前、后袋布各1片，嵌线布1片，垫袋布1片，袋口及嵌线衬各1片（衬布同面料结构相同）		剪刀	
2	定袋位	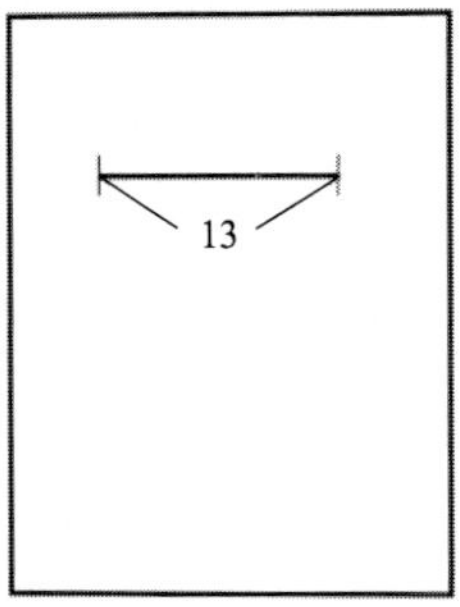 13	在后裤片正面画出袋口位置		划粉	袋口距腰口8cm

续表

序号	操作内容	操作图示	操作方法	缝型符号	使用工具	注意事项
3	粘衬	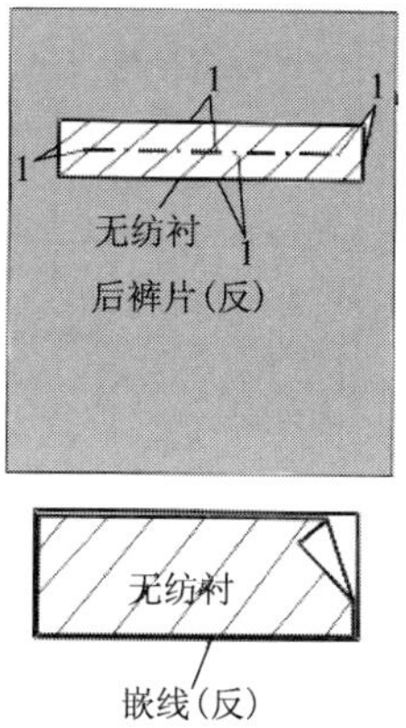 无纺衬 后裤片(反) 无纺衬 嵌线(反)	袋口及嵌线布反面粘无纺衬		熨斗	
4	缝定垫袋布	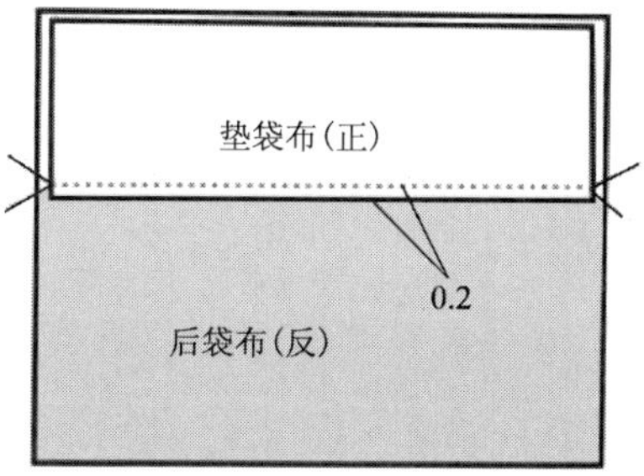 垫袋布(正) 0.2 后袋布(反)	将垫袋布下口扣光或锁边后缝定于后袋布上		单针平缝机	
5	绱缝嵌线布	 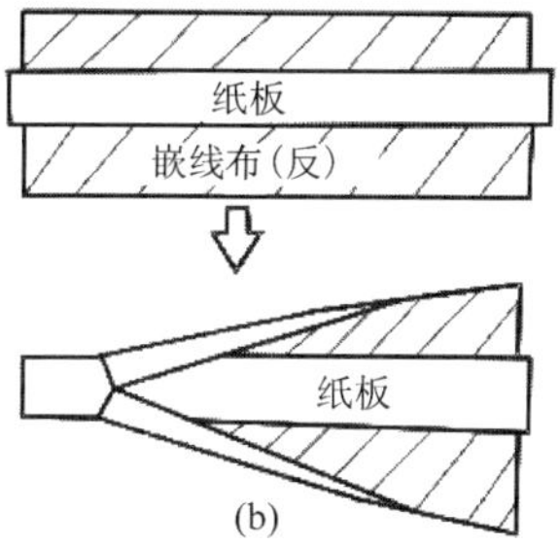 2.5 2 袋口 2 前袋布(反) 后裤片(反) (a) 纸板 嵌线布(反) 纸板 (b)	a. 将前袋布机缝固定于后裤片反面袋口位 b. 用2cm宽的硬纸板扣烫嵌线布,先烫2cm宽,再扣烫另一侧		单针平缝机	每一嵌线边缝宽为0.5cm。缝第二道线时要将第一道缝的嵌线缝份掀起,不能缝住

序号	操作内容	操作图示	操作方法	缝型符号	使用工具	注意事项
5	绱缝嵌线布	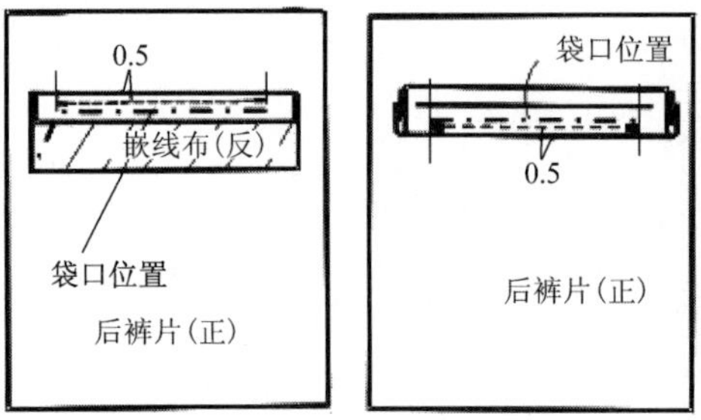 0.5 嵌线布(反) 袋口位置 后裤片(正) (c) 袋口位置 0.5 后裤片(正)	c. 将扣烫好的嵌线车缝在后裤片正面袋口位，袋口位画线位于嵌线正中，起止针倒回针	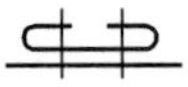	单针平缝机	每一嵌线边缝宽为0.5cm。缝第二道线时要将第一道缝的嵌线缝份掀起，不能缝住
6	剪袋口，封三角	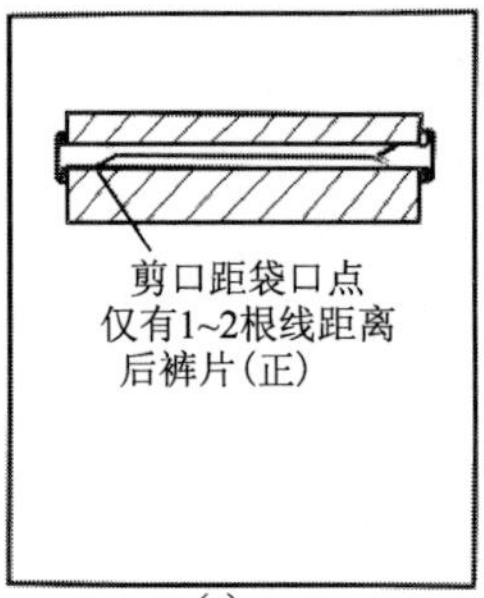 剪口距袋口点仅有1~2根线距离 后裤片(正) (a) 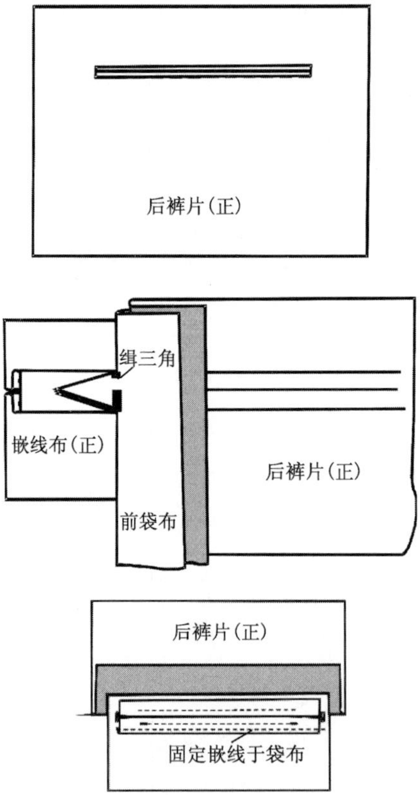 后裤片(正) 绲三角 嵌线布(正) 后裤片(正) 前袋布 后裤片(正) 固定嵌线于袋布 (b)	a. 在两条绲线中间将袋口剪开，距袋口两端1cm处开始剪三角形，之后将嵌线翻到反面整理平顺 b. 在下嵌线缝口灌缝明线，然后掀起后裤片，倒回针封嵌线翻过来的三角，然后将下嵌线下口缝份向里折光扣缝在前袋布上	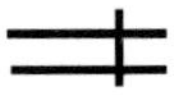  	单针平缝机、剪刀	注意剪袋口时不能剪断袋口处嵌线缝线，也不能距此太远，要求有1~2根线的距离

续表

序号	操作内容	操作图示	操作方法	缝型符号	使用工具	注意事项
7	缝后袋布	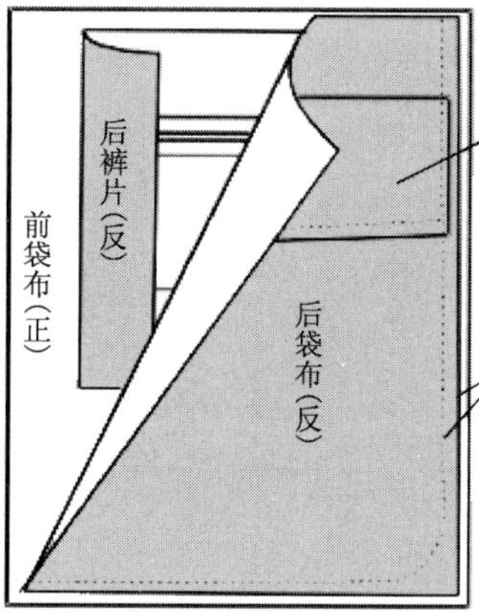 后裤片（反） 前袋布（正） 垫袋布（正） 后袋布（反） 0.5	将后裤片按图示方法折叠，后袋布与前袋布正面相对，钩缝一圈，缝份0.5cm		单针平缝机	
8	钩缝袋布	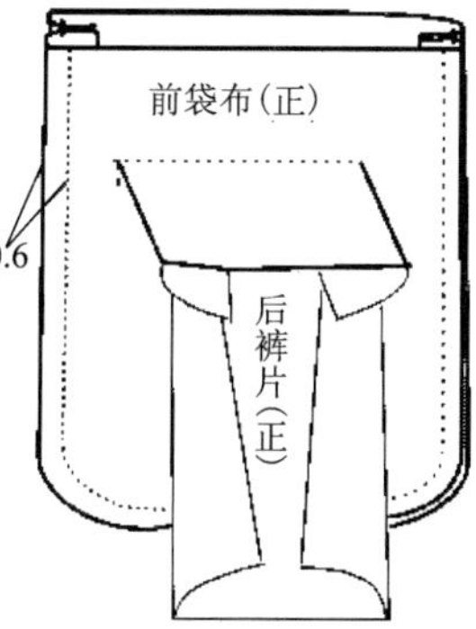 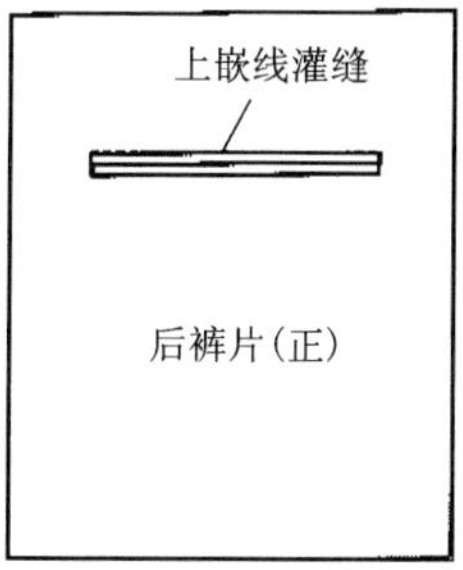 前袋布（正） 0.6 后裤片（正） 上嵌线灌缝 后裤片（正）	将袋布正面翻出，整理平服，钩缉袋边，缝份0.6cm。最后从正面上嵌线缝口灌缝，将袋布、上嵌线、垫袋布合为一体	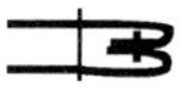 	单针平缝机	

表 2-13　宝剑头式袖开衩制作工艺

<table>
<tr><th>序号</th><th>操作内容</th><th>操作图示</th><th>操作方法</th><th>缝型符号</th><th>使用工具</th><th>注意事项</th></tr>
<tr><td>1</td><td>裁配缝片</td><td>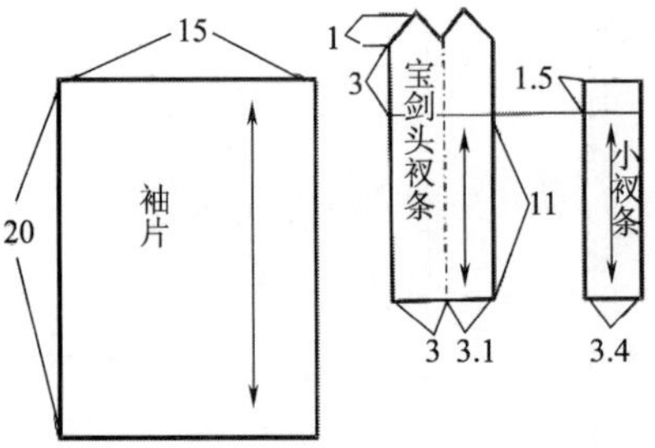
</td><td>模拟袖片1片，宝剑头衩条1片，小衩条1片</td><td></td><td>剪刀</td><td></td></tr>
<tr><td>2</td><td>扣烫袖衩条，剪袖衩</td><td>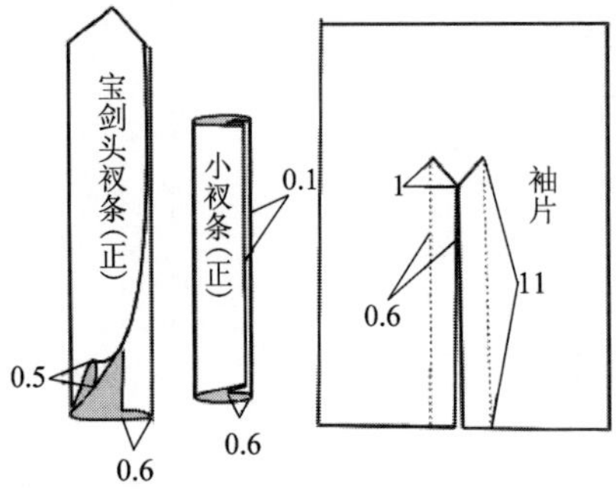
</td><td>分别扣烫宝剑头衩条及小衩条，然后按图示剪开袖衩</td><td></td><td>剪刀、熨斗</td><td>衩条的下止口要稍宽0.1cm</td></tr>
<tr><td>3</td><td>包缉小衩条</td><td>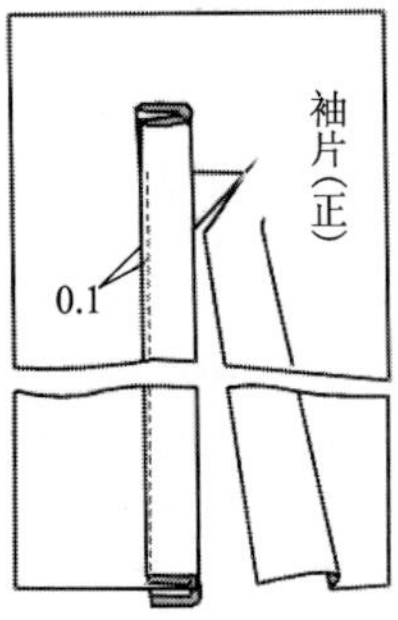

(a)
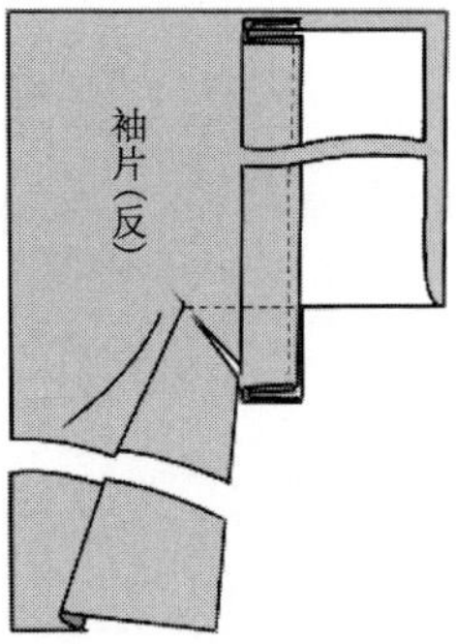

(b)</td><td>a. 将小衩条正面向上，夹住袖片衩口一边缝份，袖口处对齐。从三角处起向下车缝0.1cm止口

b. 将小衩条一侧的袖片向正面翻折，把小衩条上端与三角缝合在一起</td><td>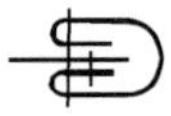

</td><td>单针平缝机</td><td>衩条下边不能漏缝，也不能缝得过多，应为0.2cm止口</td></tr>
</table>

续表

序号	操作内容	操作图示	操作方法	缝型符号	使用工具	注意事项
4	包绱宝剑头衩条	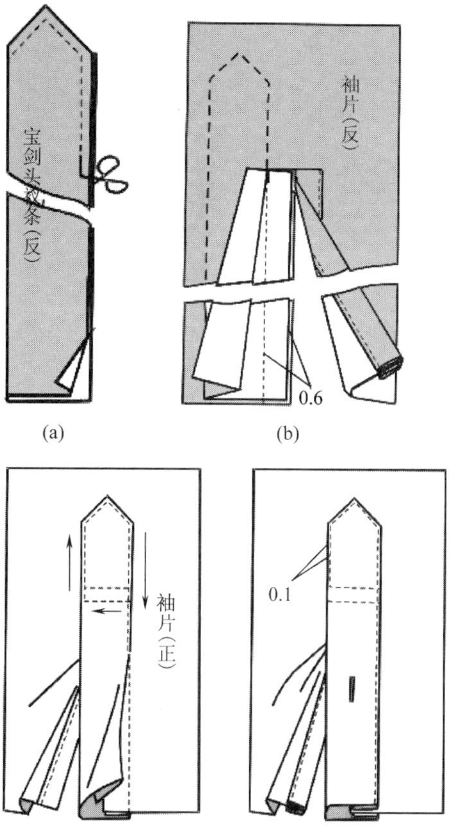 (a) (b) 0.6 (c)	a. 将宝剑头衩条反面朝外对折，从宝剑头起沿边缝合至衩止口，缝份 0.5cm。之后在止口处打剪口，将正面翻出，剑角整尖、烫平 b. 将宝剑头下层与袖片衩口缝份反面相对，自衩止口处车缝 0.6cm 缝份 c. 将宝剑头衩条翻至袖片正面，把小衩条移开，按图示将止口缝缉在袖片上，止口缝线 0.1cm，整烫平整	  ⟍⟋	单针平缝机、烫斗	

表 2-14 绱过肩工艺

序号	操作内容	操作图示	操作方法	缝型符号	使用工具	注意事项
1	裁配缝片	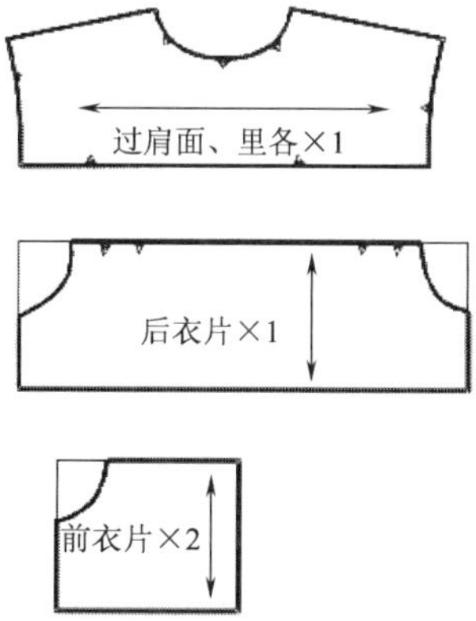 过肩面、里各×1 后衣片×1 前衣片×2	过肩面、里各 1 片，模拟后衣片 1 片，前衣片 2 片，在各片相应对位点打剪口		剪刀	打剪口的位置包括褶位、后领中点、颈侧点

序号	操作内容	操作图示	操作方法	缝型符号	使用工具	注意事项
2	过肩、后片缝合	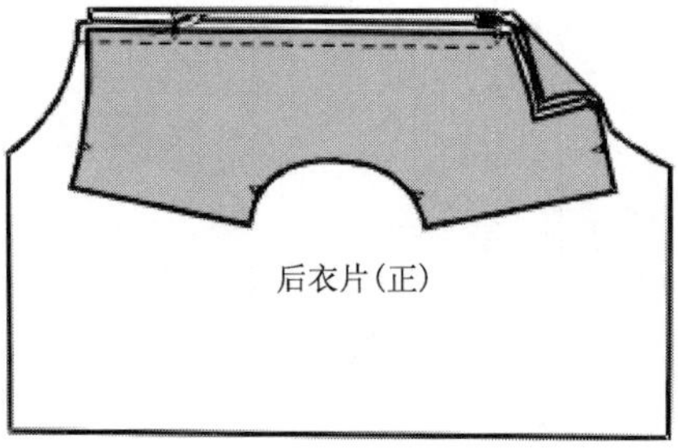 后衣片（正）	先按剪口位将后衣片收褶。再将过肩面、里正面相对夹住后衣片，剪口对准褶位，按1cm缝份车缝		单针平缝机	后衣片与过肩面应正面相对
3	缉过肩明线	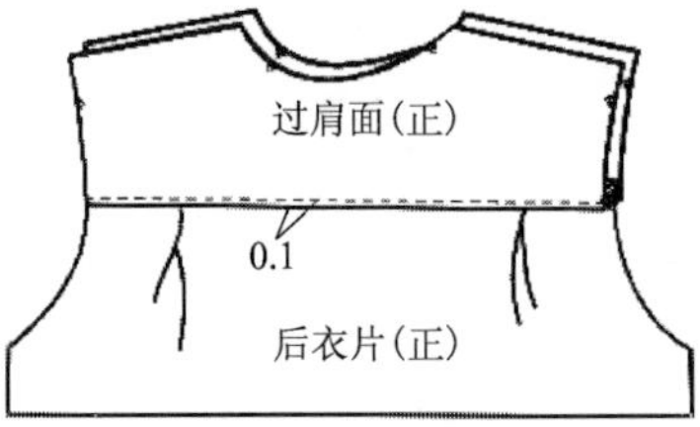 过肩面（正） 0.1 后衣片（正）	将过肩面、里正面翻出，扣烫平整，从正面沿折缝缉0.1cm止口		单针平缝机	
4	合前、后肩缝	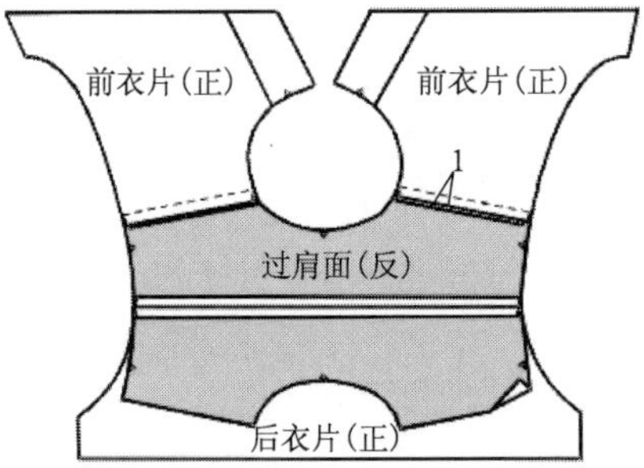 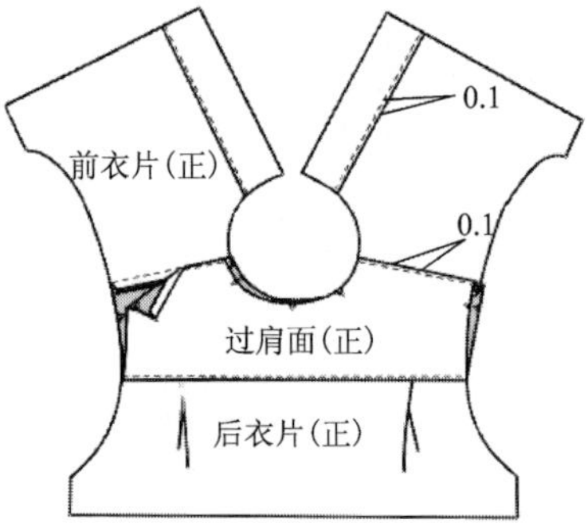 前衣片（正）　前衣片（正） 1 过肩面（反） 后衣片（正） (a) 0.1 前衣片（正） 0.1 过肩面（正） 后衣片（正） (b)	方法一： a. 将过肩里正面的左、右肩缝分别与前衣片左、右肩缝反面相对，按1cm缝份平缝缉合，再将缝份倒向过肩 b. 向里折扣过肩面的肩缝缝份，压在前片肩缝缝线上。然后沿止口压缉一道0.1cm的明线，与过肩里和前片合为一体	 	单针平缝机	过肩里的正面与肩缝反面相对

序号	操作内容	操作图示	操作方法	缝型符号	使用工具	注意事项
4	合前、后肩缝	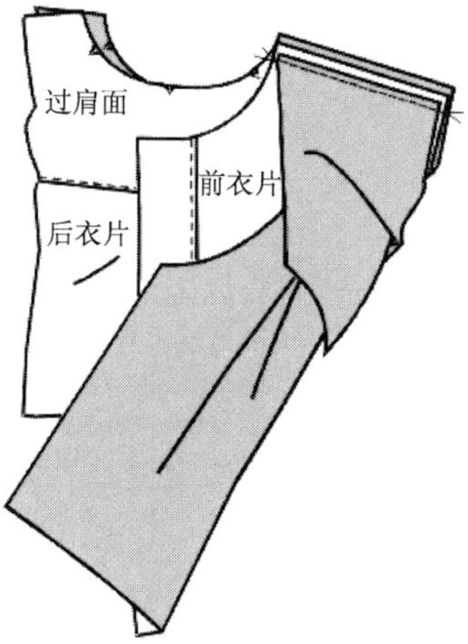 过肩面 / 前衣片 / 后衣片	方法二： 将过肩里的正面与肩缝反面相对，过肩面与肩缝正面相对，将三片一起车缝1cm缝份，然后翻出正面,烫平服	 ⊨	单针平缝机	过肩里的正面与肩缝反面相对

表2-15 绱腰头工艺

序号	操作内容	操作图示	操作方法	缝型符号	使用工具	注意事项
1	裁配缝片	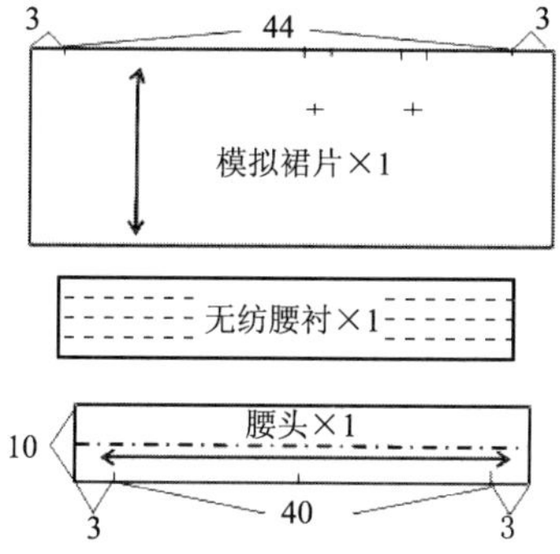 3　　44　　3 / 模拟裙片×1 / 无纺腰衬×1 / 10　腰头×1 / 3　　40　　3	腰面、腰里连裁的腰头1片，宽为10cm，长为腰围加6cm,假设腰围为40cm。模拟裙片1片，无纺腰衬1片，裙片、腰头相应部位打剪口		剪刀	
2	腰头粘衬、划样	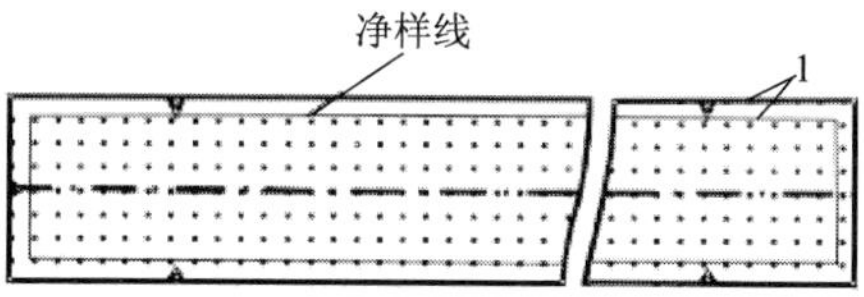 净样线　　1	腰头反面粘无纺衬，然后在衬上画出腰头净样，最后将缝份修成1cm		熨斗、剪刀	

序号	操作内容	操作图示	操作方法	缝型符号	使用工具	注意事项
3	绱腰头	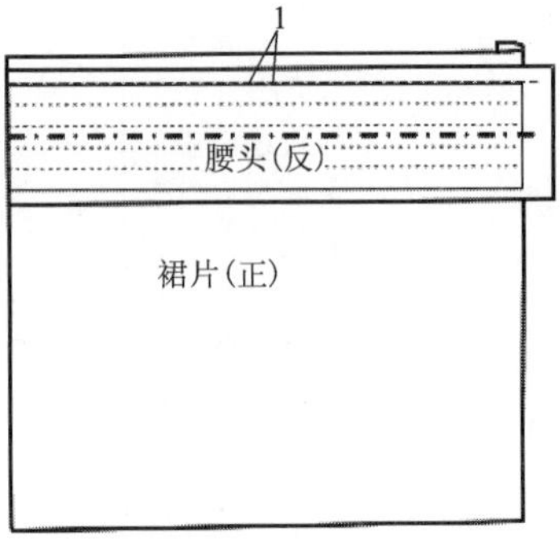 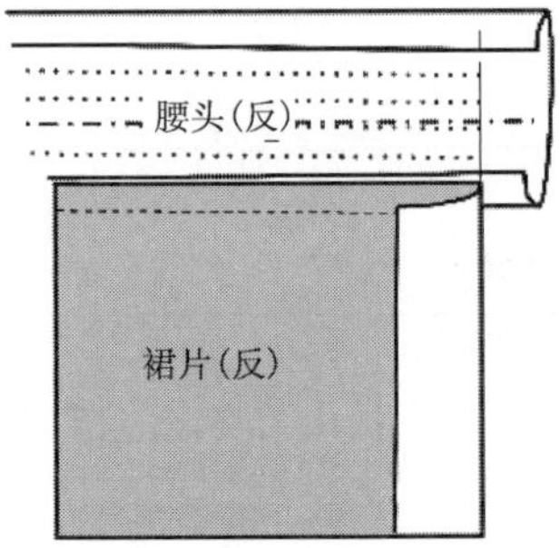 腰头(反) 裙片(正) (a) 腰头(反) 裙片(反) (b)	a. 先将裙片收省, 然后将腰头与裙片正面相对, 毛边对齐, 对正剪口位车缝, 缝份1cm b. 将缝份向腰头方向烫倒, 再将腰里下口缝份向反面扣烫	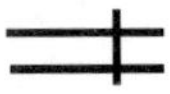	单针平缝机	
4	钩缉腰头两端	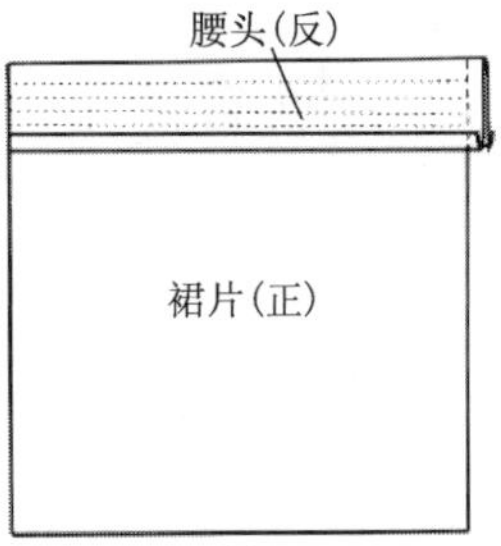 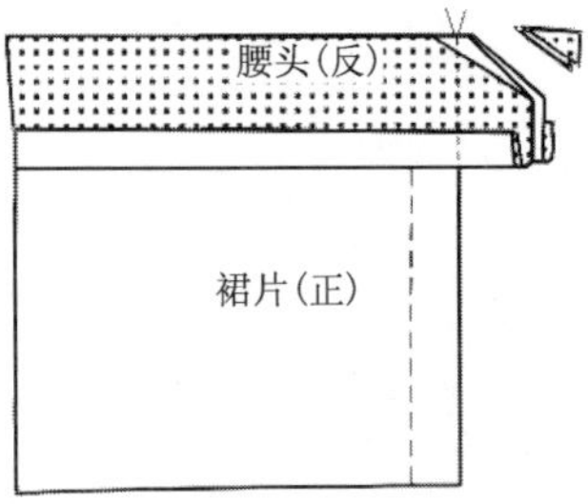 腰头(反) 裙片(正) (a) 腰头(反) 裙片(正) (b)	a. 将腰头反面朝外对折, 沿两端剪口位车缝 b. 修剪缝份		单针平缝机、熨斗	

续表

序号	操作内容	操作图示	操作方法	缝型符号	使用工具	注意事项
5	缝腰头里口	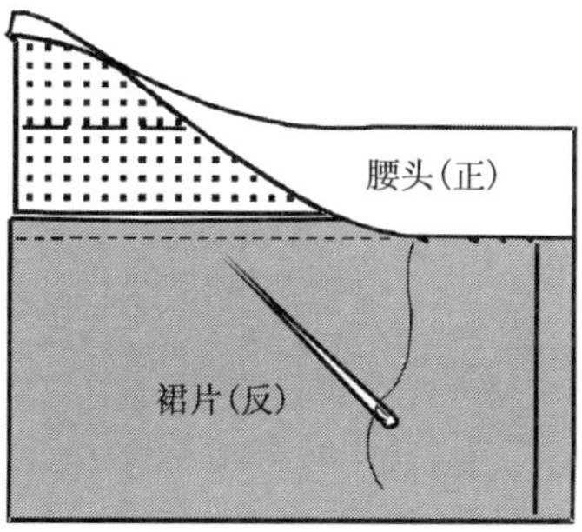 腰头(正) 裙片(反)	翻出腰头正面，把腰头角整方正平服，然后使腰里下口压过腰口缝线0.1cm，用手针缲缝于裙片上，也可以机缝。最后整烫		手针	

表 2–16　男式衬衫领制作工艺

序号	操作内容	操作图示	操作方法	缝型符号	使用工具	注意事项
1	裁配缝片	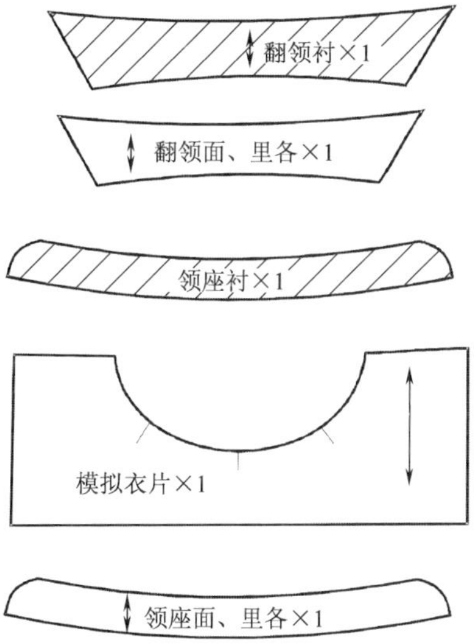 翻领衬×1 翻领面、里各×1 领座衬×1 模拟衣片×1 领座面、里各×1	领座面、里各1片，翻领面、里各1片，翻领衬（专用）1片，领座衬（专用）1片，模拟带领口衣片1片		剪刀	领口要与领座净尺寸相吻合，领子缝份要留1.2~1.5cm。衬要剪成净样
2	领片粘衬	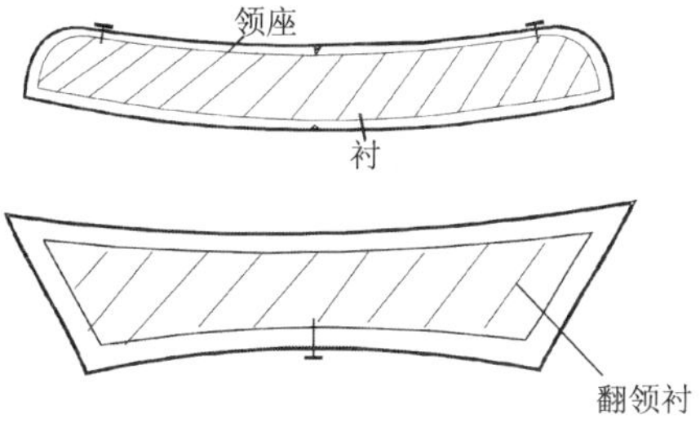 领座 衬 翻领衬	领座里粘衬，翻领面粘衬		熨斗	有时为增加翻领的硬度，还要增粘领角净衬

序号	操作内容	操作图示	操作方法	缝型符号	使用工具	注意事项
3	划净样线	图略	用领工艺板（净板）在翻领面、领座里的粘衬面分别划净样线。之后将缝份修剪成1cm			可以用不穿线的锁边机修剪缝份
4	缝合翻领	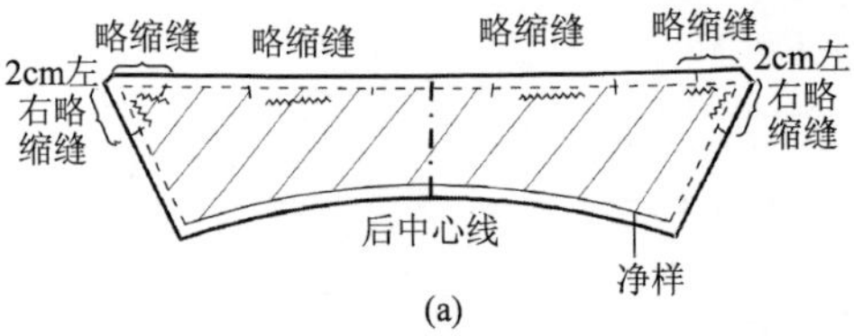 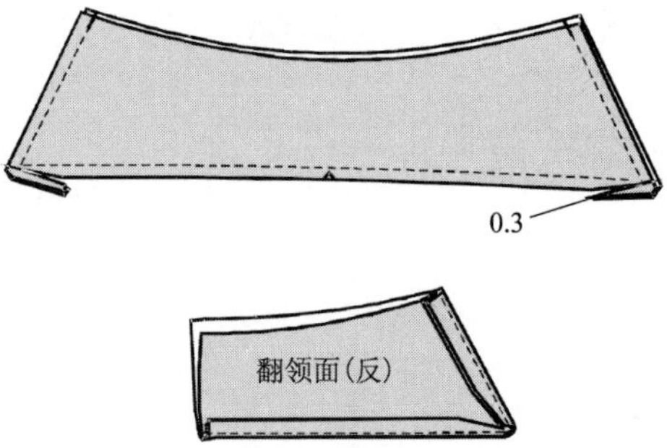 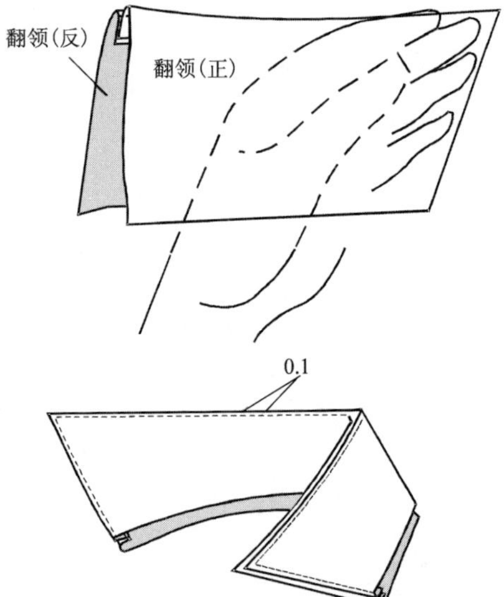 略缩缝　略缩缝　略缩缝　略缩缝 2cm左右略缩缝　2cm左右略缩缝 后中心线　净样 (a) 0.3 翻领面（反） (b) 翻领（反）　翻领（正） 0.1 (c)	a. 将翻领的面和里正面相对，领里在下，沿净缝线钩缝三边。车缝时，稍拉紧领里，特别是领角处 b. 领角处缝份修剪成0.3cm左右，然后将缝份向翻领面扣烫 c. 将领子正面翻出，整好领角，扣烫止口。之后沿止口缉一道0.1cm的明线，领里止口不可反吐	 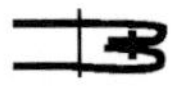	熨斗、单针平缝机	

续表

序号	操作内容	操作图示	操作方法	缝型符号	使用工具	注意事项
5	翻领与领座缝合	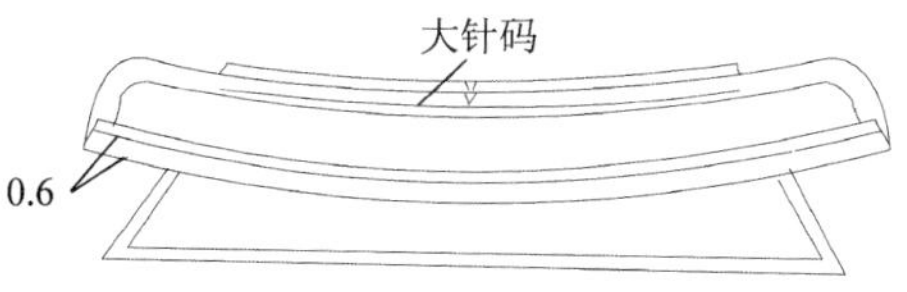 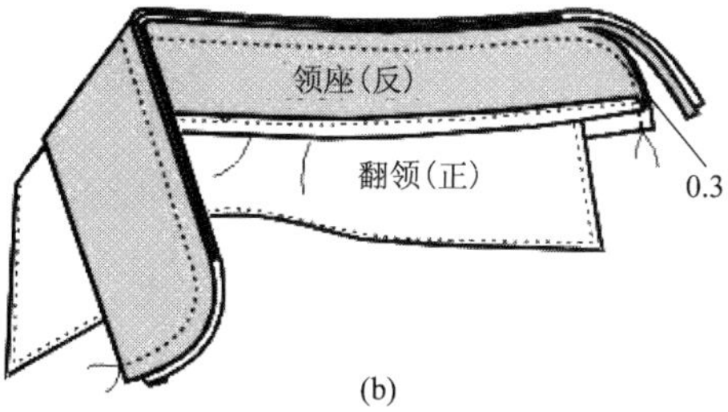 大针码 0.6 (a) 领座（反） 翻领（正） 0.3 (b)	a. 将领座里的下口向反面折0.8cm扣烫，然后缉一道0.6cm的线固定，再把领座的里与翻领面正面相对，中间剪口对准，大针码绷缝固定 b. 将翻领夹在领座面、里之间，沿领座净线缝合，修剪缝份		剪刀、单针平缝机	领座两端对位点与翻领两端边沿需对齐，翻领与领座应正面相对
6	整理领子	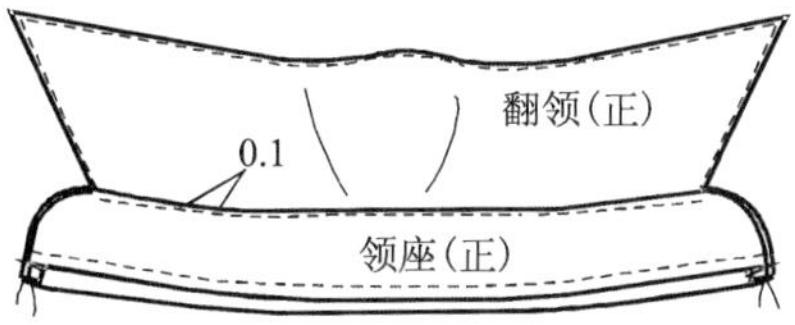 翻领（正） 0.1 领座（正）	把领座正面翻出，烫平，按图示沿领座上口压缉一道明线		熨斗、单针平缝机	
7	整烫领子	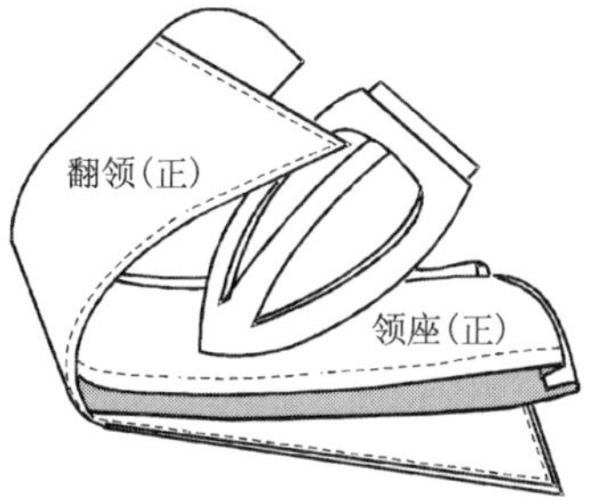 翻领（正） 领座（正）	将领子烫成立体状		熨斗	
8	绱领	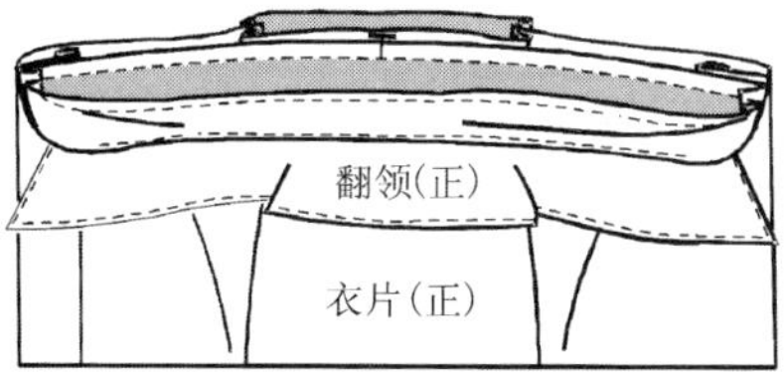 翻领（正） 衣片（正） (a)	a.将领座面与衣片领口正面相对，剪口对齐，领座两端偏出门襟止口0.1cm，平缝绱合		单针平缝机	

序号	操作内容	操作图示	操作方法	缝型符号	使用工具	注意事项
8	绱领	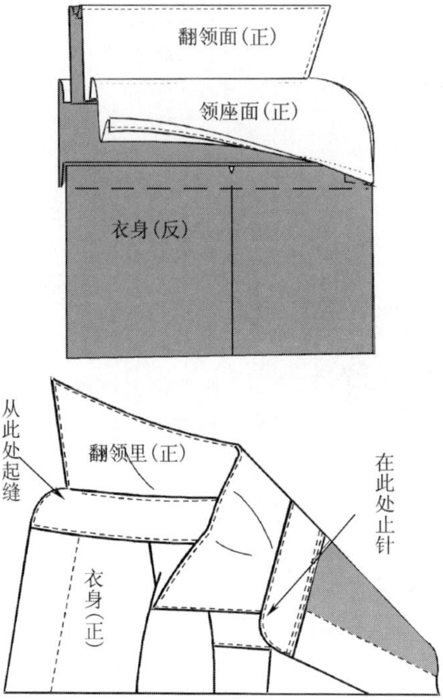 翻领面（正） 领座面（正） 衣身（反） 从此处起缝 翻领里（正） 在此处止针 衣身（正） (b)	b.将领座面翻上，与领座里夹住领口缝份，领座里的下口折边盖过绱领线0.1cm，从领座上口的明绱线起针，沿领座里的止口压绱0.1cm的明线，止于领座另一边的绱线处 完成缝绱后，整烫领子、衣身		单针平缝机	

表2-17　绱裤前门襟拉链工艺

序号	操作内容	操作图示	操作方法	缝型符号	使用工具	注意事项
1	裁配缝片	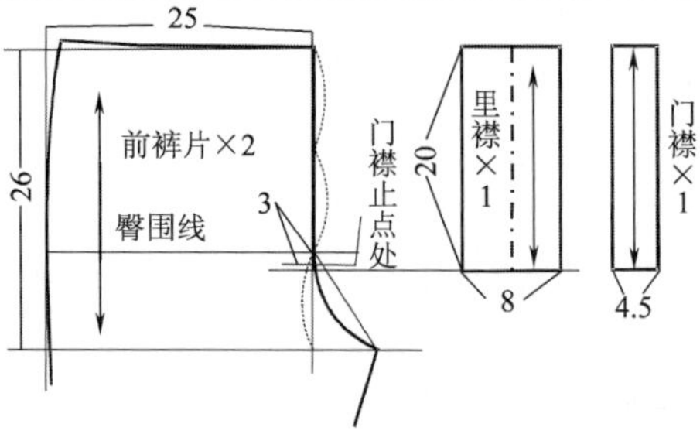 25 26 前裤片×2 臀围线 门襟止点处 3 里襟×1 20 8 门襟×1 4.5	模拟左、右前裤片各1片，门襟片1片，里襟1片，门、里襟无纺衬各1片		剪刀	
2	门、里襟粘衬	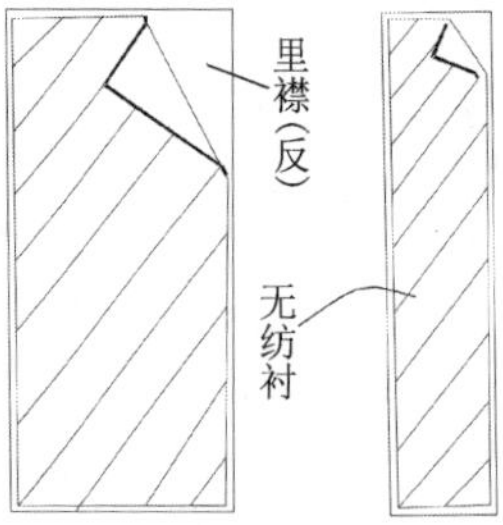 里襟（反） 无纺衬	将门、里襟反面粘上无纺衬		熨斗	

序号	操作内容	操作图示	操作方法	缝型符号	使用工具	注意事项
3	合小裆	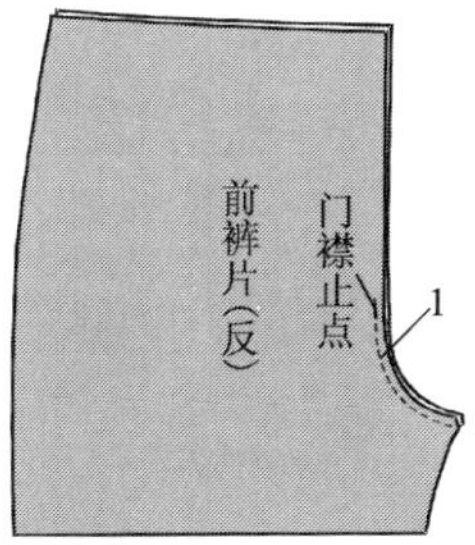 前裤片(反) 门襟止点 1	将左、右前裤片正面相对,从门襟止点起缝合小裆缝,起止针打倒回针	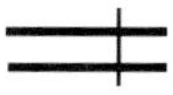 ═╪═	单针平缝机	
4	装门襟	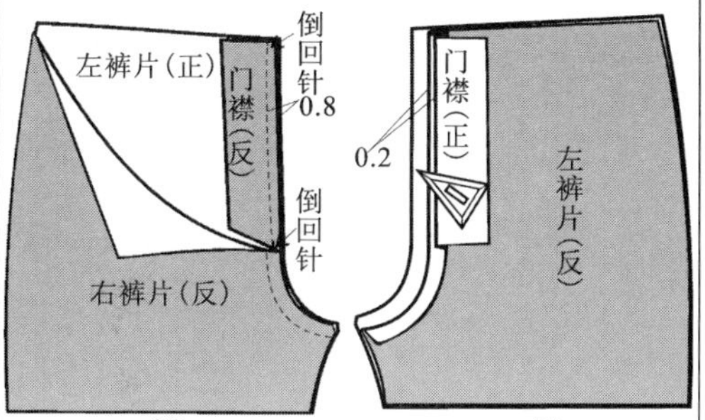 左裤片(正) 倒回针 0.8 门襟(反) 右裤片(反) (1)　门襟(正) 0.2 左裤片(正) 倒回针 左裤片(反) (2)	将门襟与左前裤片正面相对,按0.8cm的缝份车缝,分烫缝份。然后将门襟沿净缝向里折转扣烫,缝份倒向侧缝方向	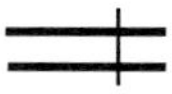 ═╪═	单针平缝机、熨斗	
5	装里襟、拉链	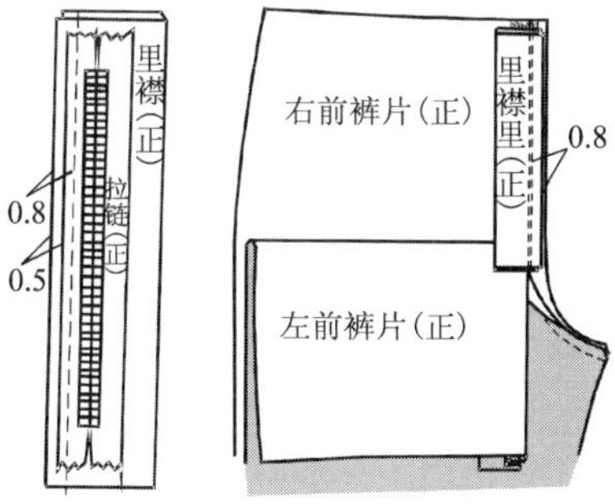 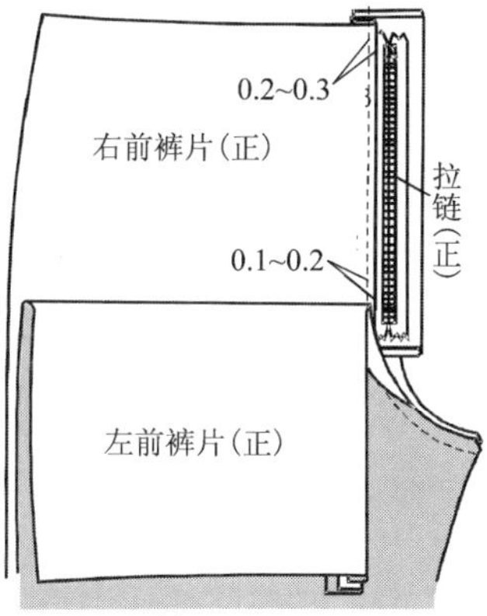 里襟(正) 拉链(正) 0.8 0.5 (a)　右前裤片(正) 里襟里(正) 0.8 左前裤片(正) (b)　右前裤片(正) 0.2~0.3 拉链(正) 0.1~0.2 左前裤片(正) (c)	a.将里襟正面朝外对折,然后将拉链反面与里襟正面相对,拉链边距里襟缝份0.5cm,大针码车缝里襟缝份0.8cm b.将固定好拉链的里襟与右前裤片正面相对,使拉链夹于里襟与裤片之间,按0.8cm车缝固定 c.将里襟连同拉链掀起铺平,缝份倒向裤片,沿裤片一侧压缉0.1cm的明线	 ═╪═	单针平缝机	

续表

序号	操作内容	操作图示	操作方法	缝型符号	使用工具	注意事项
6	门襟装拉链	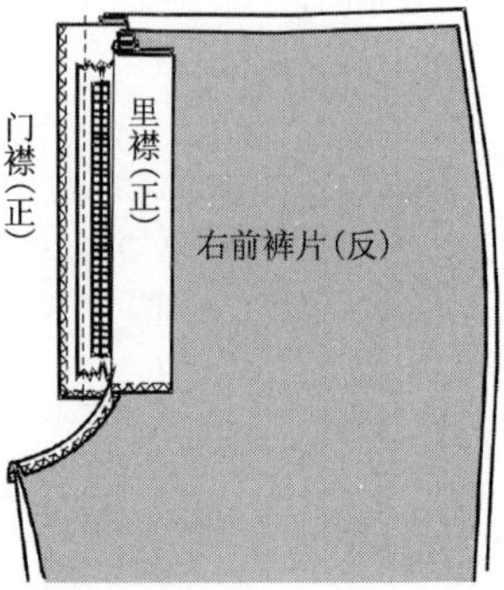 门襟(正) 里襟(正) 右前裤片(反)	将右前裤片与左前裤片正面相对，掀起里襟，拉链在上铺在门襟上，两者平缝缉合	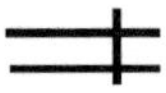	单针平缝机	
7	门襟缉明线，止口封结	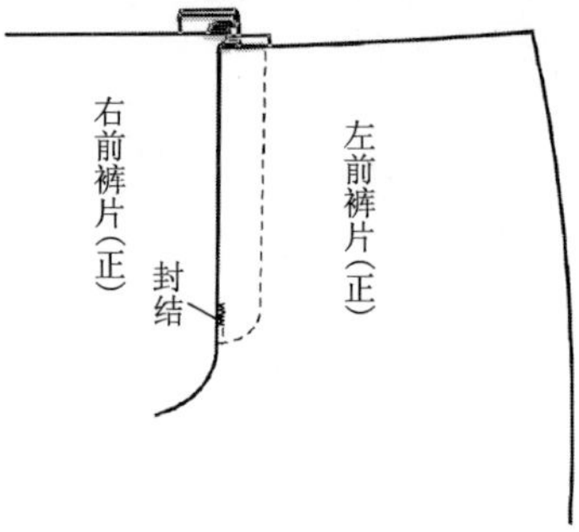 右前裤片(正) 封结 左前裤片(正)	将拉链拉合，前裤片正面向上，掀开里襟，门襟侧正面缉3cm装饰明线，止口处缉线呈弧形　里襟放回原处，在止口位封结固定	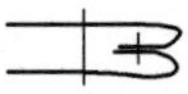	单针平缝机	有条件的可用套结机封结

注 质量要求：门襟平服无皱，拉链不外露，明缉线美观顺直，无断线，封结牢固美观，左右裤片腰口平齐。

表2-18 装饰手针工艺

序号	操作内容	操作图示	操作方法	用途	注意事项
1	贴布绣		将异色布按图案形状剪好后固定在主料图案位置上，四周用异色线或同色线以锁边针或斜十字针将其扣光缝定	多用于童装	
2	抽丝绣		在面料上抽去一定数量的经纱或纬纱，然后再用线在两边或四周做封针或扎牢缝，使面料纱线松散，然后将剩下的面料纱线编绕成各种图案		

续表

序号	操作内容	操作图示	操作方法	用途	注意事项
2	抽丝绣	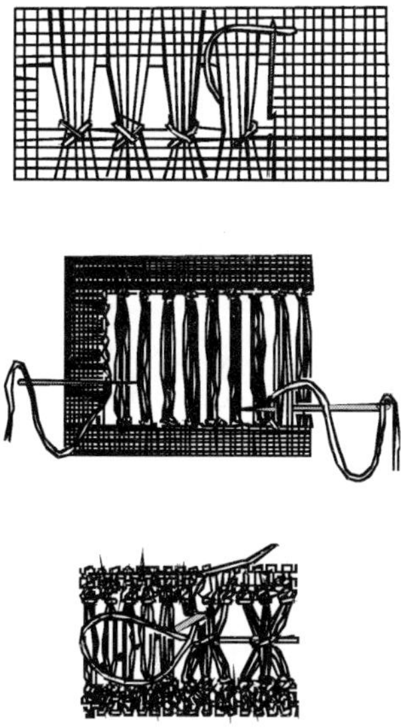	在面料上抽去一定数量的经纱或纬纱，然后再用线在两边或四周做封针或扎牢缝，使面料纱线松散，然后将剩下的画料纱线编绕成各种图案		
3	钉珠绣	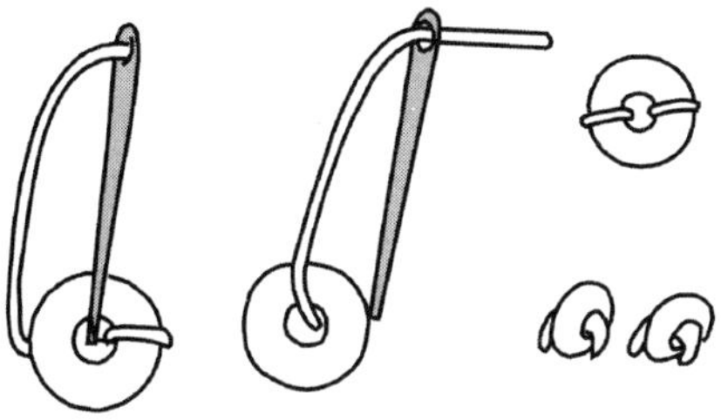	根据图案要求可分散地用回针刺绣，也可用成串的串钉针法		大珠粒图案可用双线绣钉，扁状珠粒或珠片可用环针针法，也可在其上加上一颗珠粒作为封针
4	蝴蝶结	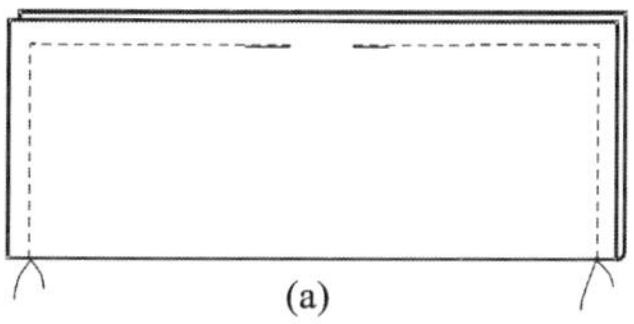 (a) 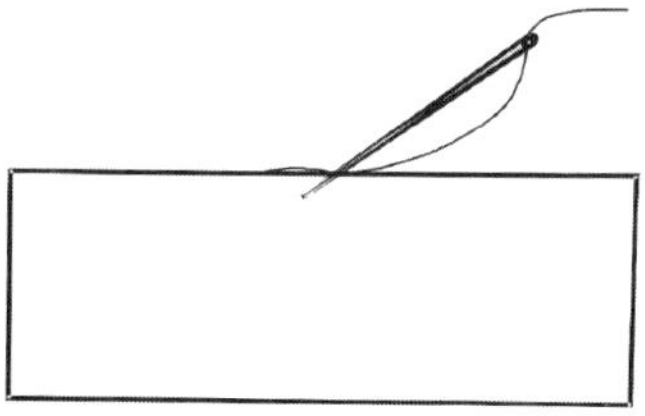 (b)  (c)	将面料缝合，抽缩形成装饰性较强的蝴蝶形的布花 a.将面料沿经向正面对折，车缝三边，长边中间留3cm翻口 b.从翻口处翻出正面，手针缲缝封住翻口 c.裁剪扎结条布，正面对折，沿长边车缝	用于童装、女装点缀	

序号	操作内容	操作图示	操作方法	用途	注意事项
4	蝴蝶结	 (d) 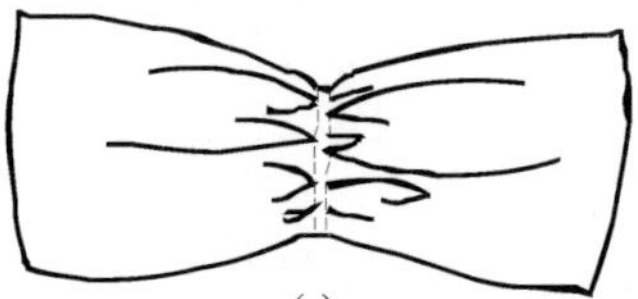 (e) 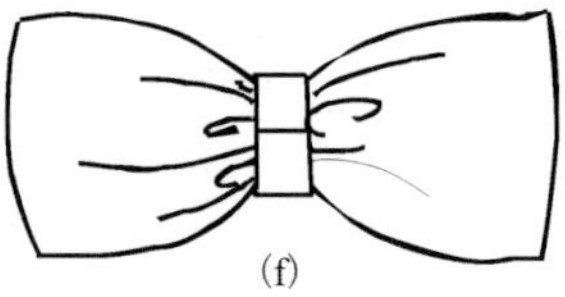 (f)	d. 翻至正面 e. 在蝴蝶结中间横向大针码缝两道线，之后抽紧 f. 将扎结条紧包在蝴蝶结的中间，毛茬叠盖在背面，接口用手针缝牢	用于童装、女装点缀	
5	珠针（打子绣）	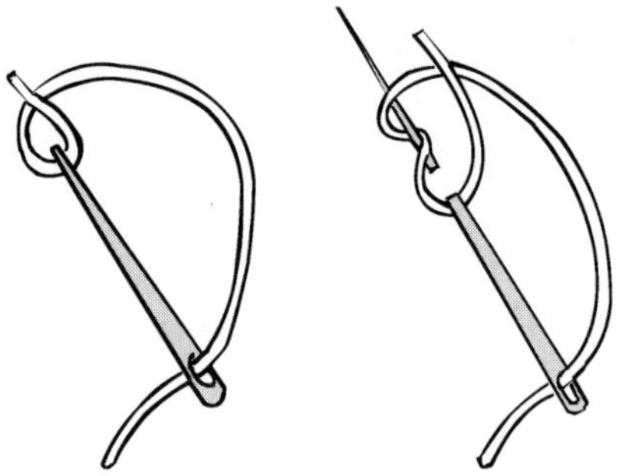 	绣针穿出布面后，将线在针上缠绕两圈，再拔出针之后向线迹旁刺入	用于花蕊或点状图案	要求排列均匀

续表

序号	操作内容	操作图示	操作方法	用途	注意事项
6	穿环针	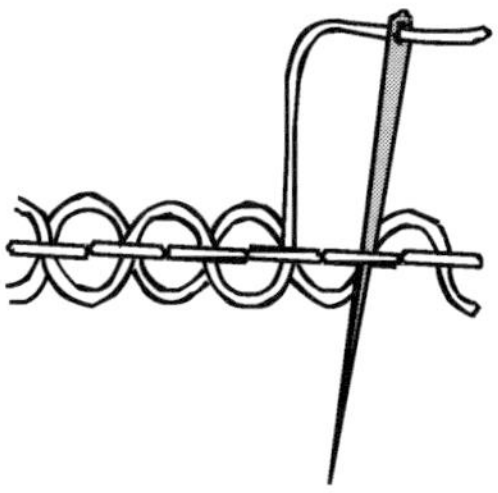	先做绗针，然后在针距空隙中用另一色线补缺成回形针状，再用第三色线穿绕成波浪状，最后再用第四色线同第三色线法穿绕，补充波浪线迹的空白		针迹长短一致、图案顺直，色线要搭配美观
7	绕针（螺丝针）	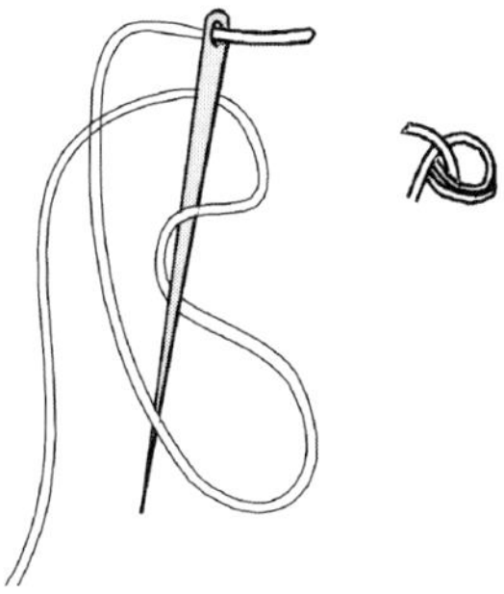	将绣针挑出布面后，绣线在绣针上缠绕数圈，将绣线从线环中穿过，然后将针刺入布面	常用于花蕾及小花朵刺绣	绣线在绣针上缠绕的圈数视花蕊大小而定　绕成的绣环结可呈长条形或环形，线环扣得结实紧密
8	十字针（十字挑花）	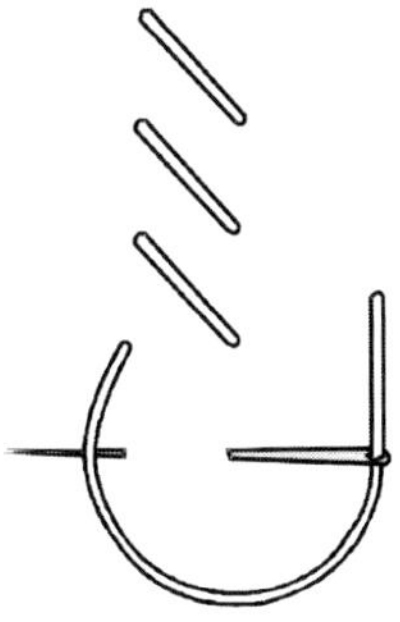 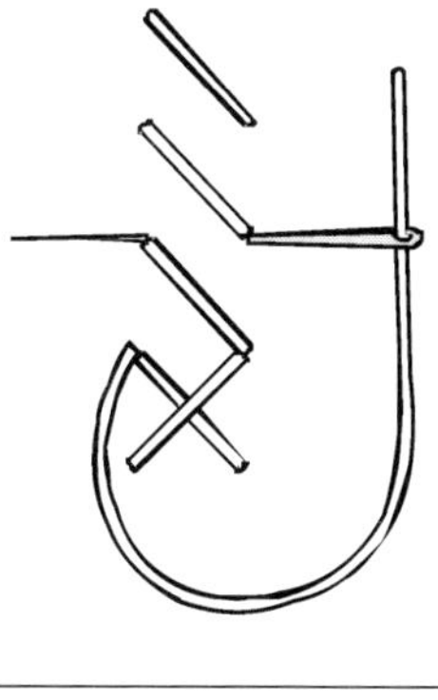	针法有两种，一种是将十字对称线迹一次挑成，另一种是先从上到下挑好同一方向的一行，然后再从下到上挑另一方向的另一行	可配合各种色彩的绣线由十字针迹排列成各种图案	针迹要求排列整齐，行距清晰，十字大小要均匀，拉线要轻重一致

序号	操作内容	操作图示	操作方法	用途	注意事项
9	绕针绣	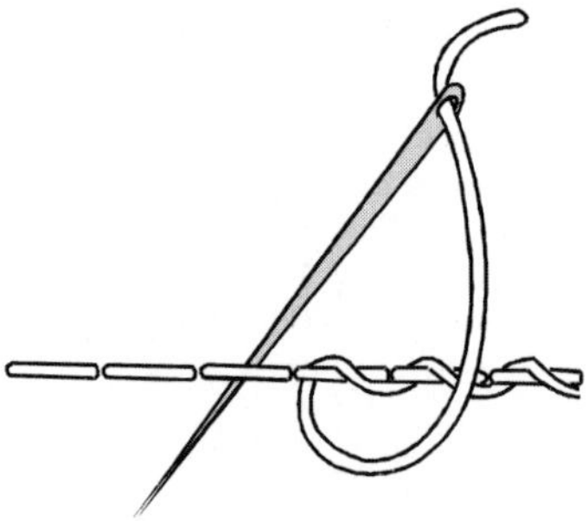	刺绣时先绣回形针迹，再用线缠绕在原来的针迹中，产生捻线的感觉	用于毛呢服装的门襟边缘	
10	水草绣	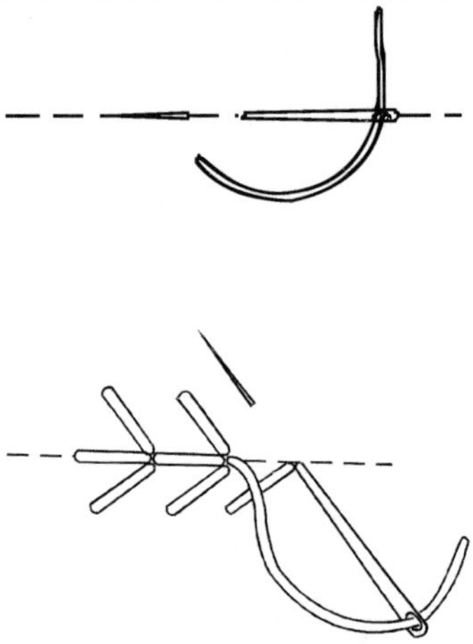	先绣下斜线，再绣横线和上斜线	线迹长短、宽窄要求一致
11	盘肠绣	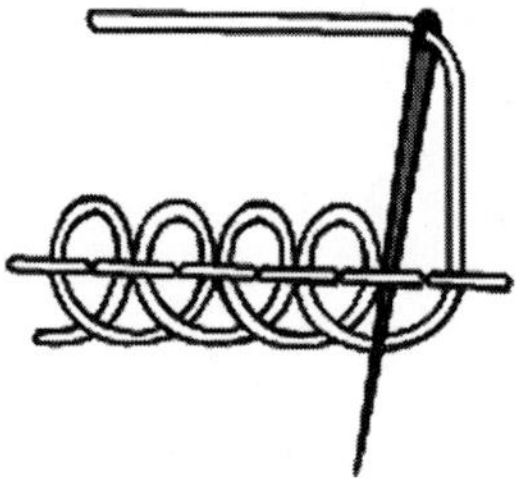	刺绣时，先做绗针，然后在针距空隙补缺呈回形针状，再用另一绣线在回形针迹中穿绕形成盘肠线迹		穿绕时松紧要一致
12	杨树花针（花绷针）	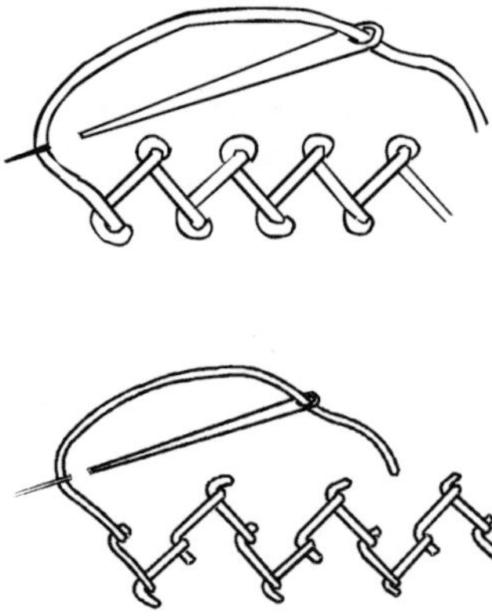 一针花 两针花	针法可分一针花、两针花、三针花		针迹长短要求一致，图案顺直

序号	操作内容	操作图示	操作方法	用途	注意事项
12	杨树花针（花绷针）	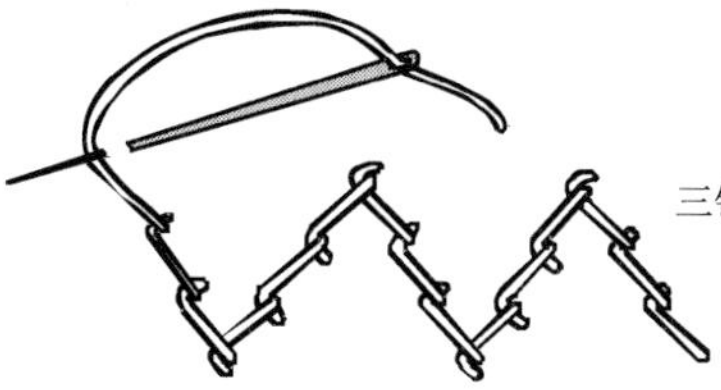 三针花	针法可分一针花、两针花、三针花		针迹长短要求一致，图案顺直
13	串针	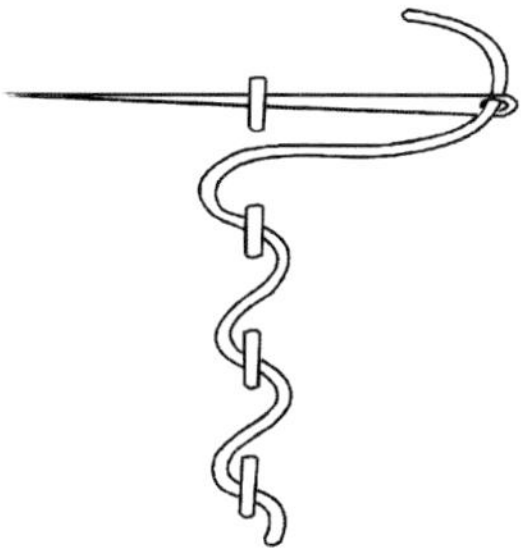	绣针做绗针针迹，再用其他绣线在其间穿过	多用于女装和童装的门襟、止口及袋口处装饰	
14	旋针	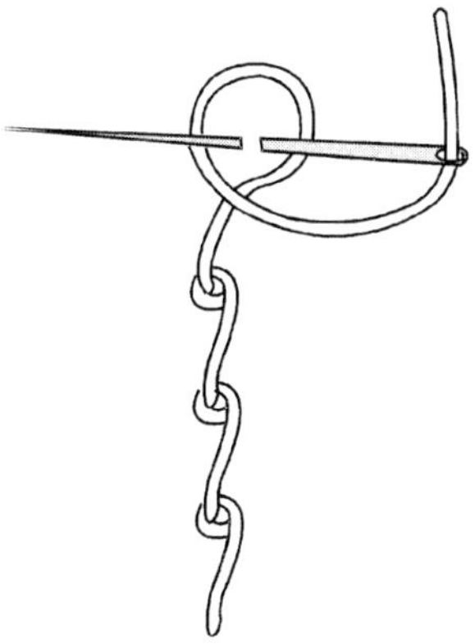	隔一定距离打一套结，再向前运针，周而复始，形成涡旋形线迹	多用于花卉图案的枝梗	
15	竹节针	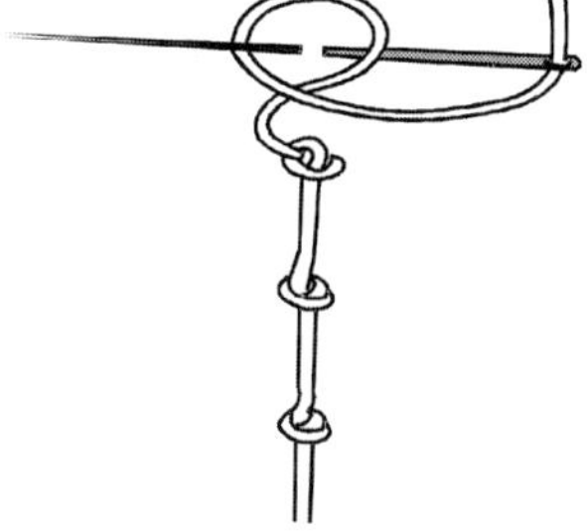	将绣线沿着图案线条，每隔一定距离做一线结并绣穿面料	多用于刺绣各类图案的轮廓线	

续表

序号	操作内容	操作图示	操作方法	用途	注意事项
16	山形针	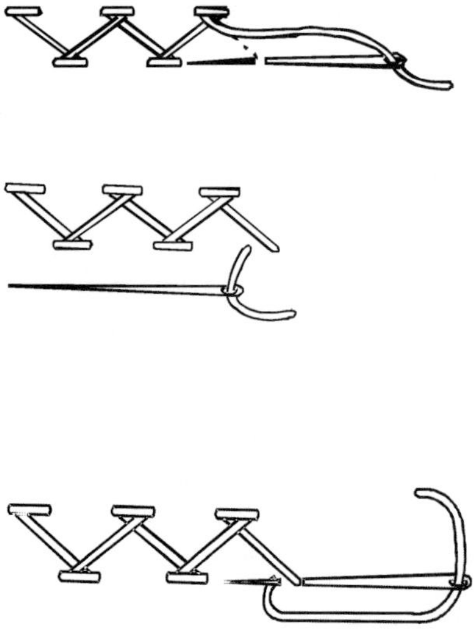	针法与线迹和三角针相似，只是在斜行针迹的两端加一回针	多用于育克边缘装饰	
17	链条针（锚链针）	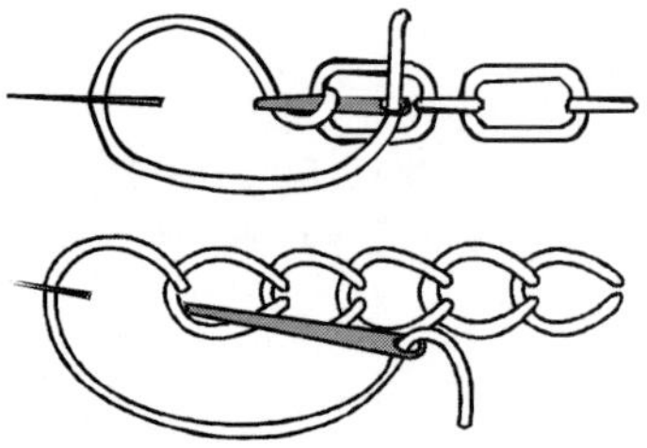	针法分正套和反套 正套：先用绣线绣出一个线环，再将绣针压住绣线后运针，做链条状 反套：先将针线引向正面，再与前一针并齐的位置将绣针插下，压住绣线，然后在线脚并齐处绣第二针，逐针向上而成	可用于图案的轮廓线	若作宽形链条状，则两边的起针距离大，且挑针角度形成斜形
18	嫩芽针（丫形针）	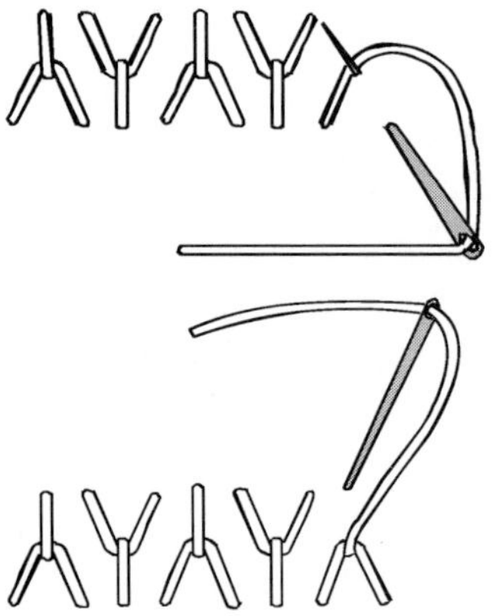	将套环形针法分开绣成嫩芽状	多用于儿童、少女服装	

续表

序号	操作内容	操作图示	操作方法	用途	注意事项
19	叶瓣针	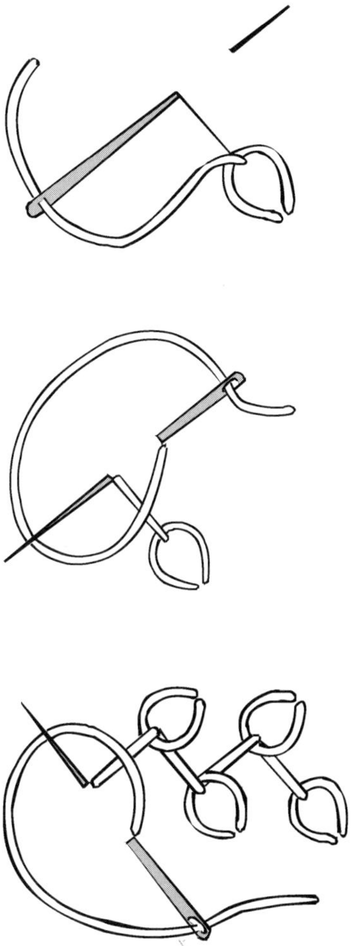	将套环的线加长，使连接各套环的线呈锯齿形	多用于边缘的装饰	

本章小结

　　本章学习了缝制工艺相关的基础知识和技能（包括机缝工艺、熨烫工艺），以及服装常用零部件的缝制。机缝工艺中的各种缝型是服装缝制和工艺设计的基础，不同的面料，衣片不同的部位和要求，决定了所应选用何种线迹，而不同的线迹需通过应用不同的设备来实现。要做好一件服装，特别是高档服装，熨烫工艺绝不可忽视，了解熨烫原理、掌握熨烫手法起着关键作用，即三分做七分烫，同时合理选配面料、加工、保养和使用服装，都与熨烫有关，但相当一部分的学生对此方面的知识与技能重视不够。常用零部件缝制是服装组合缝制的难点，解决这一难点，对提高整件服装的缝制质量和缝制速度关系重大。当然，在缝型、零部件缝制过程，熨烫工艺不可或缺。装饰手针工艺可使服装锦上添花，有时甚至能起到画龙点睛的装饰效果，使一件普通面料的服装增色。

思考题

1.为什么不同面料、不同衣片、不同部位要选用不同的缝型？

2.常用的平缝机、包缝机、锁眼机、钉扣机、链缝机分别采用什么线迹？

3.为什么机织类服装和针织类服装所用的设备大不相同？

4.从熨烫角度考虑，为什么做高档西服要选择纯毛面料？

5.为什么说，零部件缝制是一件服装组合缝制的难点？

第三章　衬衫缝制工艺

专业知识、专业技能与训练

课题名称：衬衫缝制工艺

课题内容：

1.男衬衫缝制工艺

2.女衬衫缝制工艺

课题用时：

总学时：48学时

学时分配：男衬衫缝制工艺24学时，女衬衫缝制工艺24学时

教学目的与要求：

1.使学生掌握男、女衬衫的制板知识与技能（包括规格设计、结构制图及衣片放缝）。

2.使学生熟悉从制图到制成品的程序及每个程序的任务、方法与要求。

3.熟悉成衣缝制工艺流程、方法和要求。

4.熟悉成品质量检验的标准、方法和要求。

5.熟悉常用的衬衫用料。

教学方法：理论讲授、示范操作、实物样品参考、巡回辅导。

课前准备：

1.知识准备：复习男、女衬衫的结构制图知识及相关材料知识。

2.材料准备：

（1）制图、制板材料：牛皮纸5张。

（2）缝制工具:剪刀、镊子、12号机针等。

（3）缝制材料：机缝线1轴。

（4）面料：正规衬衫用料。这类衬衫在正式社交场合及办公室等半正式场合穿着，它要求严谨、端庄，对面料要求高。常选用真丝塔夫绸、绉缎，全棉精梳高支府绸，全毛高支精纺麦斯林及高支竹纤维织物等。大众面料多选用涤/棉府绸、细布，纬长丝面料，小提花细布、牛津纺或青年布等。

男便服衬衫：注重追求男士的潇洒风度，这类衬衫穿着轻松舒适和惬意，且款式多样，风格各异。面料形式也多样丰富，可选丝光纯棉或涤/棉条格布、棉斜纹布、棉细布、涤麻布、水洗布、磨绒布细条绒、塔夫绸、双绉、砂洗丝绸等。

女衬衫选料：受时尚影响很大。轻薄型衬衫面料应柔软飘逸，凉爽舒适，吸湿透气。

高档面料可选各种真丝面料，如双绉、电力纺、乔其纱、绉缎、桑波缎、斜纹绸、绢丝纺等；也可选各种薄型棉麻及其混纺面料，如府绸、麻纱、细纺、印花布、泡泡纱等。大众面料有人造棉、富春纺、涤纶水洗丝、水洗绸、涤纶乔其纱、纺绸等。春秋季主要选用细灯芯绒、涤棉布、绒布、薄牛仔布、牛津纺、罗缎等。

用料量：幅宽 144cm、150cm，需要布长＝衣长＋袖长＋10cm。

幅宽113cm，需要布长＝衣长×2＋20cm。

（5）其他材料：有纺衬或无纺衬，幅宽90cm，用量约50cm，可用于衣领、袖口；直径1.2cm，纽扣12粒。

教学重点：

1.依据不同场合、不同季节选配缝制衬衫所需的有关材料和估算用量的能力。

2.衬衫的缝制流程与缝制方法和要求。

3.男式衬衫领的缝、绱及袖衩缝制。

课后作业：

1.独立完成一件男衬衫从制板、选料、铺料裁剪、缝制与检验的全部工作。

2.独立完成一件女衬衫从制板、选料、铺料裁剪、缝制与检验的全部工作。

衬衫是主要的服装品种之一，对于男性更为重要。按穿着场合，衬衫一般可分为正规衬衫、半正规衬衫与休闲衬衫三类。正规衬衫一般在正式场合穿用，为前胸平整或打褶，门襟上有贵重的饰品，袖口有与之相配的链扣；半正规衬衫一般在半正式场合穿用，衬衫相对没有过多的装饰，下摆包括圆摆和平摆两种，一般有收腰式和直筒式两种造型；休闲衬衫更注意追求男士潇洒不凡的气概或高雅风度，款式多样，风格迥异，款式变化有有领、无领、翻领，长袖、短袖、束腰、直身等。

与男衬衫相反，女衬衫受流行因素影响更大，款式变化更为多样，从领型上看，有端庄的硬翻领衬衫、轻松的开领衬衫、简洁明了的无领衬衫、优雅脱俗的立领衬衫、活泼浪漫的荷叶边领衬衫、领子与衣身浑然一体的连领衬衫等；造型包括直身型、紧身型，下摆收口式或 A 型蓬松式等多种样式；袖型包括装袖、插肩袖、蝙蝠袖、泡泡袖等。另外，女衬衫还有各种各样的装饰加工工艺，如机绣、手绣、贴绣、抽纱、嵌线、缉明裥，等等。

第一节　男衬衫缝制工艺

一、男衬衫款式特征

本款男衬衫为尖角立翻领,领座开一个扣眼,明门襟,左襟开五个扣眼,左胸一个贴袋,后过肩背中部设褶裥一个,圆下摆,装袖,袖口开衩收两个裥,装圆角袖克夫,如图 3-1 所示。

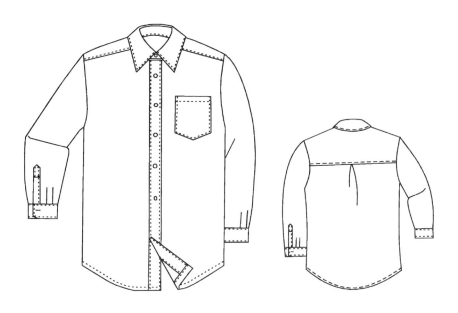

图3-1　男衬衫款式图

二、男衬衫制图规格与结构制图

1. **男衬衫主要部位制图规格**　见表 3-1。

2. **男衬衫细部制图规格**　见表 3-2。

表 3-1　男衬衫主要部位制图规格　　　　　单位：cm

号 / 型	衣长	胸围（B）	肩宽（S）	领围（N）	袖长（SL）	袖口围
175/92A	76	112	46.4	40	60	25

表 3-2　男衬衫细部制图规格　　　　　单位：cm

部位	明门襟宽	里襟贴边宽	袖克夫长	袖克夫宽	袖衩长	袖衩宽	底边折边宽	领座	翻领
规格	3.2	2.5	25	6	14	2.5/1.3	1.2	3.3	4.5

3. **男衬衫结构制图**　如图 3-2 所示。

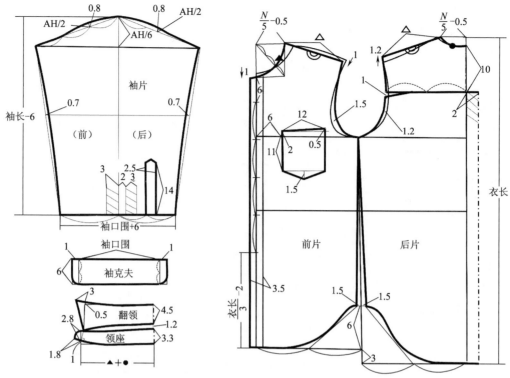

图3-2　男衬衫结构制图

三、男衬衫样板与排料图

1. **男衬衫样板制作**　男衬衫样板如图 3-3 所示。

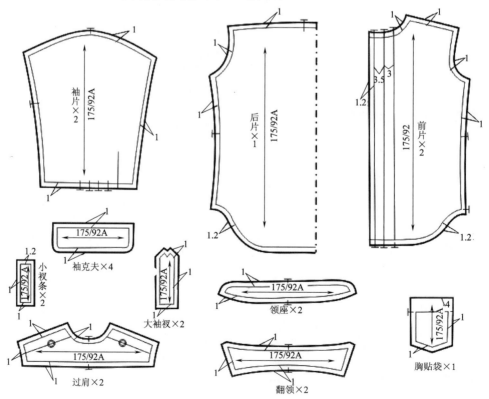

图3-3　男衬衫样板

2.男衬衫排料图　如图 3-4 所示。

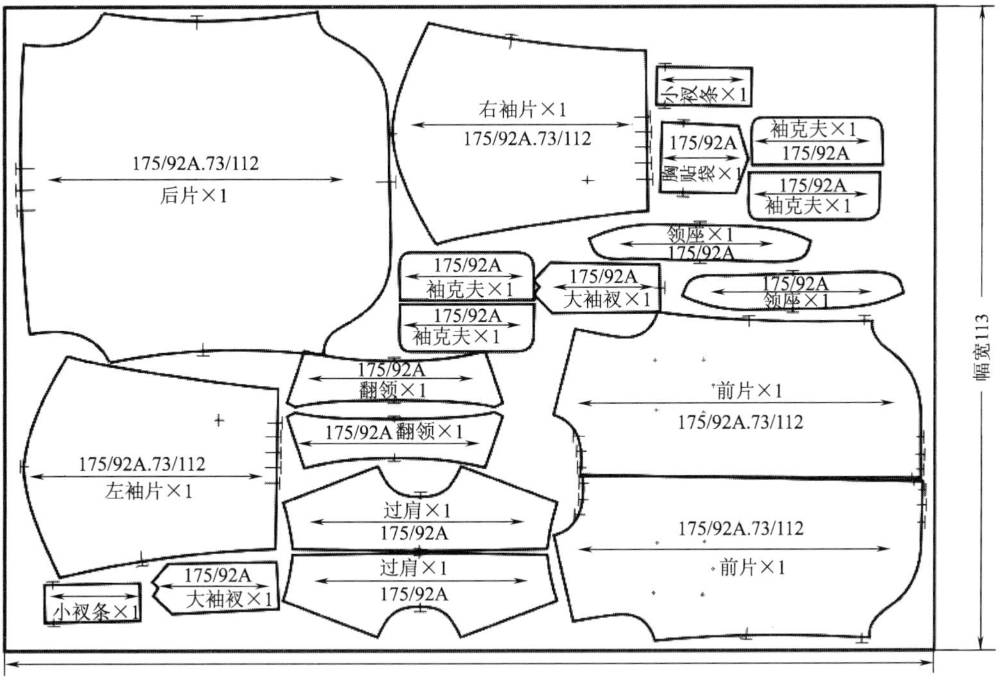

图3-4　男衬衫排料图

四、男衬衫部件与辅料裁配统计

1.男衬衫部件裁配　见表 3-3。

表 3-3　男衬衫部件裁配表

名称	前片	后片	过肩	袖片	袖克夫	
数量	2	1	2	2	4	
名称	大袖衩	小袖衩	翻领面、里		领座面、里	胸贴袋
数量	2	2	2		2	1

2.男衬衫辅料裁配　见表 3-4。

表 3-4　男衬衫辅料裁配表

名称		翻领面衬（有纺衬）	袖克夫面衬（有纺衬）		领座里衬（有纺衬）		
数量		1	2		1		
名称	纽扣	备用扣	商标	尺码标	尺码带	成分标	线
数量	6	2	1	1	1	1	若干
名称		翻领里衬（无纺衬）	袖克夫里衬（无纺衬）		领座面衬（无纺衬）		
数量		1	2		1		

五、男衬衫零部件缝制训练

详见第二章第三节相关内容。

六、男衬衫工艺流程图

1. **男衬衫裁剪工序工艺流程** 如图 3-5 所示。

2. **男衬衫缝制工序工艺流程** 如图 3-6 所示。

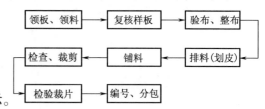

图3-5 男衬衫裁剪工序工艺流程图

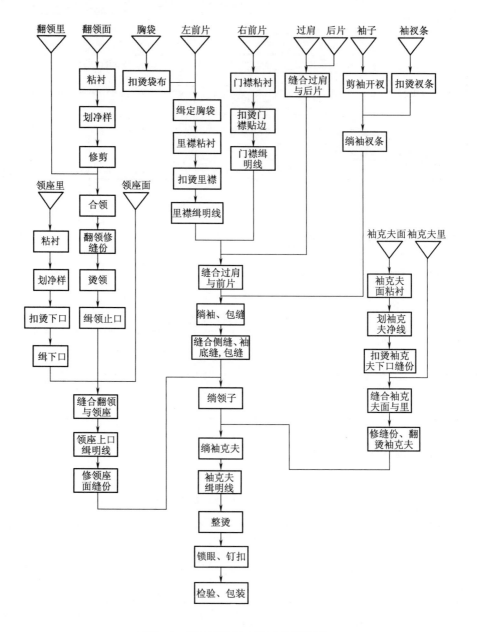

图3-6 男衬衫缝制工序工艺流程图

七、男衬衫缝制方法（表3-5）

表 3-5　男衬衫缝制方法

序号	工艺内容	工艺图示	缝型符号	针距密度（针/3cm）	使用工具	缝制方法
1	做门襟、里襟	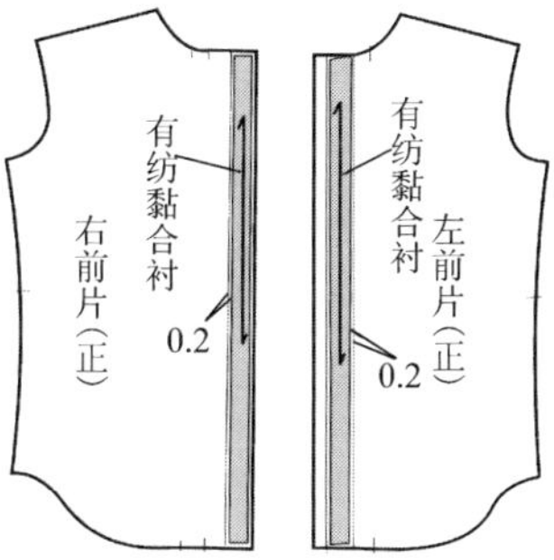 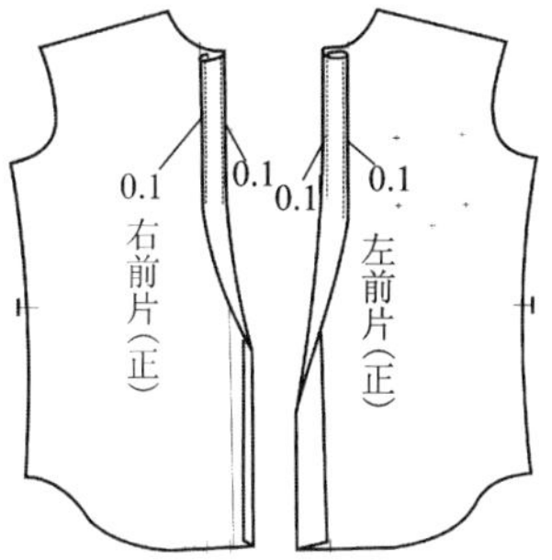 有纺黏合衬 右前片（正） 0.2　左前片（正） 有纺黏合衬 0.2 (a)　0.1 右前片（正）0.1 0.1 左前片（正）0.1 (b)		14~17	熨斗、单针平缝机（带挡边器）或双针链缝机	a. 门、里襟粘衬：按剪口位置将黏合衬粘贴在左、右前片正面的门、里襟处 b. 扣烫门、里襟贴边：先按第一剪口扣光毛边，然后按第二剪口折转贴边并扣烫门、里襟缉明线：在门、里襟贴边两侧止口缉0.1cm的明线，两明线距3cm
2	缉胸贴袋	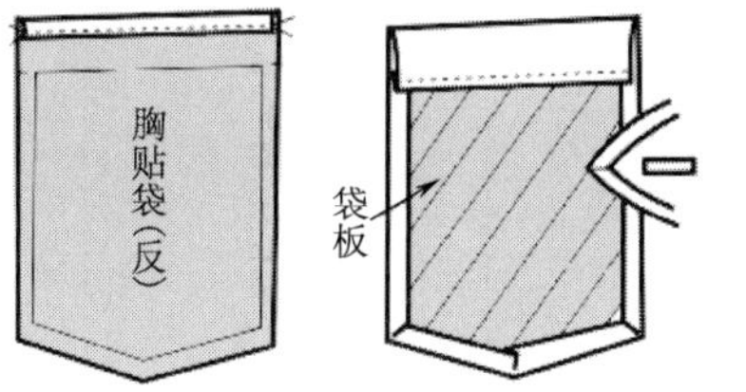 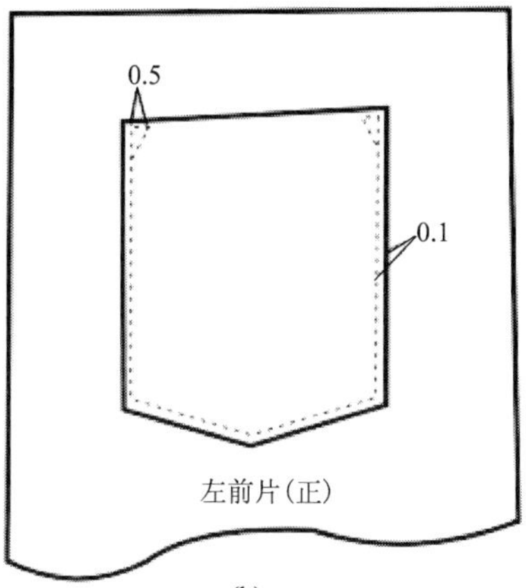 胸贴袋（反）　袋板 (a)　0.5　左前片（正）0.1 (b)	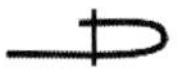 	14~17	熨斗、单针平缝机（带挡边器）或双针链缝机	a. 扣烫胸贴袋：先将袋口折边向反面扣烫1cm并机缝固定，之后用净袋板把其他边缝份向反面扣烫，最后把袋口贴边向反面扣烫 b. 缉袋：将左前片正面向上平铺，把烫好的贴袋，按缝制标记放于贴袋位置，从左起针，缉缝0.1cm明线，袋口封成直角三角形状，三角形底边为0.5cm。操作时，左手按袋布，右手按住左前片稍拉紧些，以防起皱

续表

序号	工艺内容	工艺图示	缝型符号	针距密度（针/3cm）	使用工具	缝制方法
3	缉褶裥	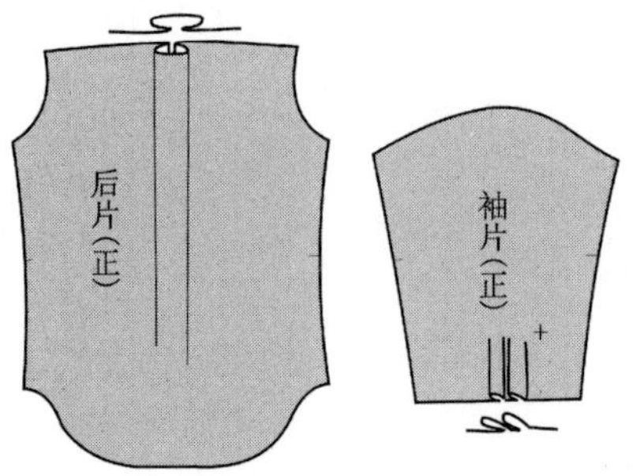 后片（正）　袖片（正）	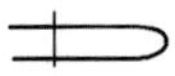	14~17	单针平缝机	缉缝后片褶裥及袖口裥
4	绱过肩	图略		14~17	熨斗、单针平缝机（带挡边器）	请参见表2-14内容
5	做领及绱领	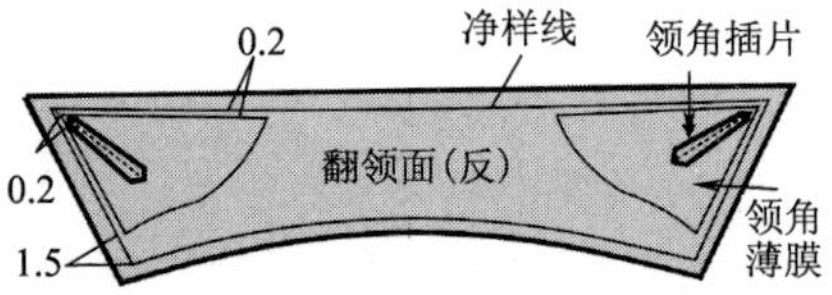 净样线　领角插片 0.2 翻领面（反） 0.2　领角薄膜 1.5		14~17	熨斗、单针平缝机（带挡边器）	请参见表2-16内容　　为了提高翻领两角的平挺度，可在翻领面领角处配领角薄膜和领角插片。先在领角薄膜上缉领角插片，插片尖角处距领角薄膜0.15~0.2cm。领角薄膜两边距领衬净尺寸线0.1~0.2cm，下口最低处距净样1.2~1.5cm，然后将熨斗温度调高压烫领角薄膜。为防止薄膜热缩，影响领子质量，需按45°裁剪。绱领时，把商标夹缝于领座面与过肩（后片）里之间的中部

续表

序号	工艺内容	工艺图示	缝型符号	针距密度（针/3cm）	使用工具	缝制方法
6	做袖开衩	图略		14~17	熨斗、单针平缝机（带挡边器）	请参见表2-13内容
7	绱袖	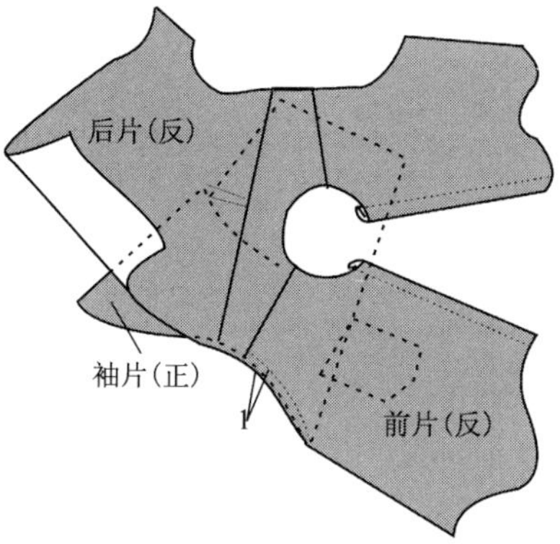 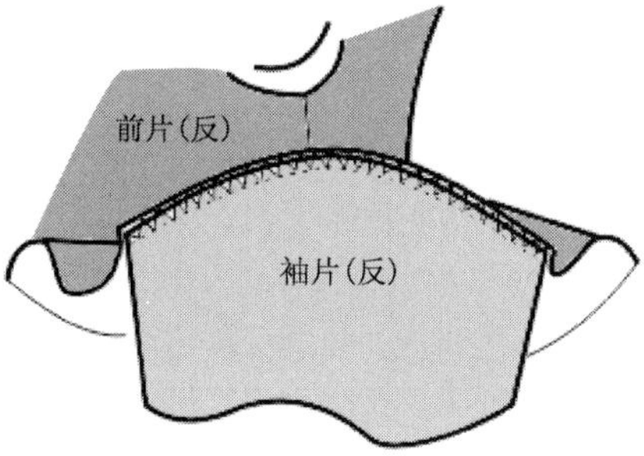 后片（反） 袖片（正） 前片（反） (a) 前片（反） 袖片（反） (b)	✛	14~17 9	单针平缝机、三线包缝机或五线包缝机	a. 袖片在下，衣身在上，正面相对，使袖山与袖窿的标记对合，平缝绱合，缝份1cm b. 最后将袖山袖窿两层缝份一起包缝，也可用五线包缝机一次完成缝与包
8	缝合侧缝、袖底缝	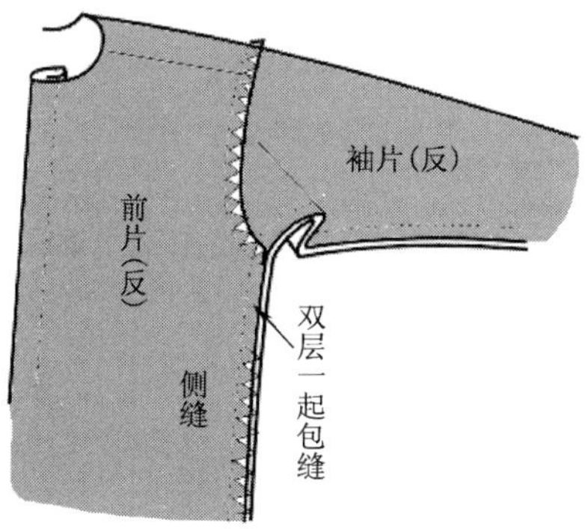 袖片（反） 前片（反） 侧缝 双层一起包缝	✛	14~17 9	单针平缝机、三线包缝机或五线包缝机	前片在上、后片在下，正面相对，袖底十字缝对齐，从底边处起针缝合，一直缝至袖口，要求缝合时袖窿缝份倒向衣袖方向，右身侧缝夹缝尺码标和成分标，其位置距底边12~14cm，袖底缝、侧缝合缝完成之后将两层缝份毛边一起包缝

序号	工艺内容	工艺图示	缝型符号	针距密度（针/3cm）	使用工具	缝制方法
9	做袖克夫	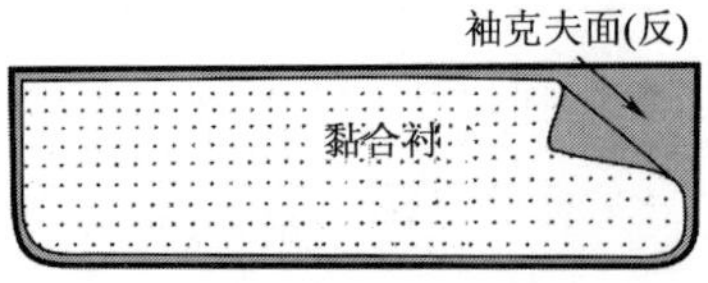 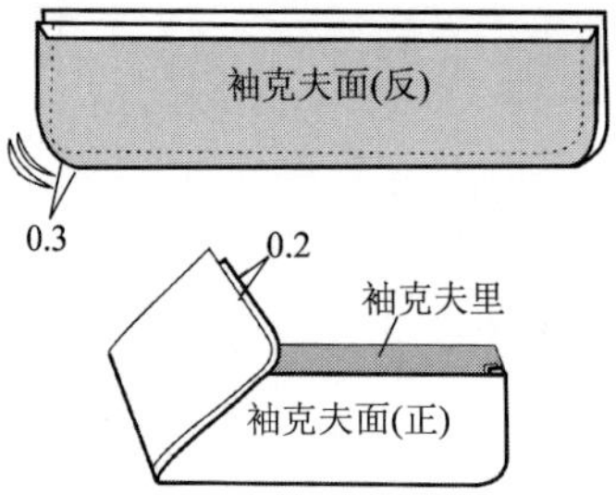 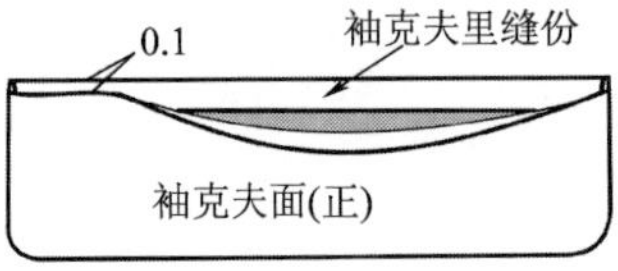 （a）袖克夫面（反）黏合衬 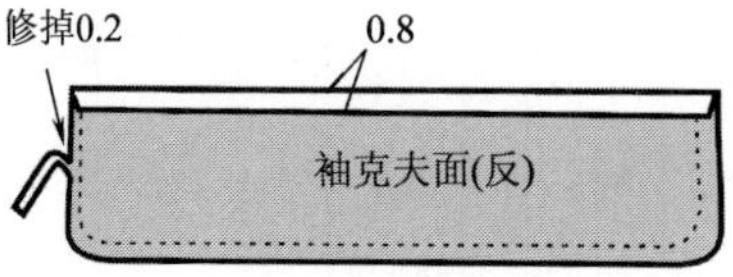 （b）修掉0.2　0.8　袖克夫面（反） （c）袖克夫面（反）　0.3　0.2　袖克夫里　袖克夫面（正） （d）0.1　袖克夫里缝份　袖克夫面（正）	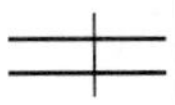 ╪	14~17	单针平缝机、熨斗	a. 袖克夫面粘衬，再将袖克夫面向反面扣折0.8cm烫平。然后用工艺板在袖克夫面的衬上划净样线 b. 将袖克夫面、里正面相对，面在上，沿净缝线缉合。注意缝缉时袖克夫里要稍拉紧些，以便做出里外匀 c. 将袖克夫圆角修剪成0.3cm缝份，翻至正面，用圆角净板翻足圆头并熨平，止口不反吐 d. 将袖克夫里的下口缝份塞进面、里之间，使得里比面偏出0.1cm，烫实
10	装袖克夫	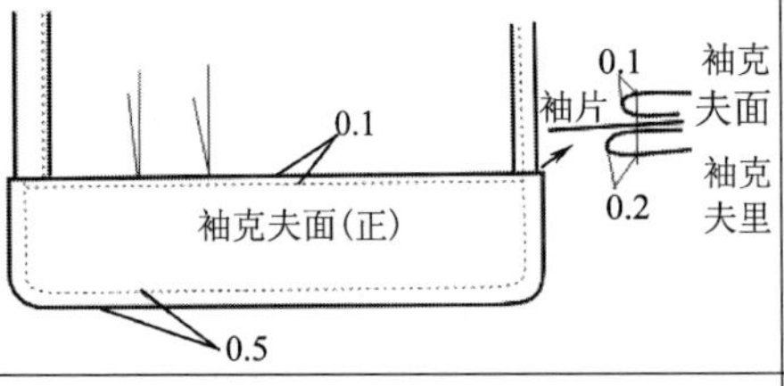 0.1　袖克夫面　袖片　0.2　袖克夫里　0.1　袖克夫面（正）　0.5	 ⫸	14~17	单针平缝机（带挡边器）	将袖口塞进袖克夫，两端包紧后从正面缝缉0.1cm的明线，袖克夫其他三边缉0.5cm明线。注意，要保证袖克夫止口不反吐
11	卷缉底边	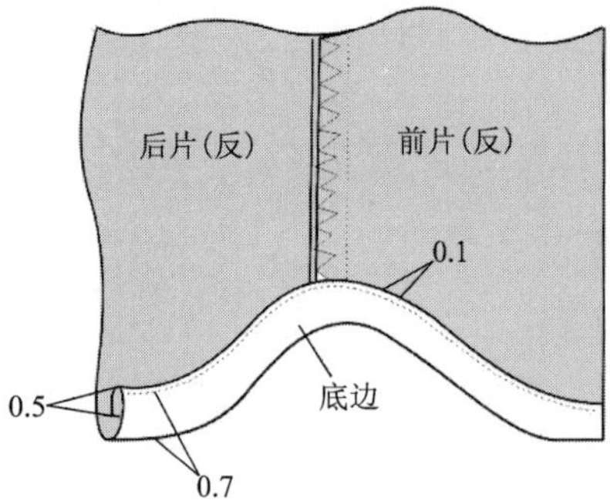 后片（反）　前片（反）　0.1　0.5　底边　0.7	 ⊐	14~17	单针平缝机（带挡边器）	检查门、里襟长度一致，卷缝底边，第一次折进0.5cm，第二次折进0.7cm，自门襟一侧底边起缝，从卷边里侧缉0.1cm止口

续表

序号	工艺内容	工艺图示	缝型符号	针距密度（针/3cm）	使用工具	缝制方法
12	锁眼、钉扣				锁眼机、钉扣机	锁眼：领座左端锁横扣眼1个，左门襟锁直扣眼5个。袖克夫锁横扣眼1个 钉扣：在右门襟上钉扣，位置与扣眼位一致，钉牢 衬衫扣眼均为平头扣眼，眼大1.2cm 侧缝或门襟位置缝备用扣1个
13	整烫	图略			剪刀、熨斗	a. 清剪线头，清除污渍 b. 领子烫成窝势 c. 袖子烫平，褶裥处烫平 d. 放平后身，熨烫后身及褶裥 e. 熨烫前身门、里襟与贴袋

八、男衬衫质量标准

这里所用衬衫质量标准引自 GB/T 2660—2008 中关于衬衫质量、规格的要求部分细则。

1. 规格要求 见表 3-6。

表 3-6 衬衫成品主要部位规格允许偏差表 单位：cm

部位名称	衬衫	有填充物衬衫
领 大	±0.6	±0.6
衣 长	±1.0	±1.5
长袖长	±0.8	±1.2
短袖长	±0.6	—
胸 围	±2.0	±3.0
总肩宽	±0.8	±1.0

2. **衬衫成品规格测量方法**　见表 3-7、图 3-7。

表 3-7　衬衫成品规格测量方法

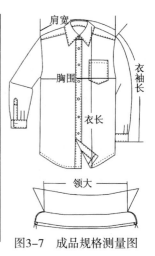

图3-7　成品规格测量图

部位名称	测量方法
领　大	领子摊平横量，单立领量扣中到眼中的距离，翻折立领量上领下口，翻折领量上领下口，其他领量下口
衣　长	男衬衫：前后身底边拉齐，由领侧最高点垂直量至底边 女衬衫：由前身肩缝最高点垂直量至底边 圆摆衬衫：从后领窝中点垂直量至底边
袖　长	由袖子最高点垂直量至袖口边
胸　围	扣好纽扣，前、后身放平，在袖底缝处横量（周围计算）
总肩宽	男衬衫：由过肩两端、后领窝向下 2~2.5cm 处为定点水平测量 女衬衫：由肩袖缝交叉处，解开纽扣放平测量

3. **外观质量要求**

（1）面料对条、对格规定：面料有明显条、格在 1cm 及以上的按表 3-8 规定对条、对格。

表 3-8　面料对条、对格要求

部位名称	对条、对格规定	备　注
左、右前身	条料对中心条、格料对格互差不大于 0.3cm	格子大小不一致，以前身 1/3 上部为准
袋与前身	条料对条、格料对格，互差不大于 0.2cm	格子大小不一致，以袋前部的中心为准
斜料双袋	左右对称，互差不大于 0.3cm	以明显条为主（阴阳条例外）
左右领尖	条格对称，互差不大于 0.2cm	阴阳条格以明显条格为主
袖克夫	左右袖克夫条格顺直，以直条对称，互差不大于 0.2cm	以明显条为主
后过肩	条料顺直，两头对比互差不大于 0.4cm	—
长袖	条格顺直，以袖山为准，两袖对称，互差不大于 1.0cm	3cm 以下格料不对横，1.5cm 以下条料不对条
短袖	条格顺直，以袖口为准，两袖对称，互差不大于 0.5cm	2cm 以下格料不对横，1.5cm 以下条料不对条

（2）拼接规定：优等品全件产品不允许拼接，装饰性的拼接除外。

（3）缝制规定：

①针距密度要求，见表 3-9。

表 3-9　针距密度表

项目	针距密度	备注
明暗线	3cm 不少于 12 针	—
绗缝线	3cm 不少于 9 针	—

续表

项目	针距密度	备注
包缝线	3cm 不少于 12 针	包括锁缝（链式线）
锁 眼	1cm 不少于 12 针	—
钉 扣	每眼不低于 6 根线	—

②各部位缝制线路整齐、牢固、平服。

③上下线松紧适宜，无跳线、断线，起落针处应有倒回针。

④ 0 部位（图 3-8）不允许跳针、接线，其他部位 30cm 内不得有两处单跳针或连续跳针，链式线迹不允许跳线。

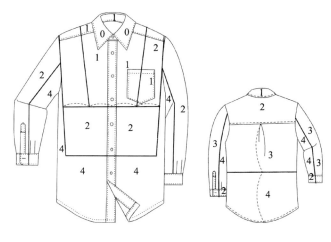

图 3-8　区域划分图

⑤覆黏合衬部位不允许有脱胶、渗胶及起泡。

⑥领子平服，领面、里、衬松紧适宜，领尖不反翘。

⑦商标位置端正。号型标志、成分含量标志、洗涤标志准确清晰，位置端正。

⑧袖克夫及口袋和衣片的缝合部位均匀、平整、无歪斜。

⑨绱袖圆顺，吃势均匀，两袖前后基本一致。

⑩锁眼定位准确，大小适宜，两头封口。开眼无绽线。

⑪钉扣与眼位相对，整齐牢固。缠脚线高低适宜，线结不外露。

（4）整烫规定：

①各部位熨烫平服、整洁，无烫黄、水渍及亮光。

②领子左右基本一致，折叠端正。

③同批产品的整烫折叠规格应保持一致。

第二节　女衬衫缝制工艺

一、女衬衫款式特征

本款女衬衫为翻衬领，暗门襟，右襟开五个扣眼，直下摆、长袖、灯笼袖口，袖口开小袖衩，收碎褶，细窄袖克夫。左、右前片皆收腋下省与腰省各一个。后片收腰省。整体造型较合体，如图 3-9 所示。

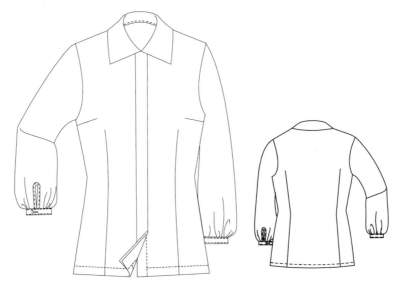

图 3-9　女衬衫款式图

二、女衬衫制图规格与结构制图

1. **女衬衫主要部位制图规格**　见表 3-10。

表 3-10　女衬衫主要部位制图规格　　　　　　　　单位：cm

号/型	衣长	胸围（B）	肩宽（S）	袖长（SL）	袖口围
160/84A	64	98	40.6	53	23

2. **女衬衫细部制图规格**　见表 3-11。

表 3-11　女衬衫细部制图规格　　　　　　　　单位：cm

部位	袖克夫长	袖克夫宽	袖衩长	领座宽	翻领宽
规格	23	3	7	2.5	3.5

3. **女衬衫结构制图**　如图 3-10 所示。

三、女衬衫样板与排料图

1. **女衬衫毛样板**　如图 3-11 所示。

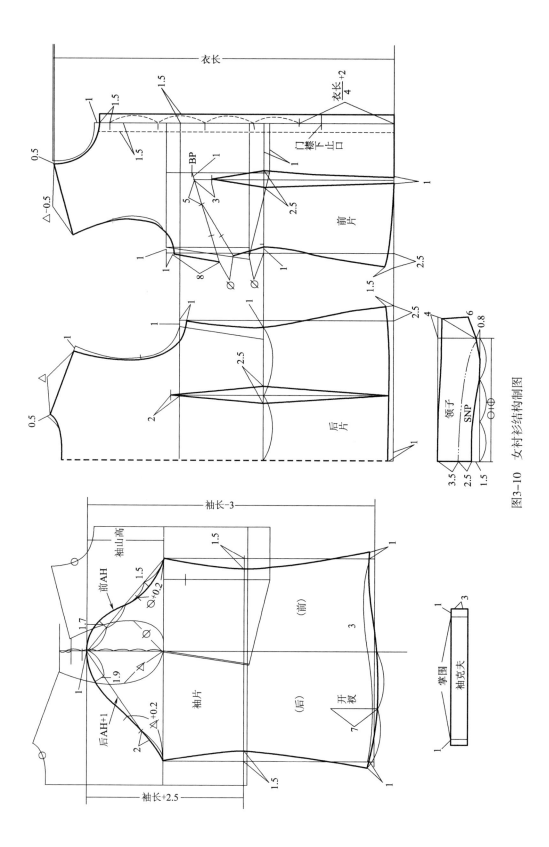

图3-10 女衬衫结构制图

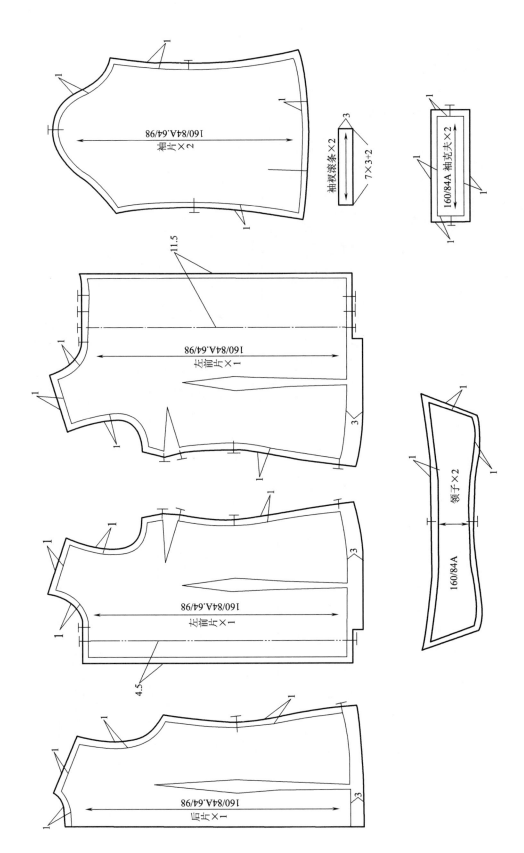

图3-11 女衬衫毛样板

袖片×2
160/84A.64/98

袖叉滚条×2
7×3+2

160/84A 袖克夫×2

左前片×1
160/84A.64/98
11.5

左前片×1
160/84A.64/98
4.5

后片×1
160/84A.64/98

领子×2
160/84A

2.**女衬衫排料图**　如图3-12所示。

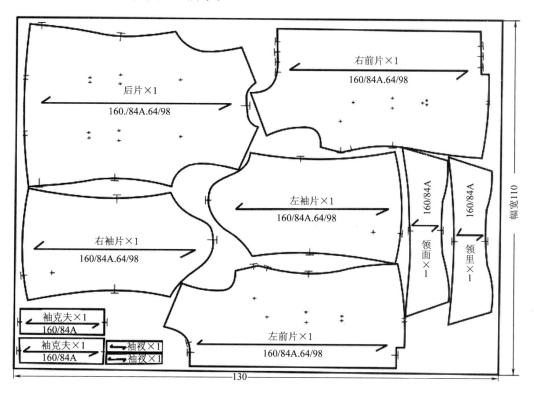

图3-12　女衬衫排料图（单件）

四、女衬衫零部件缝制训练

1.**连裁暗门襟缝制方法**　见表3-12。

表 3-12　连裁暗门襟缝制方法

序号	工艺内容	工艺图示	缝型符号	针距密度（针/3cm）	使用工具	缝制方法
1	裁配缝片				剪刀	模拟左、右前片各1片，门、里襟衬各1片

序号	工艺内容	工艺图示	缝型符号	针距密度（针/3cm）	使用工具	缝制方法
2	粘衬、锁眼	右前片（正） 装饰明线 前门襟止口线 扣眼 第一剪口 缝合止点处	（锁眼符号）		熨斗、平头锁眼机	在左、右贴边反面粘黏合衬，扣烫右前片1cm缝份，再沿第一剪口向反面折烫，然后按眼位锁扣眼，最后熨平整
3	缝合右前片暗门襟	右前片（正） 第二剪口	（缝型符号）	12~14	熨斗、剪刀、单针平缝机	将锁眼后的暗襟贴边沿第二剪口向正面折转，然后掀起下部贴边，使底边上下对齐，从缝合止点处起缝至底边净缝线。然后按图示修去多余贴边
4	车缝右前片门襟装饰明线，固定暗门襟及贴边	右前片（反） 明线从正面车缝 I I 0.5 0.1 1 2	（缝型符号）	12~14	熨斗、单针平缝机	将门襟贴边沿门襟止口向反面折转，并同时将下部所缝合的贴边翻出正面，扣烫，确保暗门襟止口不反吐。然后卷缝底摆折边，之后将多层贴边绷缝固定，从正面缉门襟明线。最后在扣眼之间用0.3cm的线环将暗襟与门襟贴边固定

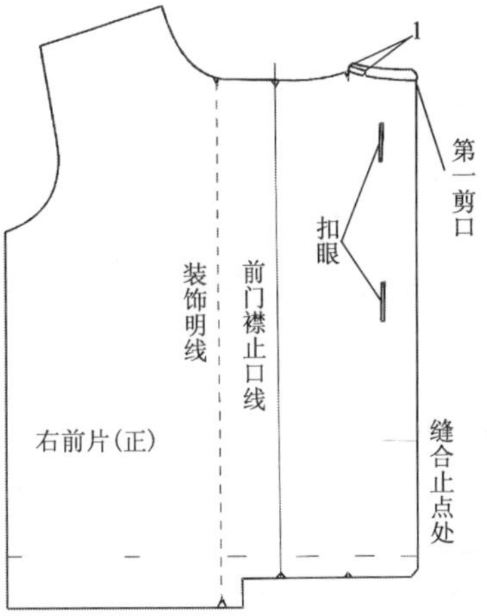

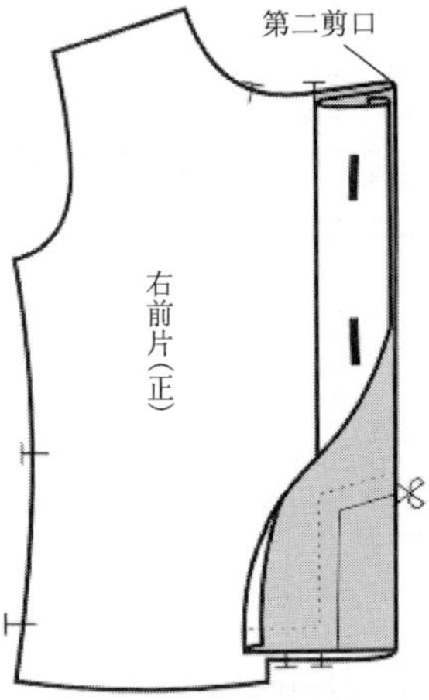

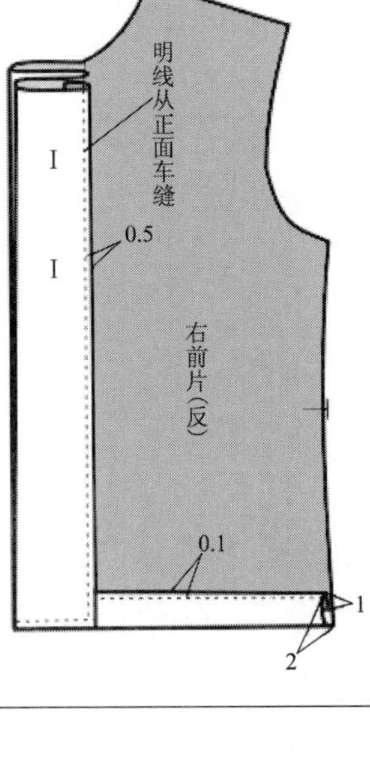

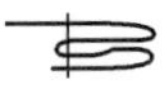

续表

序号	工艺内容	工艺图示	缝型符号	针距密度（针/3cm）	使用工具	缝制方法
5	做左前片里襟	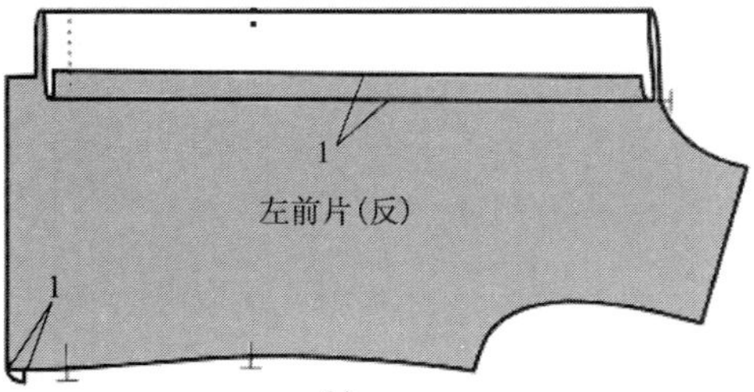 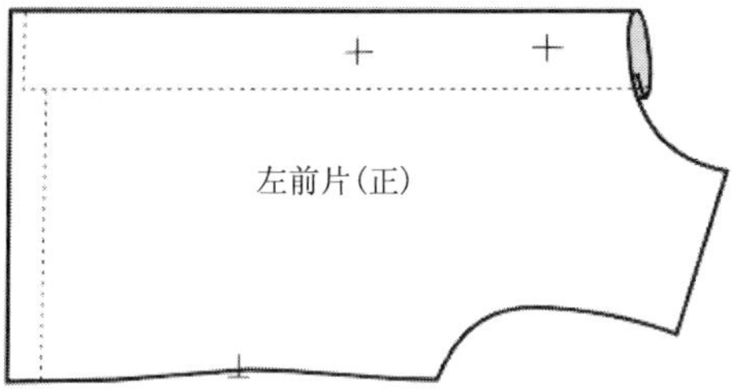 左前片（反）(a) 左前片（正）(b)	 	12~14	熨斗、单针平缝机	a. 在左前片里襟粘衬，扣烫1cm缝份后再按门襟止口剪口将里襟向正面折烫。然后沿底边净缝线车缝里襟贴边，之后将底摆折边向反面扣烫1cm，最后翻出正面熨烫 b. 将里襟贴边与衣身绷缝固定，然后在正面缉里襟明线。之后卷缝底摆折边。最后确定扣位，钉扣子

2. 领子缝制方法 见表3-13。

表3-13 领子缝制方法

序号	工艺内容	工艺图示	缝型符号	针距密度（针/3cm）	使用工具	缝制方法
1	裁配缝片	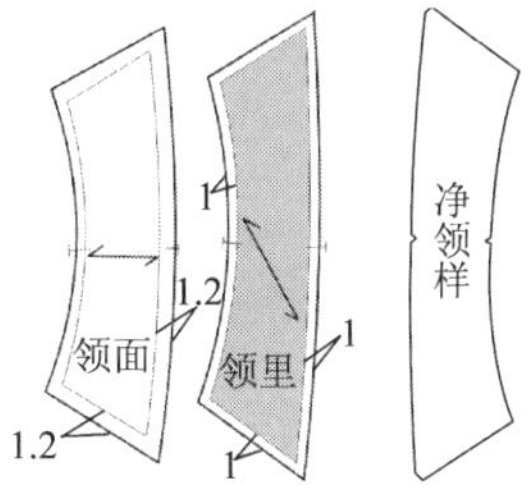 领面 领里 净领样 1.2 1 1.2 1 (a) (b)			剪刀	a.领面、领里各1片。注意领面各边要大于领里0.2cm b.裁领面净样衬，面料薄或易脱散时，裁毛样衬。裁衬时，将两个领角剪掉

续表

序号	工艺内容	工艺图示	缝型符号	针距密度（针/3cm）	使用工具	缝制方法
1	裁配缝片	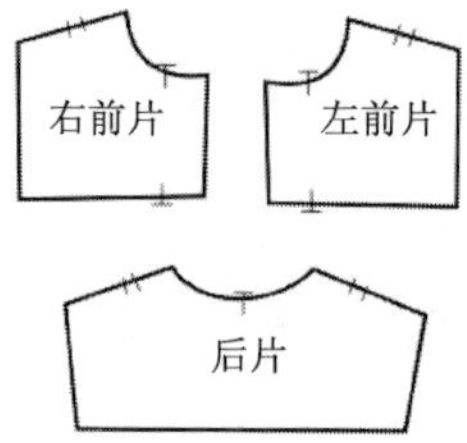 右前片　左前片 后片 (c)			剪刀	c.模拟左、右前衣片各1片，后片1片
2	粘衬	图略			熨斗	将黏合衬粘在领里反面
3	缝合领面、领里	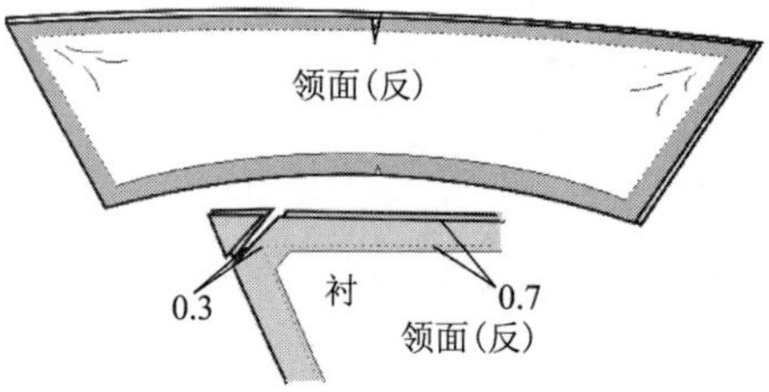 领面（反） 0.3　衬　0.7 领面（反）	╪	12~14	剪刀、单针平缝机	将领面与领里正面相对，领面在上，标记对准，车缝领子左、右两侧及上口，起止针倒回针。车缝至领角时要稍拉紧领里，将领面大出领里的松量吃进去。之后清剪领角缝份至0.3cm
4	翻领子	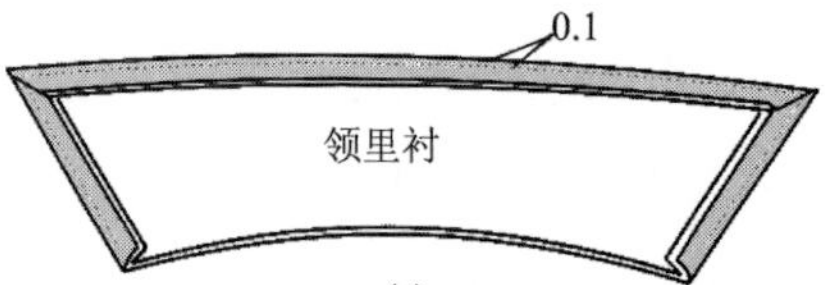 0.1 领里衬 (a) 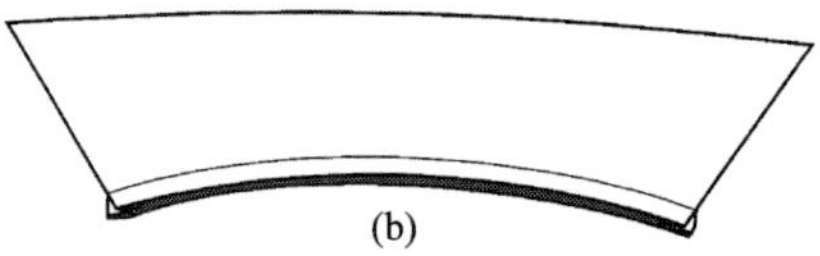 (b)			熨斗	a.沿车缝线迹将缝份向领里反面扣烫0.1cm b.将领里与领面正面翻出，烫出窝势

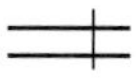

序号	工艺内容	工艺图示	缝型符号	针距密度（针/3cm）	使用工具	缝制方法
5	绱领子	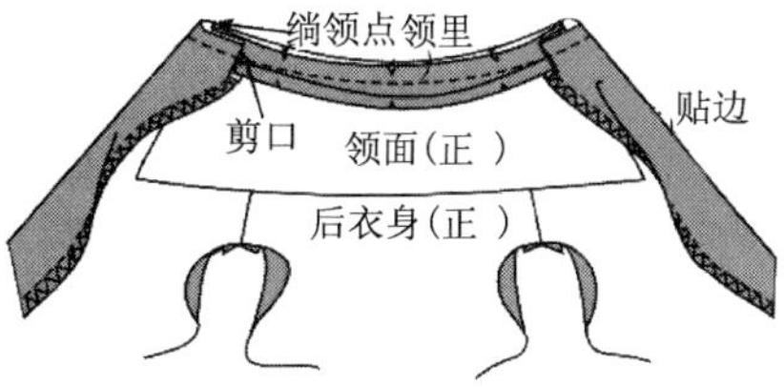 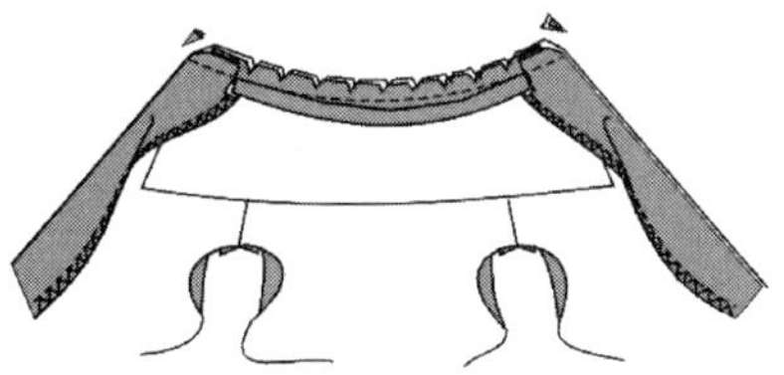 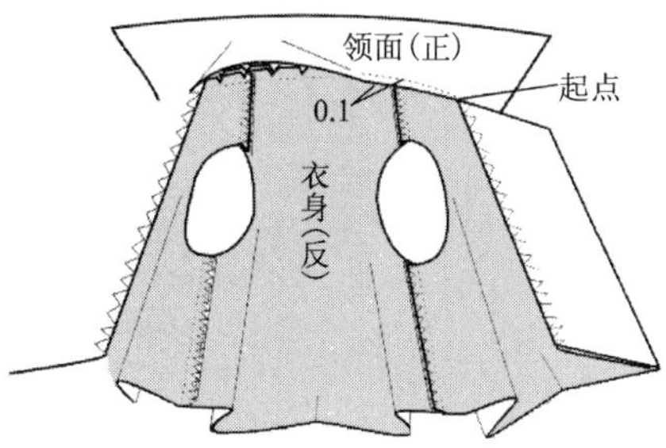	 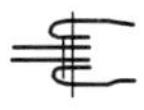	12~14	单针平缝机、熨斗、剪刀	a. 将门、里襟贴边粘无纺衬，里口锁边，缝合肩缝，分烫缝份，再在领口处标出绱领点、后中点，领子上标出领中点、领侧点。然后将贴边沿门襟止口向反面折转 b. 将领下口与领口正面相对、中点对齐，领子两端与绱领点对齐，夹于衣身与贴边之间。从左侧开始缝绱领子第一道线，绱至距离贴边1cm处倒回针绀牢，在领面与贴边缝份打剪口，掀开领面，继续将领里绱在领口上，右侧同于左侧处理方法。缝份处打剪口，便于翻折后平服 c. 将领子、贴边正面翻出，缝份倒向领子，贴边部分的缝份倒向贴边。将领面下口缝份向里扣转，盖过领里缝线，从绱领剪口处起针，绀压0.1cm明止口，装好领面

图中标注：绱领点　领里　贴边　剪口　领面（正）　后衣身（正）　(a)

(b)

领面（正）　起点　0.1　衣身（反）　(c)

续表

序号	工艺内容	工艺图示	缝型符号	针距密度（针/3cm）	使用工具	缝制方法
6	缉装饰明线	领里(正) 领面(正) 0.1 后片(反) 前片(反)		12~14	单针平缝机、熨斗、剪刀	将领面外口领头及门里襟止口缉0.1cm明线

五、女衬衫缝制方法(表3-14)

表 3-14　女衬衫缝制方法

序号	工艺内容	工艺图示	缝型符号	针距密度（针/3cm）	使用工具	缝制方法
1	制作门、里襟	请参见表3-12内容		12~14	熨斗、单针平缝机	参见"女衬衫零部件缝制训练"中的连裁暗门襟缝制方法
2	缉省褶	(a) 图略 (b)		12~14	熨斗、单针平缝机	a. 按对位与缝制标记在衣身反面缝合省褶。由于横胸省靠底边一侧的省边为斜丝缕，所以车缝时，需将斜丝缕省边放在下面缉，缉省时由省口缉向省尖，并在省尖处留线头3~4cm，打结后剪短 b. 烫省，前身省缝倒向侧缝，后身省缝倒向后中。横省倒向肩缝（图略）

续表

序号	工艺内容	工艺图示	缝型符号	针距密度（针/3cm）	使用工具	缝制方法
3	缝合肩缝	 前片（反）	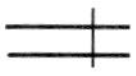	12~14	熨斗、单针平缝机	前、后肩缝正面相对，车缝1cm缝份，起止针倒回针，然后前片在上，两层一起锁边。最后将缝份向后片倒烫
4	做领子	请参见表3-13内容		12~14	熨斗、单针平缝机	参见"女衬衫零部件缝制训练"中的领子缝制方法
5	做袖衩	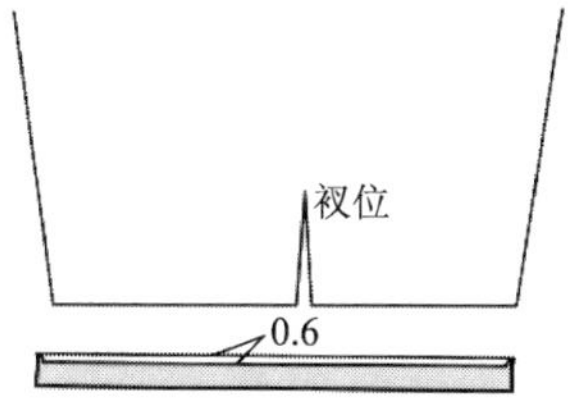 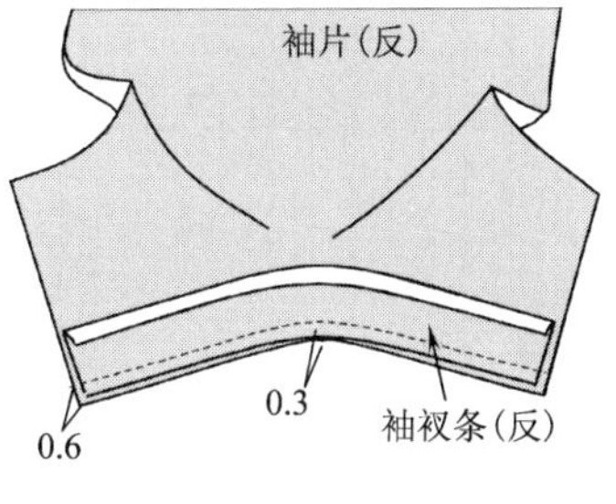 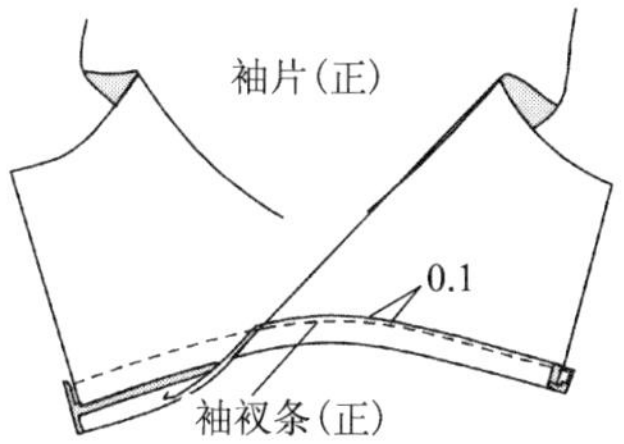 衩位　0.6（a）　袖片（反）　0.6　0.3　袖衩条（反）（b）　袖片（正）　0.1　袖衩条（正）（c）	 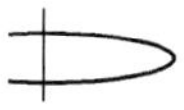	12~14	熨斗、单针平缝机	a. 按标记剪开袖衩，将袖衩条一边向反面扣烫0.6cm b. 缉衩条：将袖衩条未扣折一边正面与袖片衩口部位反面对齐车缝，缝份0.6cm，开衩转弯处缝份0.3cm c. 将袖衩翻至正面，在袖子正面将扣光缝份的袖衩条一边盖过第一道缝线，缉袖衩止口0.1cm

续表

序号	工艺内容	工艺图示	缝型符号	针距密度（针/3cm）	使用工具	缝制方法
5	做袖衩	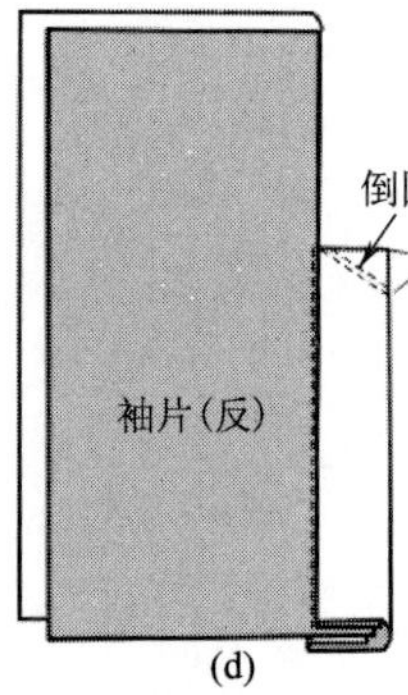 袖片（反） 倒回针 1 (d)		12~14	熨斗、单针平缝机	d. 封袖衩止口：将袖子沿衩口正面对折，袖口平齐，衩条摆平，在袖衩止口处向袖衩外口斜向倒回针缉3~4道线封口
6	做袖克夫	图略				同男衬衫袖克夫缝制方法
7	绱袖、缝合侧缝及袖底缝	图略				同男衬衫绱袖、缝合侧缝、袖底缝的缝制方法
8	袖口抽细褶	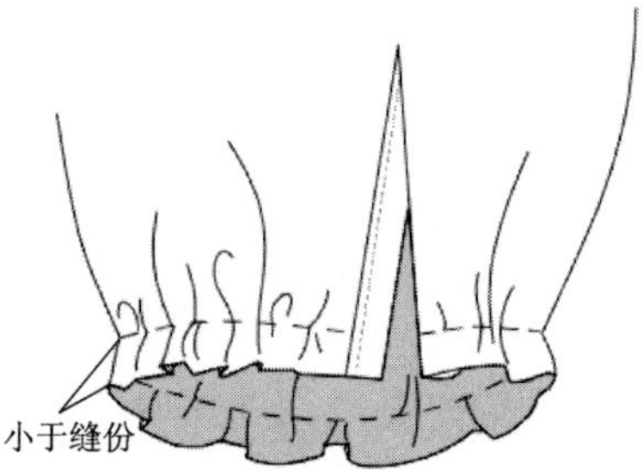 小于缝份	——		单针平缝机	用大针码在需要抽碎褶的部分沿边缉线，缉线不要超过缝份（因为此线一般不用拆掉）。将袖片的袖口抽成与袖克夫长度一致，为便于抽线，可把平缝机的上线调松些
9	装袖克夫	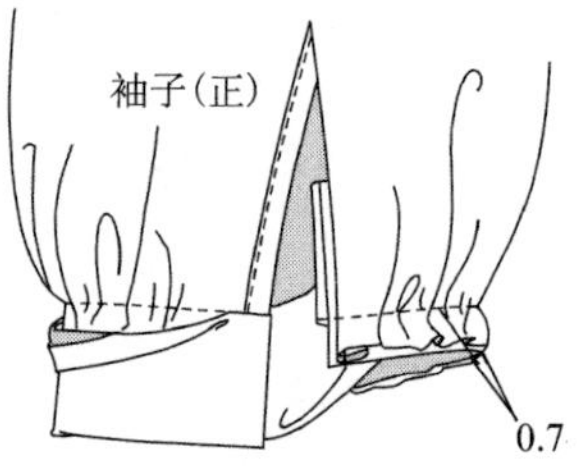 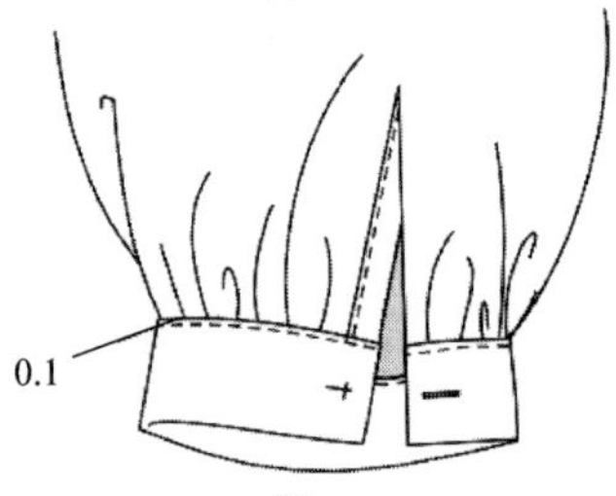 袖子（正） 0.7 (a) 0.1 (b)		12~14	单针平缝机	a. 袖克夫里正面与袖片反面相对，袖口对齐，车缝0.7cm缝份。注意，袖衩两端一定要使袖克夫偏出0.1cm。 b. 翻正袖克夫，把所有缝份塞进袖克夫，两边包紧，正面缉0.1cm止口

续表

序号	工艺内容	工艺图示	缝型符号	针距密度（针/3cm）	使用工具	缝制方法
10	卷底边	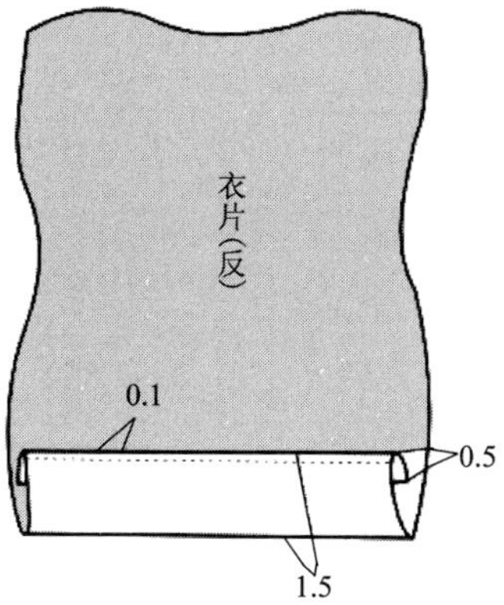 衣片（反） 0.1 0.5 1.5	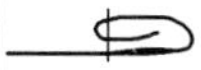	12~14	单针平缝机（带卷边器）	检查门、里襟长度一致，底边折边 2cm，先扣折 0.5cm，再折 1.5cm，自门襟侧底边开始在卷边里侧缉明线 0.1cm，也可使用卷边器一次完成卷缝
11	锁眼、钉扣	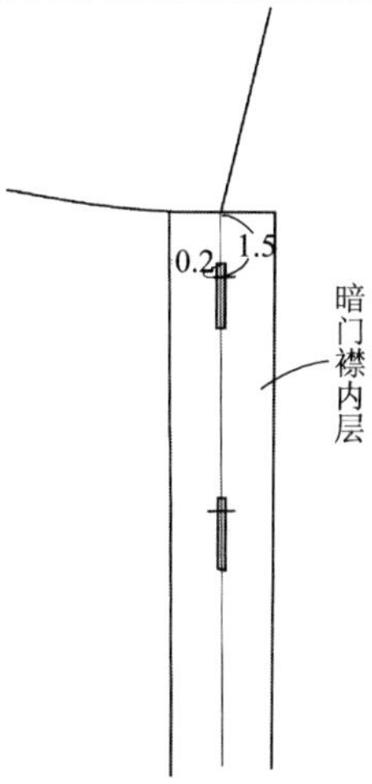 0.2　1.5 暗门襟内层	 ⋀⋀⋀⋀		锁眼机、钉扣机	锁眼：在暗门襟内层锁直扣眼 5 个，第一个为开领向下 1.5cm，其他扣眼距离根据规格要求来定。袖克夫锁眼同男衬衫 　钉扣：门、里襟平齐，钉扣与扣眼位置一致，钉牢
12	整烫	图略			蒸汽熨斗、烫台	a. 清剪线头，清洗污渍 　b. 躲开扣眼与纽扣，烫门、里襟与贴边 　c. 烫衣袖及袖克夫。将细褶整理均匀，不用烫平，然后再烫袖底缝 　d. 烫领子，先领里再烫领面，然后将衣领翻折，烫成圆弧形 　e. 烫侧缝、底摆折边和后衣片 　f. 扣好纽扣，放平，烫平左、右前衣片

六、女衬衫质量标准

同男衬衫（略）。

本章小结

本章学习了单层服装的缝制工艺——男、女衬衫缝制工艺的系统知识和技能，包括结构制图、制板、选料排料、缝制和检验。重点内容是缝制，缝制之前首先要选好面料，设计好缝制流程，明确流程中的难点。衬衫质量与档次的决定因素包括面料、板型和缝制。男衬衫的缝制重点、难点是领子、袖口和袖衩的缝制，女衬衫的重点是板型。在衬衫面料、板型、设备确定的前提下，衣片之间的缝合对位标记在缝合中的作用必须重视。

思考题

1.不同场合、不同季节穿用的衬衫对面料有什么要求？

2.男衬衫与女衬衫领子有哪些不同？

3.从工艺和外观角度，能否解释衬衫袖为什么制成一片式袖子？

4.长袖衬衫的袖长为什么设计的比西装袖要长？

5.在衬衫的缝制中，影响缝制速度和质量的难点有哪些？如何解决？

第四章 直筒裙缝制工艺

专业知识、专业技能与训练

课程名称：直筒裙缝制工艺

课程内容：

1.直筒裙制板

2.直筒裙铺料与裁剪

3.有关直筒裙零部件缝制训练

4.直筒裙的缝制程序与方法

课题用时：24学时

教学目的与要求：

1.使学生掌握带夹里直筒裙的制板知识与能力。

2.具有选配和计算所用材料的能力。

3.掌握带夹里直筒裙开衩的缝制及隐形拉链的缝缀方法。

4.掌握直筒裙的缝制程序与缝制方法。

教学重点：

1.裙开衩缝制与隐形拉链的缝缀。

2.直筒裙缝制程序与方法。

教学方法：理论讲授、示范演示、课间练习、巡回辅导。

课前准备：

1.知识准备：复习有关裙装的结构设计与相关材料的知识。

2.材料准备：

（1）面料，用于直筒裙的面料应有一定的身骨，不能过于轻薄飘，适合选用中厚、弹性好、悬垂较好、光泽柔和的纯毛、混纺女衣呢、薄花呢、薄型法兰绒等，以及吸湿透气、柔软较光滑的薄型丝织物、棉织物和部分化纤织物。

用料量：幅宽113cm、144cm，需要布长＝裙长+5cm。

（2）里料，多选用皮肤触感舒适、吸湿透气的面料，如斜纹绸、绢丝纺、电力纺、棉细布等。

用料量：幅宽144cm，需要布长＝裙长。

（3）其他材料：无纺衬50cm，25cm隐形拉链1条，直径1.6cm纽扣1粒。

课后作业：独立完成一件直筒裙的制板、选料、铺料裁剪、缝制及检验全部工作。

裙子是女性最钟爱的服装品种之一，无论是花季少女，还是青年女性，抑或是步入夕阳的老年女性都喜欢穿裙子，裙子的美在于它更能体现女性的婀娜多姿和仪态万方。

裙子的种类很多，按其造型可分为直筒裙、大摆裙、灯笼裙等；按腰节高低，又可分为高腰裙、低腰裙；按其裙裥的构成，又有百褶裙、多褶裙、单褶裙等；另外还有全圆裙、半圆裙、喇叭裙……裙装上还可以采用滚边、刺绣、装饰线迹、车缝花边等各种各样的装饰工艺为其增色。裙长和裙摆的大小也是决定裙子风格的两个重要因素，新娘穿的婚礼服，长长的裙摆可拖达数米，为新娘增添了几分圣洁，为婚礼增加了几度隆重。短短的盖臀部的超短裙，又让青春风采得到几重张扬，使双腿显得十分修长。

一、直筒裙款式特征

直筒裙也称窄裙、西服裙或铅笔裙，是一种贴身合体的裙子，其外形特征纤细，裙腰到下摆的线条笔直流畅，臀围只留有最小限度的松量，长度一般在膝盖上下，可根据流行适当调整长度。为了使活动方便，常在下摆侧缝或后中开5~6cm长的开衩。如果裙长增长，开衩的长度也要增加。后中开襟，门襟装隐形拉链。图4-1所示为直筒裙款式图。

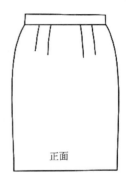

正面　　背面

图4-1　直筒裙款式图

二、直筒裙制图规格与结构制图

1. 直筒裙主要部位制图规格　见表4-1。

表4-1　直筒裙主要部位制图规格表　　　　单位：cm

号/型	裙长	腰围（W）	臀围（H）
160/66A	60	66+2（松量）= 68	90+4（松量）= 94

2. 直筒裙部件制图规格　见表4-2。

表4-2　直筒裙部件制图规格表　　　　单位：cm

部位	裙腰长	腰头宽
规格	71	3

3. 直筒裙结构制图　如图4-2所示。

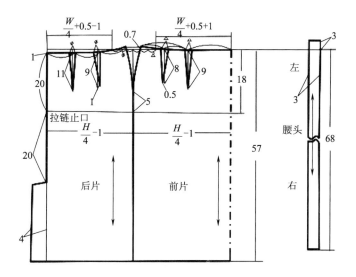

图4-2 直筒裙结构制图

三、直筒裙样板与排料图

1. **直筒裙样板** 直筒裙毛样板如图 4-3 所示。

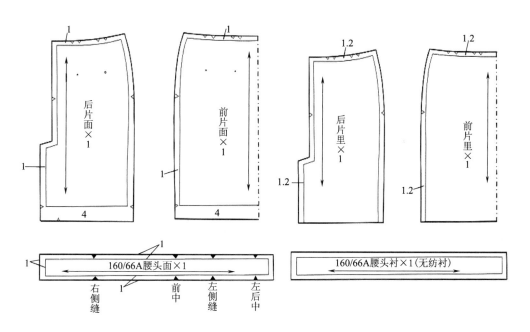

图4-3 直筒裙毛样板

2. **直筒裙排料图** 如图 4-4 所示。

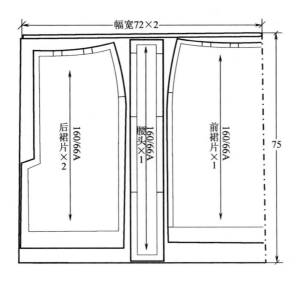

图4-4 直筒裙排料图

四、直筒裙零部件缝制训练

1. 带里裙开衩缝制训练 见表4-3。

表4-3 带里裙开衩缝制方法

序号	工艺内容	工艺图示	缝型符号	使用工具	缝制方法
1	裁配缝片	(a)		剪刀	a.左、右后裙片面各1片，左、右后裙片里各1片。左、右裙片面后中缝各留1.5cm缝份，右后裙片面门襟净宽4cm，缝份1cm，左后裙片面里襟净宽8cm，缝份1cm，左、右裙片面底摆折边3cm

续表

序号	工艺内容	工艺图示	缝型符号	使用工具	缝制方法
1	裁配缝片	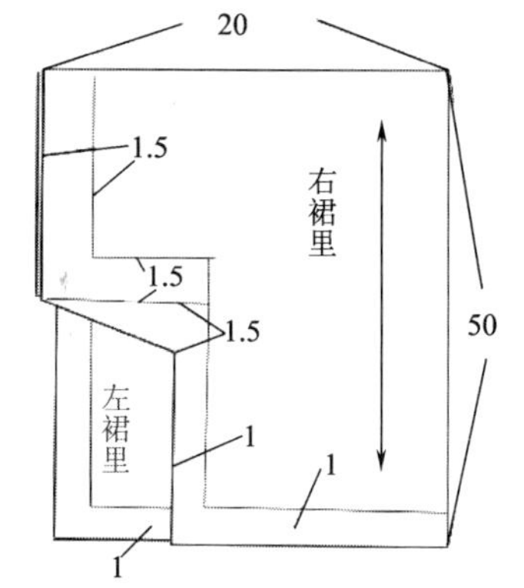 20　1.5　右裙里　1.5　1.5　左裙里　1　1　50　1　(b)		剪刀	b. 左、右裙片里后中缝留1.5cm缝份，左后裙片里开衩处留1cm缝份，右后裙片里如图所示，左、右裙片里底摆留1cm折边
2	裙衩粘衬、清剪底边	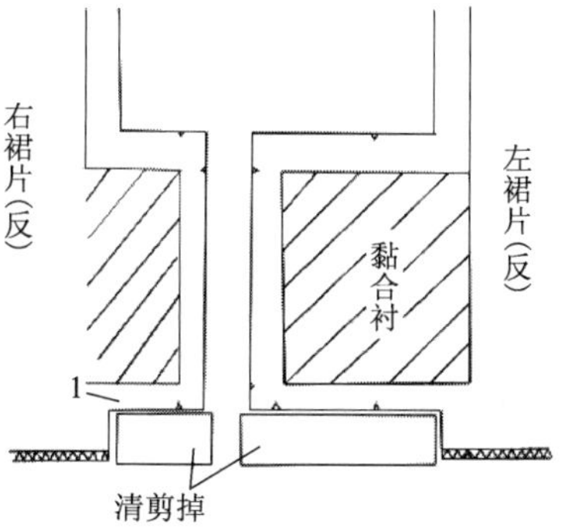 右裙片(反)　左裙片(反)　黏合衬　1　清剪掉	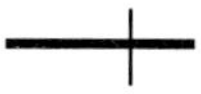 ╂	熨斗、三线包缝机	将裙片面反面向上，在门、里襟后开衩中缝净缝内侧粘上黏合衬，底边处多余缝份清剪后锁边
3	扣烫	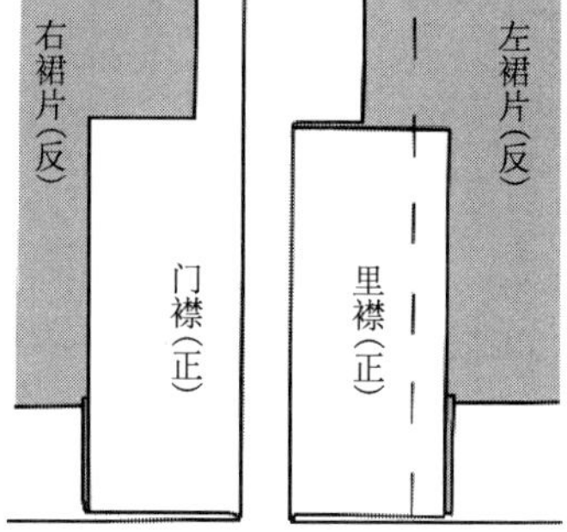 右裙片(反)　左裙片(反)　门襟(正)　里襟(正)		熨斗	先沿底边净样向反面扣烫，再扣烫开衩

续表

序号	工艺内容	工艺图示	缝型符号	使用工具	缝制方法
4	缝合后中缝、缝开衩	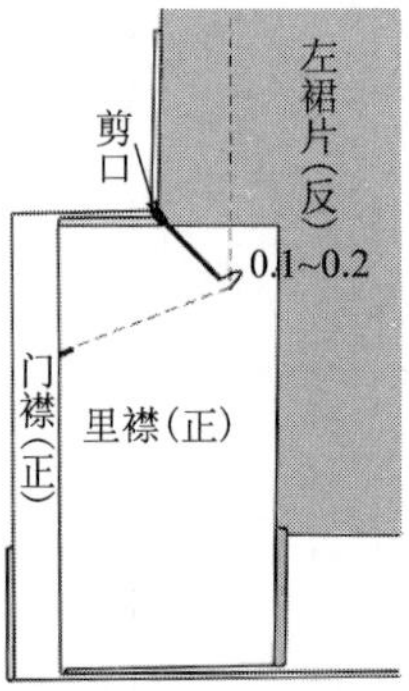 (a) 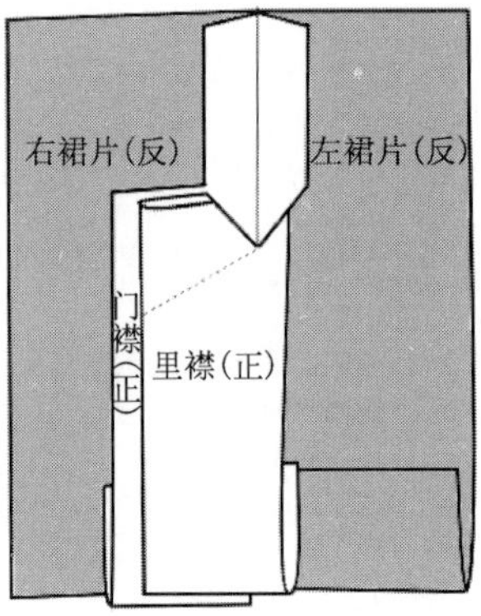 (b)	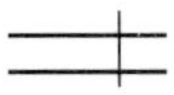	单针平缝机、熨斗、剪刀	a. 将左、右后裙片正面相对，缝后中缝至开衩止点，按斜线净样车缝至下一止点倒回车。将里襟缝份拐角处打一斜剪口，剪口深度距缉线处0.1~0.2cm b. 将后中缝分开烫平，门里襟均向右裙片烫倒
5	卷缝裙里底边	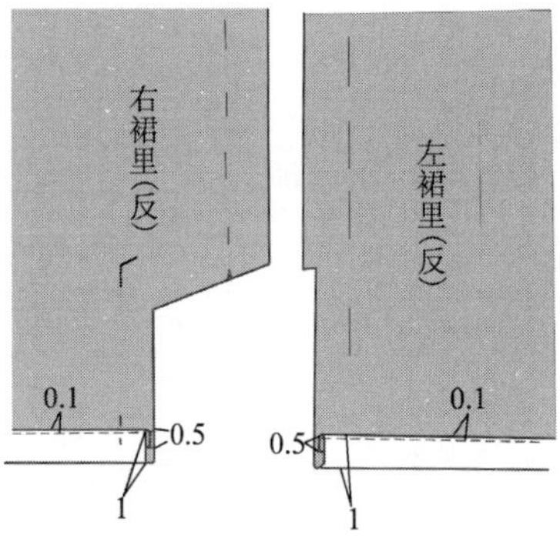		单针平缝机	裙里底边先向反面扣烫0.5cm缝份，然后再扣烫1cm缝份，从折边内侧缉0.1cm明线

续表

序号	工艺内容	工艺图示	缝型符号	使用工具	缝制方法
6	车缝裙里片后中缝	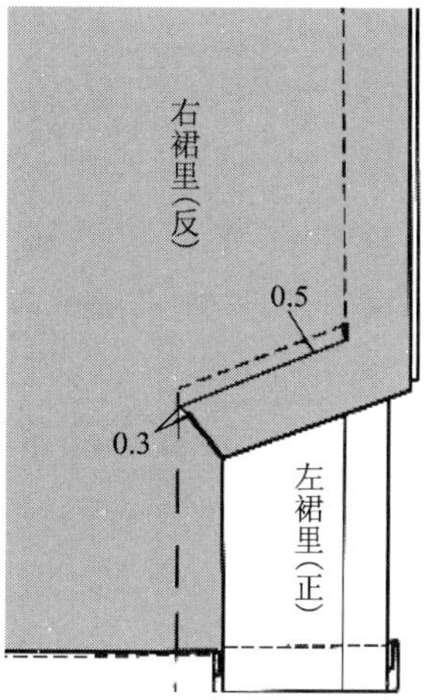 右裙里（反） 0.5 0.3 左裙里（正）		单针平缝机、熨斗、剪刀	车缝裙里片后中缝至裙开衩止口再向下0.5cm，这样做是为了避免裙里起吊。然后将缝份向右片烫倒。最后在右裙里片开衩拐弯处下打剪口，剪口至距缉线0.3cm处止
7	缝合裙面与裙里	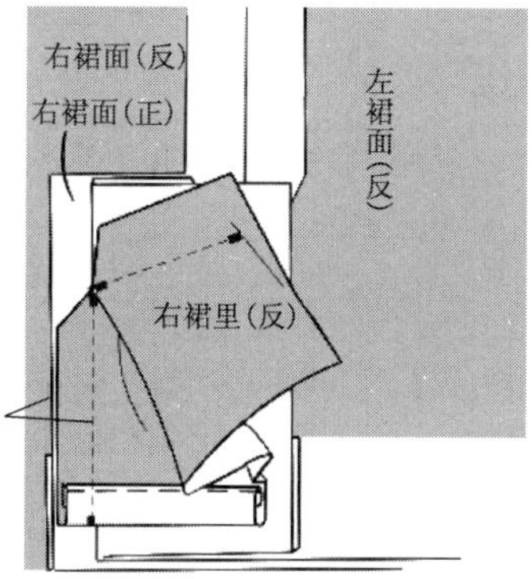 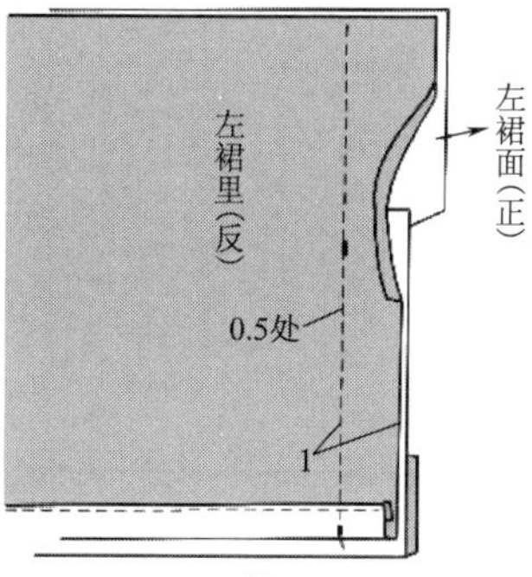 右裙面（反） 右裙面（正） 左裙面（反） 右裙里（反） 1 (a) 左裙里（反）　左裙面（正） 0.5处 1 (b)		单针平缝机	a. 把裙片正面朝下铺平，使右裙开衩止口部位与裙面开衩止口正面对合，按净样车缝1.5cm缝份至拐角点，之后向下缉1cm缝份与裙面门襟缝合至裙里下摆底边 b. 左裙片面在下，拉开里襟裙片，从裙开衩止口部位与裙里止口下0.5cm处缝合，车缝1cm缝份至底边

续表

序号	工艺内容	工艺图示	缝型符号	使用工具	缝制方法
8	手缝整理	环针固定	手工	手针	用手针把露出毛边的裙里开衩贴边环针与裙底边缝合固定

2. **裙腰带里开襟装隐形拉链**　见表 4-4。

表 4-4　裙腰带里开襟装隐形拉链

序号	工艺内容	工艺图示	缝型符号	使用工具	缝制方法
1	裁配缝片	0.5 隐形拉链 裙面（反） 净样 裙里（反） 1.5 开口止点 0.3 开口止点 -1.5 1.5		剪刀	模拟左、右后裙片面、里各 2 片，隐形拉链 1 条。如果裙面料薄且易脱纱，可在拉链开口部位粘宽 1cm 左右拉链长度的直丝牵条衬 1 条
2	缝合后中缝	1.5 开口止点 裙面（反） 2 (a)	┿	单针平缝机	a.将左、右后裙面正面相对，后中缝对齐，按 1.5cm 缝份从腰口起车缝一道大针码线迹，至开口止点以下 2cm 处倒回针改换小针码继续车缝。改换针码是为了便于拉链缝制出来平整

序号	工艺内容	工艺图示	缝型符号	使用工具	缝制方法
2	缝合后中缝	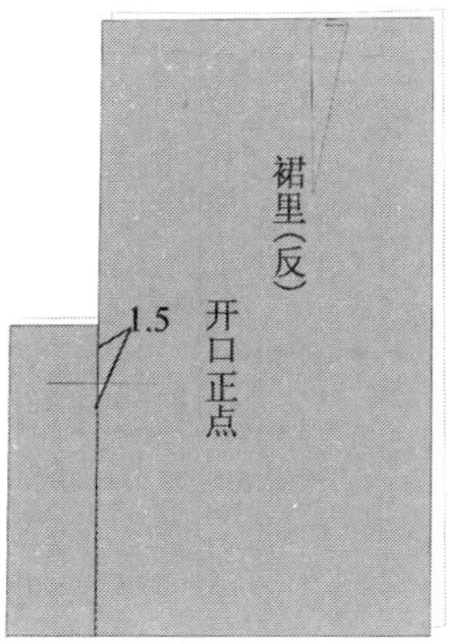 裙里(反) 开口止点 1.5 (b)		单针平缝机	b.将左、右后裙里正面相对，后中缝对齐，按1.5cm缝份从开口止点以上1.5cm处倒回针车缝至开衩止口
3	假缝固定拉链	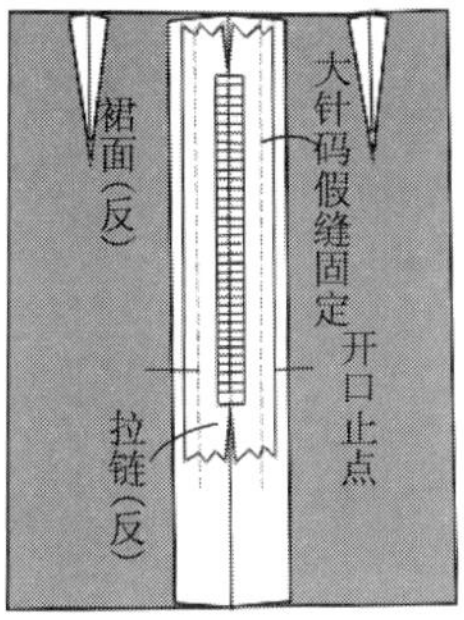 裙面(反) 大针码假缝固定 开口止点 拉链(反)		单针平缝机	分烫裙面后中缝缝份，然后将拉链反面朝上平放在缝份上，其上端与腰口平齐，拉链开缝与裙后中缝对齐，固定拉链与裙身缝份
4	车缝固定拉链	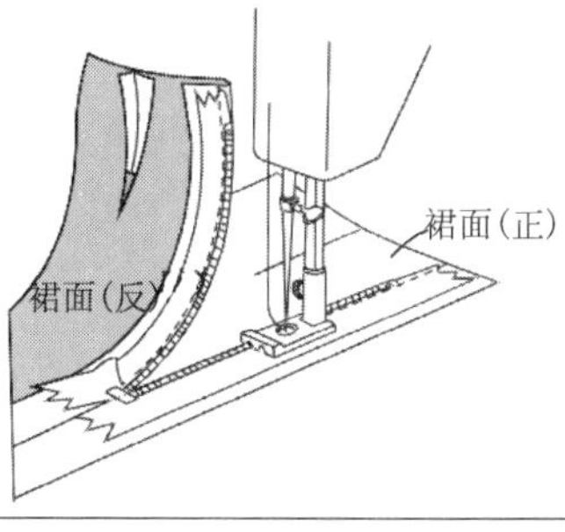 裙面(反) 裙面(正)		单针平缝机（带专用压脚）	拆开开口处的大针码缝线，拉开拉链，使其正面朝上，用单边压脚或专用压脚靠近一边拉链牙车缝；相同方法缝合另一边拉链；缝合左侧拉链时将左侧拉链牙放入隐形拉链压脚左槽内
5	缝合余下部分	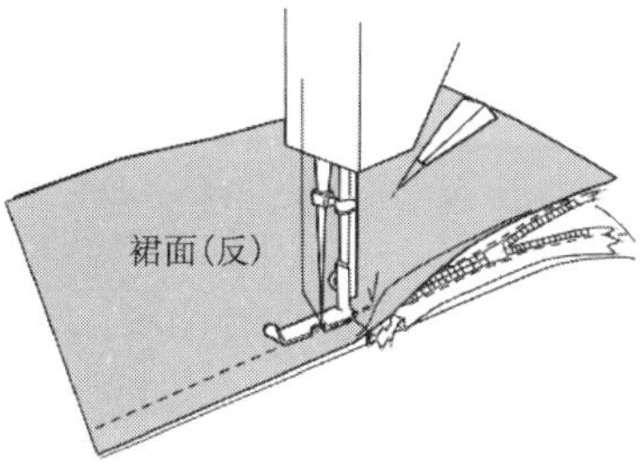 裙面(反)		单针平缝机（带单边压脚）	拉合拉链，将拉链末端向外拉离缝合处，换单边压脚缝补余下拉链止点至小针码部分

续表

序号	工艺内容	工艺图示	缝型符号	使用工具	缝制方法
6	缝合拉链与裙里			单针平缝机、熨斗	a. 缝合裙里后中缝：从拉链止口以上1.5cm处起缝至开衩止口，起止针倒回针 从起缝点开始在裙里后中线处剪三角，宽为1.6cm，深至拉链止口 将剪好的三角及开口两边的缝份向裙里反面扣烫平整 b. 将左裙里开口缝份与左侧拉链带反面相对，三角尖与拉链口对齐，将拉链与裙里缝合，缝份0.8cm。相同方法缝合右裙里与右侧拉链。最后倒回针封三角

五、直筒裙缝制方法(表4-5)

表4-5　直筒裙缝制方法

序号	缝制内容	缝型符号	针距密度（针/3cm）	使用工具	缝制方法
1	裙片锁边			三线包缝机	裙面底边锁边。锁边时，面料正面朝上锁边，锁边线为正面（图略）
2	缉省		12~14	熨斗、单针平缝机	缉省：将省沿省中线向反面折倒，从腰口处沿省边线车缝，距省尖3cm左右时收小针距密度，缉至省尖留出3cm长线头打结 省尖处理：省尖处线头打结后修剪至0.5cm（图略） 烫省：将缉好的省沿省缝线向一边烫倒（图略） 注意，前省倒向前中线熨烫，后省倒向后中线熨烫，要做到正面平服，省尖处不起泡、无坐势。缉省时在腰口处倒回针，并保证缉省线顺直

续表

序号	缝制内容	缝型符号	针距密度 （针 /3cm）	使用工具	缝制方法
3	绱隐形拉链				参见本章"直筒裙零部件缝制训练"中的表 4-4 内容
4	做后开衩				参见本章"直筒裙零部件缝制训练"中的表 4-3 内容
5	缝合侧缝				将前、后裙片正面相对，缝合侧缝，分缝烫平，起落针倒回针（图略）
6	扣烫底边				按净样剪口位置扣烫底边，并将底边用三角针固定在裙片反面上（图略）
7	绱腰头				参见第二章第三节"基础零部件缝制工艺训练"中的表 2-15 内容
8	锁钉				腰头门襟处锁横扣眼 1 个，或在腰头门里襟装裤钩一副（图略）
9	整烫				清剪线头，清洗污渍 裙反面盖水布，用蒸汽熨斗熨烫侧缝、省、裙面与裙里；裙正面盖水布，烫裙腰、裙里与裙面。熨烫时，熨斗宜直上直下烫，并与纱线方向保持一致，以免裙子变形走样，腰臀部需放在布馒头上熨烫，以保证此处圆顺、窝服

六、直筒裙质量标准

这里使用的质量标准引自 FZ/T 81004—2003《中华人民共和国纺织行业标准》中有关"连衣裙、套裙"的质量规格要求。

1.规格标准及规格测量

（1）规格标准：

①裙长：±1.5cm。

②腰围：±1cm。

③臀围：±2cm。

（2）成品规格测量（图 4-5）：

①腰围：扣上裙钩（纽扣），沿腰头宽中间横量（周围计算）。

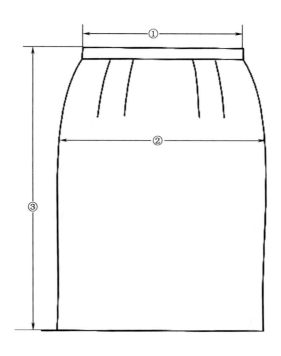

图4-5　成品规格测量

②臀围：由臀围部位摊平横量（周围计算）。

③裙长：由腰上口沿侧缝摊平垂直量至裙子底边。

2.对条、对格规定（表4-6）

表4-6　对条、对格规定

部位名称	对条、对格规定	备　注
左、右前身	条料顺直、格料对横，互差不大于0.3cm	遇格子大小不一致，以裙长二分之一上部为主
裙侧缝	条料顺直、格料对横，互差不大于0.3cm	—

注　特别设计不受此限。

3.缝制规定

（1）各部位缝制线路顺直、整齐、平服、牢固。

（2）上下线松紧适宜，无跳线、断线。起落针处应有回针。

（3）商标、号型标志、成分标志、洗涤标志等位置端正、清晰准确。

（4）锁眼定位准确，大小适宜，扣与眼对位、整齐牢固。纽脚高低适宜，线结不外露。

（5）各部位缝纫线迹30cm内不得有两处单跳针和连续跳针，链式线迹不允许跳针。

（6）装饰物(绣花、镶嵌等)牢固、平服。

4.整烫规定

（1）各部位熨烫平服、整洁，无烫黄、水渍及亮光。

（2）覆黏合衬部位不允许有脱胶、渗胶及起皱。

本章小结

本章学习了直筒裙的制板、选料与缝制工艺等知识和技能，缝制难点是裙衩的缝制、绱隐形拉链和绱腰头，影响裙子穿着效果的是选料与板型，如果选用条、格面料，裙片之间的对条、对格不可忽视。

思考题

1.缝制整件裙之前，为什么先要进行裙开衩和隐形拉链的缝制训练？

2.做开衩、绱拉链时为什么要粘衬？粘衬量是否越多越好？

3.装隐形拉链时，难点是什么？有没有更好的解决办法？

第五章　男裤缝制工艺

专业知识、专业技能与训练

课题名称： 男裤缝制工艺

课题内容：

1.男西裤缝制工艺

2.男牛仔裤缝制工艺

课题用时：

总学时：48学时

学时分配：西裤缝制工艺24学时，牛仔裤缝制工艺24学时

教学目的与要求：

1.使学生掌握西裤、牛仔裤的制板知识与技能（包括规格设计、结构制图、裤片放缝）。

2.使学生熟悉从裤子制图到制成品的程序及每个程序的任务、方法与要求。

3.熟悉裤子的缝制工艺流程、方法和要求。

4.熟悉成品质量检验的标准、方法和要求。

5.熟悉缝制所需的系列设备与工具。

教学方法： 理论讲授、示范操作、实物样品参考、巡回辅导。

课前准备：

1.知识准备：复习男西裤、牛仔裤的结构设计知识和有关材料知识。

2.材料准备：

（1）制板工具与材料：除结构设计所需要的一切工具外，还应准备锥子（用于纸样钻眼定位）、打孔机（用于纸样打孔，直径为10~15mm）、剪口机（用于纸样边缘打剪口标记）以及牛皮纸（120~130g）5张，用于裁剪板和工艺板制作。

（2）缝制工具:剪刀、镊子、14号机针等。

（3）缝制材料：机缝线1轴。

（4）西裤面料：主要选用弹性好，有一定重量感、悬垂性好、光泽较柔和、外观丰满挺括的纯毛精纺机织物、毛混纺精纺织物和纯化纤仿毛机织物。夏季宜选择吸湿、干爽、精细的纯毛凡立丁、派力司、薄花呢及毛涤精纺面料等。春秋季宜选平挺丰满、质地稍厚的面料，如纯毛及毛混纺的华达呢、哔叽、海力蒙、格呢、法兰绒和化纤仿毛织物等。

用料量:幅宽144cm、150cm，需要布长＝裤长+5cm或裤长+15cm（适于臀围大于

100cm者）。

（5）里料：应选用柔软、光滑，较吸湿透气，冷感性不太强的人丝美丽绸、涤丝美丽绸、涤丝绸、醋酸纤维里子绸等化纤仿丝绸织物以及绢丝纺、电力纺等真丝织物。

用料量：需要布长＝裤长−20cm（用于前裤绸）。

（6）其他材料：长20cm细齿拉链1条，机织黏合衬或无纺衬少量（50cm）用于裤腰里、拉链位、袋口牵条等；袋布50cm，裤钩1副，直径1.6cm的纽扣2粒。

（7）牛仔裤面料：牛仔布（又名劳动布或坚固呢），其组织有平纹、斜纹、破斜纹、复合斜纹或小提花组织等。颜色有传统的硫化蓝、靛蓝色，也有浅蓝、黑、白、灰、红、棕等流行色。风格有原色、石磨、水磨、雪洗、磨毛、酶洗、大提花、金银丝等，性能有传统的坚固性，也有弹力的。有轻薄型、中厚型的，也有厚重型的。可依据自身要求选择。用料量：幅宽150cm，需要布长＝裤长＋5cm。

（8）其他材料：无纺衬适量，20cm金属拉链1条，按扣1副，袋布适量，专用牛仔缝线1轴，16号机针适量。

教学重点：

1.西裤、牛仔裤的制板知识与技能（包括净板的结构处理、检验与确认和毛板制作）。

2.西裤、牛仔裤的缝制流程与缝制方法和要求。

3.选配缝制西裤、牛仔裤所需的有关材料和估算用量的能力。

4.牛仔裤后整理相关知识。

课后作业：独立完成一条男西裤或牛仔裤从制板、选料裁剪、缝制、检验等全部工作。

第一节　男西裤缝制工艺

一、概述

长裤是将人体下半身及两腿分别包裹起来的服装。英文为 trousers、slacks、pants。在中国，自古以来男女都穿裤子。穿裤子能使下肢活动自如，裤子作为男性服装的历史很长，女性穿裤子则是从 19 世纪中叶的灯笼裤开始的。之后，随着体育运动的普及，裤子在骑马、骑自行车、滑雪等项目中被普遍使用。裤子不但作为便装，几乎在所有的领域都被广泛应用。在追求轻便化、功能性的现代服装中，裤子作为重要的"一员"具有无可替代的位置。裤子的种类很多。按长度的不同，可分为长裤、中长裤、七分裤和短裤；按裤筒的造型不同，又可分为直筒裤、锥形裤、喇叭裤、灯笼裤和马裤；按前腰省褶设计的不同，可分为褶裤、无褶裤、省裤、碎褶裤等；按裤口特征，可分为平脚裤、卷脚裤等；按腰口的高低和连接方式，可分为高腰裤、中腰裤、低腰裤、装腰裤和连腰裤；按合体程度，可分为紧身裤、宽松裤和普通裤。西裤即西式裤子。原仅指与西装配套的裤子，现指所有的西式裤子。与中式裤子不同，西裤利用结构分割，融入收省、褶裥等工艺，使裤子具有合体美观、易活动等特点，是普遍受欢迎的具有很强生命力的一类裤型。

二、男西裤款式特征

男西裤款式如图 5-1 所示。其款式特征为装方形直腰头，腰头部装串带 6 个，门里襟绱拉链，前裤片侧缝处各设一斜插袋，前左、右腰口各收逆向裥两个，后裤片腰部左、右各收省两个，后臀部左、右各设双嵌线挖袋一个，裤口略收。

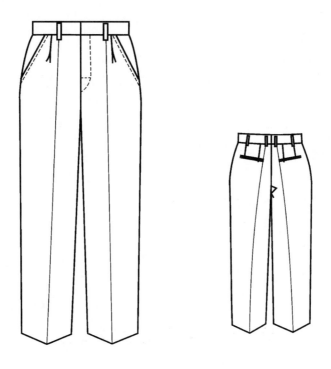

图5-1　男西裤款式图

三、男西裤制图规格（表5-1、表5-2）

表 5-1　男西裤系列规格表　　　　　　　　　　　　单位：cm

号 / 型	160/70A	165/74A	170/78A	175/82A	180/86A
裤长	98	101	104	107	110
腰围（W）	72	76	80	84	88
臀围（H）	94	98	102	106	110
裤口围	42	43	44	45	46

表 5-2　男西裤单件规格表　　　　　　　　　　单位：cm

号 / 型	裤长	臀围（H）	腰围（W）	上裆深	裤口宽	腰头宽
170/78A	104	102	80	26	22	4

四、男西裤结构制图（图5-2）

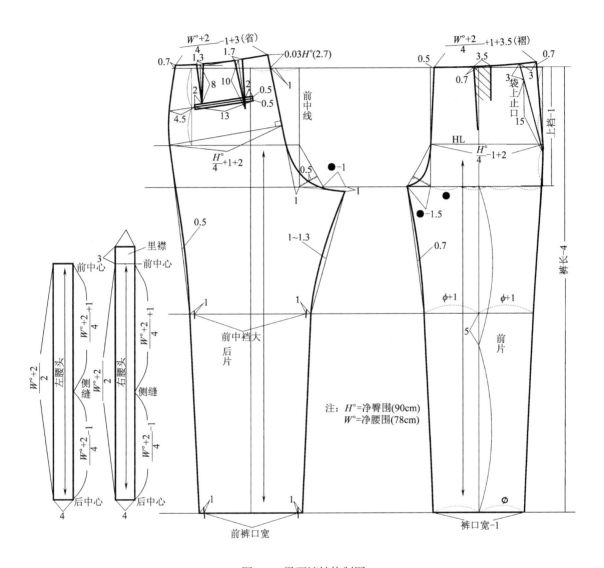

图5-2　男西裤结构制图

五、男西裤样板制作

图 5-3 所示为男西裤毛样板，裤片、腰头、垫袋布、门襟贴边、里襟面、串带、嵌线用面料，腰里采用专用的制成品（市场上有售），裤绸及里襟里用里子布，袋布用涤棉细平布。前裤绸在前裤片毛样基础上裁配。

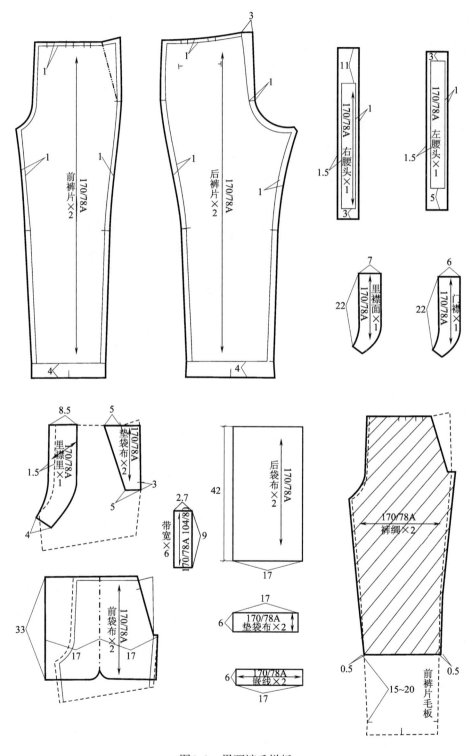

图5-3　男西裤毛样板

六、男西裤排料图（图5-4）

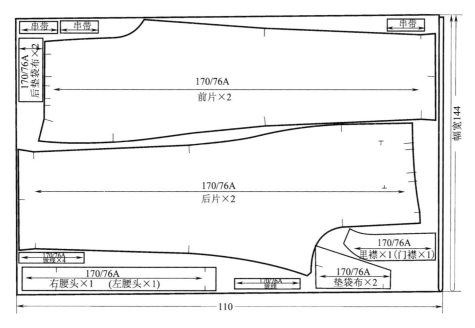

图5-4　男西裤排料图

七、男西裤缝制工艺流程图（图5-5）

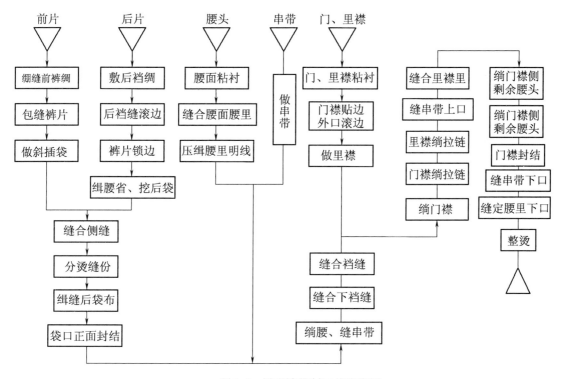

图5-5　男西裤缝制工艺流程图

八、男西裤缝制方法（表5-3）

表 5-3　男西裤缝制方法

序号	工艺内容	工艺图示		缝型符号	针距密度（针/3cm）	使用工具	缝制方法
1	绷缝前裤绸、包缝裤片	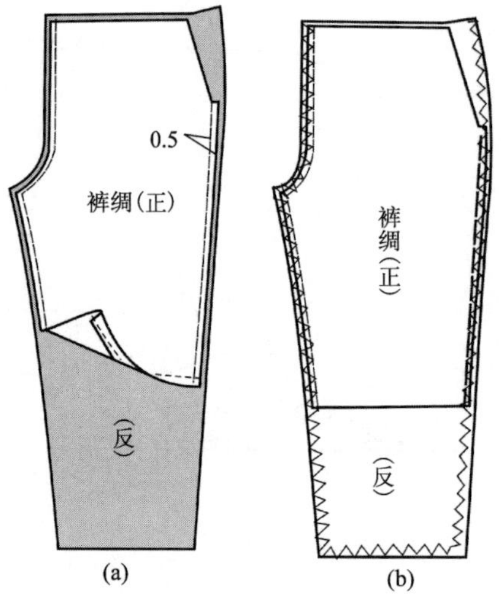 0.5 裤绸（正）（反）(a)	裤绸（正）（反）(b)		9（包缝）	单针平缝机、三线包缝机	a. 先将裤绸按图示大针码平缝固定，缝份0.5cm b. 将裤片毛边按图示包缝
2	做斜插袋	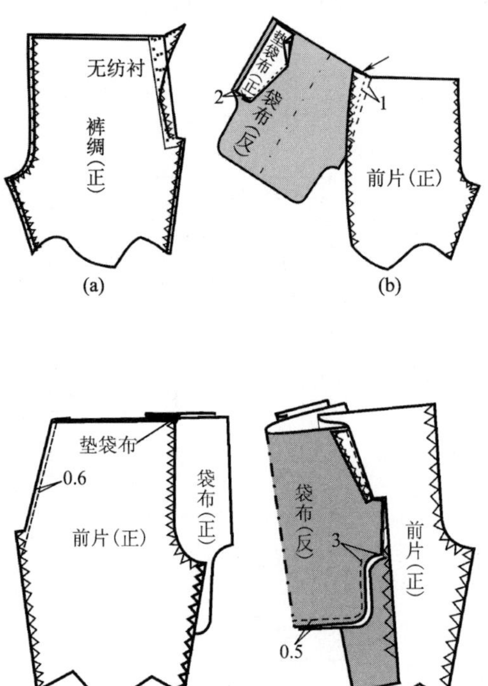 无纺衬 裤绸（正）(a)	垫袋布（正）袋布（反）前片（正）2 1 (b) 垫袋布 0.6 袋布（正）前片（正）(c) 袋布（反）3 前片（正）0.5 (d)		14	单针平缝机、熨斗	a. 袋口净缝内侧粘无纺衬，扣烫袋口缝份 b. 将垫袋布里口、下口向反面扣烫，按图示压缝在后袋布反面，下口距外口2cm不缝 将前袋布按图示置于前裤片下方，距袋口折边1cm，将裤片与袋布搭缝在一起 c. 距袋口0.6cm处缉明线 d. 按图示钩缝袋布下口，缝份0.5cm，起止针倒回针

续表

序号	工艺内容	工艺图示	缝型符号	针距密度（针/3cm）	使用工具	缝制方法
2	做斜插袋	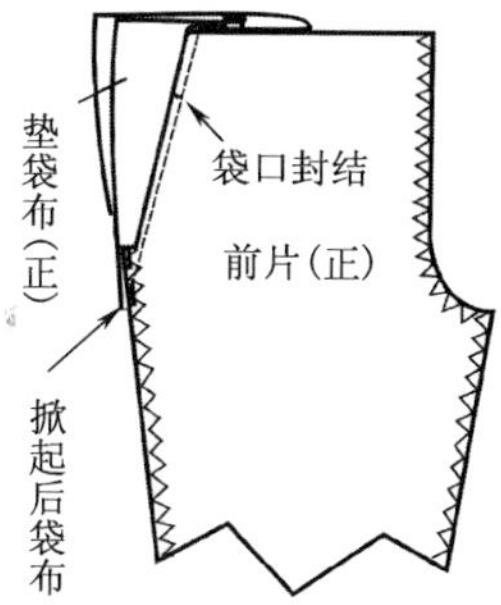 垫袋布（正） 袋口封结 前片（正） 掀起后袋布 (e)	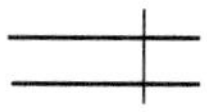 	14	单针平缝机、熨斗	e.将裤片腰口袋边对准垫袋布在腰口定位点、腰口平齐在裤片袋止口倒回针3道封结，掀起后袋布，将垫袋布铺平，其侧缝下边与裤片侧缝对齐叠合、沿侧缝搭缝、缝份0.5cm用熨斗烫平袋口
3	敷后裆绸	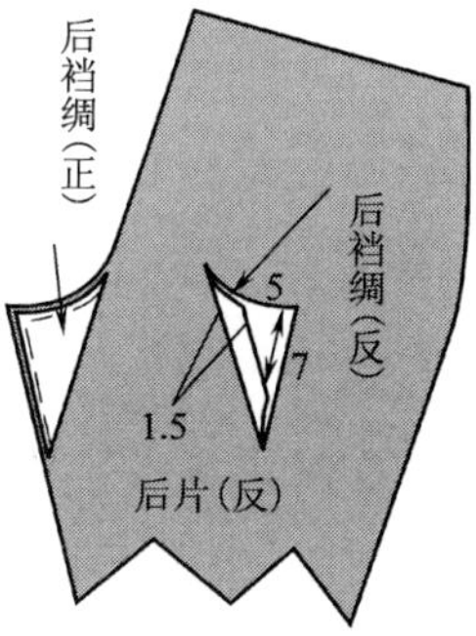 后裆绸（正） 后裆绸（反） 5 7 1.5 后片（反）	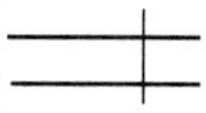		单针平缝机、熨斗	先将裆绸里口向反面扣烫1.5cm，然后按图示大针码敷后裆绸（裤绸用里子布，尺寸如图示）
4	后裆缝滚边、裤片锁边	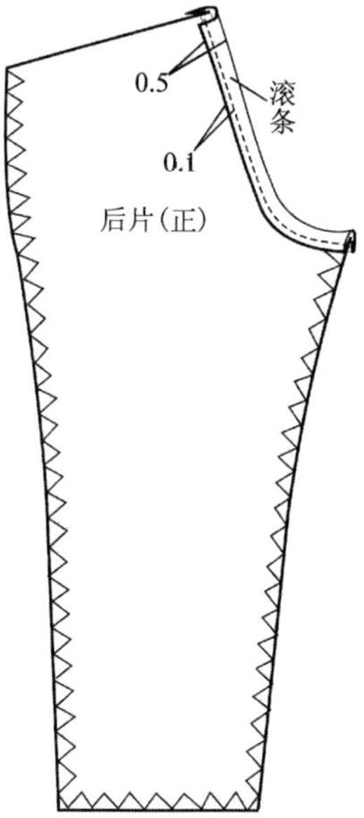 0.5 滚条 0.1 后片（正）	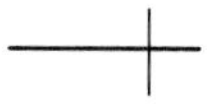 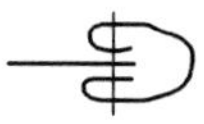	9（包缝） 14	三线包缝机、单针平缝机（装有滚边工具夹）	用装有滚边工具夹的平缝机将后裆滚边，然后按图示锁边 注：滚条布用涤棉，纱向45°，宽2cm，长为后裆缝长+2cm，如无滚边工具尺，可按一般方法滚边，方法可参见第十章第一节的滚边内容

续表

序号	工艺内容	工艺图示	缝型符号	针距密度（针/3cm）	使用工具	缝制方法
5	缉腰省、挖后袋	图略		14	平缝机、熨斗、剪刀	缉腰省，将省缝向裆缝方向倒烫 用袋位板划袋口位线，挖袋方法参见第二章第三节"基础零部件缝制工艺训练"中的挖袋内容
6	缝合侧缝、分烫缝份、缉缝后袋布、袋口正面封结	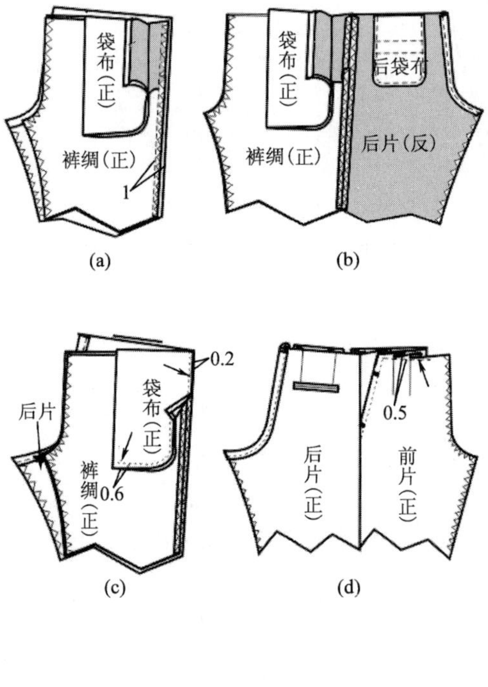		14	平缝机、熨斗、套结机	a.缝合侧缝、将前、后裤片正面相对，前片在上，侧缝对齐，侧后袋布掀起平缝前后侧缝，缝份1cm，起止针倒回针 b.分烫缝份 c.缉缝侧后袋布，将后袋布侧缝毛边内扣、与后片毛缝对齐压缝0.2cm。之后钩缝袋下口，缝份0.6cm d.斜插袋下止口正面封结，前裤片腰口打裥后与袋布在腰口一起缝合，缝份0.5cm

续表

序号	工艺内容	工艺图示	缝型符号	针距密度（针/3cm）	使用工具	缝制方法
7	腰面粘衬	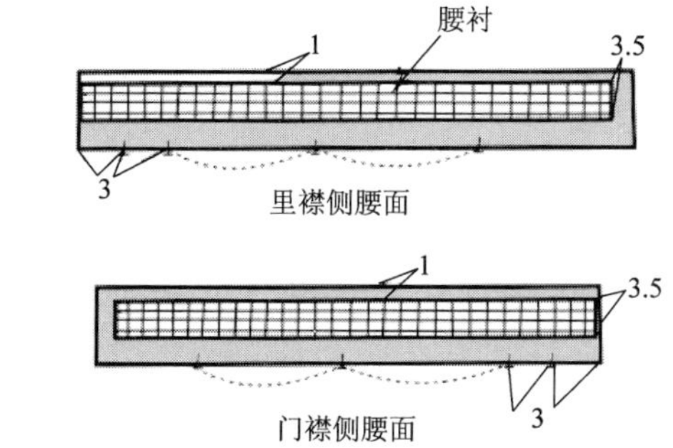 腰衬　1　3.5 里襟侧腰面　3 1　3.5 门襟侧腰面　3			熨斗	按图示将腰衬粘牢于腰面的反面，修齐缝份
8	缝合腰面、腰里，压缉腰里明线	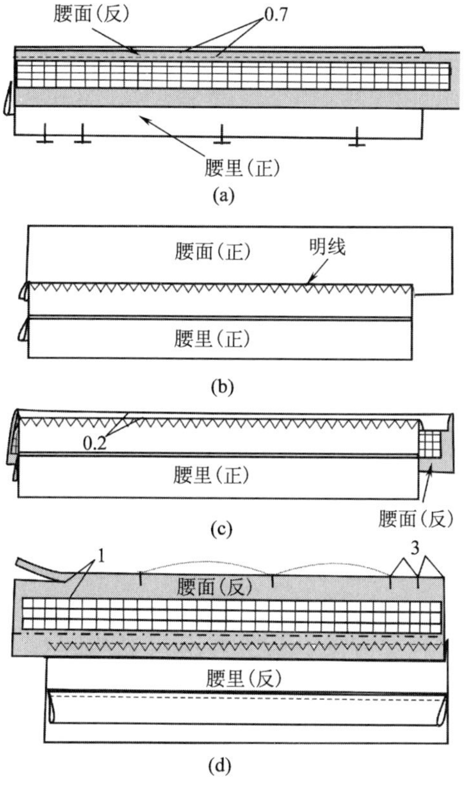 腰面（反）　0.7 腰里（正） (a) 腰面（正）　明线 腰里（正） (b) 0.2　腰里（正）　腰面（反） (c) 1　腰面（反）　3 腰里（反） (d)	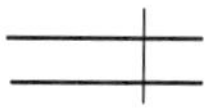  ╪ ⋙⋙	14~17 >4（多功能机）	单针平缝机、多功能机、熨斗、剪刀或不穿线的包缝机	a. 将腰面和腰里正面相对，上口对齐缝合，缝份0.7cm b. 将缝份向腰里方向倒烫，用多功能机沿腰里正面压缉一道曲折明线，如图示 c. 扣烫腰口，将腰面沿腰口净线（衬长边）向反面折转扣烫 d. 按图示修剪腰面下口缝份，然后定出串带位
9	做串带	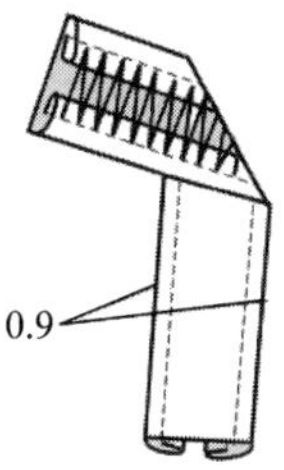 0.9	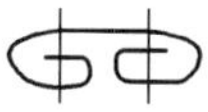 ⊕⊖		双针绷缝机、剪刀	用双针绷缝机将串带布条缝成图示形状，然后将缝缉好的长串带截成6段，每段长9cm

续表

序号	工艺内容	工艺图示	缝型符号	针距密度（针/3cm）	使用工具	缝制方法
10	绱腰、缝串带	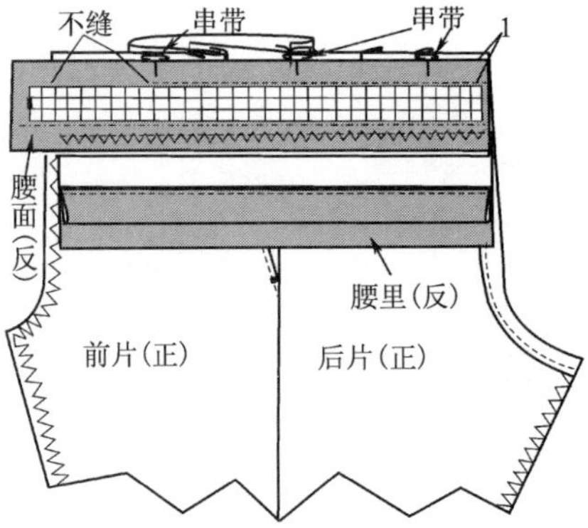	╪	14	单针平缝机	绱腰：腰面下口与裤片腰口正面相对，串带正面与裤片腰口正面相对，按串带位夹于腰面与裤片之间平缝缉合，靠近前襟侧10cm左右不缝
11	缝合下裆缝	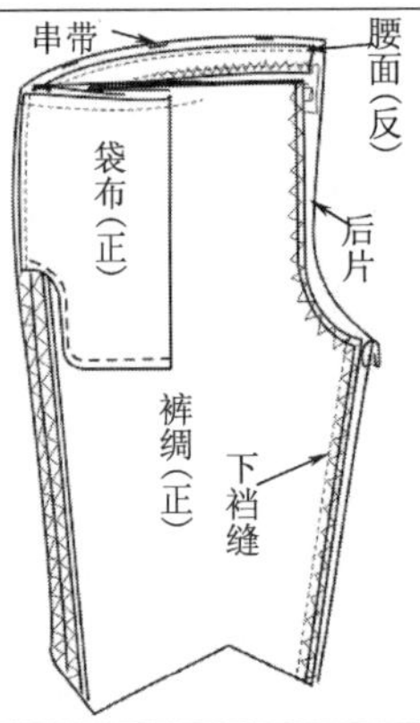	╪	14	单针平缝机、熨斗	将前后片正面相对，前片在上，下裆缝对齐，平缝缉合，缝份1cm。起止针倒回针，分烫缝份（图略）
12	缝合裆缝	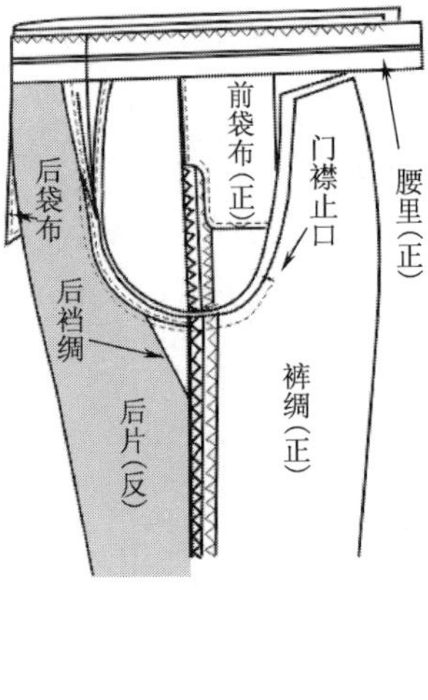	╪	14	单针平缝机、熨斗	将一条缝好的裤筒正面翻出，塞进另一条裤筒内，使两裤筒下裆缝对齐，正面相对，由腰头起针合裆至前门襟止口，起止针倒回车，沿第一次缝线再缝一道加固 掏出里裤筒，在烫凳上分烫缝份 注：为加强后裆缝牢度，常采用如下做法：在净缝上缝两次，或采用分压缝，或采用双线链缝机合裆

续表

序号	工艺内容	工艺图示	缝型符号	针距密度（针/3cm）	使用工具	缝制方法
13	门、里襟粘衬	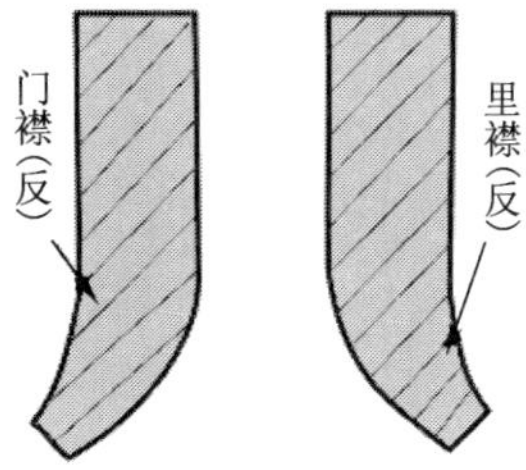 门襟（反）　里襟（反）			熨斗	用熨斗将无纺衬粘在门、里襟的反面
14	门襟外口滚边	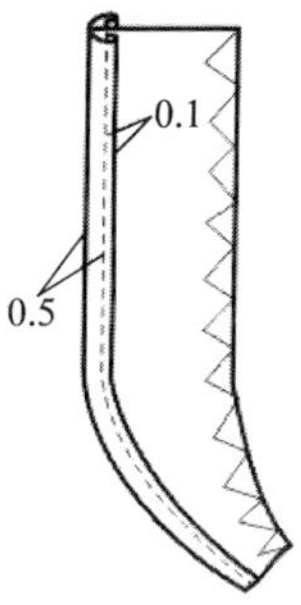 0.1　0.5	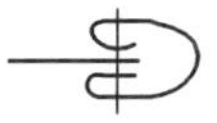 	14~17　9	装有滚边夹头的单针平缝机、三线包缝机	用装有滚边夹头的平缝机将滚条包滚于门襟外口，然后将另一侧锁边
15	做里襟	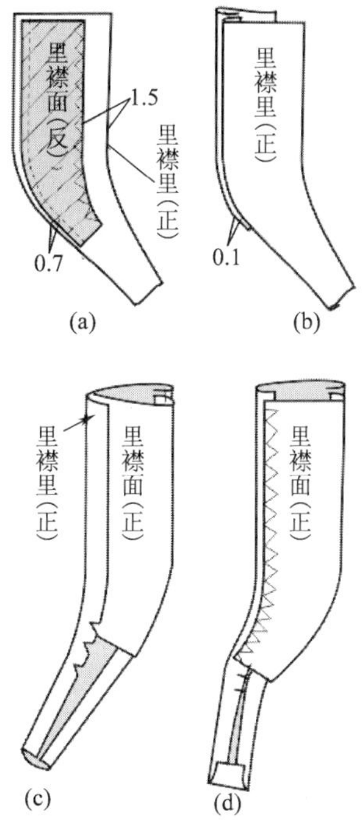 里襟面（反）　1.5　里襟里（正）　0.7　(a)　里襟里（正）　0.1　(b)　里襟里（正）　里襟面（正）　(c)　里襟面（正）　(d)		14	单针平缝机、熨斗	a.将里襟面与里襟里正面相对，沿外口平缝，缝份0.7cm　b.将里襟正面翻出并扣烫止口。务使里襟面止口吐出0.1cm　c.将里襟里另一侧沿里襟面包转扣烫，下口缝份打几个剪口　d.将里襟里烫成图(d)所示形状，并将尾端毛边折回扣烫

序号	工艺内容	工艺图示	缝型符号	针距密度（针/3cm）	使用工具	缝制方法
16	绱门襟	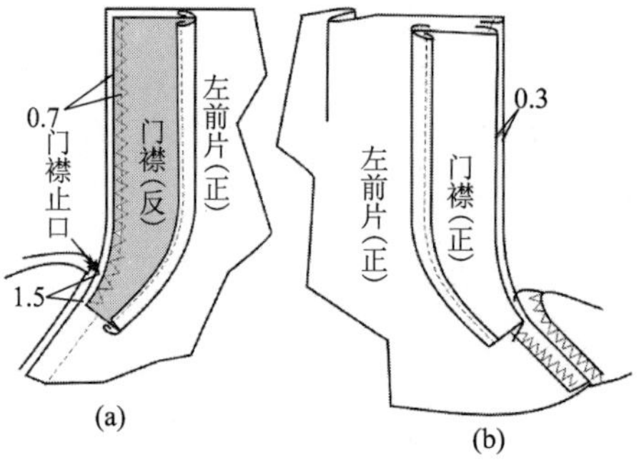	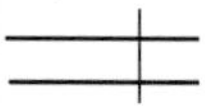	14	单针平缝机、熨斗	a. 将门襟包缝边与裤左前片正面相对平缝，缝过门襟止口1.5cm止，缝份0.7cm b. 将门襟正面翻转扣烫，止口偏进0.3cm
17	门襟绱拉链	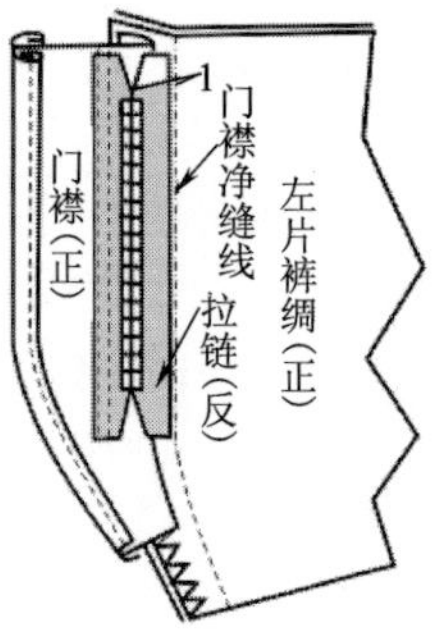	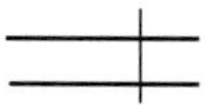	14	单针平缝机	将门襟拉开正面向上铺平，然后将拉链开口端朝腰口方向与门襟正面相对，一边与裤片扣烫线对齐，另一边与门襟缝合，最好缉缝两道线
18	里襟绱拉链	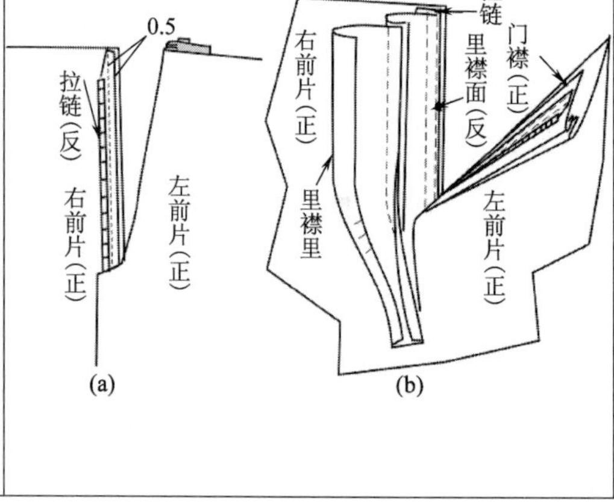	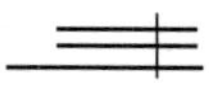	14	单针平缝机	a. 拉开拉链，使其未缝一边正面与右裤片正面相对，拉链带边与裤开襟缝对齐平缝，缝份0.5cm

续表

序号	工艺内容	工艺图示	缝型符号	针距密度(针/3cm)	使用工具	缝制方法
18	里襟绱拉链	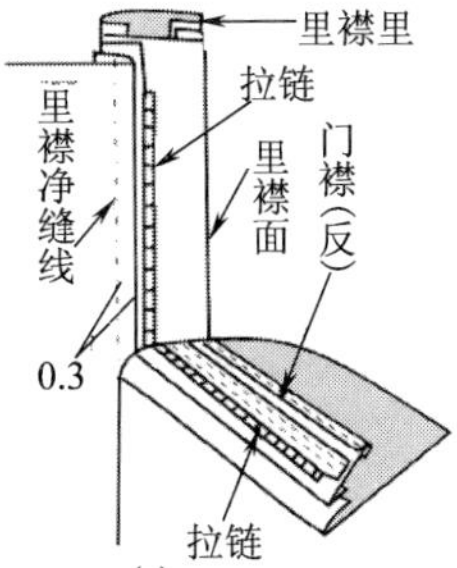		14	单针平缝机	b.将门襟及里襟里掀起,里襟面正面朝下盖在拉链上,三层缝合,过门襟止口1.5cm止针,缝份0.7cm c.将里襟里翻到里襟面下面
19	缝串带上口、绱里襟侧剩余腰头	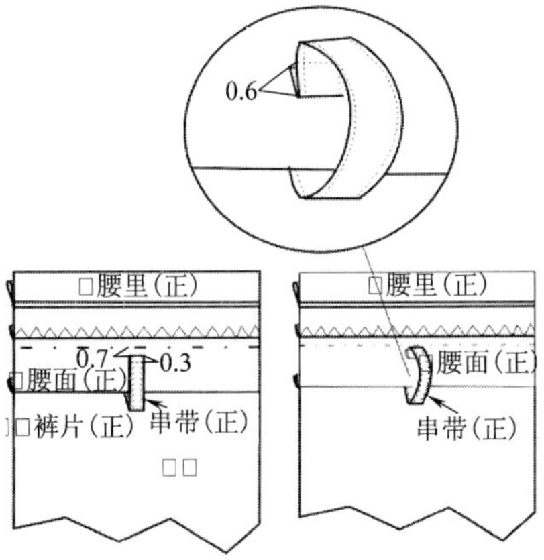 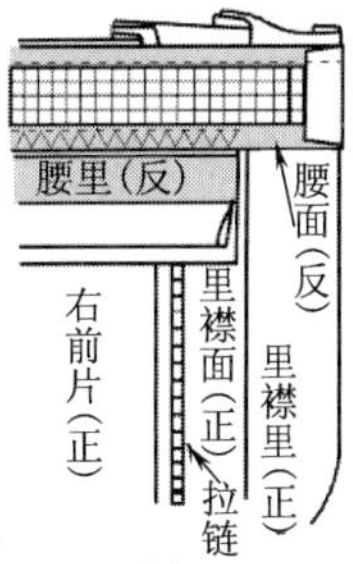 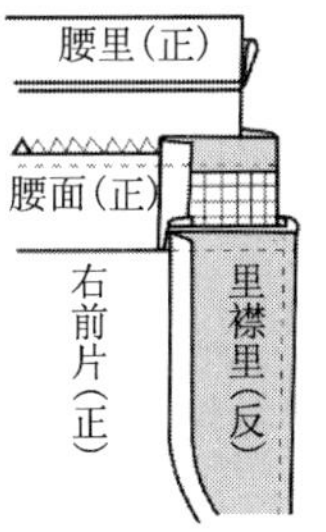	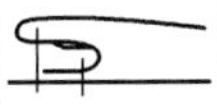 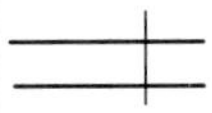	14	单针平缝机、剪刀	a.在绱剩余腰头之前先缝串带上口 b.将右前裤片上的里襟面、里正面朝上铺平,再将腰面头端向反面扣转,使其与里襟里边平齐。腰面在上绲合 c.将腰面正面翻出,缝份倒向腰面,腰里铺平,然后沿里襟面、里结合缝处将腰面朝正面方向折转,再将折回的腰面沿腰止口位平缝绲合

序号	工艺内容	工艺图示	缝型符号	针距密度（针/3cm）	使用工具	缝制方法
19	缝串带上口、绱里襟侧剩余腰头	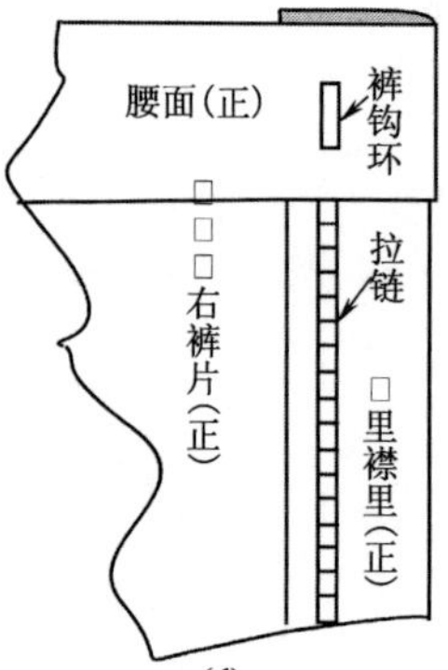 腰面（正） 裤钩环 □□右裤片（正） 拉链 里襟里（正） (d)		14	单针平缝机、剪刀	d. 修剪缝份后，将正面翻出，腰头角整理方正，钉好裤钩环
20	缝合里襟里	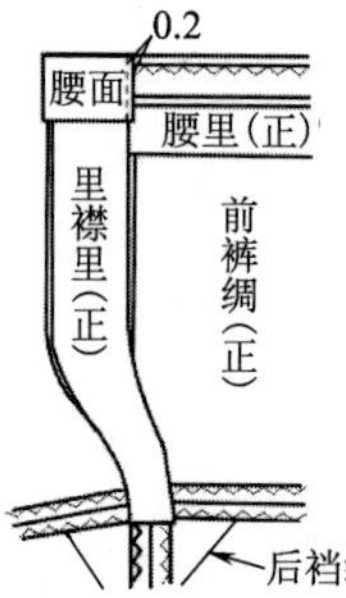 0.2 腰面 腰里（正） 里襟里（正） 前裤绸（正） 后裆绸 (a) 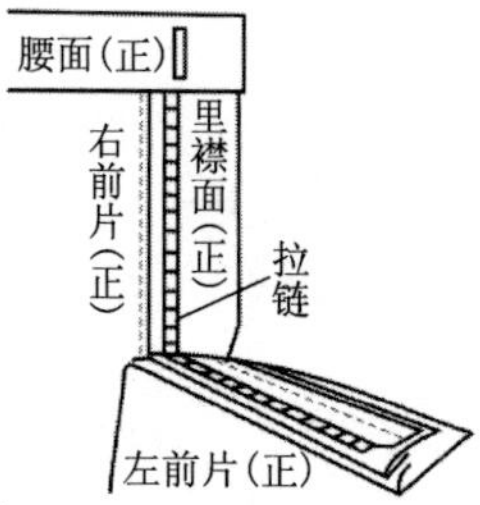 腰面（正） 右前片（正） 里襟面（正） 拉链 左前片（正） (b) 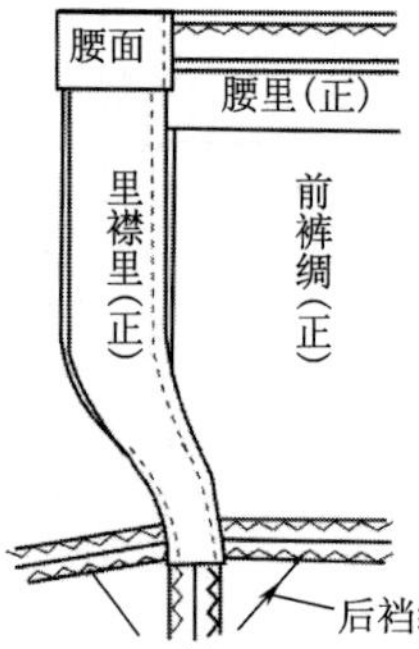 腰面 腰里（正） 里襟里（正） 前裤绸（正） 后裆绸 (c)	 	14	单针平缝机	a. 将折回的腰面与腰里扣压缝合 b. 将里襟正面朝上铺平，在缝合处压缉一道明线，把裤片、拉链、里襟面、里缝合在一起，到门襟止口止针 c. 里襟里下口与相应的裤缝份缝合

续表

序号	工艺内容	工艺图示	缝型符号	针距密度(针/3cm)	使用工具	缝制方法
21	缉门襟侧剩余腰头	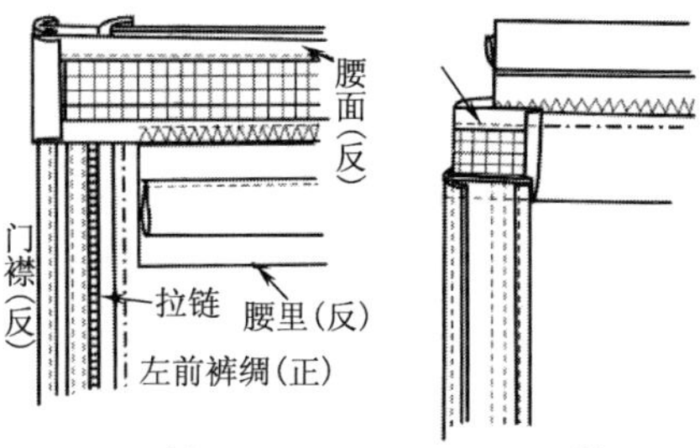 （a）（b）（c）（d） 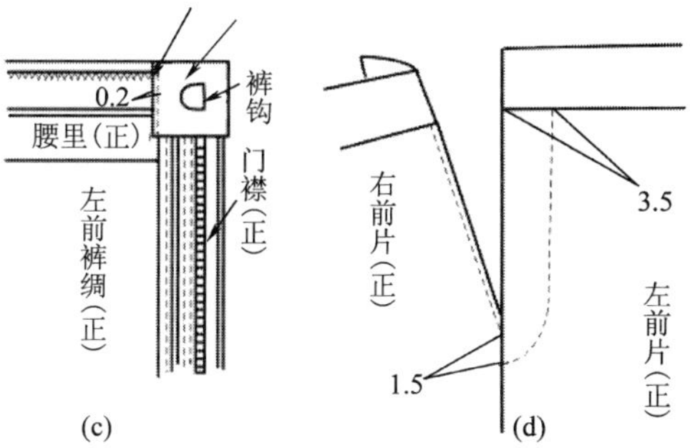	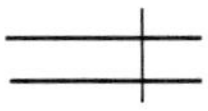 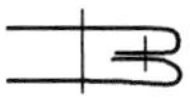	14	单针平缝机、剪刀	a.将左前裤绸正面朝上，门襟展开铺平，腰面头端向反面扣回，使其与门襟边齐，腰面在上，把余下未缝的腰头与裤片缉缝 b.将腰面正面翻出，缝份倒向腰头，腰里铺平，沿门襟止口把腰面朝正面方向折转，然后沿腰止口位缉缝 c.修剪缝份后，把腰面正面翻出，腰头角整理方正平服，钉上裤钩后缝合腰面和腰里 d.将左前片正面朝上，里襟拉开，如图所示缉门襟明线

图示中标注：腰面（反）、门襟（反）、拉链、腰里（反）、左前裤绸（正）、0.2、腰里（正）、裤钩、门襟（正）、左前裤绸（正）、右前片（正）、左前片（正）、3.5、1.5

序号	工艺内容	工艺图示	缝型符号	针距密度（针/3cm）	使用工具	缝制方法
22	门、里襟封结	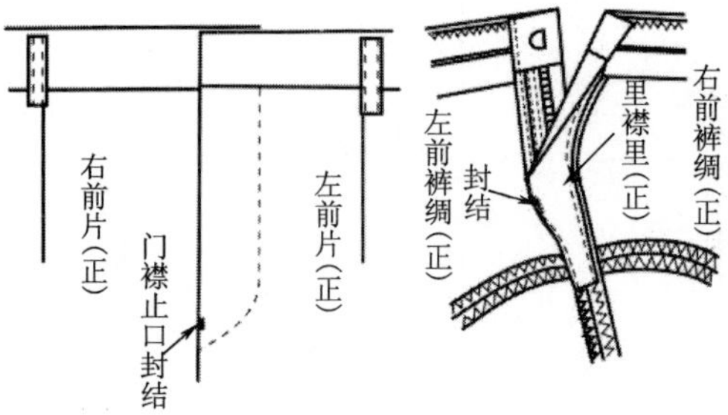 右前片（正） 门襟止口封结 左前片（正） 封结 左前裤绸（正） 里襟里（正） 右前裤绸（正）	WWWW		套结机	用套结机将门襟止口、里襟下部封结
23	缝串带下口、缝定腰里下口	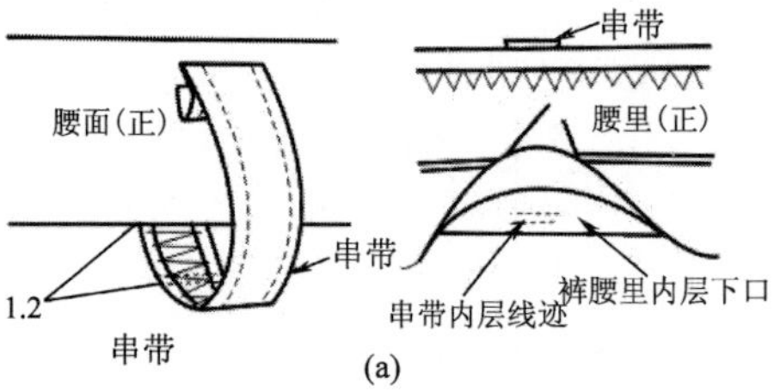 腰面（正） 串带 串带 1.2 串带（正） 腰里（正） 串带内层线迹 裤腰里内层下口 (a) 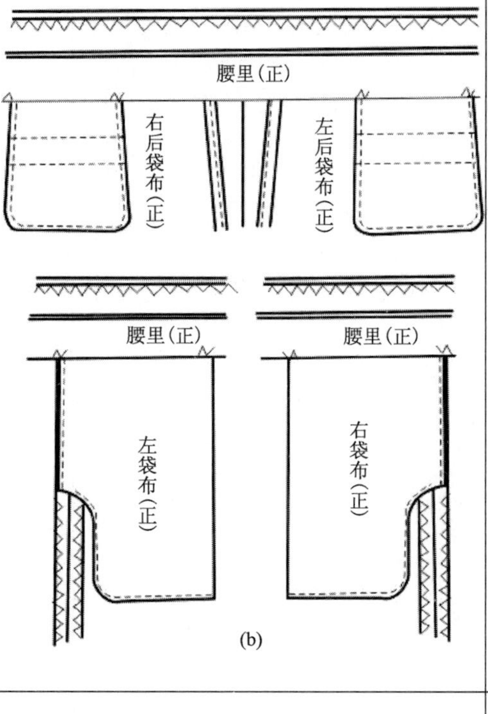 腰里（正） 右后袋布（正） 左后袋布（正） 腰里（正） 腰里（正） 左袋布（正） 右袋布（正） (b)	┼	17	单针平缝机、套结机	a. 用平缝机缝串带下口 b. 用套结机或手工缝定腰里下口
24	整烫	略				

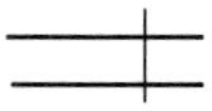

九、男西裤质量标准

1.经、纬纱向技术规定

（1）裤前片：经纱以前片烫迹线为准，臀围线以下偏斜不大于0.5cm，条、格料不允斜。

（2）裤后片：经纱以后片烫迹线为准，中档线以下偏斜不大于1.0cm。

（3）腰头：经纱偏斜不大于0.3cm，条、格料不允斜。

（4）条格料纬斜不大于2%。

2.对条、对格规定

对条、对格按表5-4规定（面料有明显条、格在1.0cm及以上的按此表规定）。

表5-4　西裤对条、对格要求

序号	部位名称	对条、对格规定
1	裤侧缝	侧缝袋口下10cm处，格料对横，互差不大于0.2cm
2	后裆缝	格料对横，互差不大于0.3cm
3	袋盖与大身	条料对条，格料对横，互差不大于0.2cm

注　特别设计不受此限。

3.表面部位拼接范围

腰头面、里允许拼接一处，男裤拼缝在后缝处，女裤（裙）拼缝在后缝或侧缝处（弧形腰除外）。

4.缝制规定

（1）针距密度，按表5-5规定，特殊设计除外。

表5-5　针距密度要求

序号	项目		针距密度	备注
1	明、暗线		11~14针/3cm	—
2	包缝线		3cm不少于10针	—
3	手工针		3cm不少于7针	—
4	三角针	腰口	3cm不少于9针	以单面计算
		脚口	3cm不少于6针	
5	锁眼	细线	12~14针/1cm	—
		粗线	1cm不少于9针	—
6	钉扣	细线	每孔不少于8根线	缠脚线高度与止口厚度相适应
		粗线	每孔不少于4根线	

（2）各部位缝制线路顺直、整齐、牢固，绱拉链平服，无连根线头。

（3）上下线松紧适宜，无跳线、断线。起落针处应有回针。底线不得外露。

（4）侧缝袋口下端打结处以上 5cm 至以下 10cm 之间、下裆缝上 1/2 处、后裆缝、小裆缝缉两道线，或用链式线迹缝制。

（5）袋布的垫料要折光边或包缝。

（6）袋口两端封口应牢固、整洁。

（7）锁眼定位准确，大小适宜，扣与眼对位，整齐牢固。纽脚高低适宜，线结不外露。

（8）商标、耐久性标签位置应端正、清晰准确。

（9）各部位明线和链式线迹不允许跳针，明线不允许接线，其他缝纫线迹 30cm 内不得有两处单跳或连续跳针，不得脱线。

5.外观质量规定

（1）裤腰头：面、里、衬平服，松紧适宜。

（2）门、里襟：面、里、衬平服，松紧适宜，长短互差不大于 0.3cm。门襟不短于里襟。

（3）前、后裆：圆顺、平服。裆底十字缝互差不大于 0.2cm。

（4）串带：长短、宽窄一致。位置准确、对称，前后互差不大于 0.4cm，高低互差不大于 0.2cm。

（5）裤袋：袋位高低、袋口大小互差不大于 0.5cm，前后互差不大于 0.3cm，袋口顺直平服。袋布缝制牢固。

（6）裤腿：两裤腿长短、肥瘦互差不大于 0.3cm。

（7）裤口：两裤口大小互差不大于 0.3cm；吊脚不大于 0.5cm；裤脚前后互差不大于 1.5cm；裤口边缘顺直。

第二节　男牛仔裤缝制工艺

一、男牛仔裤款式特征

本款牛仔裤装腰头，前腰部左右对称各设一个月亮袋，后臀上部横向分割，分割线下左右对称各装一个贴袋，门襟装拉链，腰口装 5 个串带。侧缝、下裆缝、分割缝，袋口、袋边、腰头等止口部位缉明线（图 5-6）。

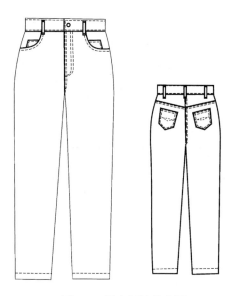

图5-6　男牛仔裤款式图

二、男牛仔裤制图规格（表5-6）

表 5-6　男牛仔裤制图规格　　　　　　　　　　单位：cm

号／型	裤长	臀围（H）	腰围（W）	上裆深	裤口宽	腰头宽
170/76A	102	100	80	26	22	4

三、男牛仔裤结构制图（图5-7）

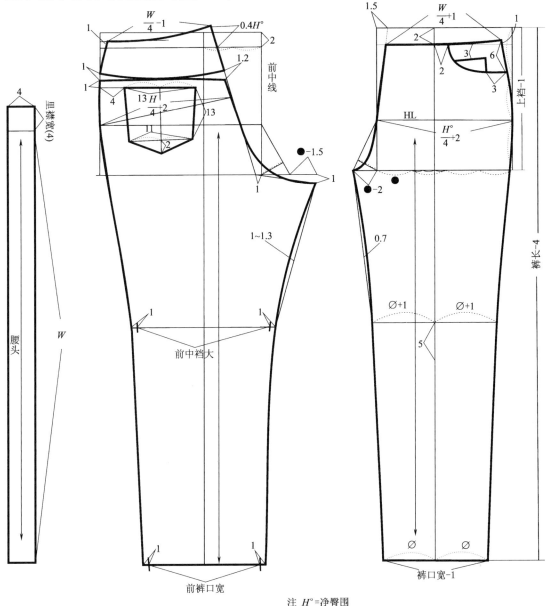

注 $H°$=净臀围

图5-7 男牛仔裤结构制图

四、男牛仔裤样板制作（图5-8）

五、男牛仔裤排料图（图5-9）

牛仔布幅宽150cm，用量=裤长+10cm。

月亮袋的袋布使用涤棉细布，其结构如图5-8所示，用料30cm，排料图略。

六、男牛仔裤缝制工艺流程图

准备阶段工艺流程图如图5-10所示。

缝制阶段工艺流程图如图5-11所示。

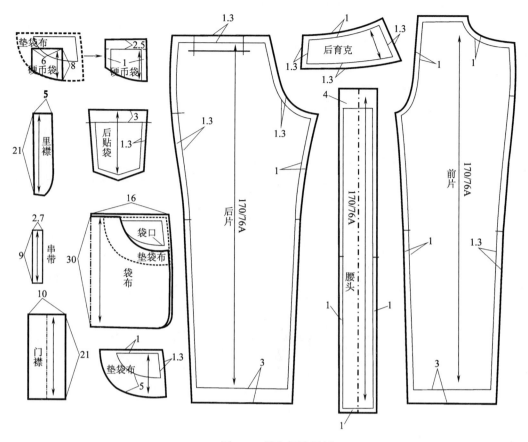

图5-8 男牛仔裤样板

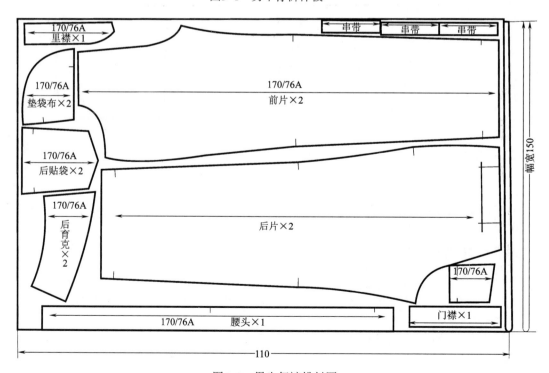

图5-9 男牛仔裤排料图

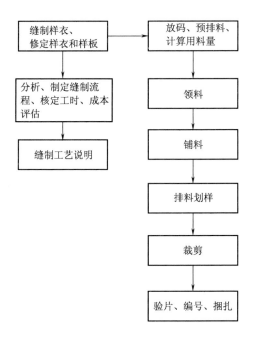

图5-10 准备阶段工艺流程图

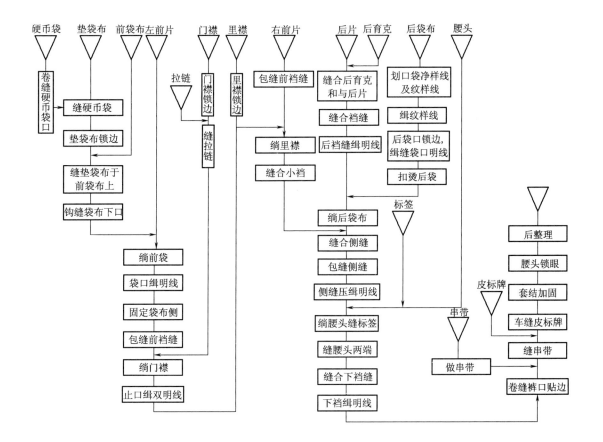

图5-11 缝制阶段工艺流程图

七、男牛仔裤缝制方法（表5-7）

表 5-7　男牛仔裤缝制方法

序号	工艺内容	工艺图示及缝制形态	线迹代号及针距密度	使用工具	缝制方法	质量要求
1	卷缝硬币袋口	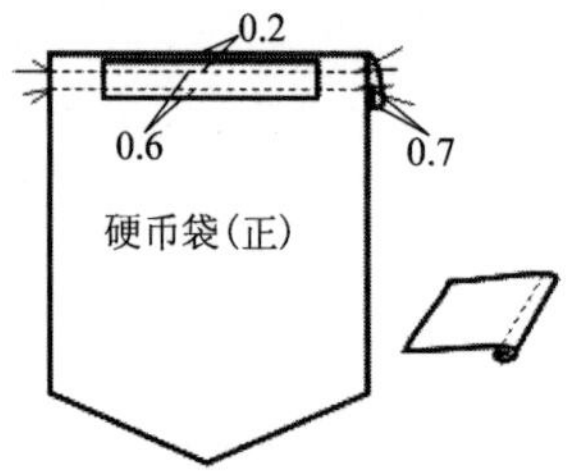	301 10针/3cm	单针平缝机或双针平缝机（带卷边器）	将袋口毛边先向反面折0.7cm，再沿袋口位向反面二次折转 沿袋口正面压缉两道明线，缉缝时将标签放在袋口正面一同缝上 如用双针平缝机，可用卷边器将袋口卷边同时压缉明线	明缉线间距0.6cm 缉线要平行于袋口 标签中心要与袋口中心一致
2	右前垫袋布上缝硬币袋	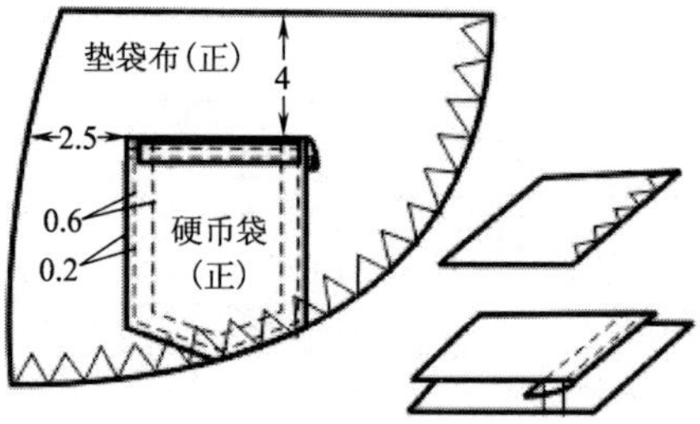	301 14针/3cm 504 9针/3cm	双针平缝机、熨斗、三线包缝机	用模板及熨斗将硬币袋布毛边向反面扣烫 用漏板在垫袋布上定出袋位 按袋位将袋扣缝在垫袋布上 将垫袋布连同硬币袋下口一同包缝	袋明缉线距0.6cm 袋口平行于垫袋布上口 缉线顺直且不能超过袋口
3	缝垫袋布	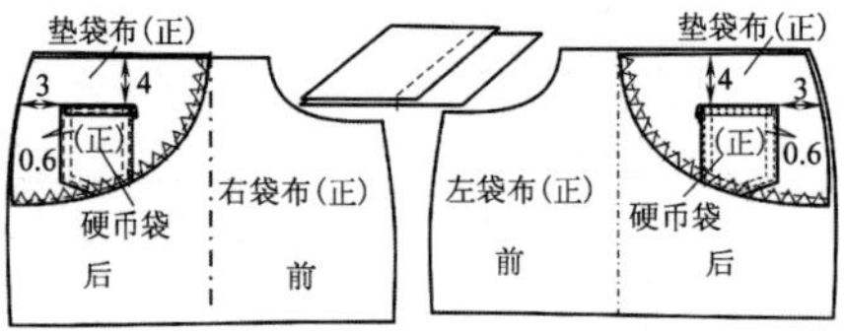	301 14针/3cm	单针平缝机或双线链缝机	将垫袋布上口及侧面与袋布的上口和侧面对齐，正面朝上放于前袋布正面 沿垫袋布下口缉缝一道固定，也可用链缝机缝合	垫袋布与袋布位置要正确 缉线要顺直、均匀、无跳针

续表

序号	工艺内容	工艺图示及缝制形态	线迹代号及针距密度	使用工具	缝制方法	质量要求
4	钩缝前袋布下口	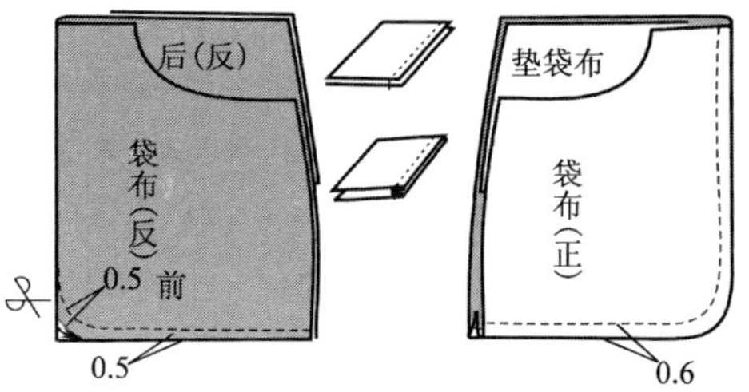	301 14针/3cm	单针平缝机	将袋布反面朝外沿中心线对折，使袋下口、上口及侧缝对齐 沿袋下口平缝一道。修剪掉袋角多余缝份，翻出正面扣烫 沿袋止口压缉一道0.6cm的明线	保证前、后袋布上口平齐 缉线要顺直、不跳针
5	缉前袋	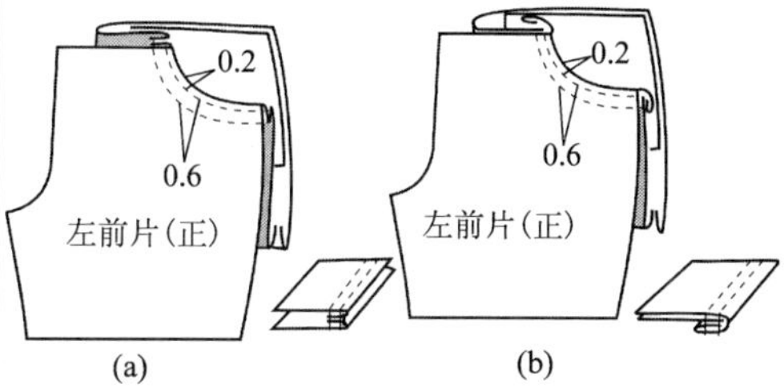	301 11针/3cm	单针平缝机、熨斗、双针平缝机（带卷边器）	a.将前袋布反面与裤前片袋口位正面相对并对齐，沿袋口平缝缉合，缝份1cm 将袋布向裤片反面翻转，扣烫止口，务使袋布止口低于裤袋口0.1cm b.沿袋口正面压缉两道明线。如用双针机，可先将裤袋口放于折边器中，然后将袋布口放于卷边器中一道缉缝（此时袋口为净缝）	明缉线距为0.6cm 袋口平服、无反吐、无扭曲 明缉线顺直均匀，无跳针。注意：缉明线时要将后袋布掀起，避免与前袋口缝在一起
6	固定袋布侧	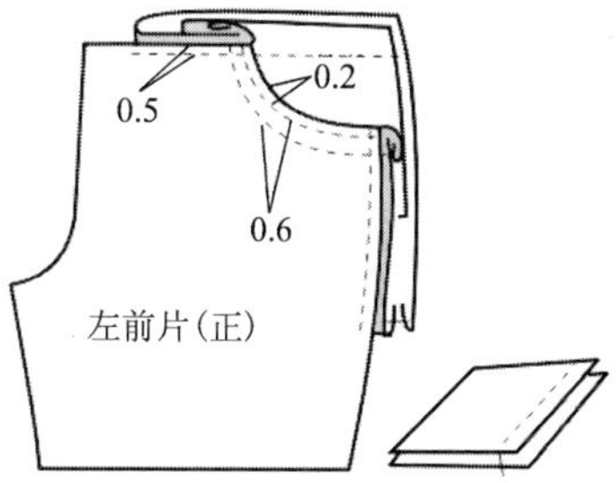	301 8~9针/3cm	单针平缝机	按垫袋布上的袋口位与裤片袋口对齐，把袋布上口、袋侧缝与裤侧缝平缝固定，缝份0.5cm	对位准确

序号	工艺内容	工艺图示及缝制形态	线迹代号及针距密度	使用工具	缝制方法	质量要求
7	里襟及门襟锁边或滚边	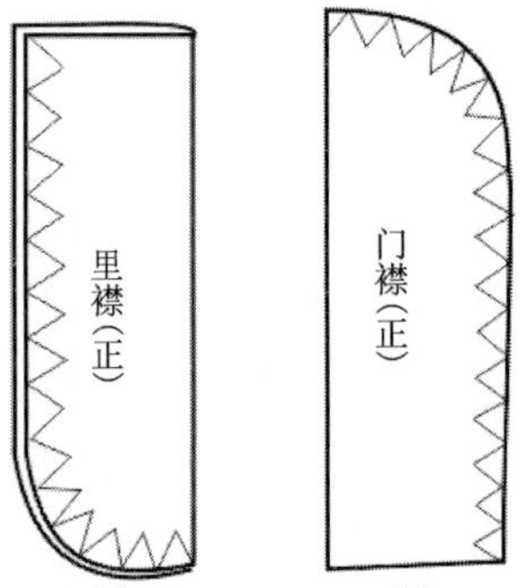 里襟（正）　门襟（正）　(a)　(b)	504 9针/3cm	三线包缝机或单针平缝机（带卷边器）	a. 将里襟正面朝外对折包缝毛边或用斜滚条滚边 b. 将门襟正面朝上包缝或用斜滚条滚边	包缝线迹或滚条宽窄要均匀，无跳针
8	包缝前裆缝	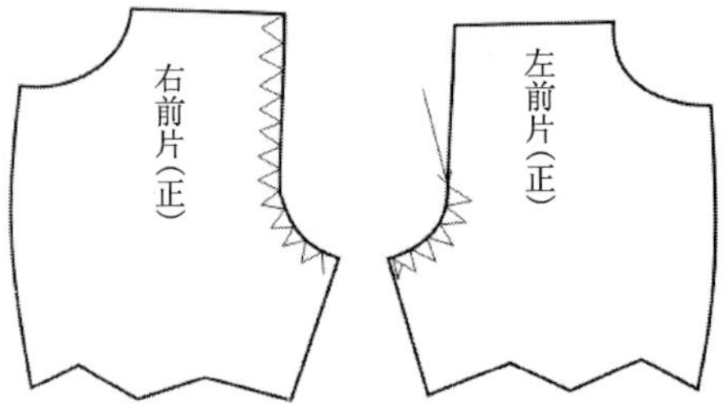 右前片（正）　左前片（正）	504 8~9针/3cm	三线包缝机	右前片全包缝，左前片只包缝门襟止口以下部分	线迹松紧适当，宽窄均匀，无跳线
9	门襟绱拉链	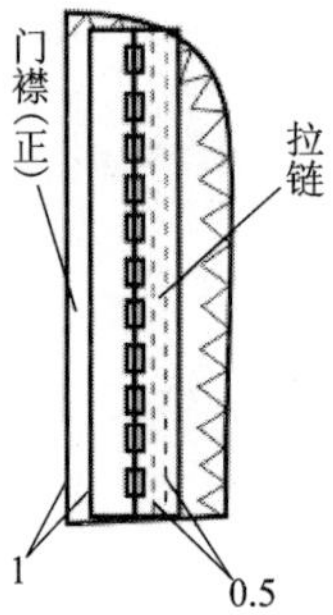 门襟（正）　拉链　1　0.5	301 11针/3cm	单针平缝机	将拉链与门襟正面相对，一侧链带距门襟直边止口1cm 将拉链双线缝于门襟上	拉链与门襟直边距离正确 拉链下端不能长于门襟下端
10	绱门襟	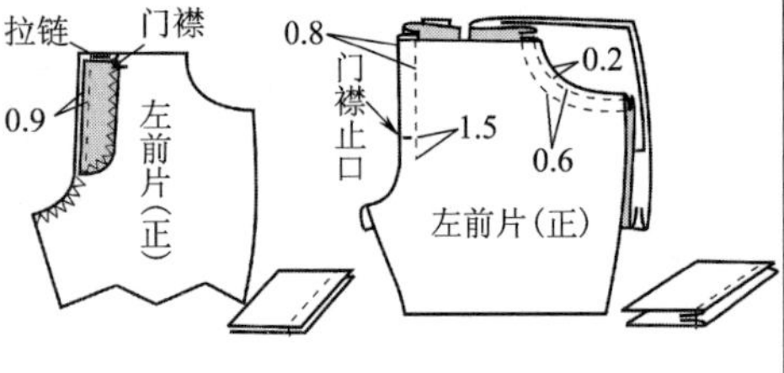 拉链　门襟　0.9　左前片（正）　0.8　门襟止口　1.5　0.6　0.2　左前片（正）	301 11针/3cm	单针平缝机	将门襟与左前片正面相对，门襟直边和上口分别与前裆缝和腰口对齐，门襟在上，平缝缉合，缝份0.9cm 将门襟翻转扣烫，使门襟止口稍偏进 沿前片门襟止口压缉一道明线	门襟止口不允许反吐 明缉线要与止口平行，顺直均匀，无断线，无跳针

序号	工艺内容	工艺图示及缝制形态	线迹代号及针距密度	使用工具	缝制方法	质量要求
11	缉门襟明线	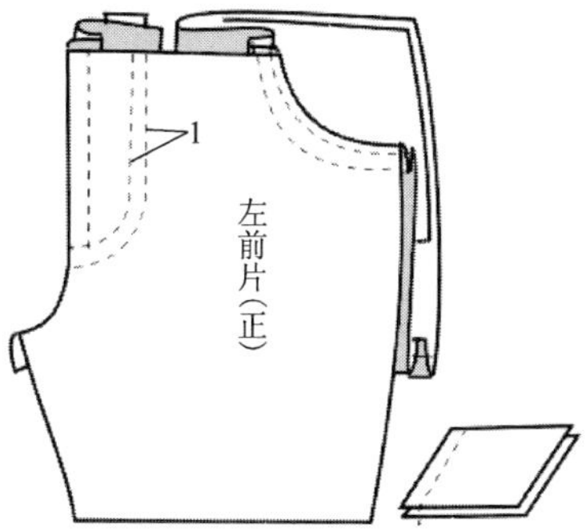 左前片（正）1	301 11针/3cm	双针平缝机、门襟缉线模板	将门襟缉线模板放于裤前片，其上口对齐腰口，直边对齐前裆缝沿模板另一侧由腰口起缉双明线	明缉线尺寸要正确 线迹要美观顺直，无断线，无跳针
12	缝合拉链、里襟和右裤片	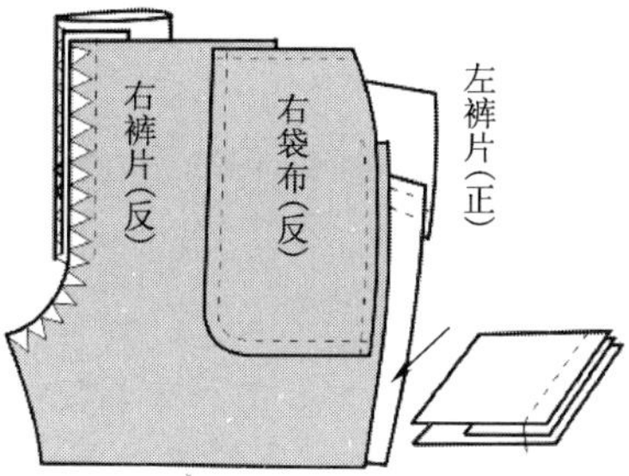 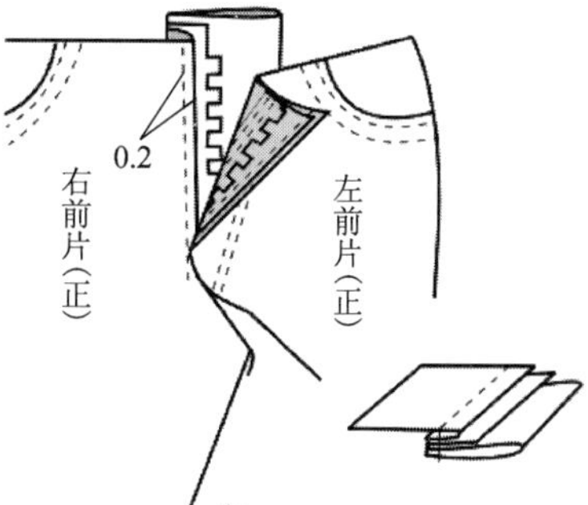 右裤片（反）右袋布（反）左裤片（正）(a) 右前片（正）0.2 左前片（正）(b)	301 10针/3cm	单针平缝机	a.将拉链另一边与右裤片正面相对夹于裤片和里襟之间，三者在腰口和前裆缝处要分别对齐，然后平缝缉合 b.将裤片正面翻出压缉一道明线	左、右裤片腰口要平齐，互差不超过0.3cm 压缉明线要顺直、均匀
13	缝合小裆	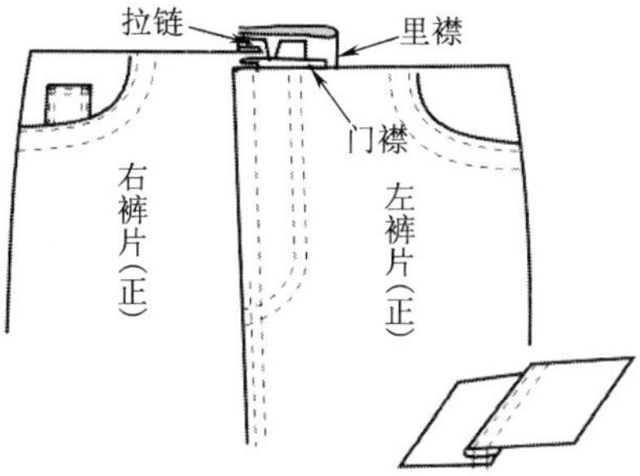 拉链 里襟 门襟 右裤片（正）左裤片（正）	301 10针/3cm	单针平缝机或双针平缝机	将小裆缝缝份向左裤片方向倒烫按图示缉缝小裆缝，双明线	缝份1cm，缉线要顺直均匀、无跳针，裆弯及门襟止口平服

序号	工艺内容	工艺图示及缝制形态	线迹代号及针距密度	使用工具	缝制方法	质量要求
14	划后袋净样线及纹样线	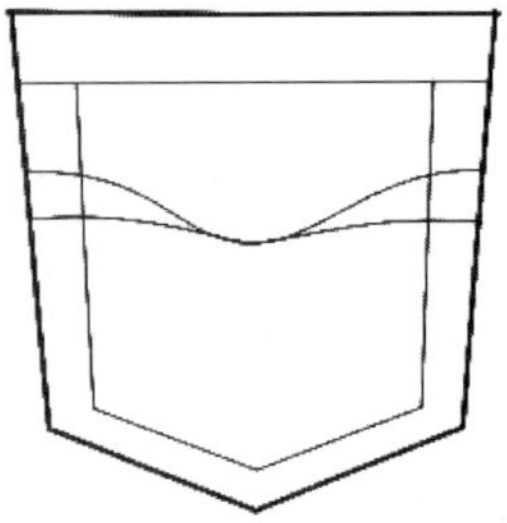		漏板	用漏板在后袋反面印出袋净样线，在正面印出缉线纹样	
15	缉缝纹样线	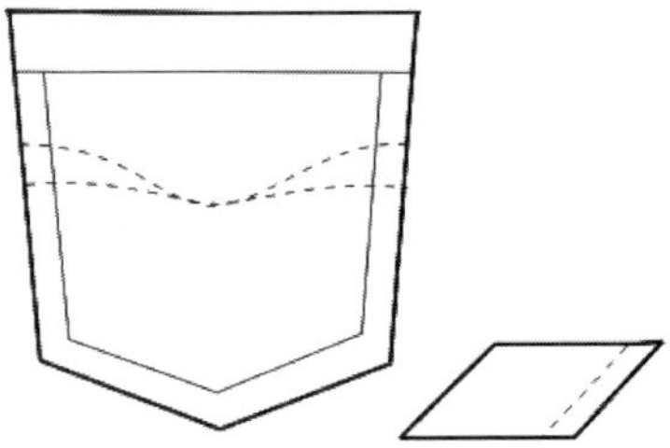	301 11 针 /3cm	单针平缝机	按纹样线缉缝纹样	缉线要饱满匀顺，无断线，无跳针
16	袋口锁边、卷缝袋口并缉明线	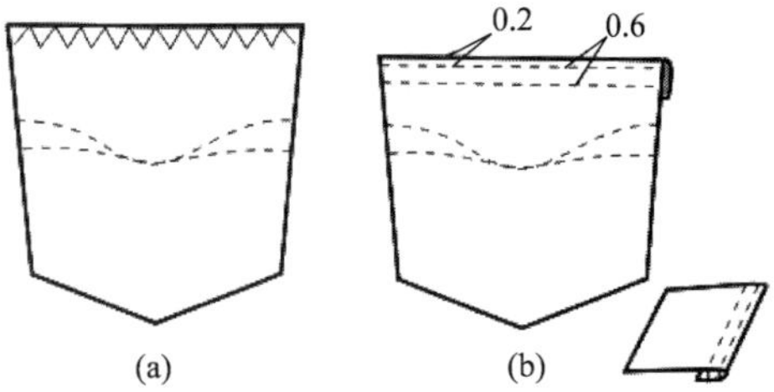 (a)　　　(b)	301 11 针 /3cm	单针平缝机或双针平缝机	a. 将袋口锁边，然后将锁边折向反面 b. 按图示尺寸从正面缉两道明线	缉线要平行于袋口，线迹无断线、无跳针
17	扣烫后袋	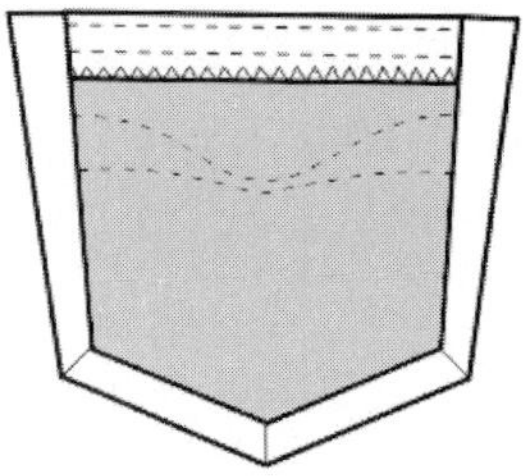		熨斗、净袋板	将袋板放在袋片反面的净线上，用熨斗将缝份向反面扣烫	袋片尺寸要正确，袋口要清晰直薄

续表

序号	工艺内容	工艺图示及缝制形态	线迹代号及针距密度	使用工具	缝制方法	质量要求
18	卷接后育克和后片	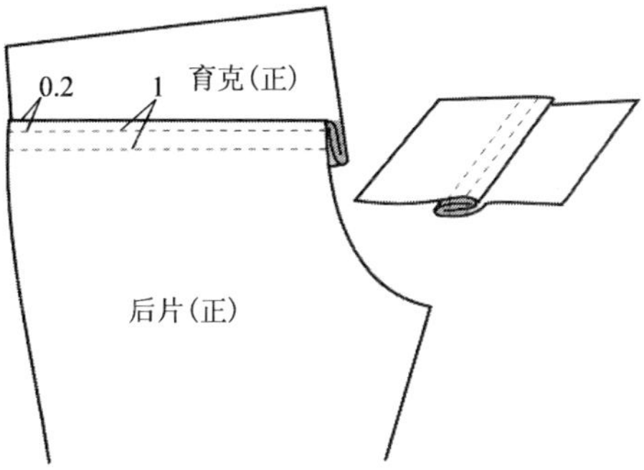 0.2　1　育克(正)　后片(正)	401(301)9~10针/3cm	双针链缝机(带折边器)或双针平缝机(带折边器)	将裤后片缝份夹放在折边器的上槽中,将育克缝份夹放在下槽中,正面向上缝合	缝份宽1.3cm,缝合后,裤后片尺寸及形状要符合要求,明绲线要顺直、无断线、无跳针
19	卷接后裆缝	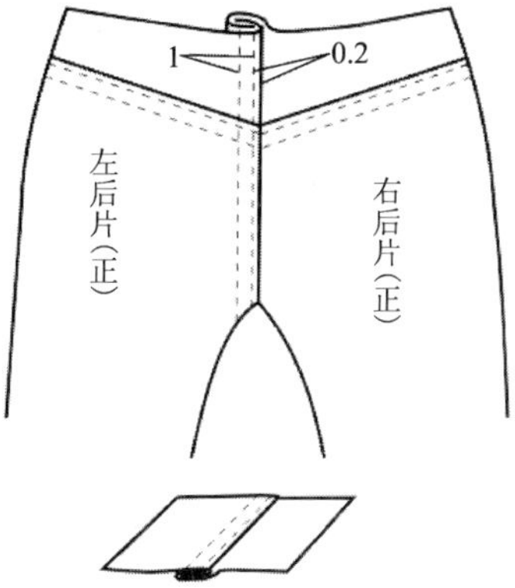 1　0.2　左后片(正)　右后片(正)	4019~10针/3cm	双针链缝机(带折边器)	将左后片缝份夹放于折边器的上槽中,右后片缝份夹放于折边器的下槽中,裤片正面向上缝合	左、右育克要准确对位,腰口要平齐;缝份为1.3cm;明绲线要顺直、无断线、无跳针
20	绱后贴袋	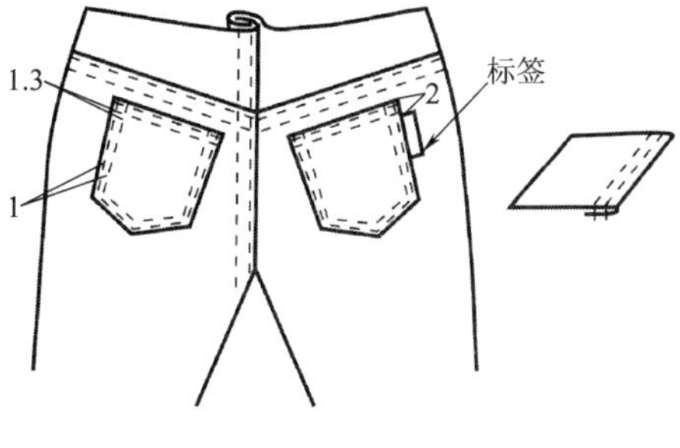 1.3　标签　2　1	30110~11针/3cm	单针平缝机	先用漏板在后片上定出袋位,将袋片按袋位扣缝。绲缝两道线,缝线上宽下窄缝右后袋时按图示位置夹缝标签	袋口与育克缝要平行;袋位正确,袋边平直,袋角要方正;左、右袋要高低一致,袋位对称;线迹要顺直、无断线、无跳针

续表

序号	工艺内容	工艺图示及缝制形态	线迹代号及针距密度	使用工具	缝制方法	质量要求
21	缝合下档缝	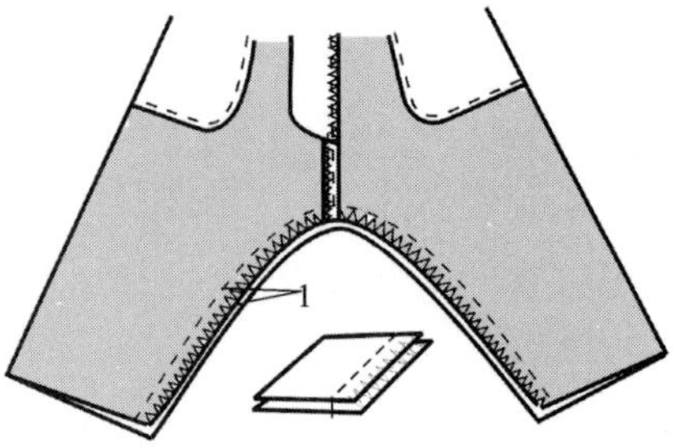	504+401 9~10针/3cm	五线包缝机	将裤子反面翻出，使前、后片下档缝正面相对对齐，前、后档缝及裤口对齐 前片在上，用五线包缝机从右裤口起连续缝至左裤口	前、后片档缝及裤口要对齐，档下十字缝不能错位线迹要宽窄一致、美观光洁、无跳针
22	下档缝缉明线	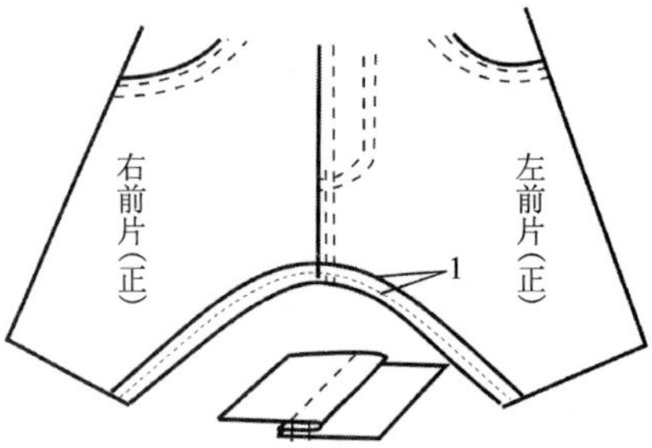	301 10~11针/3cm	单针平缝机	将缝份向后片方向扣倒，翻出正面 沿下档在后片上压缉一道明线，将缝份与裤片固定	线迹要平行美观
23	缝合侧缝	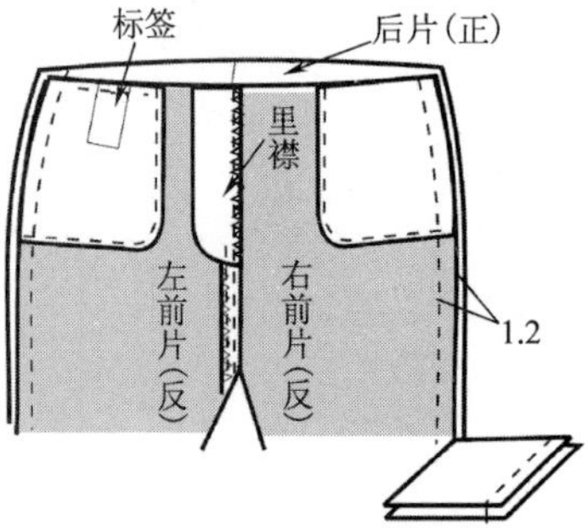	301 9针/3cm	单针平缝机	将左、右前片与相应的后片侧缝对齐，正面相对，前片在上平缝，一侧从腰口缝至裤口，另一侧由裤口缝至腰口。也可用四线或五线包缝机包、缝同时进行	前、后腰口要对齐 缝线要平服，线迹要顺直
24	包缝侧缝	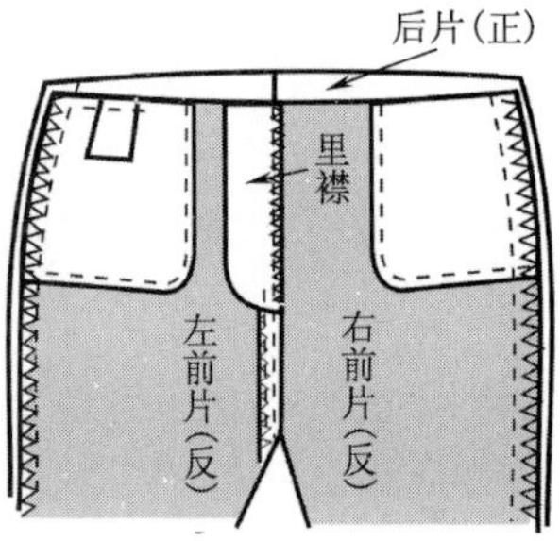	404 9针/3cm	三线包缝机	用三线包缝机将前、后片缝份包缝，一侧从腰口缝至裤口，另一侧由裤口缝至腰口	包缝线迹要美观，宽窄一致，包边光洁，无跳针

续表

序号	工艺内容	工艺图示及缝制形态	线迹代号及针距密度	使用工具	缝制方法	质量要求
25	侧缝压缉明线	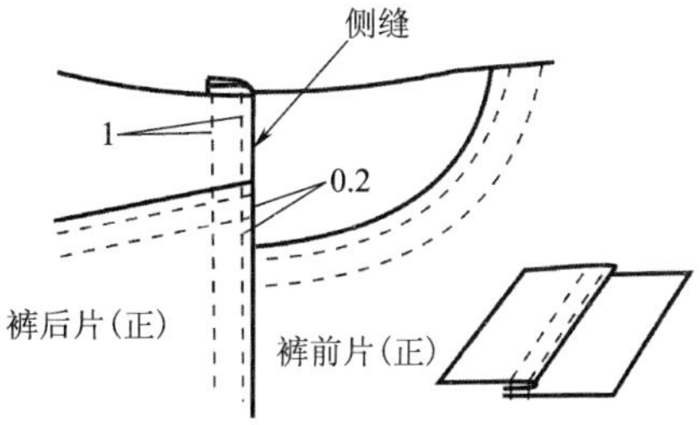	301 10~11 针/ 3cm	单针平缝机或双针平缝机	将缝份向后片扣倒，翻出正面，在后片上沿侧缝压缉两道间距为1cm明线	缉线顺直平行，无断线，无跳针；此处也可压缉0.2cm 和0.7cm 双止口明线
26	绱腰头、缝标签	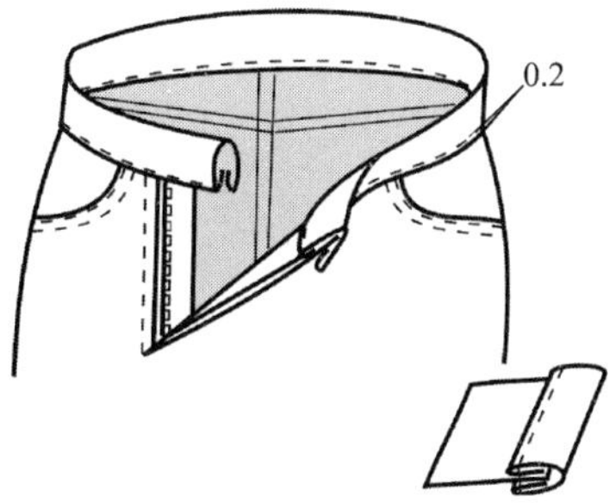	401 10~11 针/ 3cm	单针链缝机（带折边器）	将腰头正面朝外对折，先将腰头放进折边器预缝5~6cm；然后将裤片腰口夹进腰头中正面朝上缝合，缝至左前片时，将标签夹在腰里一起缝合；也可用专用绱腰机绱腰	绱腰时要按对位标记对位缝合；腰面与腰里折边要对称平齐，防止腰里漏缝；线迹要平行美观，无跳针 为防止裤腰起斜皱，最好使用针牙同步送布缝机带折边器绱腰
27	缝腰头两端	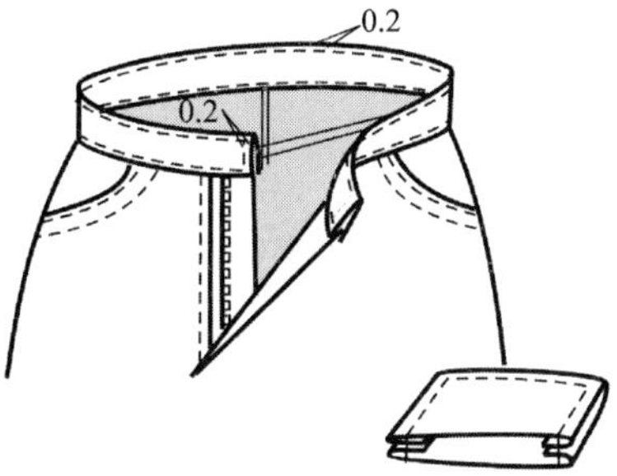	301 10~11 针/ 3cm	单针平缝机	修掉腰头两端的多余部分，留1.2cm缝份 将缝份向里折进，使腰头角方正平服 从腰头一端起缝，然后缝腰上口，最后缝腰头另一端	腰头两端的止口不能反吐；腰头端角方正平服且与门襟止口平齐；线迹要平行美观，无跳针

续表

序号	工艺内容	工艺图示及缝制形态	线迹代号及针距密度	使用工具	缝制方法	质量要求
28	卷缝裤口折边	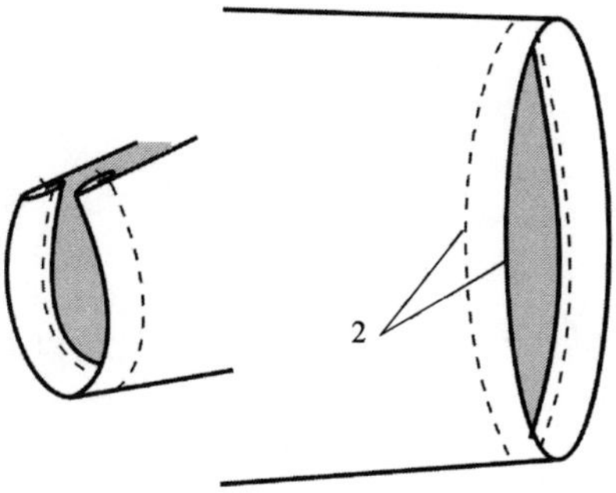	301 10~11针/3cm	单针平缝机（带折边器）	使裤子正面朝外，先把裤口折边放进折边器，从下裆缝处起针卷缝一周后，再重合三针	车缝后裤口平服无扭曲，最好使用针牙同步送布缝机带折边器卷缝；缉线要平行于裤口
29	做串带	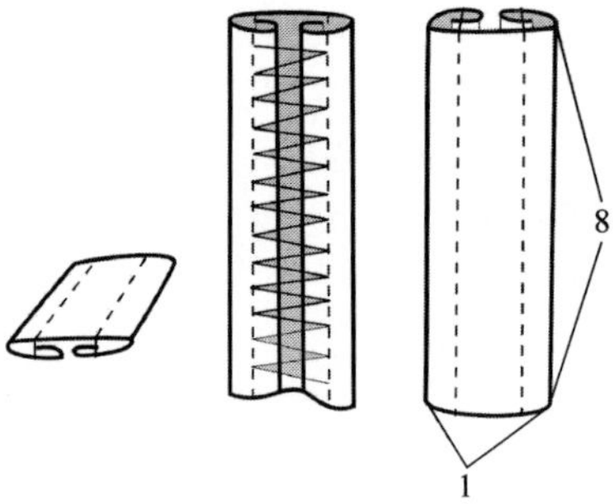	406 8~9针/3cm	串带机及卷边器	把裁好的串带布条在串带机上加工成符合要求的长条状，然后按图示长度要求裁成单个小段	串带宽度正确一致；串带长度符合要求；串带正面无浮线
30	绱串带	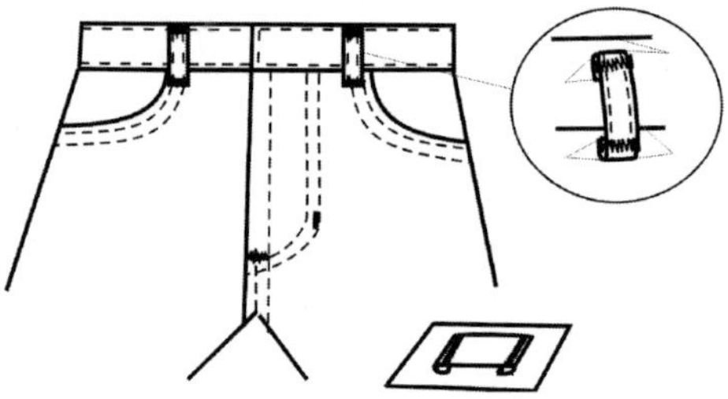	322	套结机	先用平缝机将串带固定在串带位上，再用套结机缝定。套结稍宽于串带	串带位正确，竖直不歪斜；串带两端折扣方正；串带间高度一致，互差不超过0.3cm
31	车缝皮标牌	 皮标牌	301 10~11针/3cm	单针平缝机	用平缝机将皮标布缝在后腰头所示位置	标牌位置要正确，缉线要平行牢固

续表

序号	工艺内容	工艺图示及缝制形态	线迹代号及针距密度	使用工具	缝制方法	质量要求
32	封结加固	图略	404	套结机	封结位有门襟止口、门襟缉线、后袋口两端；封结宽度1cm	封结位要正确，线迹要美观牢固
33	腰头锁眼、钉扣	图略	404	圆头锁眼机、钉扣机	在门襟侧腰头划定眼位，然后锁眼；在里襟侧腰头划定扣位，然后钉扣	扣位要和眼位相对应，扣要钉牢

八、男牛仔裤质量标准

1.成品主要部位允许偏差（表5-8）

表 5-8　成品主要部位允许偏差　　　　　　　　单位：cm

部位名称	允许偏差	
	水洗产品	原色产品
裤长	± 2.0	± 1.5
腰围	± 2.0	± 1.0

注　纬向弹性的产品不考核纬向规格偏差。

2.成品规格测定（表5-9）

表 5-9　成品主要部位测量方法

部位名称	测量方法	备注
裤长	由腰上口沿侧缝摊平垂直量至裤口底边	
腰围	扣好裤钩（纽扣），沿腰宽中间线量	周围计算
臀围	腰上口至横裆三分之二处，前、后分别横量	周围计算

3.缝制质量要求

（1）针距密度符合以下规定：

①明、暗线：不少于 8 针 /3cm，特殊设计除外。

②包缝线：不少于 8 针 /3cm。

③锁眼：细线不少于 8 针 /1cm，粗线不少于 6 针 /1cm。

④钉扣：细线每孔不少于 8 根线，粗线每孔不少于 6 根线。

（2）各部位缝制线路顺直、整齐、平服、牢固。

（3）明线 20cm 内不允许接线，20cm 以上允许接线一次，无跳针、断线。

（4）商标、号型标志的位置端正，内容清晰、规范、准确。

（5）锁眼定位准确，大小适宜，扣与眼对位，钉扣牢固，扣合力要足够，套结位置准确。

（6）装饰物（绣花、镶嵌等）应牢固、平服。

4.整烫要求

（1）外观整洁，无线头。

（2）对称部位大小、前后、高低一致，互差不大于 0.5cm。

（3）各部位熨烫平服、整洁，无烫黄、水渍、亮光及死痕。

九、男牛仔裤后整理

牛仔裤的后整理（洗涤），是牛仔裤生产的最后阶段，它已成为一种在牛仔裤上创造色彩时尚的艺术。

1.通过洗涤可达到以下效果

（1）改变外观：

①色彩上有云斑或无云斑。

②皱纹。

③沿缝线的皱褶。

④表面起毛或起皱。

⑤提高表面光洁度。

（2）手感柔软。

（3）预缩稳定规格尺寸。

2.洗涤种类　牛仔的洗涤可达到不同的外观效果和穿着感，不同材质的牛仔洗涤方法不同。"洗涤"已成为牛仔服装后整理过程中一个特定的过程。目前在市场上买一条未经洗涤处理的牛仔裤是很困难的。洗涤有下列几种。

（1）石磨或石洗：洗涤中使用浮石，为常用方法之一。它可产生一种陈旧、古老的效果。

（2）酶洗：在洗涤过程中使用生物酶做催化剂。有带石和不带石之分，它可以产生超柔的手感和特殊的外观。

（3）漂洗：在洗涤后段工序中采用氧化漂白剂，如用次氯酸盐洗，通常不带浮石，用于平纹树皮皱布，以控制织物褪色的程度。

（4）冰洗或雪洗：这是一种复合洗涤方法，洗涤中通过氧化剂和滚动漂白作用，达到一种雪花效果。

3. 洗涤过程

（1）退浆：利用淀粉酶加热水洗掉织物中的浆料物质如 CMC、PVA 及淀粉浆料，为后续的加工和提高加工质量创造条件。

（2）石磨、石洗：在水洗过程中根据要求加入不同规格、不同数量的浮石，这样在洗涤过程中，织物表面纤维会因浮石作用受损脱落、露出里面的圈状白纱线，使织物表面呈现蓝白对比效果，且织物手感也更柔软。目前市场上已有浮石代用品，如合成石（橡胶球）、纤维素酶等。

（3）酶洗：即在洗涤中加入纤维素酶，在酶的催化和其他因素作用下，使纤维素纤维分子部分水解，造成纤维表面损失，从而改善织物的光滑度、手感及颜色。

（4）漂白：通过石洗和酶洗获得较满意的图案效果后，牛仔裤的颜色深浅还要通过漂白工序进行调整，以满足客户不同的要求。常用的漂白剂有次氯酸盐。目前，又出现了生物漂白新技术，比起前者，它更具可控性。

（5）喷砂：即在正常洗涤前，由空气压缩机和喷砂装置产生的强气压喷射出氧化铝微粒到服装表面，服装上的染料在其作用下剥离织物表面，从而达到局部磨损的效果。

4. 洗涤程序

（1）待加工件评估：评估内容包括颜色深度、缝型、缝线颜色、金属配件、浆料等。

（2）准备：将服装别住或用网罩住，避免衣物缠绕，以达到均匀的磨损效果。

（3）预湿：将服装浸泡在 1~2g/L 洗涤剂溶液中 2~5min，使服装软化，避免洗花。

（4）退浆：采用不同的方法去掉织物中各种浆料，以确保后序处理的效果。

（5）磨蚀：用浮石、酶及其他手段洗磨织物，以达到预期的颜色对比，手感及尺寸稳定的效果。

（6）漂白：通过使用漂白剂使织物脱色。

（7）精炼：用各种化学试剂、洗涤剂、过氧化氢等加强颜色对比、磨损的效果，清除砂石、去除染斑等。有时增加荧光增白剂，以增加白度。

（8）套染：在磨损的布面和纬纱上加颜料或染料，以达到仿旧的外观效果或调整整体的颜色效果。

（9）柔软处理：在最后的清洗中加入柔软剂，以达到所要求的手感。

（10）脱水：用离心脱水机去除适量的水分，以备后序干燥。

（11）转笼干燥。

十、质量检验的内容

为能生产出令客户和消费者满意的成品服装，生产中需安排一系列质量检验和控制活动，目前质量检验已成体系，包括以下四项内容。

1. 产前阶段检验 包括面、辅料的质量检验与测试，板型的审核，排料与裁剪及样衣的检验等。

2. 首批产品检验 首批产品检验是检验第一批生产完成的服装的一个阶段，以确定开始大批生产前要做的变化及必要的调整。通常初检包括服装的总体外观、款式质量、颜色、材料、细节、辅料配件、做工和规格尺寸。

3. 生产过程的中间检验 首批产品检验找出不合理之处，经分析改进后就可投入批量生产。这个过程也要实施检验。检验员按具体指标检查整个缝制过程中的关键位置，包括线迹密度、缝型及其公差、机器种类和辅料工艺方法等。在牛仔裤生产中，检验点通常在缝制过程的三种位置上，第一种位置是检查部件，如标牌、硬币袋、口袋、门襟拉链等；第二种位置是检查完成裆缝、口袋、门襟及缝制后的前、后裤片；第三种位置是检查侧缝、下裆缝、腰头及裤口等部位的制作。经水洗处理后，再检查牛仔裤的水洗效果和性能指标。

4. 终检 在完成订单总量或部分产品后、检验人员要进行终检。检验包括运输包装、商品包装、商品本身（如款式颜色、规格及所有相关的品牌、腰头标牌、口袋标牌等），以及印在纸箱上的信息，如包装标记、订单号码、款式号码、盒内与之相对应的商品、包装袋上的信息（包括规格、颜色、标志和标签及服装式样等）。

经终检后，检验人员应从整批产品中抽取一件作为运输样品，有关人员要对其作出评价，若不满意，运输将予搁置，并立即通知生产主管人员做必要的补救，直至对生产部门的修改补救满意后，产品方可装运。

十一、牛仔装使用设备简介

由于牛仔面料大多较厚重，缝纫用线较粗硬，加之牛仔装所要求的一些特殊效果，要保证顺利加工，确保产品优质高效，常需要配置一些专用设备。当然，不同要求的牛仔服装需要的设备也不同。下面简介部分设备。

1. 裁剪设备 裁剪设备与其他无太大区别，包括人工操作系统和自动操作系统。这里不再赘述。

2. 缝制设备

（1）双针、单针送布平缝机：型号如 LH—3188—7/CP—230B，主要用于牛仔服装中厚型面料的双明线车缝。

（2）带可调式上送布装置和电磁型剪线器的高速包缝机：型号如 AZF8600—C6DA/MT12，适用于厚料包缝。

（3）双针五线高速包缝机：型号如 MA4—V61—92—5，适用于厚料包缝。

（4）单针自动剪线平缝机：型号如 DB2—B737—415MARK—Ⅱ—415，是专为厚料缝纫设计的机种。

（5）弯臂式三针双链缝机：型号如 DT—30—01E/AC1/FDL—1，用于牛仔裤中厚型面料的互折加固缝。

（6）平板式台面单针链缝机：型号如 DT2—B962—SN，用于卷折袋口，缝制后育克、后裤片。

（7）带卷边器的平板式台面单针链缝机：型号如 DT2—B962—19，用途同（6）。

（8）自动钉口袋机：型号如 BAS—760，用于缝钉后口袋。

（9）圆筒形工作台面可编程序式电子图案绣花机：型号如 BAS—311EL。

（10）双针、针送布、针杆可分离式自动剪线平缝机：型号如 LT2—B845—405，用于有拐角或弧形缝双线缝纫。

（11）带卷边器的三针（或双针）弯臂式双链缝机：型号如 GT6—B926—7A，用于厚型或超厚型面料的缝制。

（12）打结缝纫机：用于双线包缝缝型的缝制。

（13）标签绣花机：型号如 BAS—311E。

（14）双针三线、带前剪刀的平板式绷缝机：型号如 FD4—B271—OU2。

（15）双针自动钉串带机：型号如 BAS—705，用于专缝串带。

（16）锁眼机：型号如 DH4—B980—02，可锁缝各种形状的扣眼，且不需要更换凸轮，适合各种面料。

（17）电动套结机：型号如 LK3—B430E。

3. 压烫设备

（1）蒸汽熨斗、真空烫台。

（2）自动裤腿熨烫机：型号如 NS—8218。

（3）气动口袋扣烫机：型号如 NS—845（单头和双头）。

（4）口袋折叠机：型号如 ACXL 75SS。

（5）腰头黏合机：型号如 PSRFM129999VETM。

（6）串带加工机：专为用耐磨薄膜或纱网处理串带的机器。

（7）上喷气式立体熨烫机。

（8）自动整理腰口和裤口的专用立体熨烫机。

（9）吸线头机。

（10）气动按扣装订机 NS47 及冲压压力调节装置。

（11）带激光定位的电动按扣装订机。

（12）打捆机。

4. 部分车缝辅件

（1）袋口卷边器。

（2）下折式卷边器。

（3）裤口折边器。

（4）分离式搭接缝折边器。

（5）串带卷折器。

（6）腰头卷折器。

本章小结

本章学习了典型裤装——男西裤的缝制工艺，市场占有率较高、极富生命力的休闲裤代表——男式牛仔裤的缝制工艺，从选料、制板、排料、缝制检验等方面做了系统讲述。做好一条西裤，要掌握几个关键点，一是面料的选择，二是板型，三是缝制，四是整烫，缝制的难点是口袋、腰头和拉链的缝制，整烫的重点是对裤子的归拔。牛仔裤面料选择的范围较小，其重点是缝型的确定，设备及辅件的选定，对面料的处理是其显著的不同点，缝线的选择，机针的选配，针距密度、线迹的确定都明显不同于传统西裤。因此，要在牛仔裤的缝制方面有所收获，就要重视上述几个方面的知识和能力的学习实践。

思考题

1.牛仔裤与西裤在制板、用料、制作等方面有哪些不同？

2.为什么青年人更喜欢穿牛仔裤？

3.男西裤为什么要配前裤绸？

4.牛仔裤与西裤熨烫打理是否相同？

第六章　男夹克缝制工艺

专业知识、男专业技能与训练

课题名称：男夹克缝制工艺

课题内容：

1.夹克结构制图

2.夹克工业制板

3.夹克缝制前的准备工作

4.夹克的缝制

课题用时：

总学时：24学时

学时分配：制板4学时，裁剪与缝制20学时

教学目的与要求：

1.使学生掌握夹克的制板知识与技能（包括规格设计、结构制图及衣片放缝）。

2.使学生熟悉从夹克的结构制图到制成品的程序以及每个程序的任务、方法与要求。

3.熟悉成衣缝制工艺流程、方法和要求。

4.熟悉成品质量检验的标准、方法和要求。

教学方法：理论讲授、示范操作、实物样品参考、巡回辅导。

课前准备：

1.知识准备：复习夹克结构设计知识和有关材料知识。

2.材料准备：

（1）制板工具与材料，除结构设计所需要的一切工具外，还应准备锥子（用于纸样钻眼定位）、剪口机（用于纸样边缘打剪口标记）以及牛皮纸（120~130g）5张，用于裁剪板制作。

（2）缝制工具:剪刀、镊子、14号机针等。

（3）缝制材料：机缝线1轴。

（4）面料：夹克属于较休闲的一类服装，对面料的要求不像西装那样考究。主要选用弹性较好，坚牢耐磨，耐水洗易打理的各种中厚面料。颜色、花纹图案不受严格限制。高档的有纯毛精纺织物、毛混纺织物、中厚型丝织物、优质中厚型棉麻织物等，中低档的有纯化纤织物和棉麻织物。从织物组织上来说，平纹和平纹变化组织居多，光泽大多较柔和。

用料量：幅宽 144cm、150cm，需要布长＝衣长＋袖长+20cm。

（5）里料：幅宽144cm，需要布长=50cm，用于袋布、滚条。

（6）衬料：无纺衬，幅宽90cm，需要布长=50cm，用于袋爿、袖克夫、下摆克夫、领面。

（7）其他材料：1cm厚圆头垫肩1副；直径2.2cm纽扣3粒，用于门襟；揿扣4粒，用于袖口；滚条布1卷，用于处理毛边。

教学重点：

1.夹克的制板知识与技能。

2.夹克的缝制流程与缝制方法和要求。

课后作业：完成一件插肩袖夹克的制板、裁剪、缝制和成品检验全部工作。

夹克是深受男子欢迎的一类休闲装，据说夹克是从美国的军服演变而发展起来的。其门襟的开合方式有拉链式、揿扣式和普通开关搭门式。下摆有松口式和松紧罗口式。袖子有装袖式、插肩式、一片式和两片式等。夹克的造型以宽松为主，线条粗犷简练，款式新颖活泼时尚，花色明快柔和，面料适用广，穿着舒适，老少皆宜，四季皆可穿用。

夹克的长度通常较短，下摆只要与腕骨下端平齐，最长亦只要与虎口平齐即可。夹克的袖长通常较长，要从肩骨外端点沿手臂向下量至虎口。

一、男夹克款式特征（图6-1）

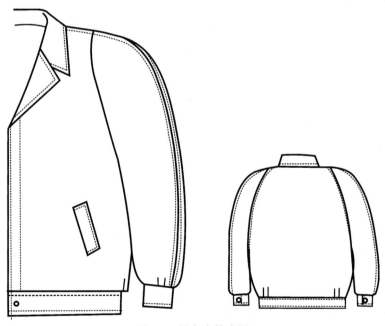

图6-1　男夹克款式图

二、男夹克制图规格（表6-1）

表 6-1　男夹克制图规格　　　　　　　　　　　　　　　单位：cm

号/型	衣长	胸围（B）	肩宽（S）	袖长（SL）	袖克夫宽	下摆宽	领座（a）	翻领（b）
170/92A	70	116	47	60	5	6	3	5

三、男夹克结构制图（图6-2）

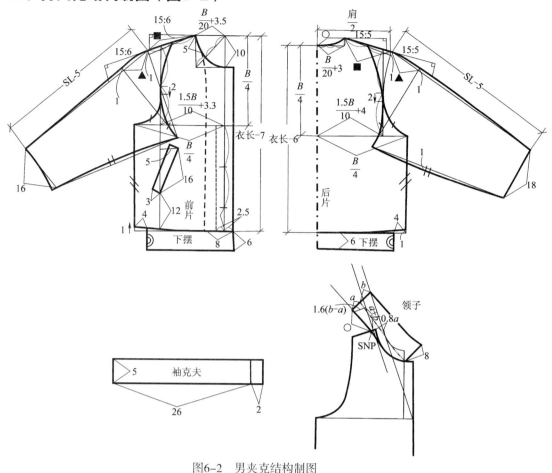

图6-2　男夹克结构制图

四、男夹克样板制作（图6-3）

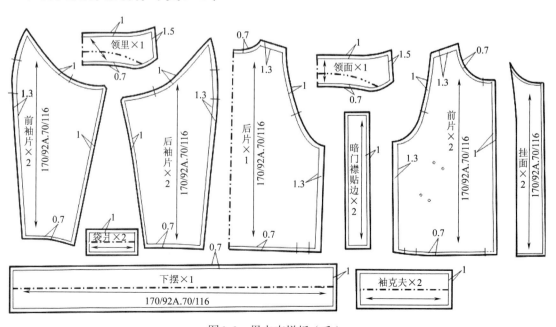

图6-3　男夹克样板（毛）

五、男夹克排料图（图6-4）

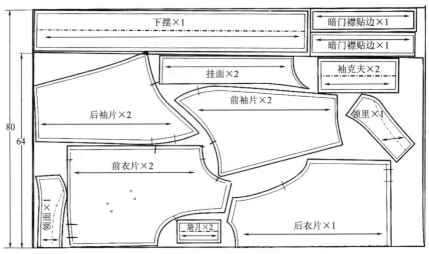

图6-4　男夹克排料图

里料用于裁袋布、袖里缝和挂面里口滚条，故用量少（排料图略）。

无纺衬用于袖克夫、下摆克夫面、袋爿、领面及挂面贴边等部位（排料图略）。

六、男夹克缝制工艺流程图（图6-5）

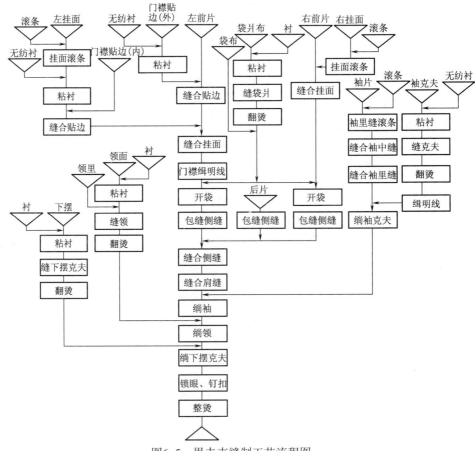

图6-5　男夹克缝制工艺流程图

七、男夹克缝制方法（表6–2）

表 6–2 男夹克缝制方法

序号	工艺内容	工艺图示	针距密度（针 /3cm）	使用工具	缝制方法
1	做暗门襟	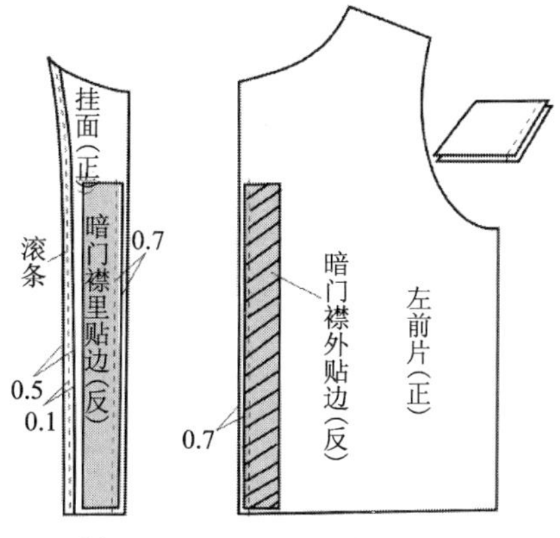 (a) (b) 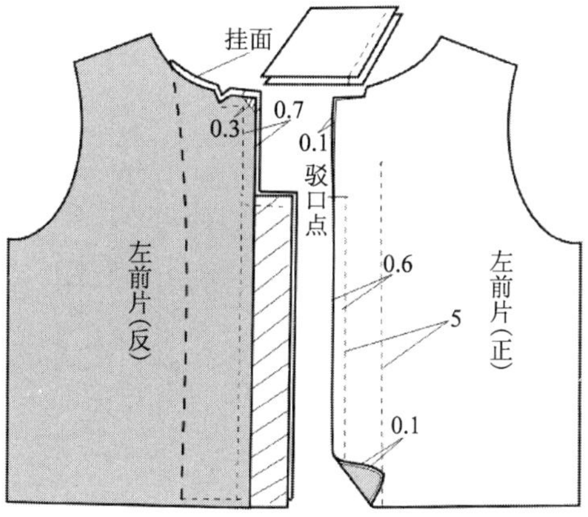 (c) (d)	12~18	单针平缝机、卷边器、熨斗	先将挂面及暗门襟外贴边反面粘无纺衬 a. 将挂面里口用斜纱里料条滚边，之后将暗门襟里贴边（未粘衬）与挂面外口平缝，缝份0.7cm，然后将门襟翻转扣烫。要求门襟止口偏进 0.1cm b. 将粘好衬的暗门襟外贴边与左前片门襟平缝，同样翻转扣烫。要求贴边止口偏进 0.1cm c. 将左前片与挂面正面相对，贴边铺平，缝合上段，缝份 0.7cm，并在绱领点打一剪口 d. 将上段驳角缝份修成 0.3cm 的斜形，翻出正面，扣烫止口，驳口点以上挂面止口外吐 0.1cm，驳口点以下前片门襟止口外吐 0.1cm，然后在门襟止口上层缉 0.6cm 明线，再缉 5cm 宽的暗门襟明线
2	做里襟挂面	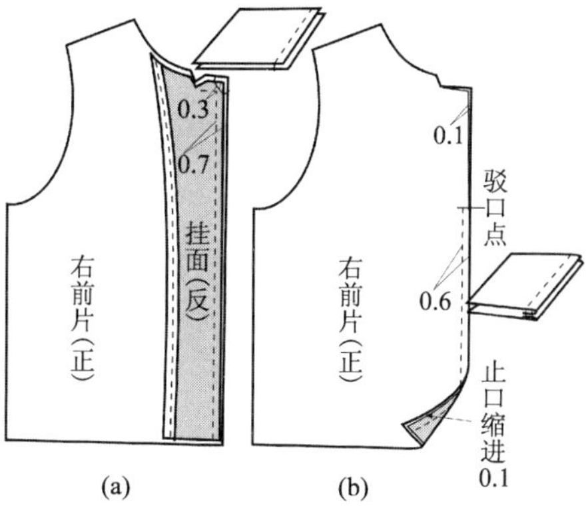 (a) (b)	12~18	单针平缝机、熨斗	a. 将右前片与挂面正面相对平缝缉合，然后在绱领点处打剪口 b. 修驳角缝份后翻出正面烫平，驳口点以上挂面止口外吐 0.1cm，驳口点以下门襟止口外吐 0.1cm。驳口点以下缉 0.6cm 的止口明线

序号	工艺内容	工艺图示	针距密度（针/3cm）	使用工具	缝制方法
3	做袋爿	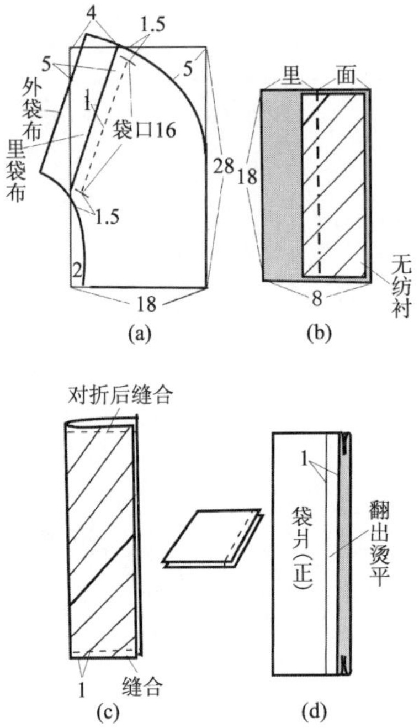	12~18	单针平缝机、熨斗	a. 按图示方法裁配4片袋布 b. 按图示先在袋爿反面粘无纺衬 c. 按图示将袋爿沿中心线向正面对折，平缝两端，缝份1cm d. 翻出正面烫平，画出下口净缝线
4	开袋	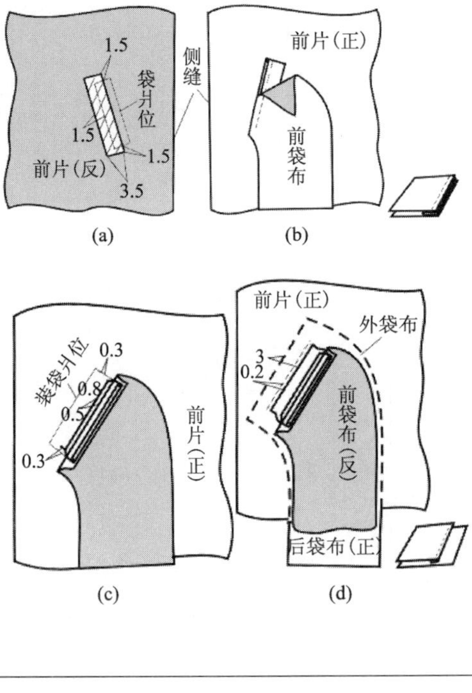	14~18（包缝机）7~9	单针平缝机或曲线平缝机、三线包缝机	a. 在前片反面袋口位置粘无纺衬 b. 把做好的袋爿与前袋布一起置于袋口位车缝，缝份1cm，起止针倒回针，注意缉线不能超过袋爿长度 c. 按图示将袋口剪开，注意三角上口离开袋口0.3cm，将缝份分烫 d. 将后袋布置于前片反面，按图示位置对好位，将上袋口缝份翻进与后袋布扣压缝合，止口0.2cm

续表

序号	工艺内容	工艺图示	针距密度（针/3cm）	使用工具	缝制方法
4	开袋	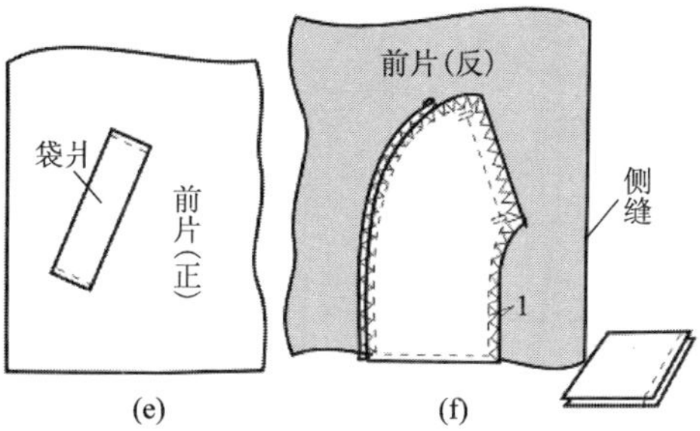 （e）（f）前片（正）袋片　前片（反）侧缝　1	12（包缝机）7~9	单针平缝机或曲线平缝机、三线包缝机	e.将前袋布翻进衣片反面，袋片放平，在两短缝边绲缝袋片两端，或用曲折平缝机绲缝 f.钩缝袋布边缝后，锁边包缝
5	卷缝前后侧缝、肩缝	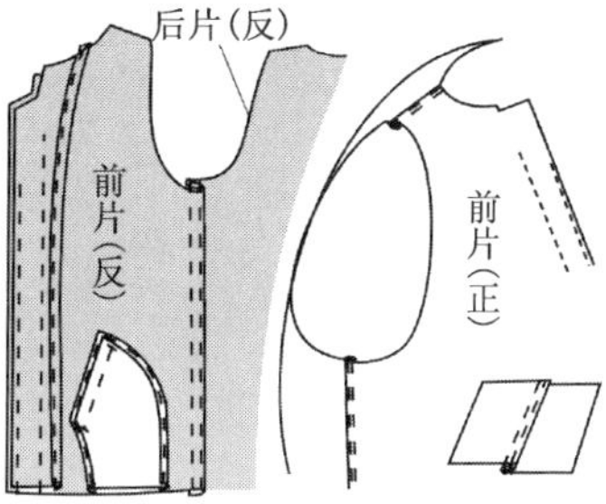 后片（反）前片（反）前片（正）	12	双针平缝机（带卷边器）	将前、后片正面向上，侧缝相对，先将一边侧缝放入卷边器下槽，再将另一边侧缝放入上槽，缝合缝份1.3cm，相同方法缝合肩缝
6	袖里缝滚边	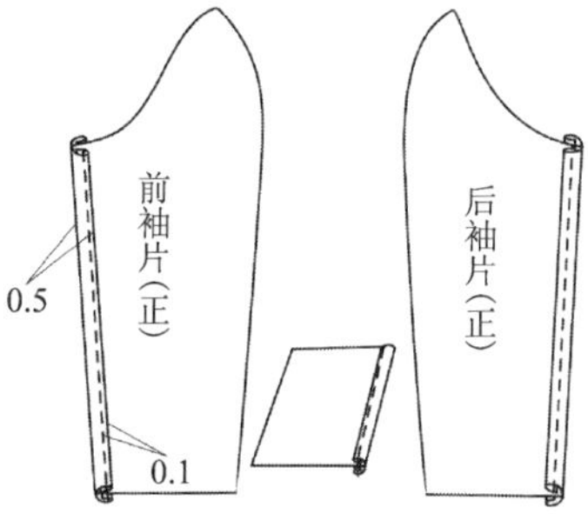 前袖片（正）后袖片（正）0.5　0.1	12	单针平缝机、滚边卷边器、熨斗	将45°里子布滚条先放入卷边器缝一段，再将袖里缝夹在中间缝合，之后扣烫
7	卷接缝袖中缝	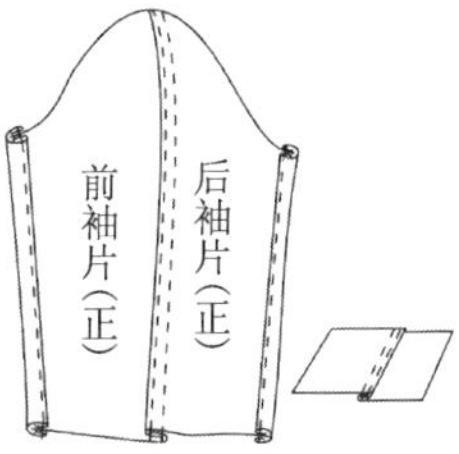 前袖片（正）后袖片（正）	12	双针平缝机、卷缝卷边器	方法同5（略）
8	缝合袖里缝	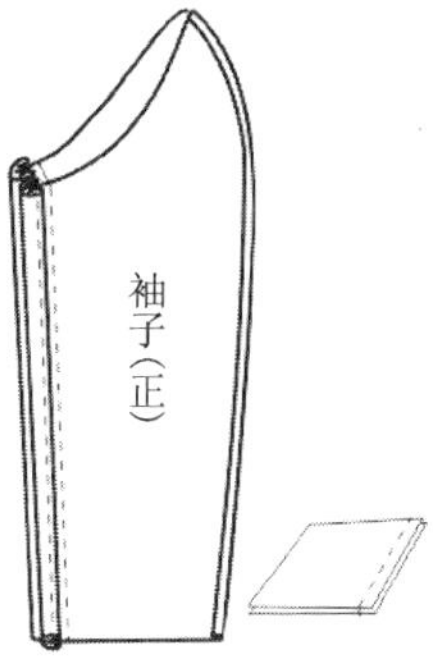 袖子（正）	12	单针平缝机、熨斗	将袖片两里缝正面相对平缝绲合，然后分烫缝份

续表

序号	工艺内容	工艺图示	针距密度（针/3cm）	使用工具	缝制方法
9	做袖克夫	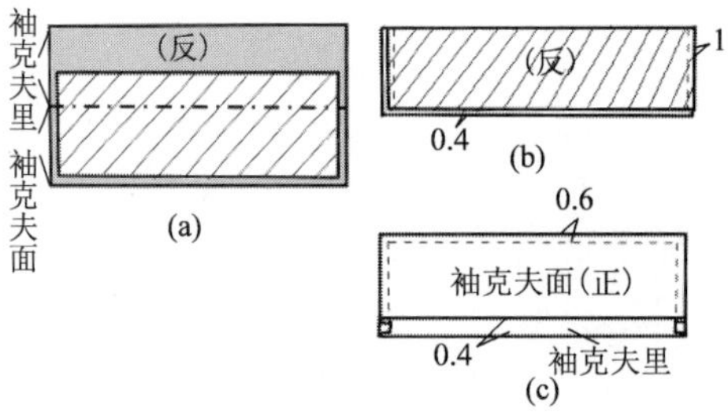 袖克夫里 袖克夫面 （反） （a） （反） 1 0.4 （b） 0.6 袖克夫面（正） 0.4 袖克夫里 （c）	12	单针平缝机、熨斗	a. 按图示将袖克夫反面粘无纺衬 b. 把袖克夫反面朝外对折，使袖克夫面下口偏进0.4cm，缉缝两端，缝份1cm c. 翻出正面，扣烫平整，外口缉0.6cm止口
10	装袖克夫	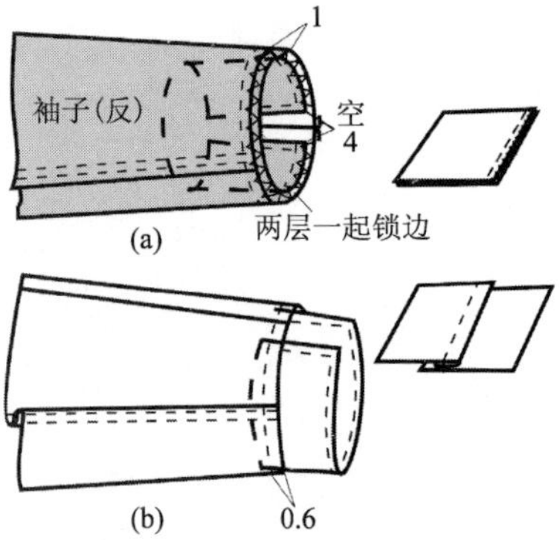 1 袖子（反） 空 4 （a） 两层一起锁边 （b） 0.6	（包缝机）7~9 12	五线包缝机、单针平缝机	a. 将袖子反面翻出，袖克夫正面朝外，套进袖口内，袖克夫两端各距袖里缝2cm，用五线或四线包缝机缝合 b. 翻出袖克夫，并将袖子正面翻出，沿袖口缉0.6cm止口
11	装袖	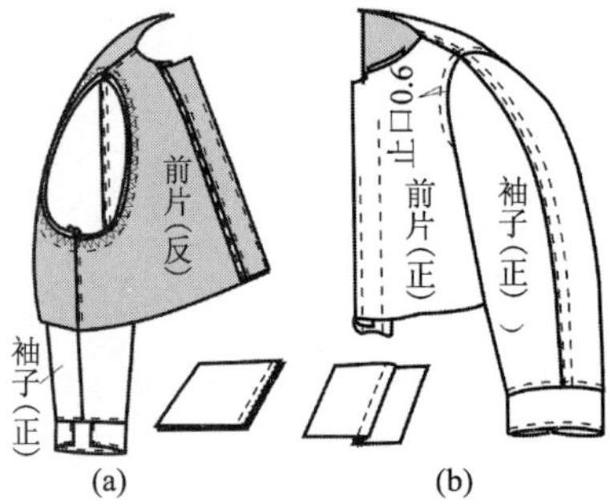 前片（反） 袖口0.6 前片（正） 袖子（正） 袖子（正） （a） （b）	（包缝机）7~9 12	五线包缝机、单针平缝机	a. 将衣身反面朝外，使大身袖窿与袖山弧正面相对，袖缝对齐肩缝，用五线包缝机缝合 b. 将衣身、袖子正面翻出，缝份倒向衣身，沿袖窿压缉0.6cm止口
12	做领子	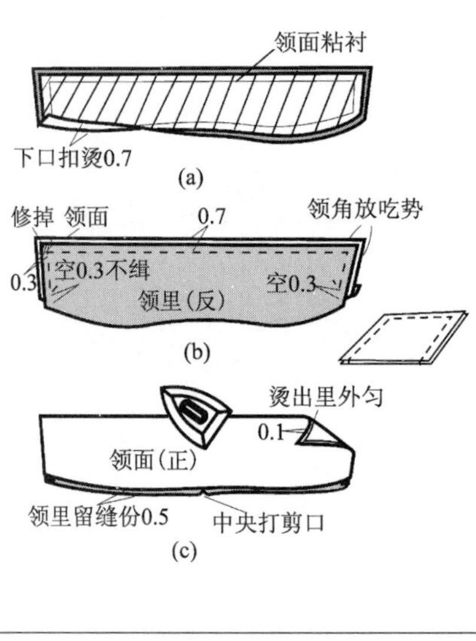 领面粘衬 下口扣烫0.7 （a） 修掉 领面 0.7 领角放吃势 空0.3不绱 领里（反） 空0.3 （b） 烫出里外匀 0.1 领面（正） 领里留缝份0.5 中央打剪口 （c）	12	单针平缝机、熨斗	a. 领面反面粘无纺衬，之后画净缝线，然后将下口缝份向反面扣烫0.7cm b. 缝合领面、领里。将领面、领里正面相对，领面在上缝合三边，缝份0.7cm。缝合时保证领角处有吃势，因按夹缝型绱领，故领下口两端按净缝进0.3cm不缝 c. 修好领角缝份，将领子正面翻出烫平，并烫出里外匀，修齐领下口缝份，中央打剪口

续表

序号	工艺内容	工艺图示	针距密度（针/3cm）	使用工具	缝制方法
13	绱领	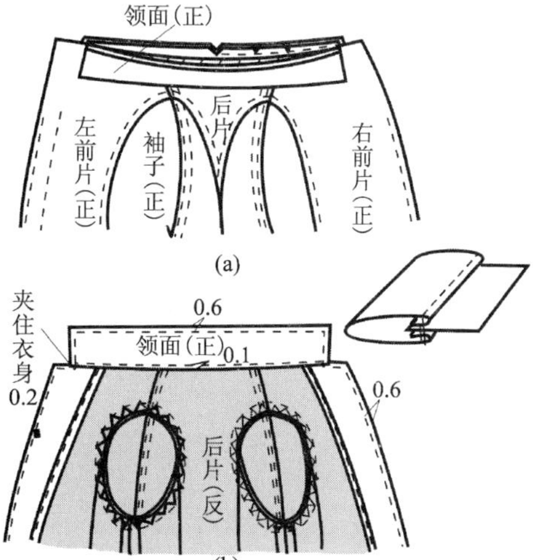	12	单针平缝机	a. 将衣身正面翻出，领里与领口正面相对，领在上，对位点对齐，按0.7cm缝份缝合，起止针倒回针。在弧线缝份上打几个剪口 b. 翻转衣身，缝份倒向领子，然后将领面下口压过领口缝净线0.1cm，扣缝0.1cm止口，然后沿领面外口缉0.6cm止口，同时补缉门、里襟上段止口，使之与下段止口接齐
14	做下摆克夫	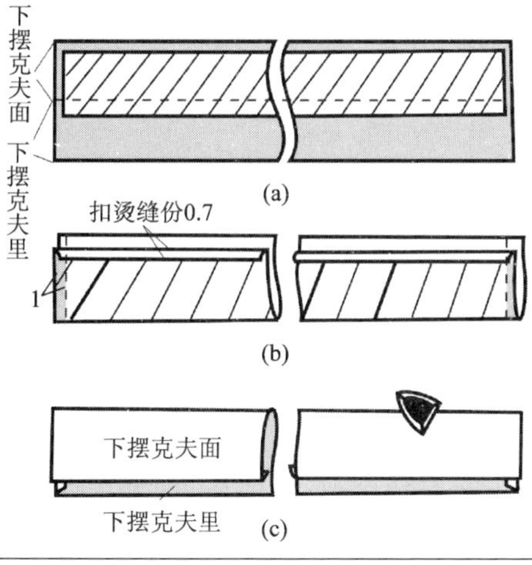	12	单针平缝机、熨斗	a. 在下摆克夫面反面粘无纺衬 b. 将下摆克夫面毛边向反面扣烫0.7cm缝份，然后反面朝外对折，缉缝两端，缝份1cm c. 将下摆克夫正面翻出，烫平
15	绱下摆克夫	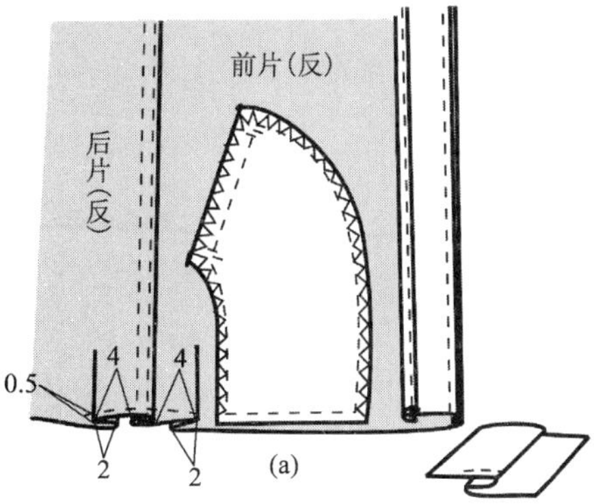	12	单针平缝机	a. 在侧缝前、后各缝褶裥一个，具体尺寸如图

续表

序号	工艺内容	工艺图示	针距密度（针/3cm）	使用工具	缝制方法
15	绱下摆克夫	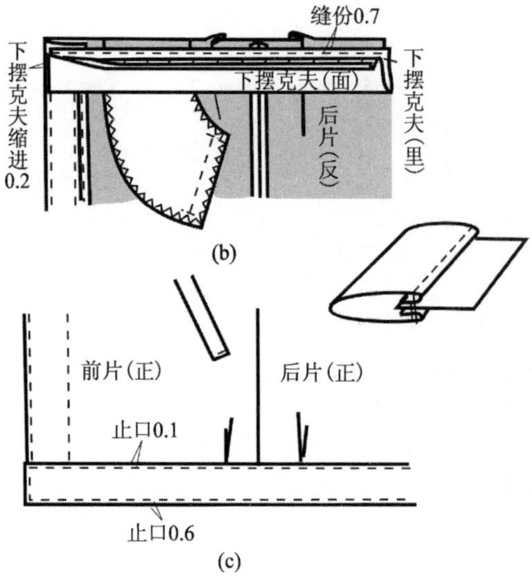	12	单针平缝机	b.把下摆克夫里与衣身反面下口对齐平缝，缝份0.7cm，在下摆克夫两端应偏进0.2cm c.翻出衣身正面，缝份倒向下摆克夫，将下摆克夫面压过衣身净缝线0.1cm，扣缉0.1cm止口，然后再沿外口缉0.6cm止口
16	锁眼、钉扣	图略		锁眼机、钉扣机	
17	整烫	图略		蒸汽熨斗、蒸汽烫台、蒸汽发生器	

八、男夹克质量标准

1.成品规格允许偏差

（1）衣长：±1.0cm。

（2）袖长：装袖为 ±0.8cm，连肩袖为 ±1.2cm。

（3）总肩宽：±0.8cm。

（4）胸围：±2.0cm。

（5）领围：±0.6cm。

2.缝制规定

（1）针距密度，见表6-3。

表 6-3　针距密度

序号	项目		针距密度	备注
1	明、暗线		不少于 12 针 /3cm	特殊需要除外
2	包缝线		不少于 9 针 /3cm	—
3	手工针		不少于 7 针 /3cm	肩缝、袖窿、领子不少于 9 针
4	三角针		不少于 5 针 /3cm	以单面计算
5	锁眼	细线	12 针 /1cm	—
		粗线	不少于 9 针 /1cm	—
6	钉扣	细线	每眼不少于 8 根线	缠脚线高度与止口厚度相适应
		粗线	每眼不少于 6 根线	

（2）各部位缝制平服、线路顺直、整齐、牢固，针迹均匀，上下线松紧要适宜，起止针处及袋口须回针缉牢。

（3）领子平服，不反翘，领子部位明线不允许有接线。

（4）绱袖圆顺，前后基本一致。袋与袋盖方正、圆顺，前后、高低一致。

（5）锁眼定位准确，大小适宜，扣与眼对位，整齐牢固。眼位不偏斜，锁眼针迹美观、整齐、平服。

（6）钉扣牢固，扣脚高低适宜，线结不外露。钉扣不得钉在单层布上（装饰扣除外），绕脚高度与扣眼厚度相适宜，缠绕三次以上（装饰扣不缠绕），收线打结须结实完整。

（7）四合扣上、下扣松紧适宜，牢固，不脱落；扣与扣眼及四合扣上下要对位。

（8）绱拉链缉线平服，拉链带顺直，左右高低一致。

（9）对称部位基本一致。

（10）领子部位不允许跳针，其余部位 30cm 内不得有两处及以上单跳针或连续跳针。链式线迹不允许跳针。

（11）商标位置端正，号型、成分及洗涤标志准确清晰。

3. 外观质量

（1）整烫：各部位熨烫平服、整洁，无烫黄、水渍及亮光；粘衬部位不允许有脱胶、渗胶及起皱现象。

（2）领子：领角对称、不翘，互差不大于 0.3cm，尺寸正确，领口不反吐，缉线顺直、整齐，领窝圆顺。

（3）袖子：袖缝平服无皱，缉线顺直、整齐，袖子长短一致，袖克夫平齐、对称，明缉线顺直整齐。

（4）口袋：袋爿平服、方正、无还口、尺寸正确、封结牢固美观，左右袋位正确，上下互差不大于 0.4cm，左右互差不大于 0.5cm。

（5）门襟：止口直、薄、平，明缉线美观。

（6）衣身：肩缝顺直、平服、左右长度一致，侧缝顺直、平服，缉线顺直、长短一致。

（7）下摆克夫：宽窄一致，止口顺直、薄，缉线美观、顺直、不断线、无跳线。

本章小结

本章介绍了无夹里夹克的制作，包括制板、选料、排料与缝制。插肩袖是宽松休闲服常用的一类袖型，这类服装的面料可选范围较广，其制板相对来说难点较低，但缝型的选择、明缉线的缝制质量要求较高，缝制流程的设计也不可忽视。

思考题

1.请观察本款夹克的领型（连领座翻领）与同款分领座翻领在外观效果、缝制工艺、结构制图上有哪些区别？

2.请体会圆装袖与插肩袖在缝制工艺上有哪些区别？在服用功能方面是否有区别？如有，为何种原因造成的？

第七章 女西装缝制工艺

专业知识、专业技能与训练

课程名称：女西装缝制工艺

课程内容：

1.女西装款式与结构制图

2.女西装工业制板

3.女西装选料、排料与裁剪（单件）

4.女西装缝制工艺流程设计

5.女西装缝制程序、方法与要求

6.女西装的成品检验

课题用时：48学时

教学提示：本章较系统地介绍了全夹里女西装的制图、制板、缝制及检验的有关知识。重点是工业制板和缝制工艺。以往，结构制图之后就直接在净板基础上放出缝份进行制板，对上没考虑净板是否准确合适，对下缝制的难度、缝制效率及成品质量方面考虑不多，这与服装企业工业化生产的要求是不相适应的。为此，本章进行了新的尝试。具体来讲，在对净板进行放缝之前需做以下工作：

1.对一些重要部位需进行技术处理。

（1）对挂面翻折线进行切展处理。

（2）对挂面驳头部分进行松量加放。

（3）对领面进行切展和外口松量加放。

（4）设定合适的缝合对位点。为准确缝合，对袖子和与其缝合的袖窿设定六个缝合对位点，挂面与衣身驳头要设几个关键缝合对位点。为了合理分配衬里的纵向松量，科学设定了衣身面、里的缝合对位点和袖面、里的缝合对位点。

2. 对技术处理后的净板按要求进行检验确认。

3.按要求对确认的净板进行放缝等一系列处理，制得符合裁剪要求、利于标准化缝制、易操作、高效、高质的工业板。缝制之前首先要设计合理的工艺流程，然后制定每道工序的缝制方法，提出缝制要求。缝制完成后要按标准要求对成品进行检验。

通过本章的学习与实践，不仅能获得女西装有关制板、缝制知识和技能，对翻驳领一类套装均可适用。同时也为男西装的缝制打好了制板和缝制基础。

教学目的与要求：

1.使学生系统地掌握女西装的结构设计和工业制板的有关知识和技能。

2.具有选配和计算所用材料的能力。

3.能够依据服装结构及材料的不同制定合适的工艺流程及各程序的缝制方法、要求。

4.具有检验材料、裁剪板、成品质量的知识和基本能力。

教学重点：

1.掌握女西装制板知识和技能。

2.掌握缝制女西装所用材料的选配和估算用量的知识。

3.女西装缝制程序设计及缝制方法。

教学方法： 理论讲授、示范演示、课间练习、巡回辅导。

课前准备：

1.知识准备：复习有关女套装的结构设计知识、工业制板知识及相关材料知识。

2.材料准备：

（1）面料。女西装在面料的选择上追求多样化、风格化和个性化。高档西装可选用弹性好、外观丰满、光泽柔和高雅、造型性和保型性好的纯毛呢绒，如凡立丁、啥味呢、女衣呢、精纺花呢、条格法兰绒，还可选用质地柔和、外观高雅的羊绒、兔毛、马海毛花呢，以及采用各种花式纱线，突出表现机理效果的粗纺女士呢、花呢等。毛混纺呢绒和化纤仿毛面料价廉物美，较适于中低档套装。薄型套装多选用丝质面料。用料量：幅宽144cm、150cm，用布长＝衣长＋袖长＋10cm。

（2）里料。女西服的里料要注意与面料匹配，具体有与面料厚薄、质地、色彩、性能和价值相匹配等。与高档面料相匹配的有真丝电力纺、塔夫绸、绢丝纺、软缎等，也可选配人丝美丽绸。与中低档面料相配的有：羽纱、人造丝纺类织物（包括有光纺和无光纺），大多选价格低廉的合纤丝织物里料，如尼龙绸、锦纶塔夫绸、涤丝绸、涤丝美丽绸，此类里子吸湿性差，穿着有闷热感。穿着舒适，价格又低廉的里料，建议选醋酸里子绸。

用料量：幅宽144cm、150cm，需要布长＝衣长＋袖长＋5cm。

（3）衬料。有纺衬，幅宽90cm，用料量＝衣长＋20cm；牵条衬，1cm直牵条、斜牵条各3m；无纺衬，幅宽90cm，50cm左右。

（4）其他材料：制图、制板用牛皮纸6张，1cm平头绒垫肩1副，直径2cm纽扣3粒，直径1.6cm纽扣4粒，与面料匹配的缝线1轴。

课后作业： 独立完成一件女西装的制板、选料、铺料裁剪、缝制及检验工作。服装规格自己设计，款式可按本书绘制，也可选弧形分割式。

女西装是由男西装发展而来的，是套装中最基本的服装，可依据内穿衬衫和背心或下装进行搭配，从休闲到正式，不拘泥于流行，穿着范围较广。

按衣身纽扣分类，常用女西装可分为单排扣、双排扣，一粒扣、两粒扣、三粒扣、四粒扣西装；按领子分类，可分为平驳领、戗驳领、衬衫领、青果领西装；按衣身分割片数分类，可分为三片式、四片式西装；按分割线形状分类，可分为直线型分割、弧线型分割西装等。

一、女西装款式特征

衣身轮廓呈 X 型，衣长过臀，前、后身分别对称设有从肩到下摆底边的纵向分割缝，前身腰下部对称设有两个单嵌线挖袋，青果领，单排四粒扣。圆装两片袖，袖口开衩，衩边各钉有两粒装饰扣。该款西装突显了女性曲线形体，充满女性气息，是广受欢迎、生命力较强的一款西装（图7-1）。

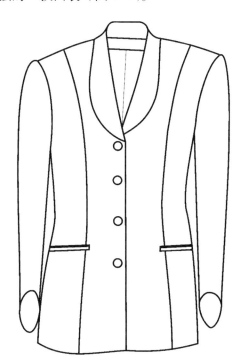
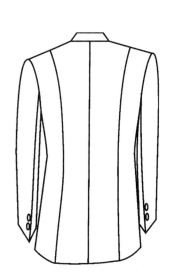

图7-1　女西装款式图

二、女西装制图规格（表7-1）

表 7-1　女西装制图规格

单位：cm

号 / 型	衣长	胸围（B）	臀围（H）	袖长	领座（a）	翻领（b）
160/84A	68	84+12	90+10	58	3	4

三、女西装结构制图

原型省道处理如图 7-2 所示。

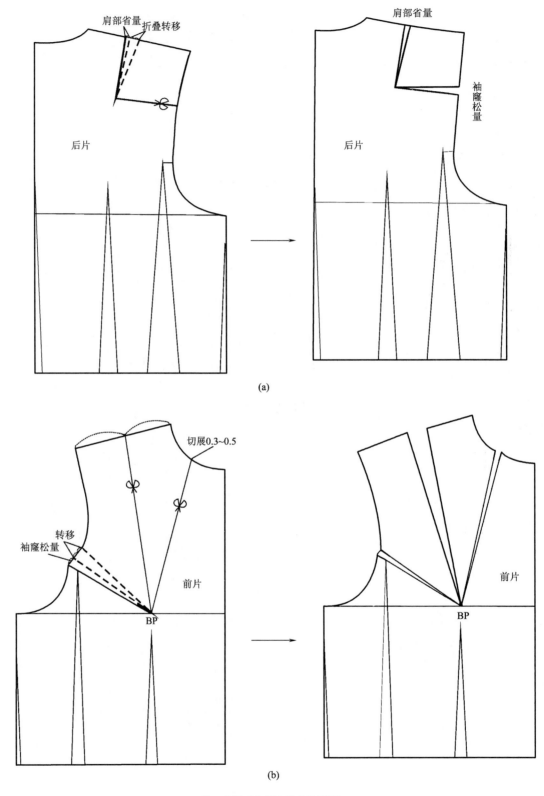

(a)

(b)

注　本原型为新文化女装原型。

图7-2　原型省道处理

女西装结构制图如图 7-3 所示。

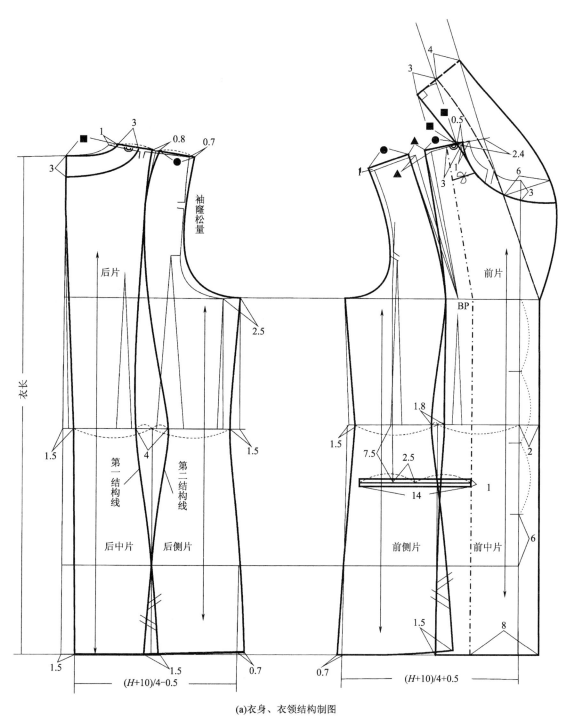

(a)衣身、衣领结构制图

图7-3

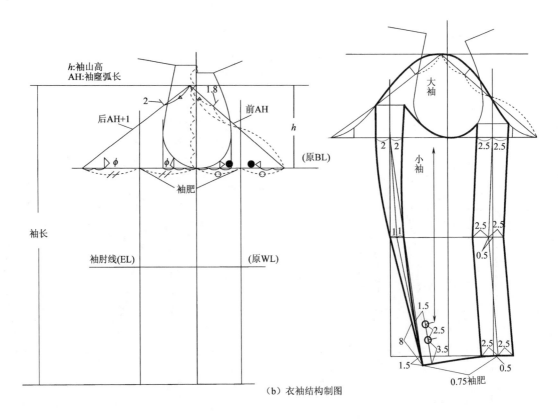

（b）衣袖结构制图

图7-3　女西装结构制图

四、女西装净板技术处理

1. 领面与挂面的技术处理　如图 7-4 所示。

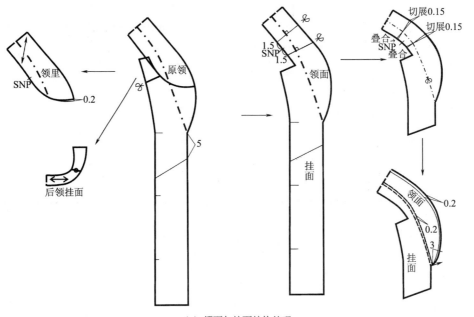

（a）领面与挂面结构处理

图7-4

2. 缝合对位点的设定

（1）袖山与袖窿缝合对位点的确定如图 7-5（a）所示。

（2）大、小袖缝缝合对位点的确定如图 7-5（b）所示。

（3）挂面与衣身驳头缝合对位点的确定参见图 7-4。

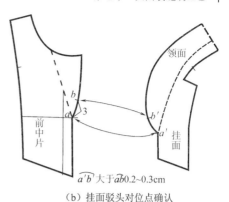

（b）挂面驳头对位点确认

图7-4　领面与挂面的技术处理

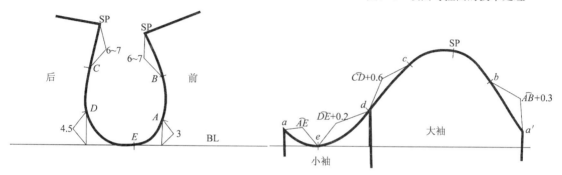

(a)衣袖袖山与袖窿对位点确定

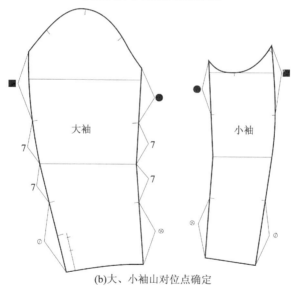

(b)大、小袖山对位点确定

图7-5　女西装净板对位点的确定

五、女西装净板检验

1. 衣身缝合对位点及相应部位的尺寸确认　如图 7-6 所示。

2. 缝合位置的形状确认

（1）前、后侧缝拼合处袖窿形状确认如图 7-7（a）所示。

（2）前、后肩缝拼合处袖窿形状确认如图 7-7（b）所示。

（3）后领口形状确认如图 7-7（c）所示。

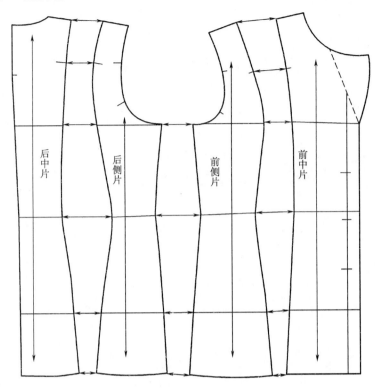

图7-6　衣身缝合对位点及相应部位的尺寸确认

（4）肩缝拼合处前、后领口形状确认如图 7-7（d）所示。

（5）衣片下摆形状确认如图 7-7（e）所示。

（6）挂面领中处领外口、领底线形状确认如图 7-7（f）所示。

（7）领里与后领口缝合对位点确认如图 7-7（g）所示。

（8）领里与前领口缝合对位点确认如图 7-7（h）所示。

（9）大、小袖山弧形状确认如图 7-7（i）所示。

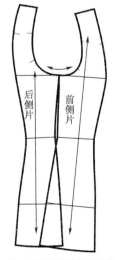

(a)前、后侧缝处袖窿形状确认

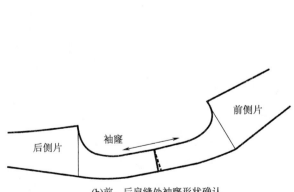

(b)前、后肩缝处袖窿形状确认

图 7-7

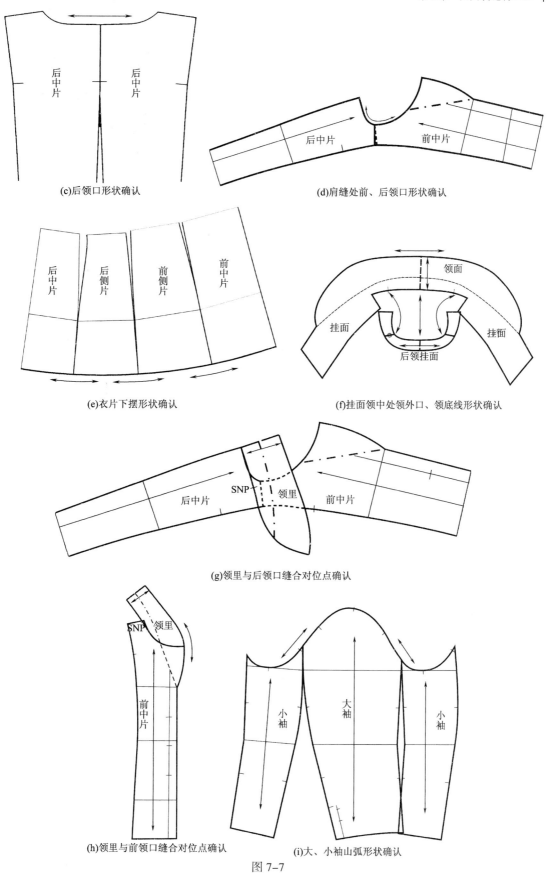

(c)后领口形状确认

(d)肩缝处前、后领口形状确认

(e)衣片下摆形状确认

(f)挂面领中处领外口、领底线形状确认

(g)领里与后领口缝合对位点确认

(h)领里与前领口缝合对位点确认

(i)大、小袖山弧形状确认

图 7-7

（10）大、小袖口形状确认如图 7-7（j）所示。

（11）袖山与袖窿缝合对位点确认如图 7-7（k）所示。

（12）大、小袖缝对位点的确认参见图 7-5（b）。

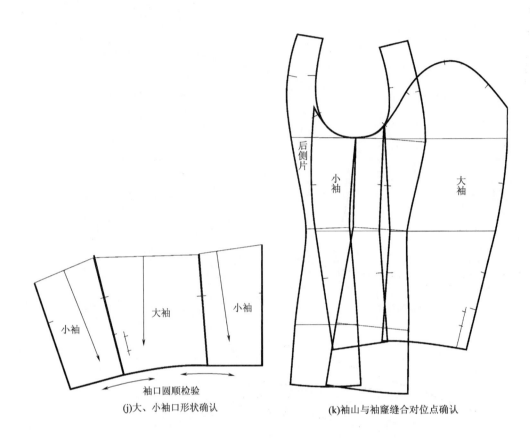

(j)大、小袖口形状确认

(k)袖山与袖窿缝合对位点确认

图 7-7　女西装缝合位置形状确认

六、女西装样板制作

1.面板的制作

（1）衣身面板的制作如图 7-8（a）所示。

（2）衣袖面板的制作如图 7-8（b）所示。

（3）领里面板的制作如图 7-8（c）所示。

（4）挂面、领面面板的制作如图 7-8（d）所示。

（5）其他面板的制作如图 7-8（e）所示。

2.里板的制作

（1）衣身里板的制作如图 7-9（a）所示。

（2）衣袖里板的制作如图 7-9（b）所示。

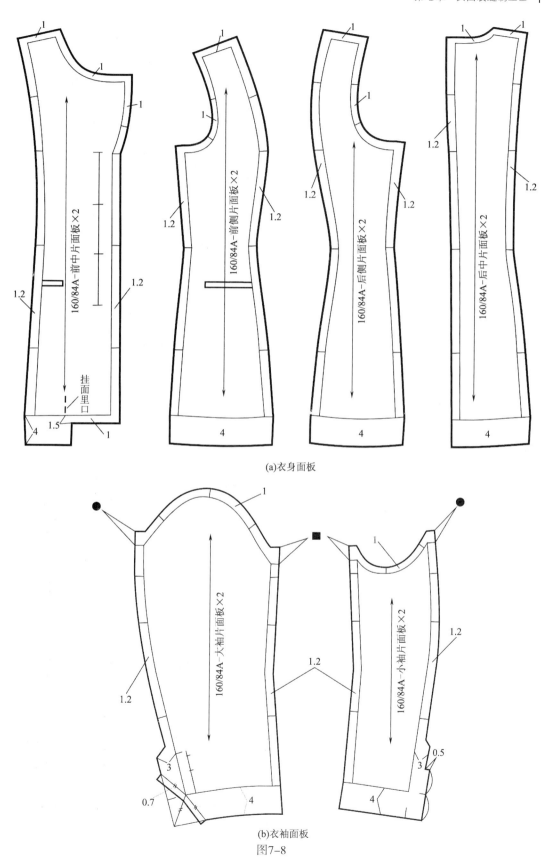

(a)衣身面板

(b)衣袖面板

图7-8

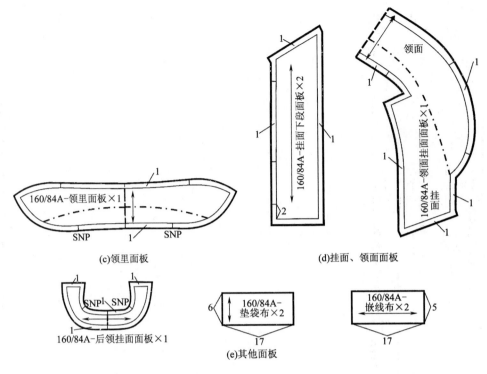

(c)领里面板

(d)挂面、领面面板

(e)其他面板

图7-8 女西装裁剪面板制作

（3）其他里板的制作如图 7-9（c）所示。

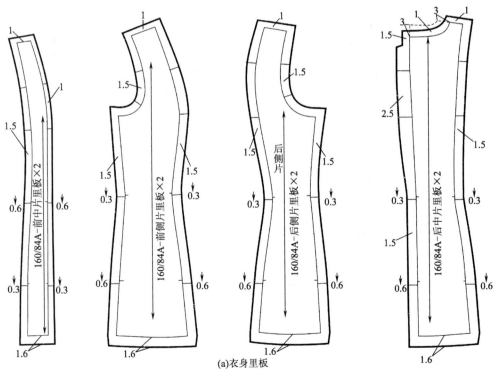

(a)衣身里板

图7-9

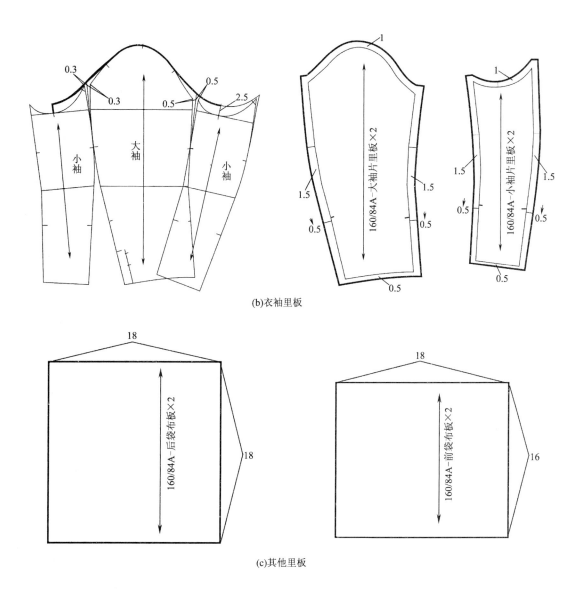

(b)衣袖里板

(c)其他里板

图7-9　女西装裁剪里板制作

3.衬板的制作

（1）衣身衬板的制作如图 7-10（a）所示。

（2）衣袖衬板的制作如图 7-10（b）所示。

（3）挂面衬板的制作如图 7-10（c）所示。

（4）领衬板的制作如图 7-10（d）所示。

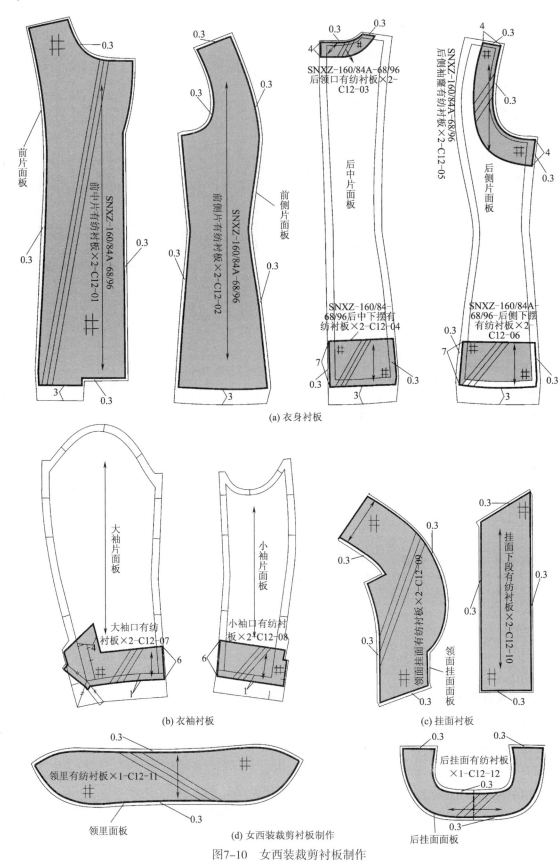

(a) 衣身衬板

(b) 衣袖衬板

(c) 挂面衬板

(d) 女西装裁剪衬板制作

图7-10　女西装裁剪衬板制作

七、女西装排料图

1.**面料排料**　如图 7-11 所示。

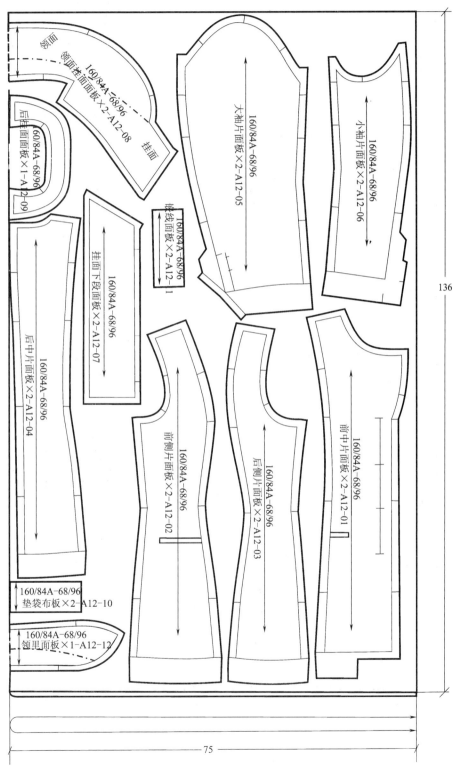

图7-11　面料排料图

2. 里料排料 如图 7-12 所示。

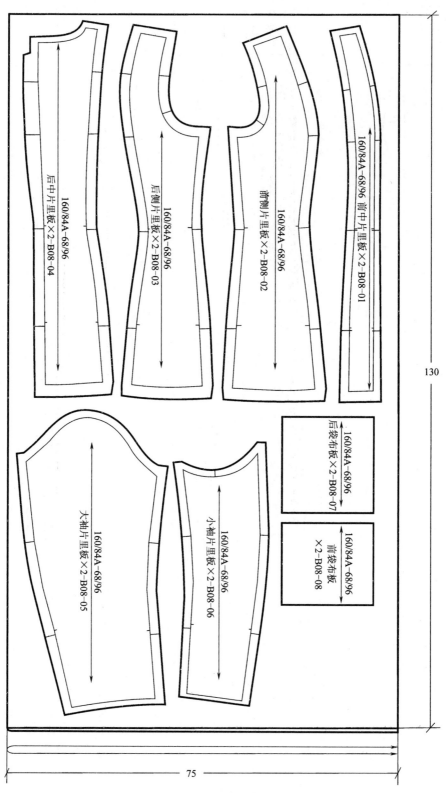

图7-12 里料排料图

3. 衬料排料 如图 7-13 所示。

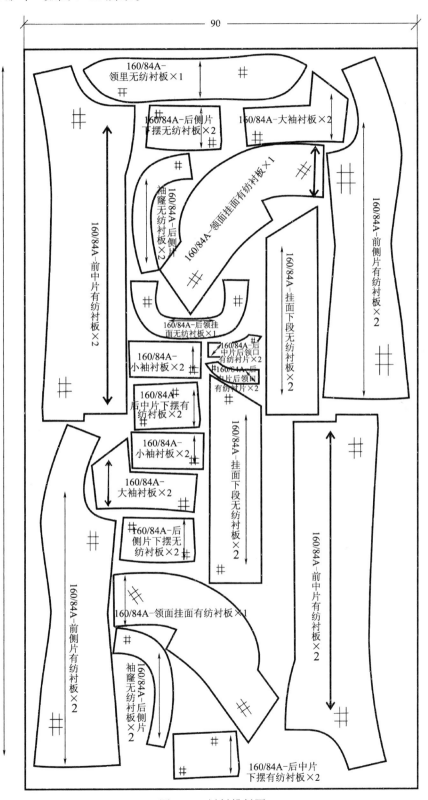

图7-13 衬料排料图

八、女西装缝制工艺流程图

女西装缝制工艺流程图如图7-14所示。

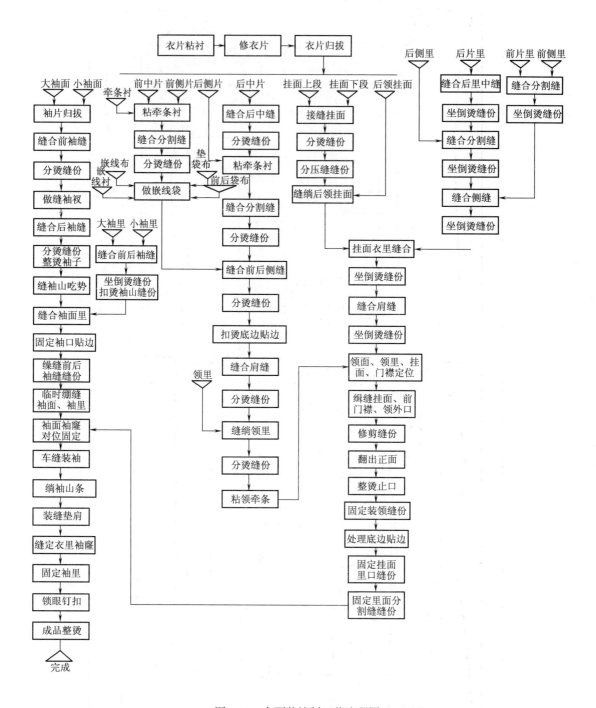

图7-14 女西装缝制工艺流程图

九、女西装缝制方法

缝前准备:面料预缩（也可在制板时或裁剪时预放经纬向缩量），衣片粘衬，修剪衣片（表7-2）。

表7-2 女西装缝制方法

序号	工艺内容	工艺图示		针距密度（针/3cm）	使用工具	缝制方法
1	归拔衣片	(a) (b) (c) (d)			熨斗	a. 前中片分割缝在腰部拔开，臀部稍归烫，驳口线中部归烫 b. 前侧片腰部的侧缝、分割缝要拔开，臀部归烫，下摆稍归烫，袖窿下部归烫 c. 后中片腰部拔烫，分割缝臀部归烫，后中缝肩胛部归烫 d. 后侧片腰部拔烫，臀部归烫，下摆稍归烫，袖窿中部归烫 大袖片前袖缝袖肘部进行拔烫 注意，做单件西装时可用熨斗对需归拔部位进行归拔熨烫，但在批量生产时，一般不进行衣片归拔
2	衣片粘牵条衬				熨斗	如图示，在驳口线内侧粘贴1cm直牵条衬，粘衬时，中部稍拉紧；在前中片驳头外口、门襟止口和下摆净缝内侧粘贴1cm直牵条衬，驳头中部稍拉紧，且靠近领口部留出10cm左右暂不粘贴；在袖窿、前后领口净缝线外侧的缝份上粘贴1cm斜牵条衬，前、后袖窿上段4~5cm左右处暂不粘贴；在领里距翻折线位0.3cm粘贴直牵条衬，粘衬时在SNP点区域拉紧牵条

序号	工艺内容	工艺图示	针距密度（针/3cm）	使用工具	缝制方法
2	衣片粘牵条衬	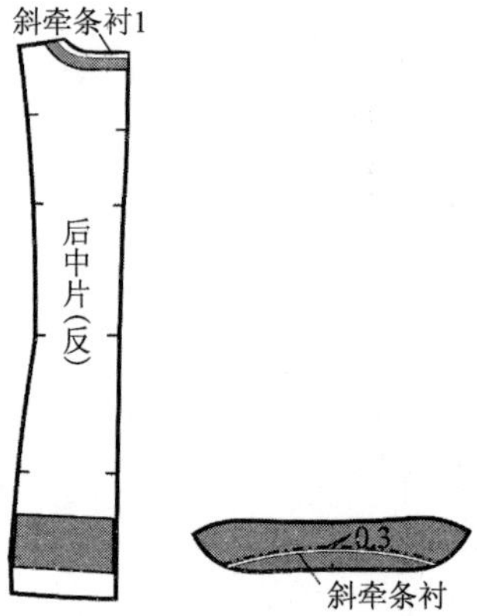 斜牵条衬1　后中片（反）　0.3　斜牵条衬		熨斗	如图示，在驳口线内侧粘贴1cm直牵条衬，粘衬时，中部稍拉紧；在前中片驳头外口、门襟止口和下摆净缝内侧粘贴1cm直牵条衬，驳头中部稍拉紧，且靠近领口部分留出10cm左右暂不粘贴；在袖窿、前后领口净缝线外侧的缝份上粘贴1cm斜牵条衬，前、后袖窿上段4~5cm左右处暂不粘贴；在领里距翻折线位0.3cm粘贴直牵条衬，粘衬时在SNP点区域拉紧牵条
3	缝合前分割缝	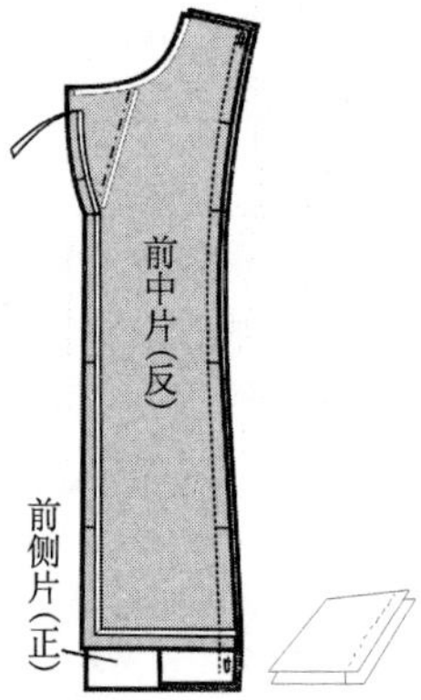 前中片（反）　前侧片（正）	14	单针平缝机	将前中片与前侧片正面相对，分割缝对位点对准，毛边对齐，扣缝缝合，起止针倒回针
4	分烫缝份	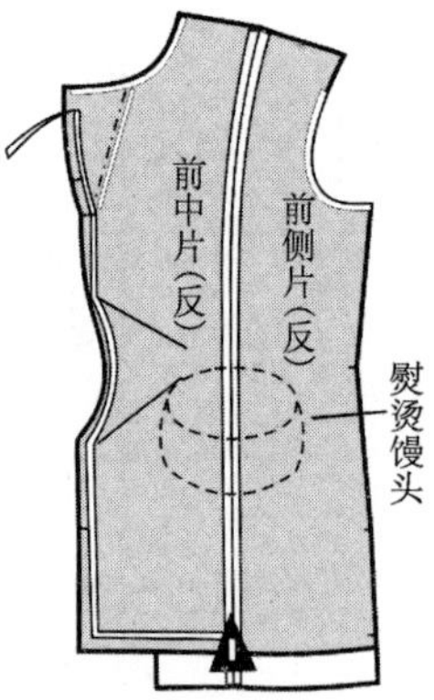 前中片（反）　前侧片（反）　熨烫馒头		熨斗、布馒头	将缝合好的衣片反面向上，下垫布馒头，分烫缝份，在腰部的缝份要稍伸烫，其他部位平分烫，再将正面向上，烫顺烫平分割缝

续表

序号	工艺内容	工艺图示	针距密度（针/3cm）	使用工具	缝制方法
5	缝做单嵌线挖袋	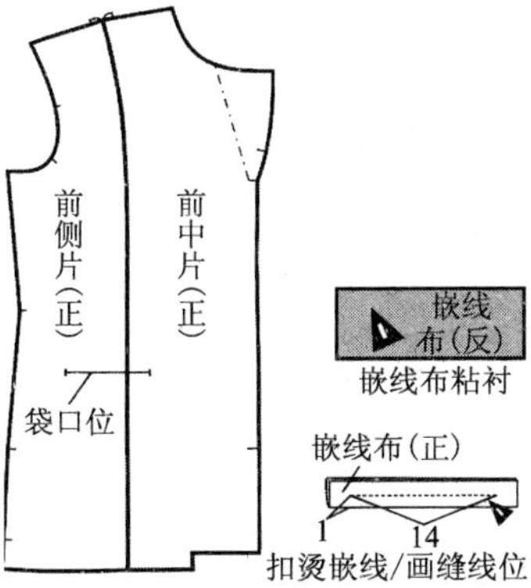 （a）（b）扣烫嵌线/画缝线位 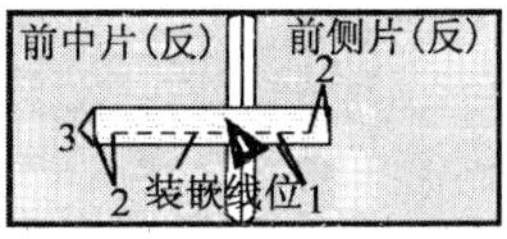 （c）衣片袋口粘无纺衬 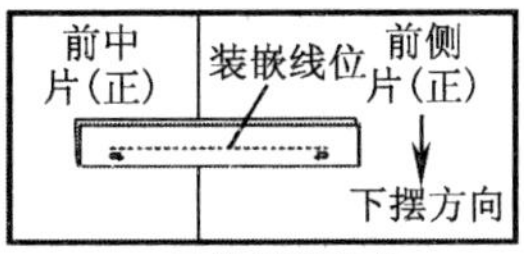  （d）缝绱嵌线条 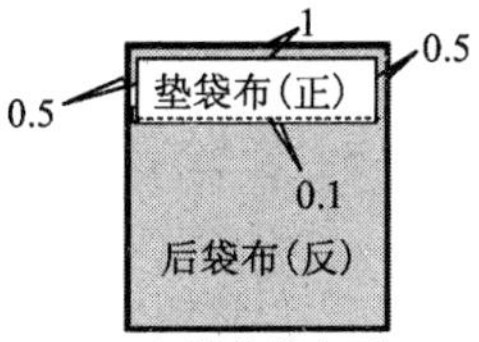  （e）扣缝垫袋布下口 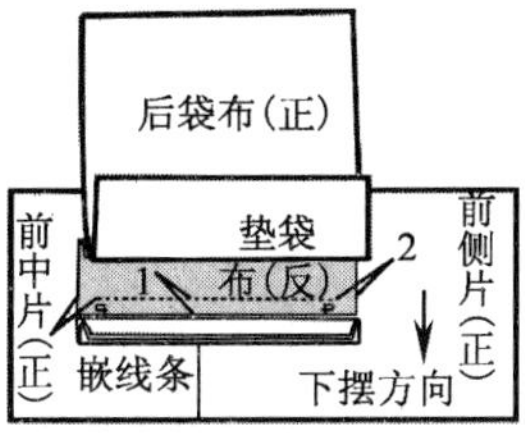 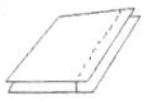 （f）装垫袋布 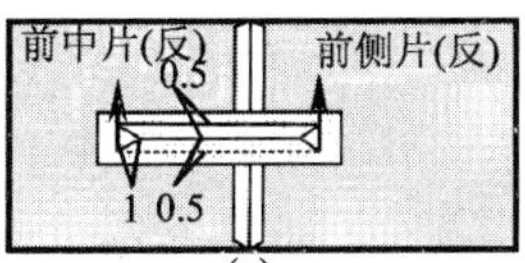 （g）	14	熨斗、布馒头、单针平缝机	a. 袋口位划线 b. 在嵌线布反面粘衬、扣烫嵌线布并划缝合位线 c. 袋口反面粘衬 d. 缝绱嵌线条：按图示将嵌线条准确缝在袋口位 e. 扣缝垫袋布下口：将垫袋布下口向反面扣倒，按图示扣缝在后袋布上 f. 绱缝垫袋布：按图示将垫袋布上口准确缝在嵌线条上部，起止针倒回针 g. 剪袋口：先检查嵌线条、垫袋布的缝线是否平直、尺寸是否正确、两头是否平齐、缝线是否牢固，然后按图示在反面将袋口剪开，两边剪成三角形

续表

序号	工艺内容	工艺图示	针距密度（针 /3cm）	使用工具	缝制方法
5	缝做单嵌线挖袋	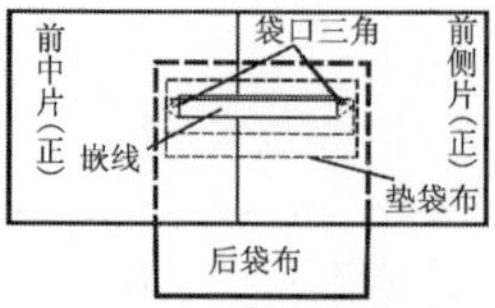 (h) 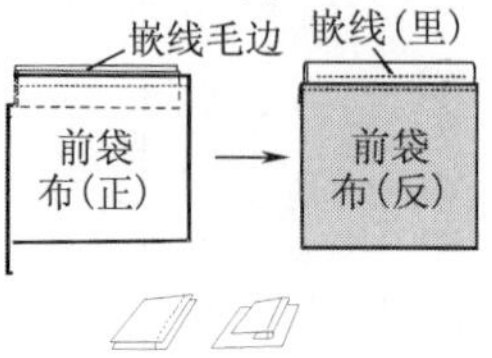 (i) 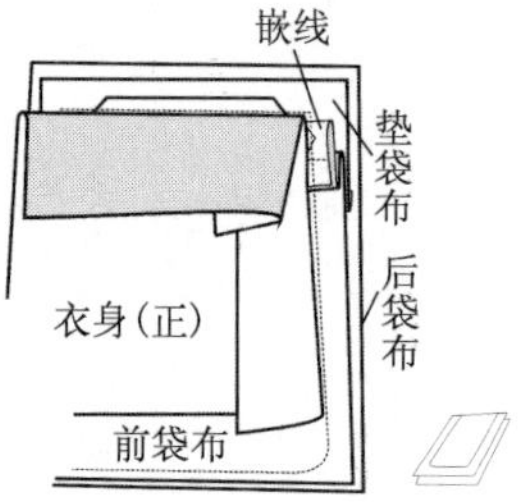 (j) 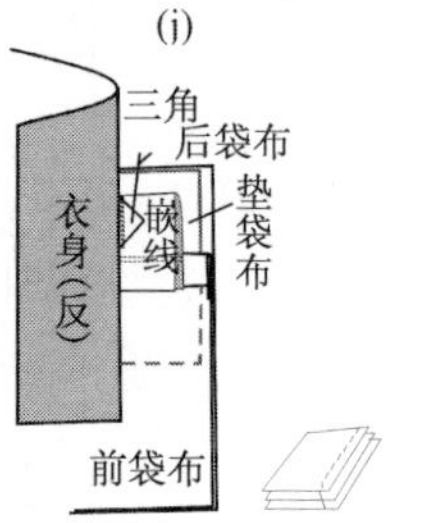 (k) 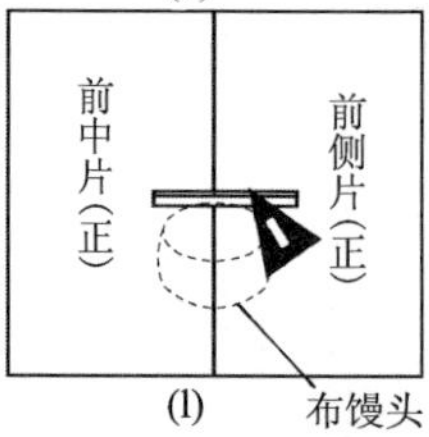 (l) 布馒头	14	熨斗、布馒头、单针平缝机	h. 翻嵌线与垫袋布：将嵌线与垫袋布毛口翻至反面，用熨斗整烫 i. 按图示将前袋布与嵌线下口缝合 j. 钩缝前后袋布：按图示掀起衣片，将前、后袋布上口与袋口上部缝份缝合，然后钩缝其他三边 k. 封袋口三角：将衣片掀起，整平袋口三角与其他部件，来回针将三角与其他部件固缝在一起 l. 整烫袋口：袋口下垫布馒头，用熨斗将袋口整烫平顺
6	缝合后中缝、分烫缝份	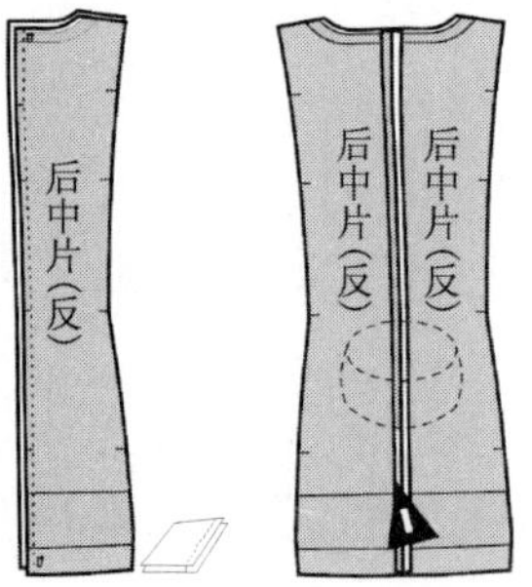 (a) (b)	14	单针平缝机、熨斗、布馒头	a. 将两片后中片正面相对，中缝对齐，对位点对准，机缝缝合，起止针倒回针 b. 将布馒头放在图示部位，衣片反面向上，腰部缝份打几个剪口，分烫缝份。腰部缝份要伸分烫，臀部、肩胛部位要缩分烫，其他部位平分烫

续表

序号	工艺内容	工艺图示	针距密度（针/3cm）	使用工具	缝制方法
7	缝合后分割缝、分烫缝份	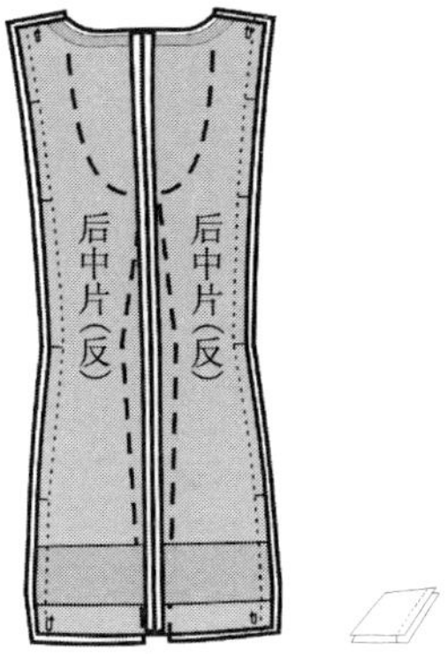 (a)(b) 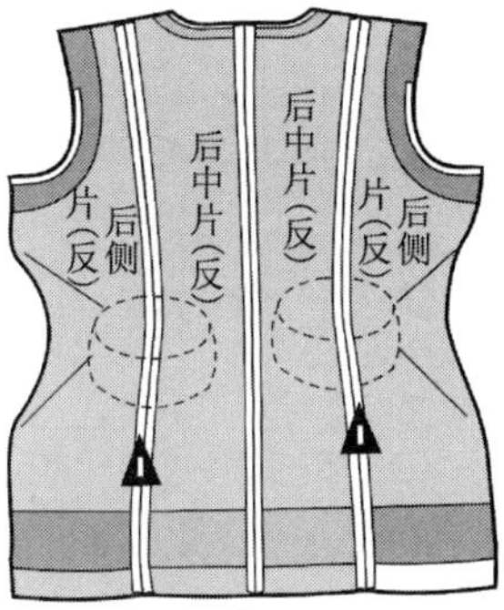	14	单针平缝机、熨斗、布馒头	a.后侧片与后中片正面相对，分割缝对齐，对位点对准，缝合，起止针倒回针 b.将后片反面朝上，下垫布馒头，在腰部分割缝缝份上打几个剪口，分烫缝份，手法与烫后中缝相同
8	缝合前、后侧缝		14	单针平缝机	将前、后身正面相对，侧缝对齐，对位点对准，缝合，起止针倒回针
9	分烫缝份、扣烫底边贴边	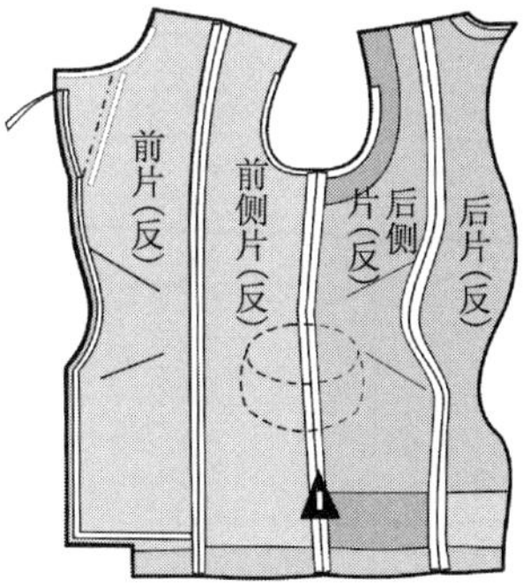		熨斗、布馒头	将衣片反面朝上，下垫布馒头，在腰部侧缝缝份上打几个剪口，用熨斗分烫缝份，腰部伸分烫，臀部缩分烫 将底边贴边向反面扣烫

续表

序号	工艺内容	工艺图示	针距密度（针/3cm）	使用工具	缝制方法
10	缝合肩缝		14	单针平缝机	将前、后身正面相对，肩缝对齐，分割缝对准，由领肩点处起针缝合，起止针倒回针
11	分烫缝份、补粘牵条衬	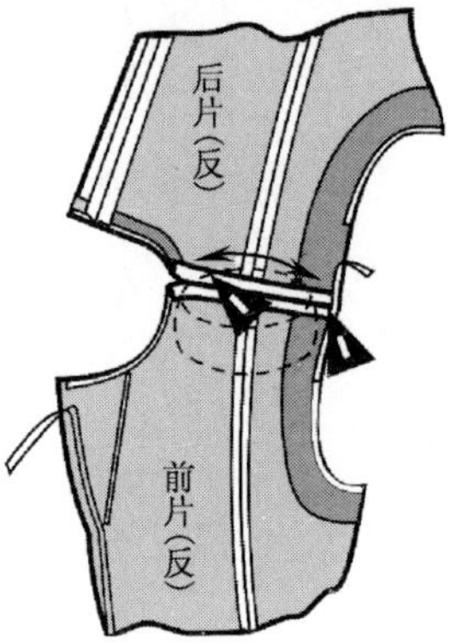		熨斗、布馒头	将布馒头或烫凳垫在肩部，按图示分烫缝份，后肩缝附近拔烫，前肩缝附近归烫，使肩缝呈弓形，然后肩部袖窿补粘牵条衬
12	绱缝领里	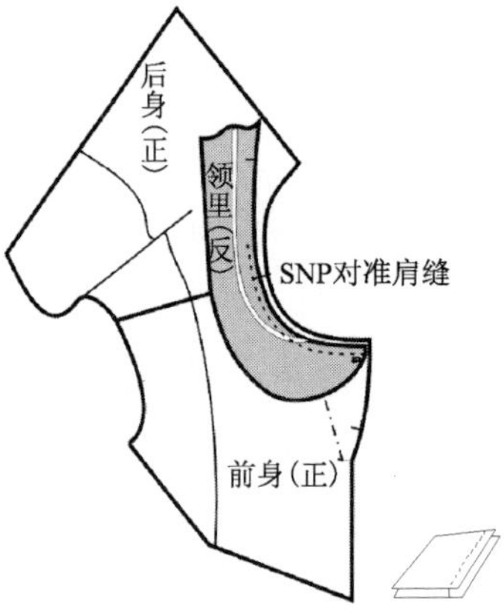	14	单针平缝机	将领里与衣身正面相对，领里在上，与领口对位点对准，毛边对齐，缝合，起止针倒回针
13	分烫缝份	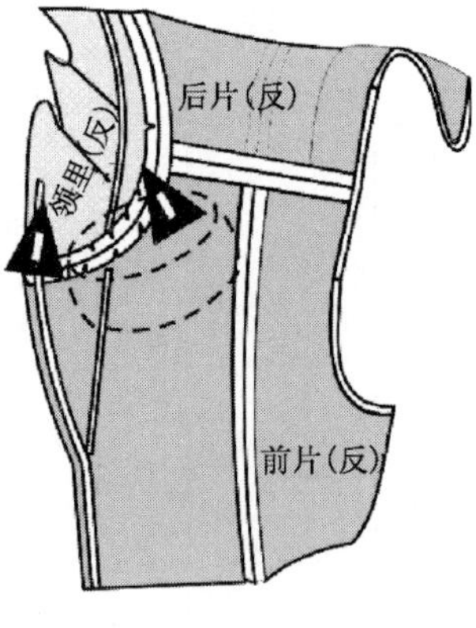	14	熨斗、布馒头	将弧度大的部分缝份打几个剪口，下垫布馒头，分烫缝份，再从正面将缝烫平顺。领外口补粘牵条衬

续表

序号	工艺内容	工艺图示	针距密度（针/3cm）	使用工具	缝制方法
14	接缝挂面	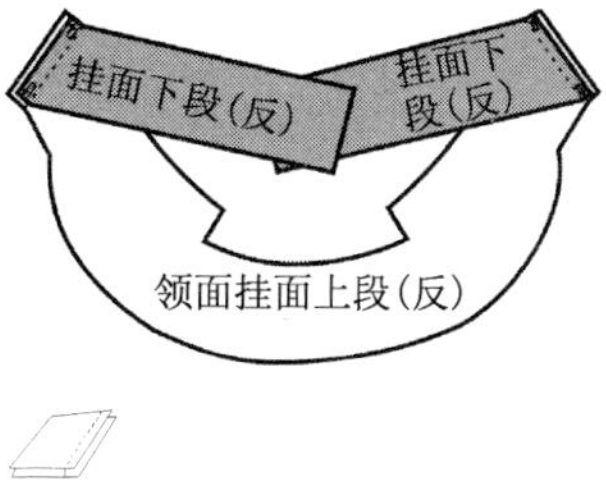 挂面下段（反） 挂面下段（反） 领面挂面上段（反）	14	单针平缝机	按图示将挂面上、下段缝合，起止针倒回针
15	分压缝缝份、缝缰后领挂面、分烫缝份	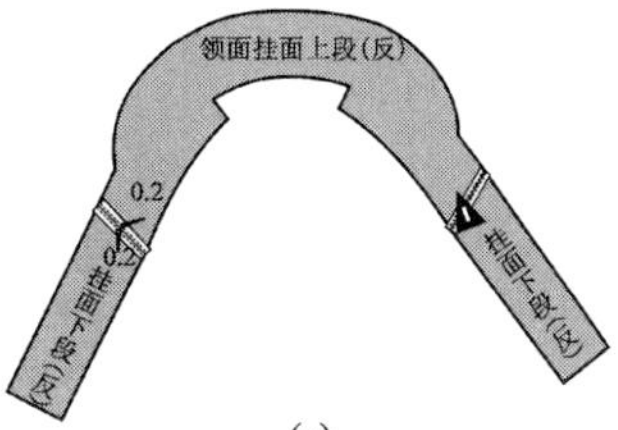 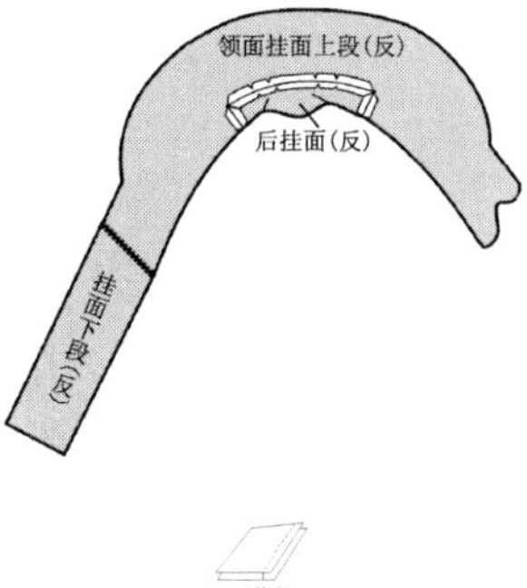 领面挂面上段（反） 0.2 0.2 挂面上段（反） (a) 领面挂面上段（反） 后挂面（反） 挂面下段（反） (b)	14	单针平缝机、熨斗、剪刀	a. 分烫缝份，在缝两边各压缝一道0.2cm的明线 b. 将挂面放在下面，正面朝上，将后挂面与挂面正面相对，缝合，缝至拐角处，停机，机针不要拉起，压脚抬起，在角点将挂面打一剪口，调平顺上下缝片，放下压脚，继续缝合，缝至另一拐角处，用相同方法处理，缝至另一端结束，起止针倒回针 将缝份打几个剪口分烫平服
16	缝合前里、坐倒烫缝份	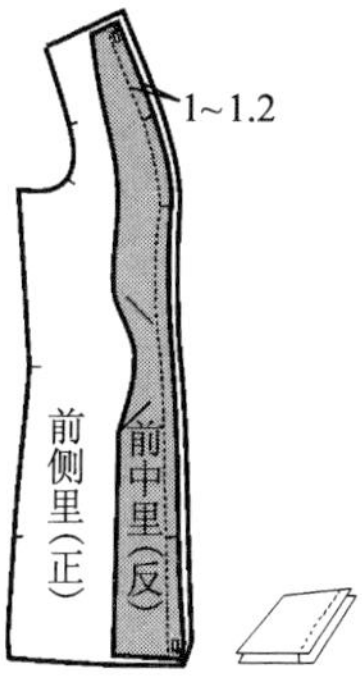  1~1.2 前侧里（正） 前中里（反） (a) 0.3~0.5 净缝 前中里（反） 前侧里（反） (b)	14	单针平缝机、熨斗、布馒头	a. 将两片前里正面相对，侧片在下，分割缝对齐，对位点对准，缝合，缝份1~1.2cm，起止针倒回针 b. 下垫布馒头，将缝份沿净缝向侧缝方向坐倒烫

续表

序号	工艺内容	工艺图示	针距密度（针/3cm）	使用工具	缝制方法
17	缝合后里中缝、坐倒烫缝份	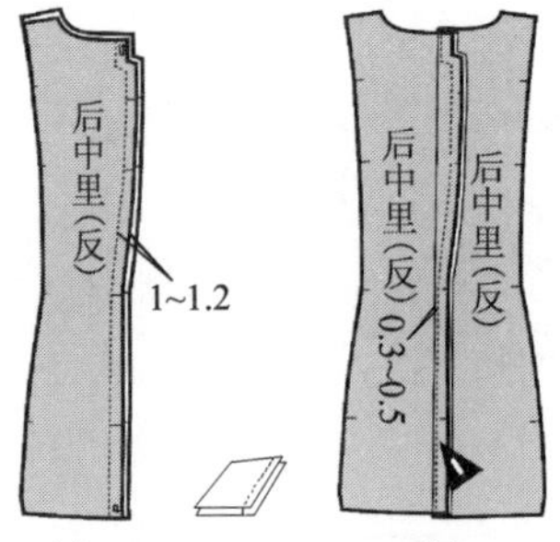 后中里（反） 1~1.2 后中里（反）/后中里（反） 0.3~0.5 (a) (b)	14	单针平缝机、熨斗头、布馒头	a.将两片后里正面相对，中缝对齐，对位点对准，按图示缝合，缝份1~1.2cm，起止针倒回针 b.下垫布馒头，将缝份沿净缝向侧缝方向坐倒烫
18	缝合后里分割缝、坐倒烫缝份	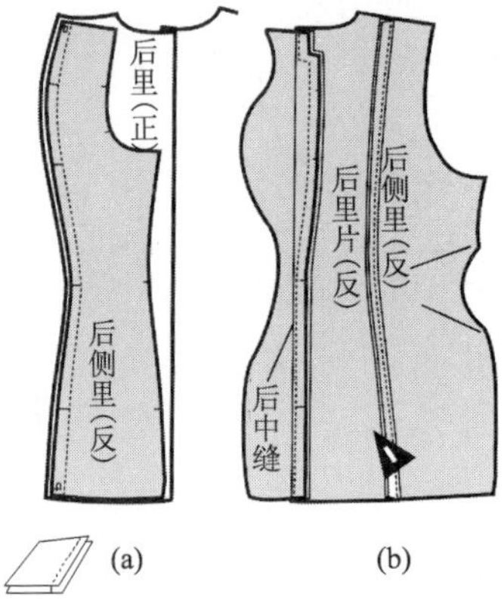 后里（正） 后里片（反） 后里片（反） 后侧里（反） 后中缝 (a) (b)	14	单针平缝机、熨斗头、布馒头	a.将后里与后侧里正面相对，分割缝对齐，对位点对准，按图示缝合，缝份1~1.2cm，起止针倒回针 b.下垫布馒头，将缝份沿净缝向侧缝方向坐倒烫
19	缝合前后里侧缝、坐倒烫缝份、缝合肩缝、坐倒烫缝份	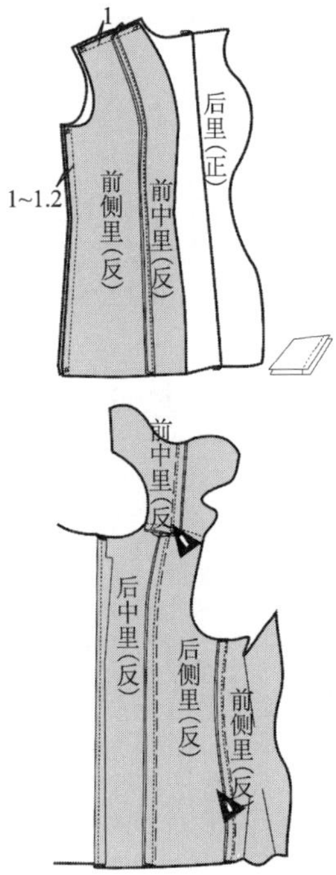 1 后侧里（正） 1~1.2 前侧里（反） 前中里（反） 前中里（反） 后中里（反） 后侧里（反） 前侧里（反）	14	单针平缝机、熨斗头、布馒头	将前、后里侧片正面相对，毛边对齐，对位点对准，按图示缝合，缝份1~1.2cm，起止针倒回针 下垫布馒头，将缝份沿净缝向后片方向坐倒烫 将前、后里正面相对，肩缝对齐，分割缝对准，沿净缝缝合，起止针倒回针 下垫布馒头，将缝份沿净缝向后片方向倒烫

续表

序号	工艺内容	工艺图示	针距密度（针/3cm）	使用工具	缝制方法
20	缝合挂面里子、坐倒烫缝份	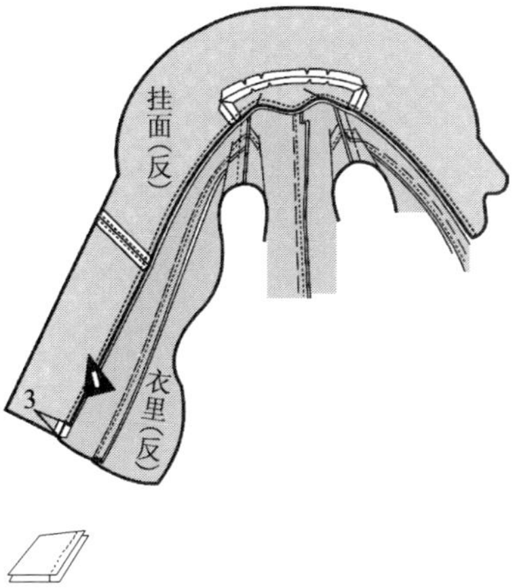 挂面（反） 衣里（反） 3	14	单针平缝机、熨斗、布馒头	将前、后里与挂面正面相对，里口对齐，对位点对准，挂面在上，沿净缝缝合，距下摆3cm处起针，起止针倒回针 下垫布馒头，将缝份沿净缝向里片方向坐倒烫，在3cm处将挂面缝份剪开，分烫缝份，再将正面烫平服
21	缝合挂面与衣身领外口、门襟止口，缝合衣面与里底边，修剪缝份	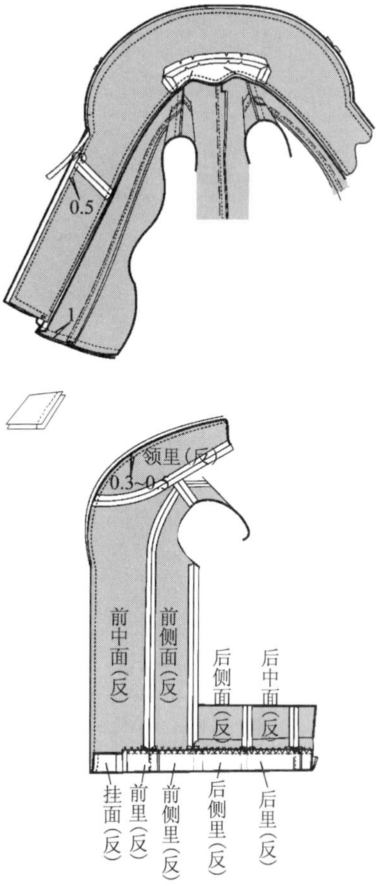 0.5 1 领里（反） 0.3~0.3 前中面（反） 前侧面（反） 后侧面（反） 后中面（反） 挂面（反） 前里（反） 前侧里（反） 后侧里（反） 后里（反）	14	单针平缝机、剪刀、手针	将衣面与挂面正面相对，领外口、门襟止口对齐，对位点对准，挂面在上，沿净缝缝合，起止针倒回针 再将面、里底边贴边毛边对齐，分割缝、侧缝对准，缝合，缝份1cm 将缝份按图所示修成梯形状 手针将底边贴边三角针法固定在衣面反面的有纺衬上

续表

序号	工艺内容	工艺图示	针距密度（针/3cm）	使用工具	缝制方法
22	翻出正面、整烫止口、扣烫底边	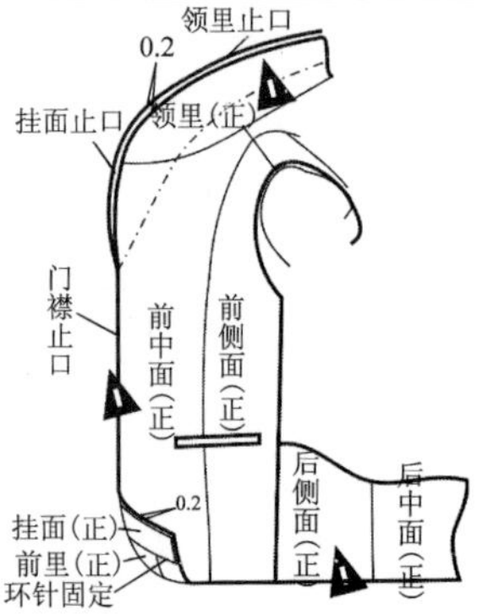		熨斗	将衣片正面翻出，用熨斗将止口整理熨烫成图示状态，烫顺直、烫薄，然后将底边止口烫顺直，注意不能拉伸变形
23	缲缝面、里缝份	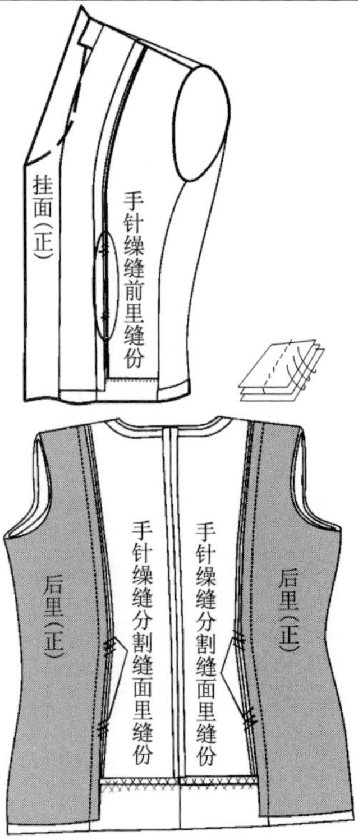		手针	将挂面里口缝份手针定在衣身有纺衬上，上下10cm不固定 按图示位置将衣面、里的前、后分割缝、侧缝缝份对齐，对位点对准，用手针在该部位轻缲几针，将面、里固定，再将领面、领里的领底中点、SNP点对齐，用手针将领口缝份缝定
24	缝合袖面前缝	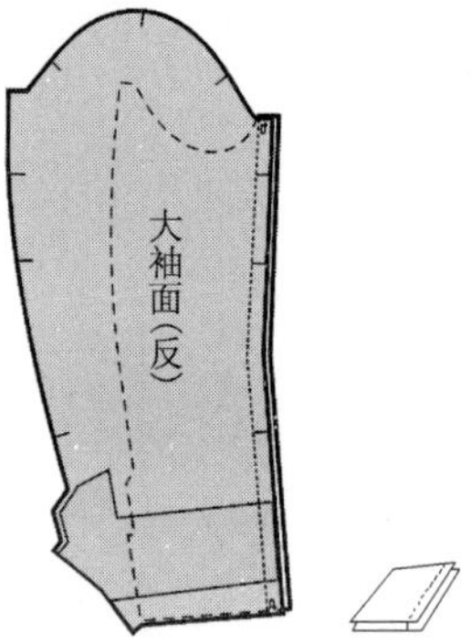	14	单针平缝机	将大、小袖正面相对，前袖缝毛边对齐，对位点对准，小袖在下，缝合，起止针倒回针

续表

序号	工艺内容	工艺图示	针距密度（针/3cm）	使用工具	缝制方法
25	分烫缝份	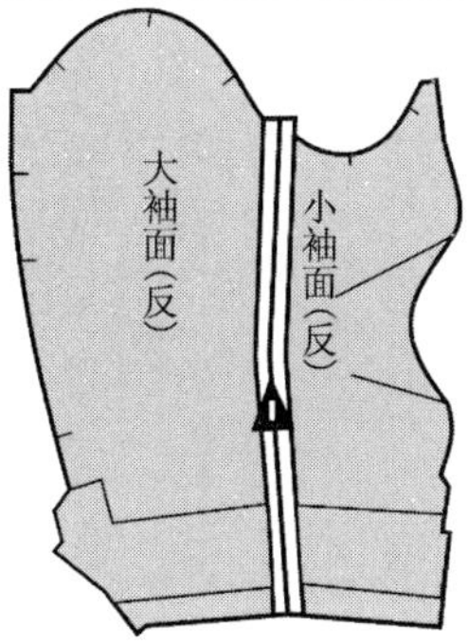 大袖面（反）小袖面（反）		熨斗、剪刀	在袖肘部将缝份打几个剪口，袖片反面朝上，用熨斗分烫缝份，在肘部稍稍伸分烫，再将正面缝烫平服
26	缝大小袖衩贴边	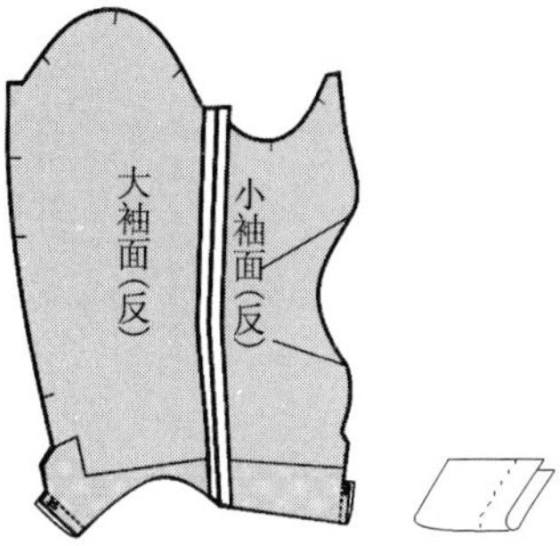 大袖面（反）小袖面（反）	14	单针平缝机	按图示将袖衩、袖口贴边向正面对折，按标记平缝，止针倒回针
27	翻出正面扣烫	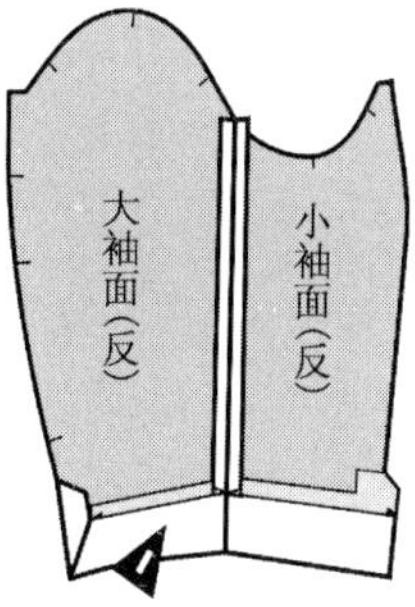 大袖面（反）小袖面（反）		熨斗	将缝份稍修剪，翻出正面，用熨斗把袖衩和袖口贴边烫平，止口烫顺直
28	缝合后袖缝	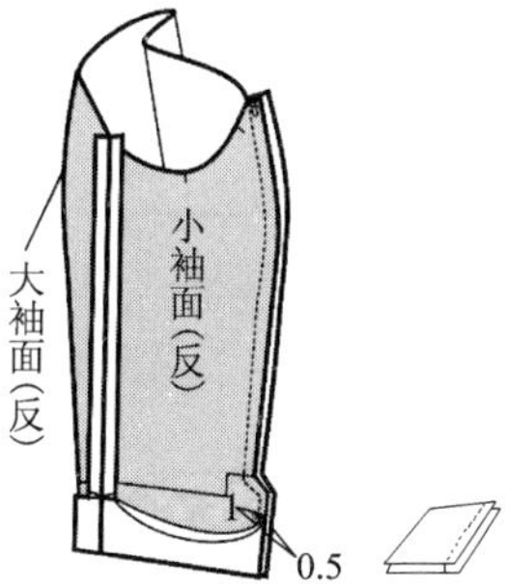 大袖面（反）小袖面（反）0.5	14	单针平缝机	将大、小袖正面相对，后袖缝毛边对齐，对位点对准，小袖在上，从袖山处起缝缝合，缝至袖口贴边时将其掀起，再向下缝1cm止针，起止针倒回针

序号	工艺内容	工艺图示	针距密度（针/3cm）	使用工具	缝制方法
29	分烫缝份	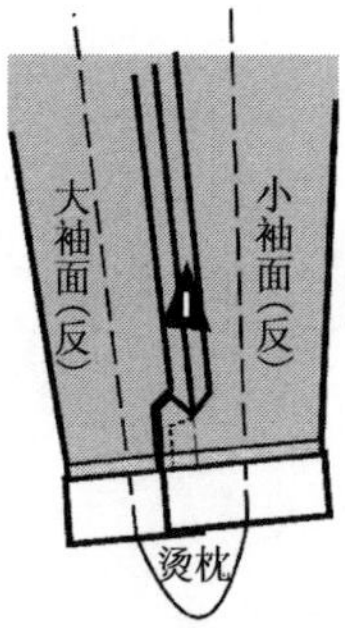 大袖面（反）　小袖面（反）　烫枕		熨斗、烫枕	先将小袖衩角打一斜剪口，然后将袖套在烫枕外，分烫缝份，在袖肘部稍缩分烫，袖衩部分向大袖方向倒烫，再翻出正面将袖缝、袖衩烫平服
30	缝抽袖山吃势	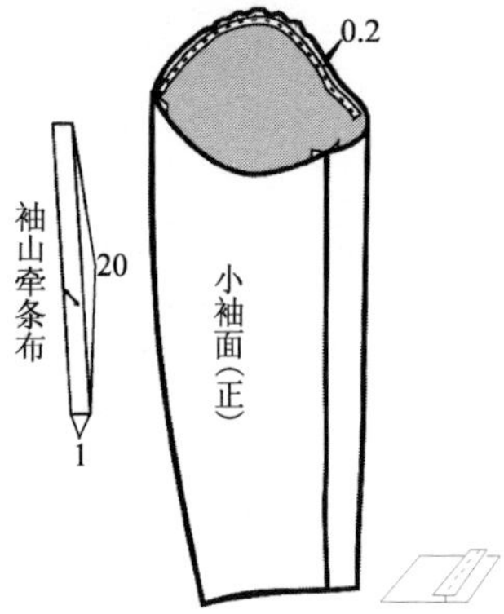 0.2　袖山牵条布　20　小袖面（正）　1	8	单针平缝机、熨斗	用里布裁成图示尺寸和形状的布条，将布条铺放在袖山反面的缝份上，布条中部与袖山顶部对位点对齐，从布条一端的中间大针码起缝，缝时左手拉紧布条，袖山弧度越大拉得越紧，一直缝到另一端，布条外边距袖山0.2cm左右，然后将抽皱烫平
31	缝合袖里缝	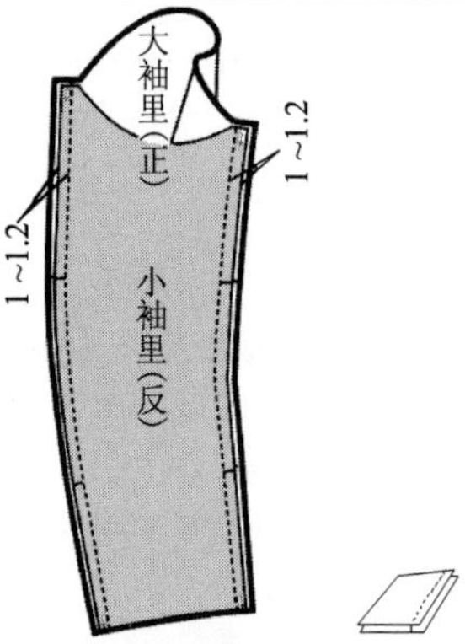 大袖里（正）　1~1.2　1~1.2　小袖里（反）	14	单针平缝机	大、小袖里正面相对，前、后袖缝一一对齐，小袖里在上，平缝袖缝，缝份1~1.2cm，起止针倒回针
32	坐倒烫缝份、扣烫袖山缝份	 大袖里（反）		熨斗	将袖里缝份沿净缝向大袖方向坐倒烫　再将袖山缝份向反面扣烫

续表

序号	工艺内容	工艺图示	针距密度 （针/3cm）	使用工具	缝制方法
33	缝接袖面、里袖口、手针固定袖口贴边	大袖面（反） 小袖面（反） 大袖里（反） 小袖里（反）	14	单针平缝机、手针	将袖面、袖里反面朝外，袖里袖口套在袖面袖口外，使其形成与袖面袖口贴边正面相对状态，前、后袖缝对齐，毛边对齐，将袖里与袖面贴边缝合，起止针重叠缝合 用手针三角针法将袖里口与袖面贴边固定在袖口有纺衬上
34	缲缝袖面、袖里缝份	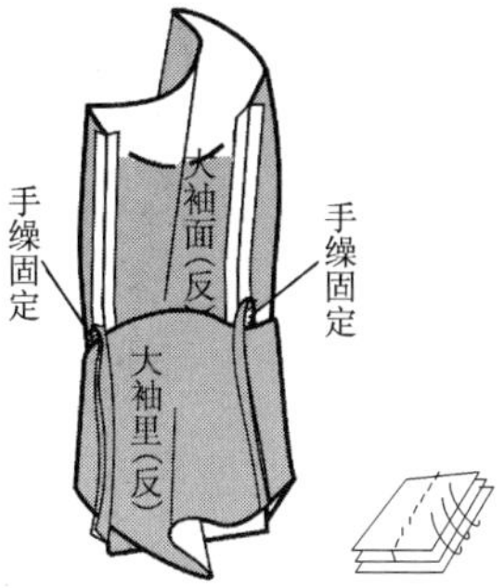 手缲固定 大袖面（反） 手缲固定 大袖里（反）		手针	将袖面、袖里沿袖口折合，使袖里小袖与袖面小袖相对，前、后袖缝份分别对齐，对位点对准，用手针在该点轻缲几针，将大袖面缝份与袖里缝份固定
35	翻出正面绷缝袖面、袖里上部	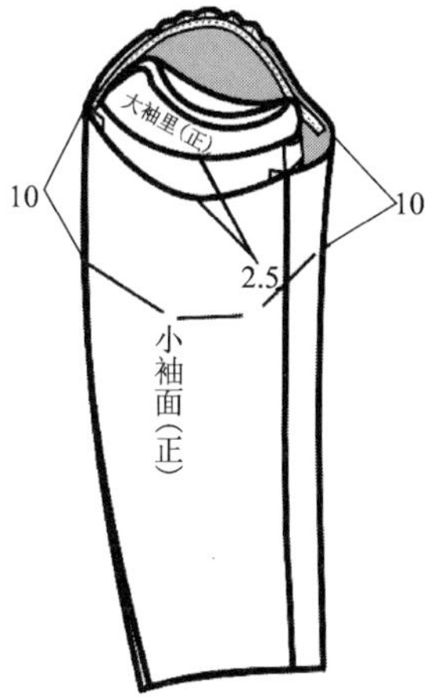 大袖里（正） 10 10 2.5 小袖面（正）		手针	将袖正面翻出，捋顺袖面与袖里，用手针大针码绷缝上部，把袖面、袖里暂时固定
36	袖面与衣身袖窿对位固定	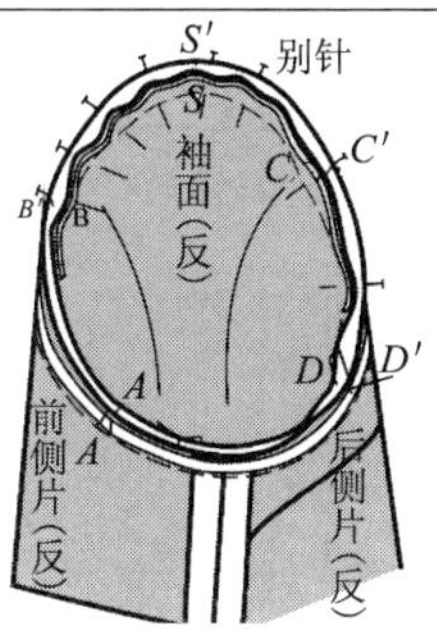 S' 别针 S B' B 袖面（反） C' C D' D A' A 前侧片（反） 后侧片（反）		手针	将袖面袖山与相应的袖窿正面相对套进袖窿，毛边对齐，相应对位点对准，用手针沿净缝缝定或别针别定

序号	工艺内容	工艺图示	针距密度（针/3cm）	使用工具	缝制方法
37	缝绱袖面	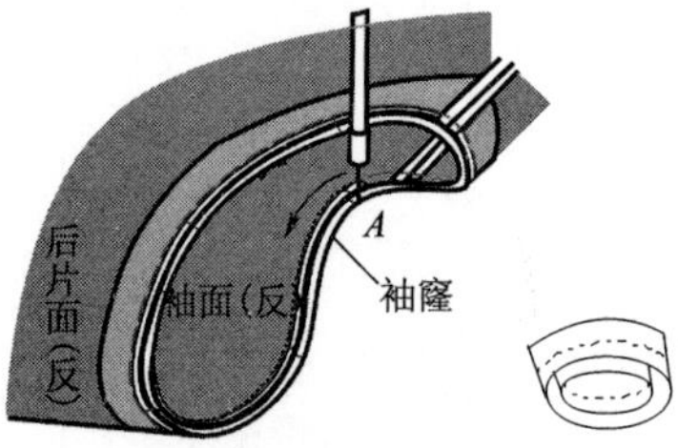 后片面（反）　袖面（反）　袖窿　A	14	单针平缝机	袖山在上，袖窿在下，从前袖窿A点起向肩缝方向平缝绱袖，直缝至起点重合缝3针
38	绱袖山条	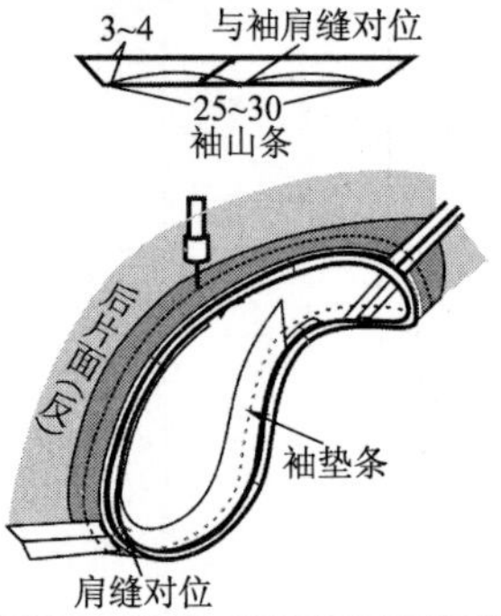 3~4　与袖肩缝对位　25~30　袖山条　后片面（反）　袖垫条　肩缝对位	8	单针平缝机	袖山条形状与尺寸如图示，材料选用与面料同，也可选弹性好的绒布，将其置于袖山里侧，毛边对齐，中部对准肩缝，袖山条在下，从一端沿绱袖线将其缝至另一端固定
39	垫肩定位	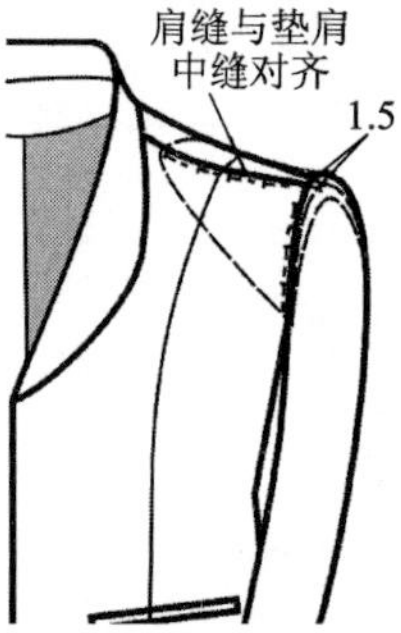 肩缝与垫肩中缝对齐　1.5		手针或别针	将垫肩与袖窿弧向同向置于衣面与衣里的肩缝之间，垫肩平头盖过绱袖线1.5cm，垫肩的中线与肩缝对齐，用别针或手针大针码将其前部与前衣面固定
40	缝定垫肩	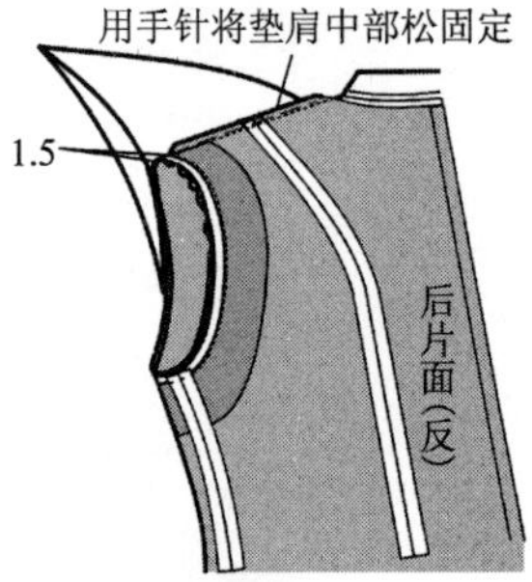 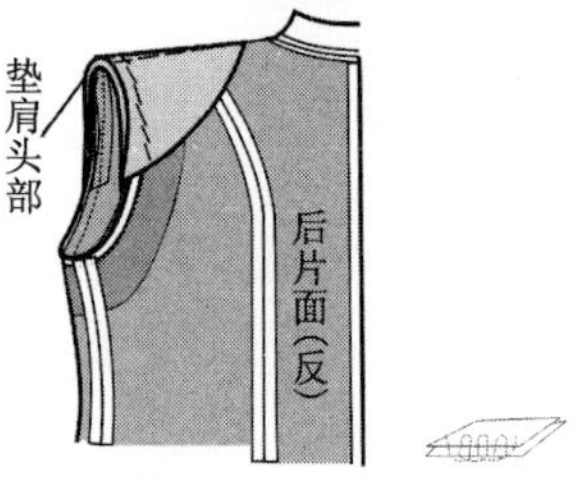 用手针将垫肩中部松固定　1.5　后片面（反）　垫肩头部　后片面（反）		手针	将垫肩翻出，掀起后部，手针环针将肩缝缝份与垫肩固定 再将垫肩头用手针环缝固定在袖窿的缝份上，之后修顺垫肩头部

续表

序号	工艺内容	工艺图示	针距密度（针/3cm）	使用工具	缝制方法
41	缝定衣里袖隆	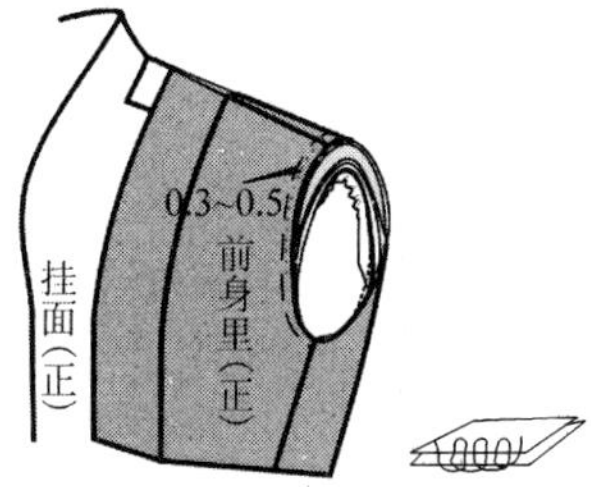 挂面（正）　前身里（正）　0.3~0.5		手针	将衣里正面翻出，肩缝、侧缝与衣面对齐，毛边对齐，别针暂时固定在垫肩上，用手针将其缝份钩缝固定在垫肩上
42	缝绱袖里	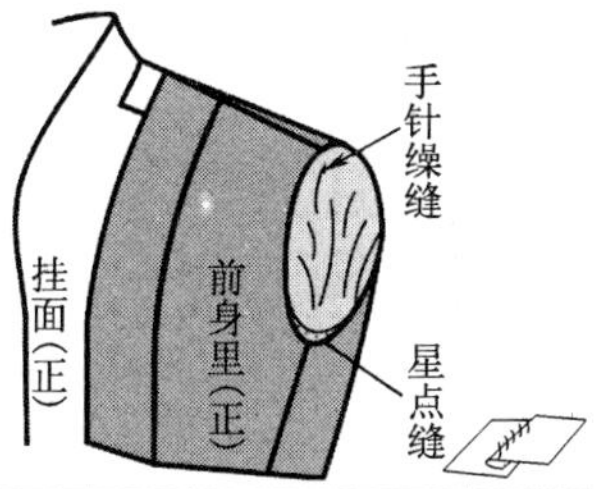 挂面（正）　前身里（正）　手针缲缝　星点缝	9	手针	将袖里袖山掏出，与袖里袖隆对位，缝份向里压在袖隆净缝上，手针缲缝在袖隆上
43	固定驳口线里侧	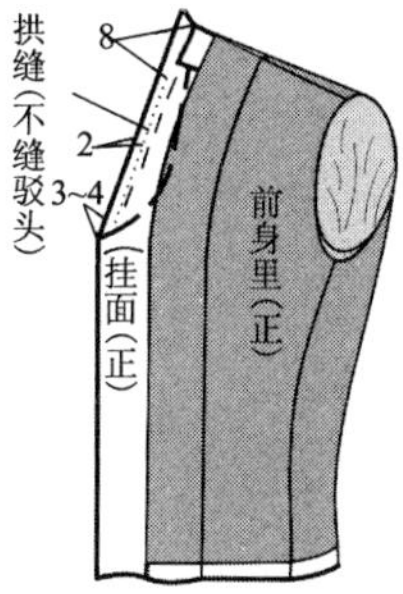 拱缝（不缝驳头）8　2　3~4　挂面（正）　前身里（正）			将驳头翻折线按成品形态翻折，为保证驳头面外围部分的松量，按图示从挂面处对衣身进行拱缝
44	锁眼钉扣	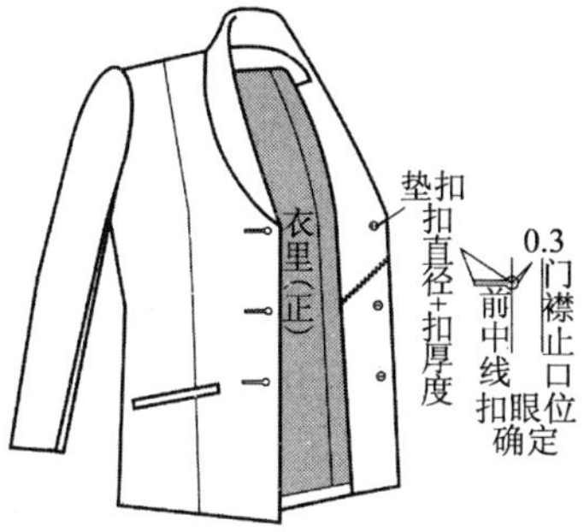 衣里（正）　垫扣　0.3　扣直径+扣厚度　门襟止口位　前中线　扣眼位确定		圆头锁眼机	在衣身右门襟止口划扣眼位，左门襟止口划扣位，用锁眼机进行锁眼，手针钉扣，纽扣线脚的长度应为门襟止口的厚度量。在钉扣时，挂面相应处装上垫扣，钉扣锁眼线选用专用的30号涤丝线
45	成品熨烫	图略		蒸汽熨斗、烫台	先烫衣里，再烫衣面，先烫后身，再烫前身，先烫下部，再烫上部，然后烫领里、领面，最后烫袖。烫肩部时，将其放在烫台上整理好形状熨烫。注意，在烫至袖山处时用熨斗喷汽轻压，不要破坏其圆弧状；烫驳头翻折线时，驳口点附近轻压，不能烫死

十、女西装质量标准

1.对条、对格规定

（1）面料有明显条、格在 1.0cm 及以上的按表 7-3 规定。

表 7-3　对条、对格规定

部位	对条、对格规定
左右前身	条料对条，格料对横，互差不大于 0.3cm
手巾袋与前身	条料对条，格料对格，互差不大于 0.2cm
袖与前身	袖肘线以上与前身格料对横，两袖互差不大于 0.5cm
袖缝	袖肘线以上，后袖缝格料对横，互差不大于 0.3cm
背缝	以上部为准，条料对称，格料对横，互差不大于 0.2cm
背缝与后领面	条料对条，互差不大于 0.2cm
领子、驳头	条格料左右对称，互差不大于 0.2cm
侧缝	袖窿以下 10cm 处，格料对横，互差不大于 0.3cm
袖子	条格顺直，以袖山为准，两袖互差不大于 0.5cm

注　特别设计不受此限。

（2）面料有明显条、格在 0.5cm 及以上的，手巾袋与前身条料对条，格料对格，互差不大于 0.1cm。

（3）倒顺毛、阴阳格面料，全身顺向一致。

（4）特殊图案面料以主图为准，全身顺向一致。

2.成品主要部位测量方法与规格极限偏差

（1）成品主要部位测量方法见表 7-4。

表 7-4　成品主要部位测量方法

部位名称		测量方法
衣长		由前身左襟肩缝最高点垂直量至底边，或由后领中垂直量至底边
胸围		扣上纽扣（或合上拉链），前后身摊平，沿袖窿底缝水平横量（周围计算）
领大		领子摊平横量，搭门除外
总肩宽		由肩袖缝的交叉点横量
袖长	装袖	由袖山最高点量至袖口边中间
	连肩袖	由后领中沿袖山最高点量至袖口边中间

注　特殊需要的按企业规定。

（2）成品主要部位极限偏差见表7-5。

表7-5 成品主要部位极限偏差 单位：cm

序号	部位名称		允许偏差
1	衣长		±1.0
2	胸围		±2.0
3	领大		±0.6
4	总肩宽		±0.6
5	袖长	装袖	±0.7
		连肩袖	±1.2

3.**女西装的外观质量** 见表7-6。

表7-6 女西装外观质量规定

部位名称	外观质量规定
领子	领面平服，领窝圆顺，左右领尖不翘
驳头	串口、驳口顺直，左右驳头宽窄、领嘴大小对称，领翘适宜
止口	顺直平挺，门襟不短于里襟，不搅不豁，两圆头大小一致
前身	胸部挺括、对称，面、里、衬服帖，省道（分割缝）顺直
袋、袋盖	左右袋高、低、前、后对称，袋盖与袋口宽相适应，袋盖与大身的花纹一致
后背	平服
肩	肩部平服，表面无褶，肩缝顺直，左右对称
袖	绱袖圆顺，吃势均匀，两袖前后、长短一致

本章小结

本章系统介绍了女西装的制板、选料、排料、缝制、检验等方面的知识和技能。在制板方面，不同于以往的制图，引入了新文化原型制图法，在结构制图之前，先要对原型中的胸省进行适当的处理，然后再进行制图。这样处理制得的板型更科学，成衣外观和综合功能更好。在放缝前，先要依据所使用的面料，对一些净板进行适当的技术处理和对缝片的对位、形状和尺寸进行检验和确认，在衣片、袖片、面、里等之间的缝合对位点的确定更为细化。面料的选择是依据服装对其性能的要求和穿用季节的不同进行选择，排料、缝制和检验类似于男西装。本章制板的重点是对一些净板的处理，要弄清为什么要进行处理。缝制重点、难点是绱袖和绱领，领和门襟止口的处理。关键点是衣片缝合对位点的设定，对位点要做到"必要、准确、无遗漏"。学好本章内容可为学习男西装缝制工艺打好基础。

思考题

1.在制作女西装面板前，为什么要对衣领、挂面结构进行适当的处理？为什么要对净板进行检验确认？

2.制板时为什么要在衣片边缘设定必要的缝合对位点？

3.缝制某些衣片时为什么要进行归拔熨烫处理？

4.为什么要在一些衣片的某些部位粘牵条衬？

5.为什么前衣身全粘衬，而其他衣片只是部分粘衬？

6.为什么衣面缝份都分烫，而衣里缝份大多坐倒烫？

7.为什么要对衣身面、里缝份进行缲缝固定？

8.为什么要在衣身里底边、衣袖里袖口设定较多的松量（俗称眼皮）？

第八章　男西装缝制工艺

专业知识、专业技能与训练

课题名称：男西装缝制工艺

课题内容：

1. 男西装结构制图

2. 男西装工业制板

3. 西装缝制前的准备工作

4. 西装的材料与裁剪

5. 男西装的缝制

6. 男西装的成品检验

7. 男西装新型缝制设备简介

课题用时：

总学时：56学时

学时分配：制板10学时，裁剪粘衬4学时，假缝试样8学时，缝制34学时

教学目的与要求：

1. 使学生掌握男西装的制板知识与技能（包括规格设计、结构制图、结构变形原理与方法以及衣片放缝）。

2. 使学生熟悉从制图到制成品的程序及每个程序的任务、方法与要求。

3. 掌握成衣缝制工艺流程、方法和要求。

4. 熟悉成品质量检验的标准、方法和要求。

5. 熟悉缝制所需要的一系列设备与工具。

教学方法：理论讲授、示范操作、实物样品参考、巡回辅导。

课前准备：

1. 知识准备：

（1）复习男西装结构设计知识和有关材料知识。

（2）每人制一套男装原型板，号/型标准自选，部位规格自定。

2. 材料准备：

（1）制板工具与材料：除结构设计所需要的一切工具外，还应准备锥子（用于纸样钻眼定位）、剪口机（用于纸样边缘打剪口标记）以及牛皮纸（120~130g）8~10张（用于裁剪板和工艺板制作）、裱卡纸（240~260g）适量（用于长线产品裁剪板和工艺板制作）、

黄板纸（500~600g）适量（用于定型产品或长线产品裁剪板和工艺板制作）、水砂布（用作工艺缉线板）。

注：教学上只准备牛皮纸即可满足需要。

（2）缝制工具：剪刀、镊子、14号机针等。

（3）缝制材料：机缝线1轴，手工白棉线1绺。

（4）面料：正规男西装面料要求平整挺括，富有弹性，有一定的重量感，光泽较柔和，外观丰满，可塑性、保型性和保暖性好的纯毛精纺机织物。

春秋穿着正规西装可选用华达呢、哔叽、啥味呢、精纺花呢、礼服呢、贡丝锦、驼丝锦及法兰绒等。非正规西装可选用毛混纺织物或化纤仿毛织物，也可选用中条灯芯绒、平绒等棉织物，重磅砂洗双绉、绉缎和部分针织面料。但要注意，用弹性差、热塑性较差的织物做西装，在结构和工艺上要做相应的调整。

夏季穿着的正规西装宜选用薄毛料凡立丁、派力司、薄花呢，色调宜浅。棉、麻、丝的混纺面料和化纤混纺面料较适宜非正规西装。

冬季可选用双面华达呢、缎背华达呢、贡呢、中厚花呢、法兰绒、粗花呢、霍姆斯本等，颜色以深色为主。

建议选择价格实惠，外观良好的毛混纺或化纤仿毛织物。

用料量：幅宽144cm、150cm，需要布长＝衣长＋袖长＋20cm。

（5）里料：应选用柔软、光滑，较吸湿透气、冷感性不太强的人丝美丽绸、涤丝美丽绸、涤丝绸、醋纤里子绸等化纤仿丝绸织物。绢丝纺、电力纺等真丝织物，建议选配涤丝美丽绸或醋纤里子绸。

用料量：幅宽144cm、150cm，需要布长＝衣长＋袖长＋5~10cm。

（6）衬料：

①有纺衬，可用于衣身、袖片及领面等部位。包括机织有纺黏合衬和经编垫纬黏合衬，前者较硬实，多用于厚料及中厚料衣料，后者较稀薄，柔软而富弹性，多用于较薄衣料，同学可根据所选面料的厚薄选配衬料。用料量：有纺衬幅宽都是90cm，需要衬长＝衣长＋20cm。

②牵条黏合衬。实际上就是将薄的机织黏合衬裁成一定宽度的直纱向或斜纱向的衬条，主要用于服装在加工和使用过程中易变形的部位，如袖窿、领口、领折线、驳口线和门襟止口线等部位。每件西装1cm宽的直条衬需5m左右，1cm宽的斜条衬需3m左右。

③胸衬。是指衬于衣身胸部使其饱满挺括的一类衬，主要有黑炭衬和胸绒两种，以往是将这两种衬按一定的尺寸和形状组缝在一起，现在市场上已有做好的成品胸衬出售。若使用成品，需要1副；如要自己制作，需购黑炭衬50cm，胸绒1副。

（7）其他材料：垫肩1副，厚1cm，针刺料。领底呢50cm(最好集体购买，平均每人20cm即可)。纽扣，直径为2.2cm的2+1（备用）粒，用于门襟；直径为1.6cm的6+1（备用）粒，用于袖衩装饰；直径为1cm的门襟扣垫扣2粒。

教学重点：

1.西装的制板知识与技能（包括净板的结构处理、检验与确认和毛板制作）。

2.西装的缝制流程与缝制方法和要求。

3.选配缝制西装所需的有关材料和估算用量的能力。

课后作业：

1.独立完成一件男西装系列制板工作，款式如本章所示，规格自己设计（包括净板、面板、里板和衬板等裁剪板、工艺板）。

2.按要求独立完成一件男西装的裁剪和缝制工作，包括选配料、排料、裁剪、粘衬、缝制和检验（交作业时，附上自检结果并说明依据）。

随着社会的进步，经济全球化的深入，人们的交流和商务活动逐渐频繁。在衣着上男士穿着越来越讲究"绅士风度"，女士也表现出职业女性的着装特点。越来越多的人在服装类型和款式的选择时，综合考虑了衣着穿用的时间、场合、目的（即TPO原则）的要求，而西装则已成为商务和国际性的服装。

女西装是从男西装演变而来的，无论在结构设计还是制作工艺上，都没有男西装严谨。因此，仅从制作工艺上看男西装比女西装复杂且考究得多。我们在学习西装制作工艺时，男西装既是重点又是难点。本章主要学习男西装的缝制工艺。

一、男西装款式特征

男西装的外形和款式随流行趋势的变化而改变，它的外形一般分为三种形式，即"H"型、"X"型和"V"型。它们从人体背面的着装形态进行观察是比较容易区分的，如图 8-1 所示。

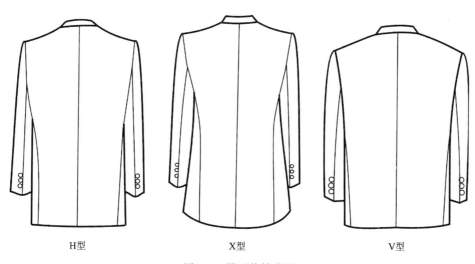

H型　　　　　　　　　X型　　　　　　　　　V型

图8-1　男西装款式图

　　随着我国社会经济的蓬勃发展和国际贸易的日益扩大，国内外市场对西装产品的需求量不断增加。传统的手工缝制西装的方式，已经不能满足迅速增长的市场需求。尤其是20世纪90年代以后，国际流行的新风格西装，开始被越来越多的人所接受。这种新风格西装与传统西装最大的区别，就在于缝制工艺和着装观念上的变革。这些变革主要体现在面料选择、裁剪工艺和辅料的运用上。如无论是以日本为代表的亚洲型西装还是以意大利为代表的欧洲型西装，在风格上都追求服装的轻、薄、软、挺，因此现代男西装的制作工艺也在向轻薄方向发展，以求达到良好的舒适性和飘垂的感觉。

　　现代西装的缝制，已经普遍采用流水线工艺。为了适应西装缝制采用现代工艺的需要，并借鉴国外的先进经验，近年来国内许多服装企业都在改进或自行设计西装的缝制工艺，以适应人们对西装功能性和舒适性的要求。

　　基于以上的认识，我们在男西装的设计，特别是工艺制作中，根据男西装的流行趋势确定工艺设计，以制作出符合时代需求的男西装。虽然，男西装的外形和款式随流行趋势的变化而变化，但是其工艺的原理是相同的，只要掌握了男西装的制作工艺原理，就能根据要求进行工艺设计。所以，本章仅以"平驳头两粒扣男西装"款式为例来学习制作工艺。款式图见表8-1"男西装工艺技术说明书"工艺文件中图示（在企业里，服装的款式及要求在"工艺技术说明书"中提出）。

表 8-1　男西装工艺技术说明书

男西装工艺技术说明书

产品名称：××××××公司 NX-001 男西装

公司编号：0410010535

合同号：××××05350—0400005

制单号：04000535—1

本期数量：1200 件

　　　　　　　　　　　　　　××××服装公司　设计技术部制定
　　　　　　　　　　　　　　××××年××月××日

前身

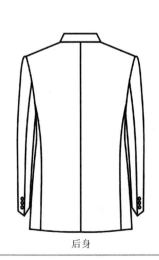

后身

续表

> 1. 款式特征：衣身轮廓呈 X 型，六开身结构，平驳头、分领座翻领，单排两粒扣、左胸设手巾袋，前身腰部左右各设一个腰省，下部对称设夹袋盖双嵌线挖袋各一个，后中破缝，肩部加薄垫肩，圆装两片袖，后袖口开衩、钉三粒装饰扣，圆角下摆
> 2. 本款共计 1200 件，分 165/86A、170/90A、175/94A、180/98A、185/102A 5 个系列规格
> 3. 装钉客供主标、吊码标、洗涤标（型号与吊码标相符）
> 4. 针距密度 14 针 / 3cm，客供本色线。注意，面料、里料、钉扣使用不同的缝线
> 5. 本款要求做工精细，无油、无污迹，线头要剪干净（包括口袋内的线头）
> 6. 严格按技术部制定标准生产，以"样品"为准，对工艺操作不清楚时不能生产，确保产品质量

目前服装公司的西装生产任务一般分为对外加工和自主生产两种形式，无论哪种生产形式公司技术部门都要完成"样衣"的试制，并确定"工艺技术说明书"来指导各服装生产部门进行生产与操作。

样衣的规格来源于三种途径，一是客户直接提供（客供）规格，二是根据样品进行测量而确定规格（较常见），三是自主产品（自产）的设计规格。

二、男西装制图规格

1. 男西装主要部位制图规格 见表 8-2。

表 8-2 男西装主要部位制图规格　　　　　　　　　　　　　　单位：cm

号 / 型	后衣长	胸围（B）	臀围（H）	总肩宽（S）	袖长（SL）	袖口宽
170/90A	76	106	106	46	59	15

2. 男西装细部制图规格 见表 8-3。

表 8-3 男西装细部制图规格　　　　　　　　　　　　　　单位：cm

部位	手巾袋	大袋盖	后领座高（a）	翻领后高（b）	领尖宽	驳嘴宽
规格	10/2.3	15.5/5.5	2.5	3.5	3.5	4

规格说明：作为礼服的西装，其衣长应比普通上衣长，下摆要盖过臀部，而袖长又比普通上衣稍短，袖口要露出 1 ~ 1.5cm 的衬衫袖口。

西装的衣长是指后衣长，其确定方法是按照号型查国家服装号型系列控制部位数值中的"颈椎点高"值，后衣长 = 颈椎点高 /2。

西装袖长的测量方法：从肩峰点起，沿手臂外侧经过外肘点向下量至大拇指尖。量得数值减 10cm 再加上垫肩厚度即为西装袖长，也可以从国家号型标准中查"全臂长"值，用该值加 3cm 即为西装袖长值。

三、男西装结构制图

1. 男装外套原型结构制图 如图 8-2 所示，图中 B^* 表示净胸围。
2. 男西装衣身结构制图 如图 8-3 所示。

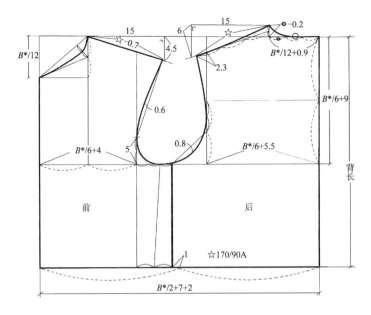

图8-2 男装外套原型结构制图

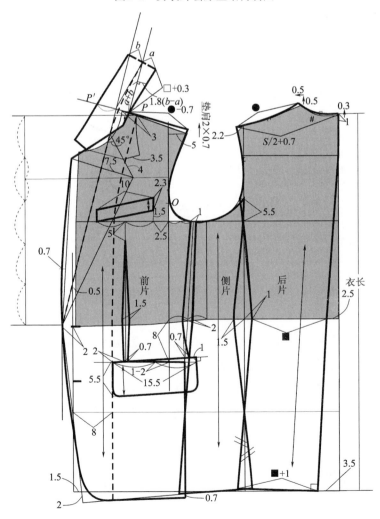

图8-3 男西装衣身结构制图

3. 男西装袖子结构制图　如图 8-4 所示。

4. 男西装衣里内袋大小及位置确定　如图 8-5 所示。

四、男西装净板技术处理

1. 挂面的结构处理　如图 8-6 所示。

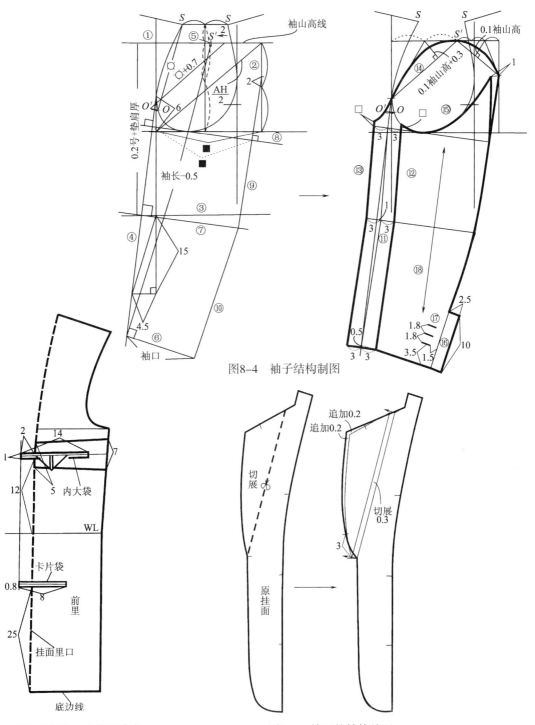

图8-4　袖子结构制图

图8-5　衣里内袋大小及位置确定

图8-6　挂面的结构处理

2.**领面的结构处理**　如图 8-7 所示。

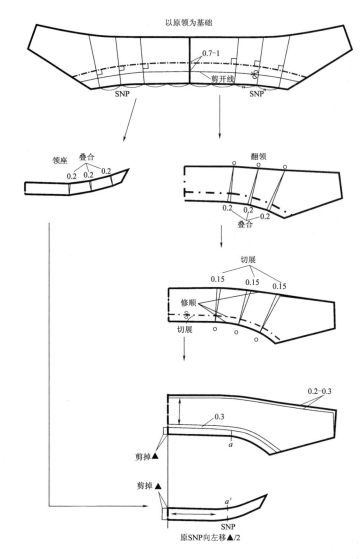

图8-7　领面的结构处理

五、男西装样板与排料图

1.**样板制作前的检验与确认**

（1）纸样规格尺寸的检查与确认。

（2）纸样间缝合对位及尺寸的确认：

①衣身要缝合衣片缝间的对位及尺寸的确认（图 8-8）。

②大、小袖缝间的对位及尺寸的确认（图 8-9）。

③领面与挂面间的对位及尺寸的确认（图 8-10）。

④领面翻领与领面座间的对位及尺寸的确认（图 8-11）。

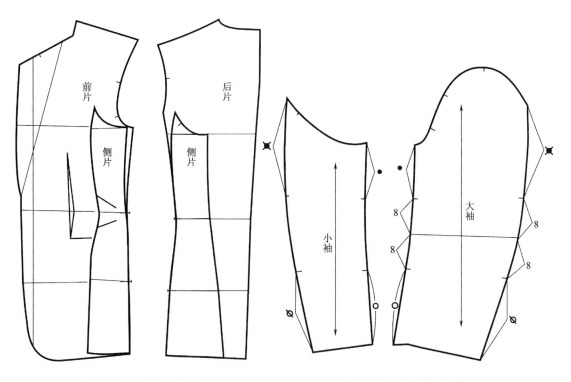

图8-8　衣片的对位确认

图8-9　袖片的对位确认

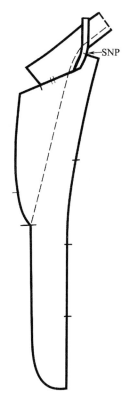

图8-10　领面与挂面间的对位确认

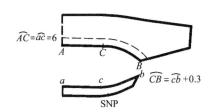

图8-11　领面翻领与领座间的对位确认

（3）相关衣片纸样间弧线的圆顺度确认：

①前片、侧片、后片间袖窿的圆顺度确认 (图 8-12)。

②前、后肩缝处袖窿的圆顺度确认 (图 8-13)。

③前片、侧片、后片间底边的圆顺度确认 (图 8-14)。

④前、后肩缝处领口的圆顺度确认 (图 8-15)。

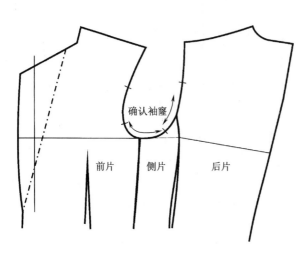

图8-12 袖窿的圆顺度确认

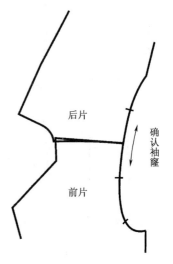

图8-13 前、后肩缝处袖窿的圆顺度确认

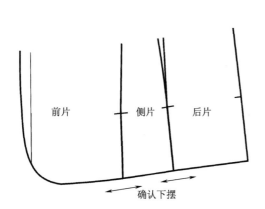

图8-14 底边的圆顺度确认

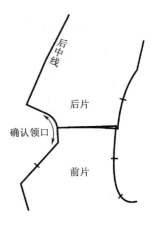

图8-15 领口的圆顺度确认

⑤大、小袖前、后袖缝处袖山的圆顺度确认 (图 8-16)。

（4）袖山与衣身袖窿缝缀对位及袖吃势确认 如图 8-17 所示。

$\overset{\frown}{SC} = \overset{\frown}{sc} + 0.35 \times$ 袖吃势

$\overset{\frown}{AB} = \overset{\frown}{ab} + 0.03 \times$ 袖吃势

$\overset{\frown}{BS} = \overset{\frown}{bs} + 0.35 \times$ 袖吃势

$\overset{\frown}{CD} = \overset{\frown}{cd} + 10\% \times$ 袖吃势

袖山总吃势 =3.5cm

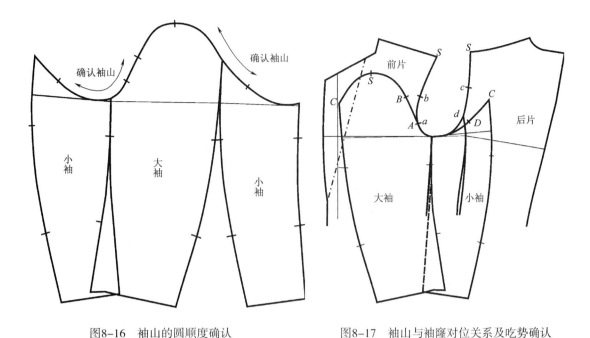

| 图8-16　袖山的圆顺度确认 | 图8-17　袖山与袖窿对位关系及吃势确认 |

（5）**领里下口线与衣身领口缝合对位确认**　如图 8-18 所示。

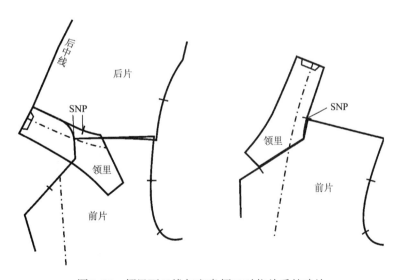

图8-18　领里下口线与衣身领口对位关系的确认

2.样板制作　确认无误的净样纸样经过放缝，得到裁剪用样板（毛样板）。

（1）面料样板制作：

①衣片与袖片样板放缝如图 8-19、图 8-20 所示，图中未标明的部位放缝量均为 1.2cm。

②挂面、领面及领里样板放缝如图 8-21~ 图 8-23 所示。

（2）里料样板制作（图中未标明的部位放缝量均为1.5cm）：

①衣身里样板放缝如图8-24所示。

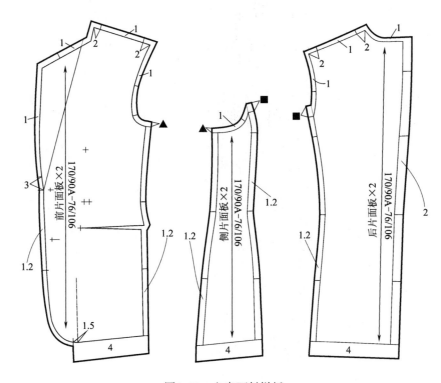

图8-19　衣身面料样板

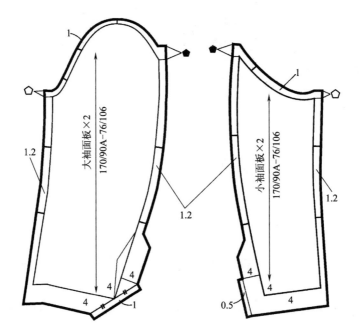

图8-20　袖片面料样板

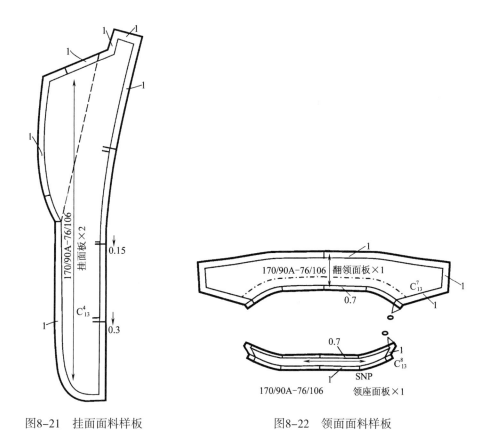

图8-21　挂面面料样板

图8-22　领面面料样板

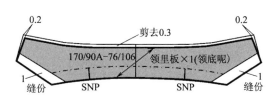

图8-23　领里面料样板

②袖里样板制作如图 8-25 所示。

（3）衬料样板制作：以衣片裁剪样板为基础配制衬料样板。为防止粘衬时胶粒粘在其他衣片或机器的传送带上，衬的边缘要比相应的衣片缩进 0.3 ～ 0.5cm。

①有纺黏合衬的样板配制如图 8-26 所示。其中挂面衬可用有纺黏合衬，也可用无纺黏合衬。

②挺胸衬及胸绒的样板配制如图 8-27 所示。挺胸衬选用黑炭衬，胸绒选用针刺棉。需要说明的是现在市场上有做好的成品胸衬，如能买到则无须配制该样板。

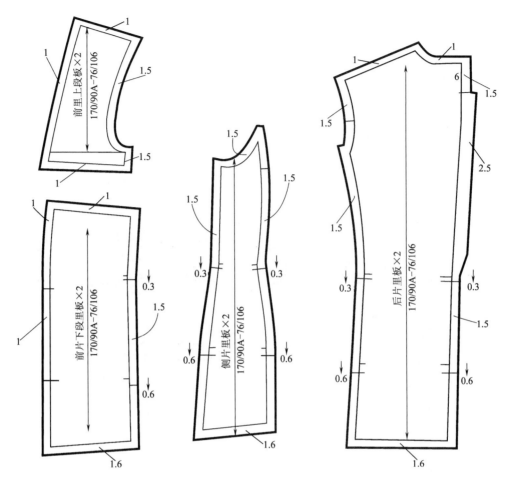

图8-24 衣身里料样板

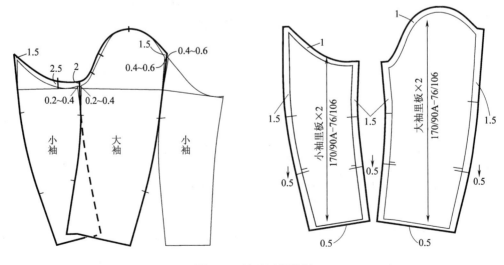

图8-25 袖里里料样板

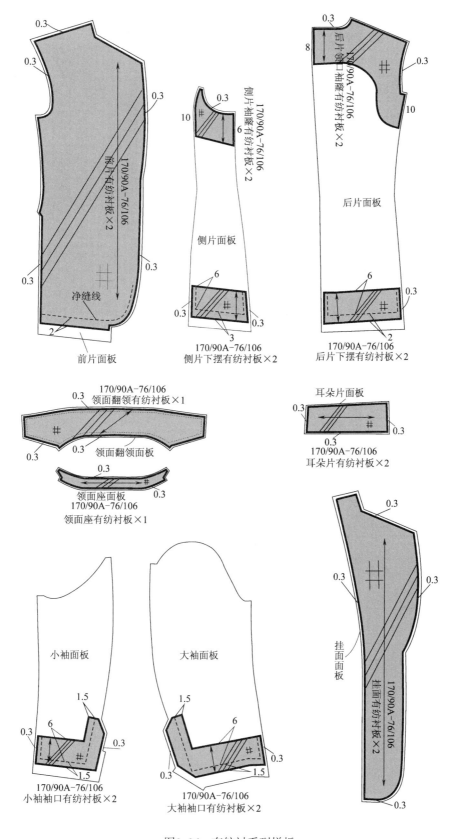

图8-26 有纺衬系列样板

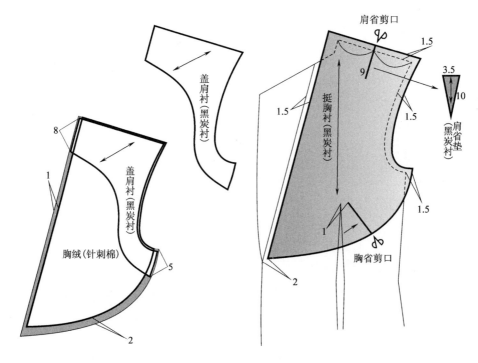

图8-27　胸衬样板

（4）零部件及其用衬的样板：

①夹袋盖双嵌线挖袋系列样板的配制如图 8-28 所示。

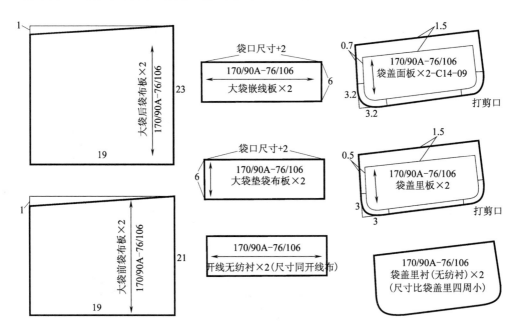

图8-28　夹袋盖双嵌线挖袋系列样板

②手巾袋系列样板的配制如图 8-29 所示。

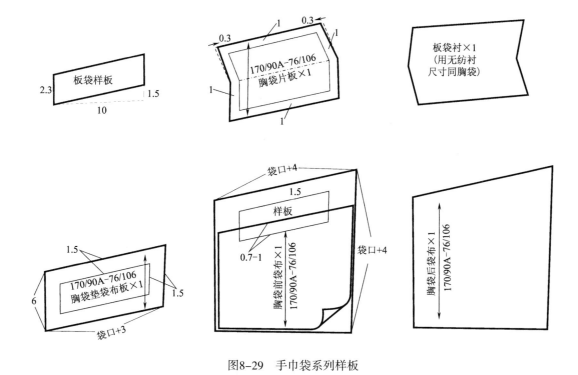

图8-29　手巾袋系列样板

③内大袋系列样板的配制如图 8-30 所示。

④卡片袋系列样板的配制如图 8-31 所示。

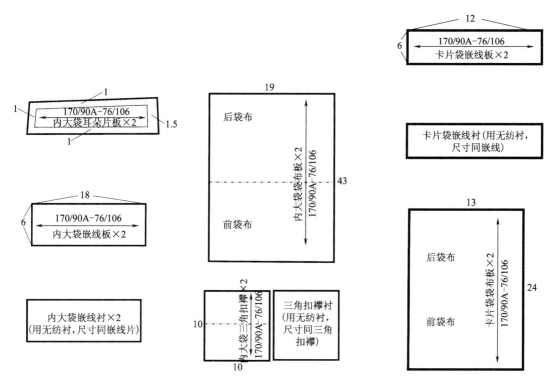

图8-30　内大袋系列样板

图8-31　卡片袋系列样板

3.面料排料图

（1）面料排料如图 8-32 所示（样板编号代码 C）。

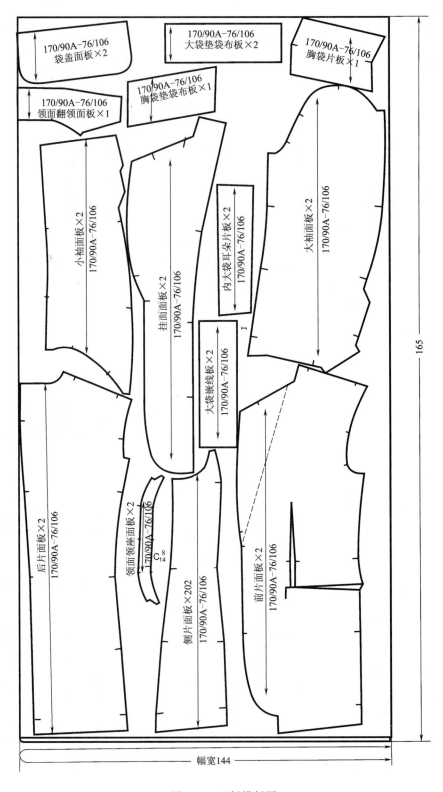

图8-32　面料排料图

（2）里料排料如图 8-33 所示（样板编号代码 D）。

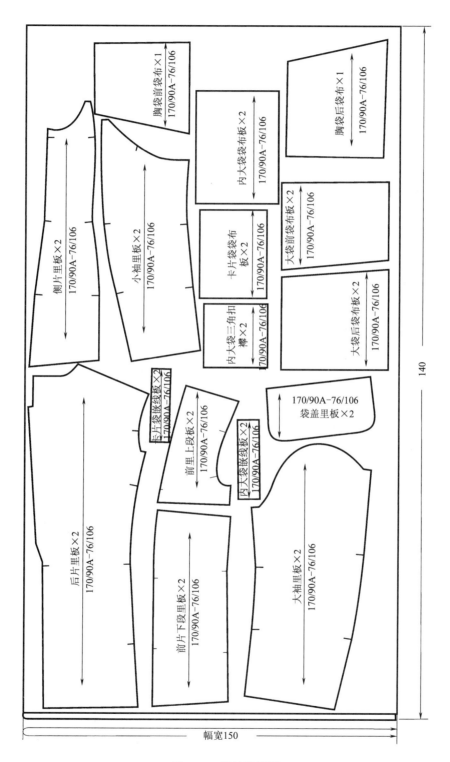

图8-33　里料排料图

（3）有纺衬排料如图8–34所示（样板编号代码E）。

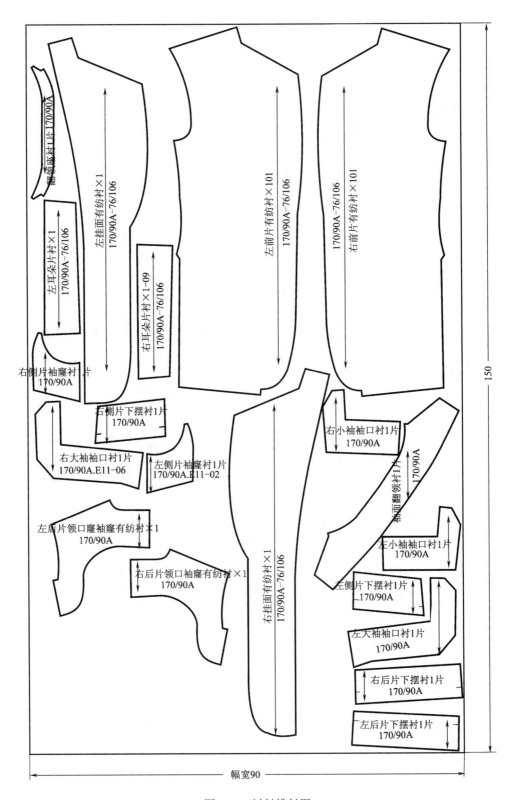

图8-34　衬料排料图

六、男西装部件缝制训练

男西装相关部件包括手巾袋、带盖挖袋、三角盖里袋等。

1. 手巾袋缝制

（1）手巾袋外观特征如图 8–35 所示。

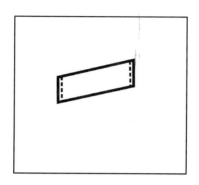

图8-35 手巾袋外观特征

（2）手巾袋缝制工艺流程如图 8–36 所示。

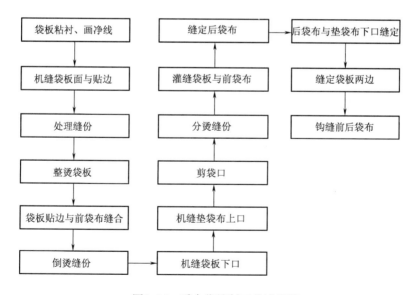

图8-36 手巾袋缝制工艺流程图

（3）手巾袋缝制方法见表 8–4。

表 8-4 手巾袋缝制方法

序号	工艺内容	工艺图示	针距密度（针 /3cm）	使用工具	缝制方法
1	裁片准备	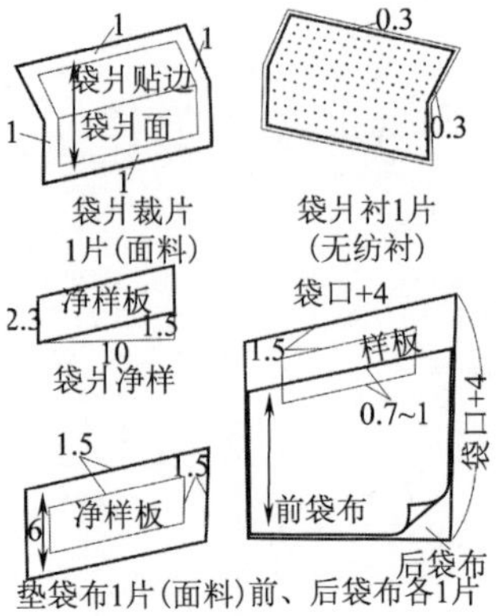 1 1 袋爿贴边 袋爿面 1 1 0.3 0.3 袋爿裁片 1片（面料） 袋爿衬1片 （无纺衬） 净样板 2.3 1.5 10 袋爿净样 袋口+4 1.5 样板 0.7~1 袋口+4 1.5 1.5 净样板 6 前袋布 后袋布 垫袋布1片（面料）前、后袋布各1片			裁片包括：袋爿布片、袋爿衬、垫袋布、前后袋布
2	做袋爿	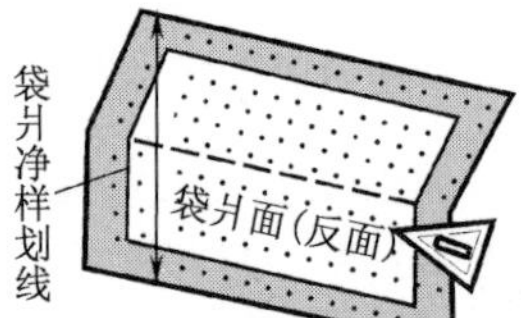 袋爿净样划线 袋爿面（反面） (a) 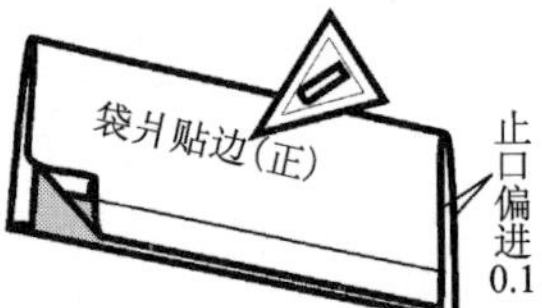 袋爿贴边（正） 止口偏进0.1 (b) 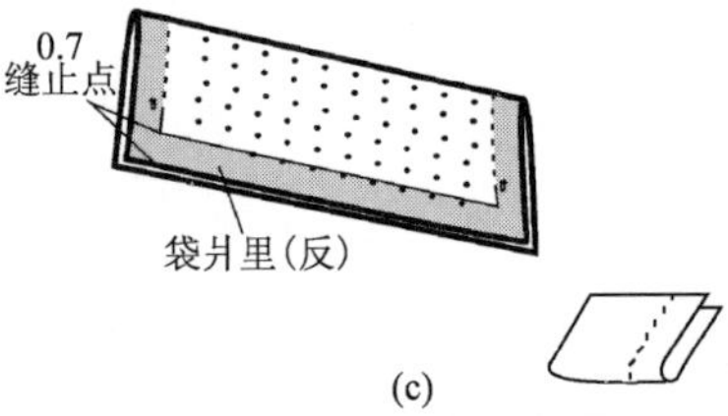 0.7 缝止点 袋爿里（反） (c) 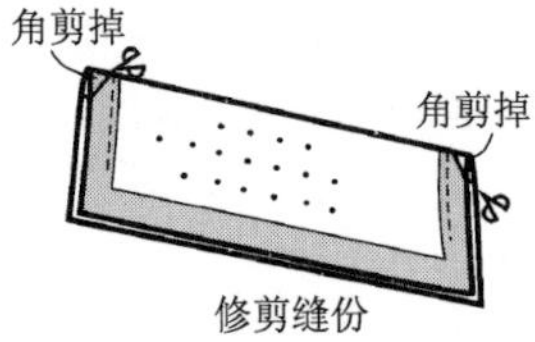 角剪掉 角剪掉 修剪缝份 (d)	14	熨斗、单针平缝机	a. 袋爿反面粘衬，用净样板在衬面上划净线 b. 沿净线将缝份向反面扣烫。注意，袋爿里止口偏进0.1~0.3cm c. 将袋爿沿折线面面相对对折，三边对齐，袋爿面在下，平缝缝至距下口净线位0.7cm止针倒回针 d. 将缝份按图示修剪处理，翻出正面熨烫平服

续表

序号	工艺内容	工艺图示	针距密度（针/3cm）	使用工具	缝制方法
3	袋片与前袋布缝合	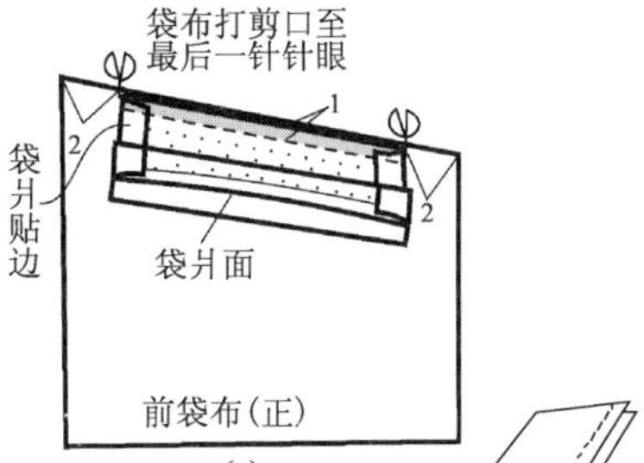 （a）  袋布打剪口至最后一针针眼　袋片贴边　袋片面　前袋布（正） （b） 袋片贴边（正）　前袋布（正）	14	熨斗、单针平缝机	a.按图示将袋片（贴边）下口与前袋布上口缝合，起止针倒回针，再将两端袋布打剪口 b.将缝份向袋布方向烫倒，剪口以外部分不烫
4	缝缂袋片、缝垫袋布	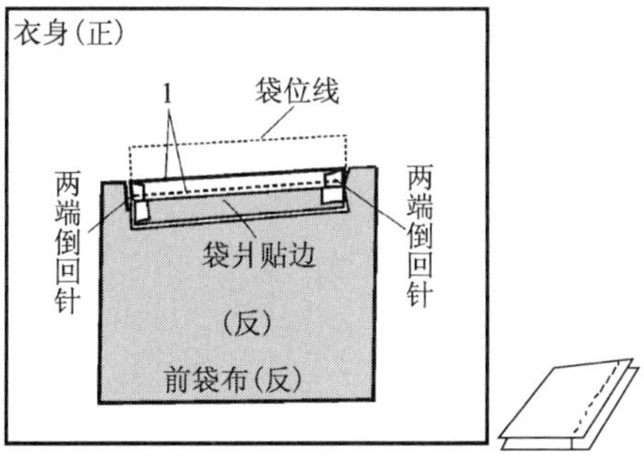 （a） 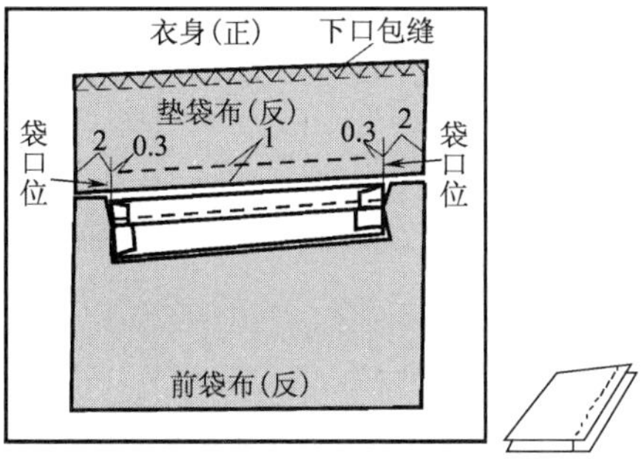 衣身（正）　袋位线　两端倒回针　袋片贴边（反）　两端倒回针　前袋布（反） （b） 衣身（正）　下口包缝　垫袋布（反）　袋口位　0.3　2　袋口位　前袋布（反）	14	单针平缝机	a.在衣身上划定袋位，按图示将袋片面下口净线与袋口位线对齐，平缝，起止针倒回针 b.将垫袋布边一侧包缝，然后将另一侧毛边贴近袋位缝线，缝合在衣身上，缝份1cm，起止针较袋片线偏进0.3cm倒回针

序号	工艺内容	工艺图示	针距密度 （针/3cm）	使用工具	缝制方法
5	剪袋口	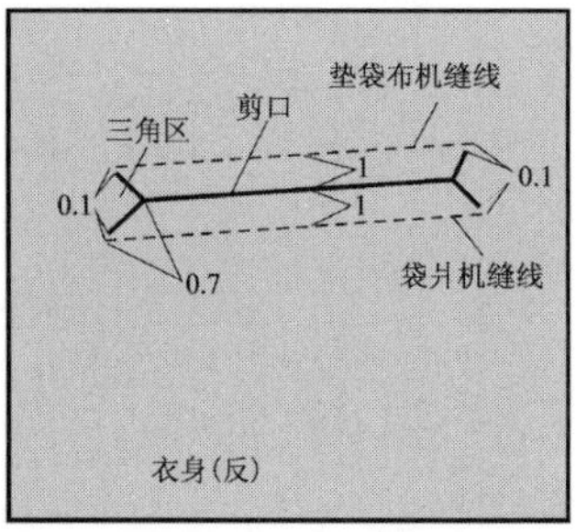 （三角区、剪口、垫袋布机缝线、袋片机缝线、衣身（反）、0.1、0.7、1、1、0.1）		剪刀	按图示方法将袋口剪开 　将袋片、垫袋布毛边翻至反面，正面摆正，整理平服
6	分烫缝份、灌缝后袋布	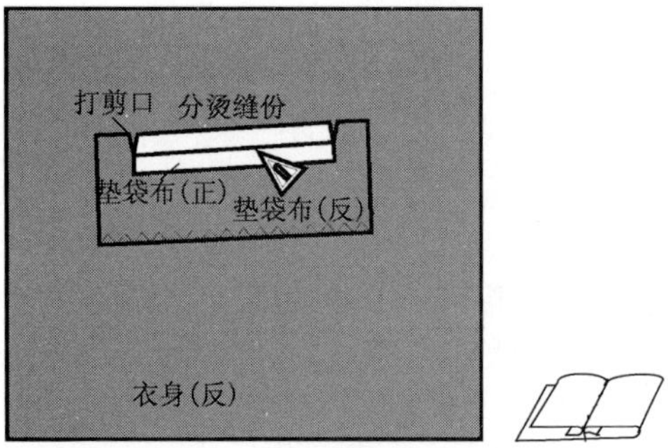 （a） 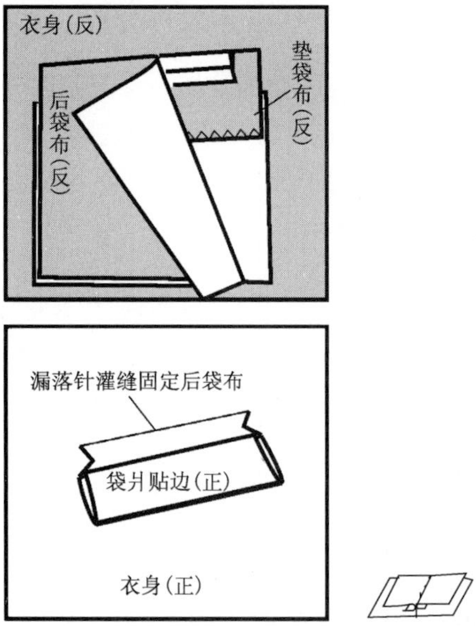 打剪口　分烫缝份 垫袋布（正）垫袋布（反） 衣身（反） 衣身（反）、垫袋布（反）、后袋布（反） 漏落针灌缝固定后袋布 袋片贴边（正） 衣身（正） （b）	14	熨斗、单针平缝机	a.分烫垫袋布与衣身缝份 　b.将后袋布放在垫袋布下，位置摆正从正面沿垫袋布缝口灌缝将后袋布固定

续表

序号	工艺内容	工艺图示	针距密度 （针/3cm）	使用工具	缝制方法
6	分烫 缝份、 灌缝后 袋布	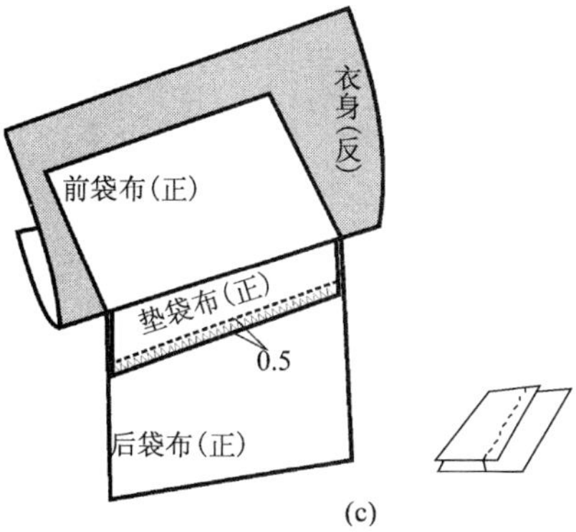 衣身（反） 前袋布（正） 垫袋布（正） 0.5 后袋布（正） (c)	14	熨斗、 单针 平缝机	c. 将垫袋布下口 缝合在后袋布上
7	分烫 缝份、 灌缝缝口	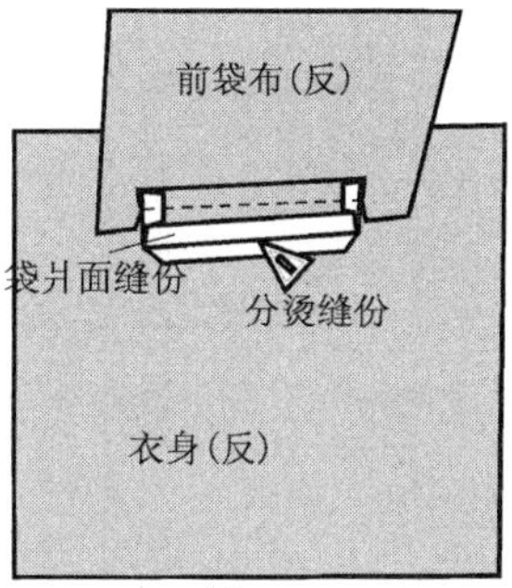 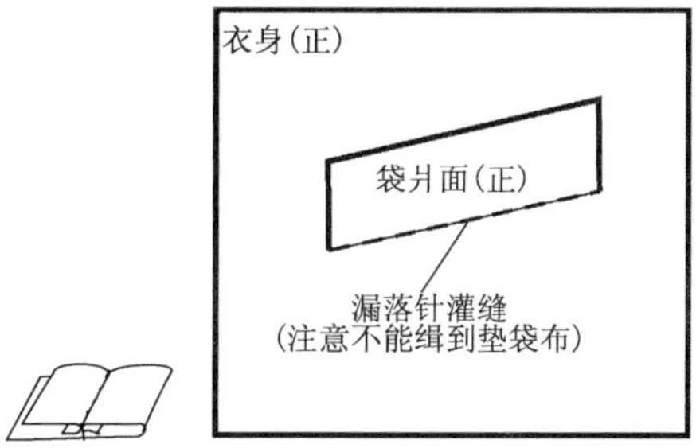 前袋布（反） 袋爿面缝份　分烫缝份 衣身（反） (a) 衣身（正） 袋爿面（正） 漏落针灌缝 （注意不能缉到垫袋布） (b)	14	熨斗、 单针 平缝机	a. 将袋爿面下口 缝份修薄，再与衣 身缝份分烫 b. 从正面沿袋爿 缝口灌缝，把袋爿 面、里和前袋布固 定在一起
8	钩缝 袋布	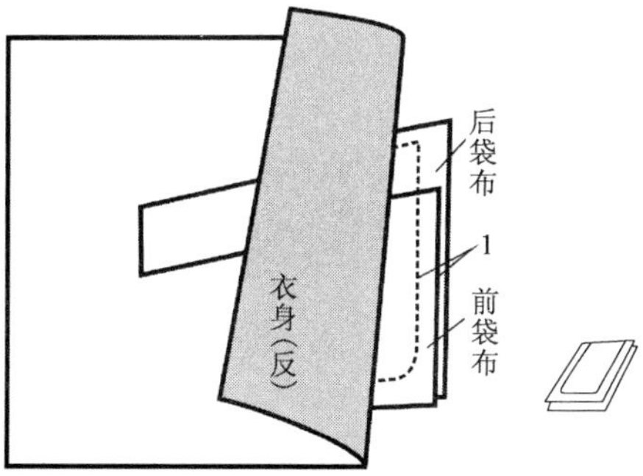 后袋布 1 前袋布 衣身（反）	14	单针 平缝机	掀起衣身，将前、 后袋布三边钩缝

续表

序号	工艺内容	工艺图示	针距密度（针/3cm）	使用工具	缝制方法
9	封定袋爿两端、整烫袋爿	缝定袋爿两端并整烫 缝制完成的手巾袋反面外观	14	熨斗、单针平缝机	将袋爿整理平服，袋爿两端机缝，起止针打1针倒回针。也可用手针星点缝将其缝定在衣身上，最后将袋爿整烫平服

（4）手巾袋爿对条方法如图8-37所示。

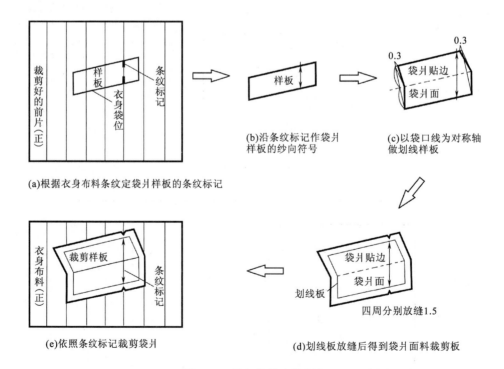

图8-37　手巾袋爿对条方法

2.夹袋盖双嵌线挖袋缝制

（1）夹袋盖双嵌线挖袋的外观特征如图 8-38 所示。

（2）裁片准备如图 8-39 所示。

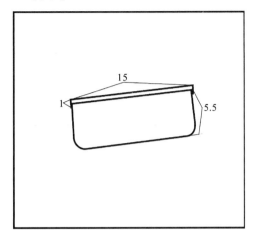

图8-38　夹袋盖双嵌线挖袋外观特征

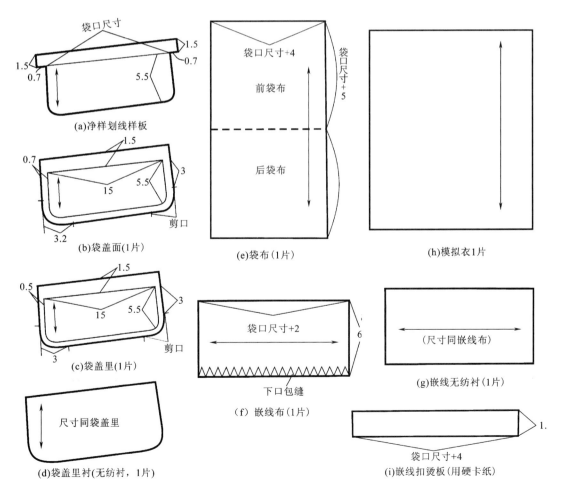

图8-39　裁片准备

（3）夹袋盖双嵌线挖袋工艺流程如图8-40所示。

图8-40　夹袋盖双嵌线挖袋工艺流程图

（4）夹袋盖双嵌线挖袋缝制方法见表8-5。

表 8-5　夹袋盖双嵌线挖袋缝制方法

序号	工艺内容	工艺图示	针距密度（针/3cm）	使用工具	缝制方法
1	嵌线粘衬、包缝下口			熨斗、三线色缝机	嵌线粘衬、包缝下口
2	扣烫嵌线	嵌线布（正）　袋口边粉线　扣烫板 2　1.9		熨斗、扣烫板	扣烫嵌线
3	袋盖里粘衬	净线		熨斗	袋盖里粘衬，划净缝线

续表

序号	工艺内容	工艺图示	针距密度（针/3cm）	使用工具	缝制方法
4	钩缝袋盖面与里	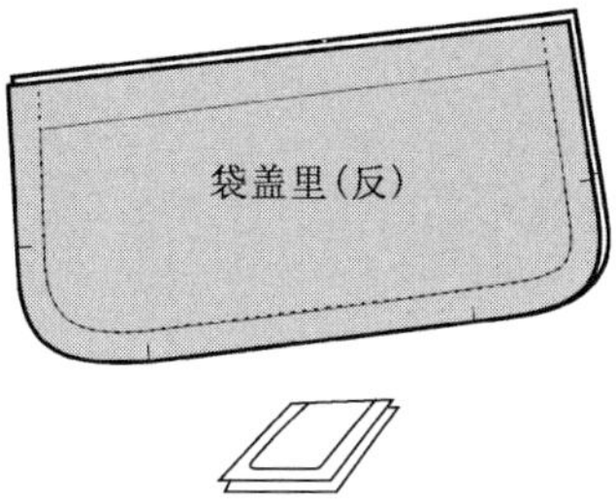 袋盖里（反）	14	单针平缝机	将袋盖面与里正面相对，对位点对准，毛边对齐，袋盖里在上，平缝钩缝
5	修剪缝份、翻出正面整理熨烫	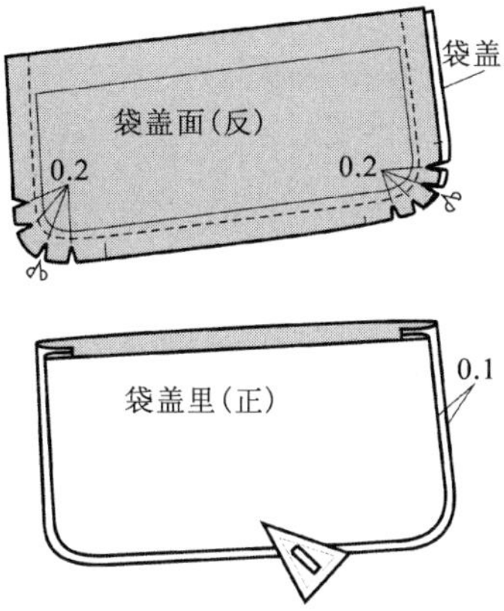 袋盖里 袋盖面（反） 0.2　0.2 袋盖里（正） 0.1		熨斗、剪刀	修剪缝份，翻出正面整理熨烫，袋盖正面划袋口位线
6	袋口反面粘衬	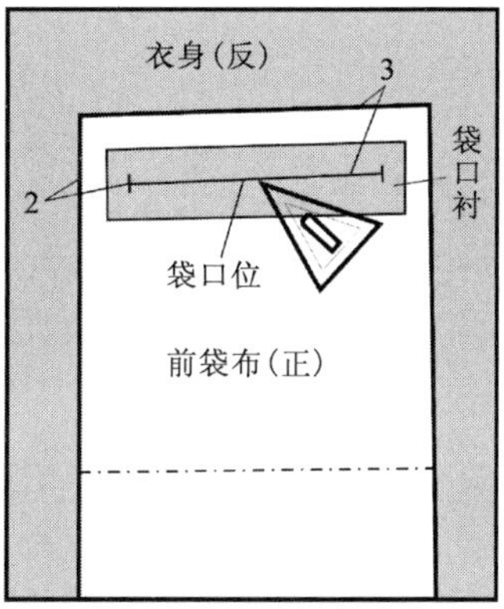 衣身（反） 3 2 袋口衬 袋口位 前袋布（正）		熨斗、单针平缝机	衣身正面划袋口线、袋口反面粘无纺衬 将前袋布按图示缝在衣身反面
7	绱缝嵌线	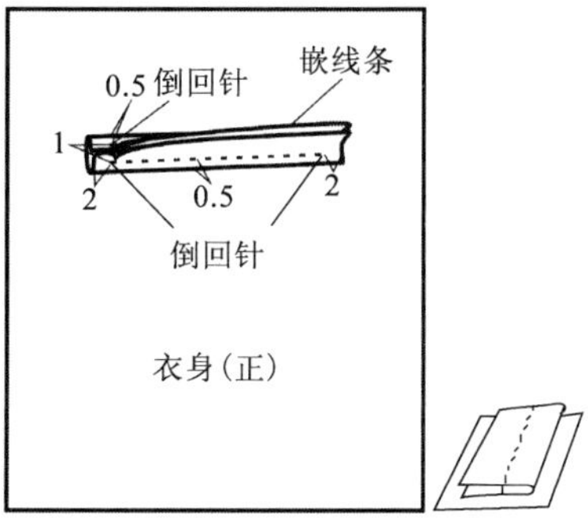 0.5 倒回针　嵌线条 1 2　0.5　2 倒回针 衣身（正）	14	单针平缝机	按图示将嵌线两止口绱缝在衣身上，起止针倒回针

续表

序号	工艺内容	工艺图示	针距密度（针/3cm）	使用工具	缝制方法
8	剪袋口	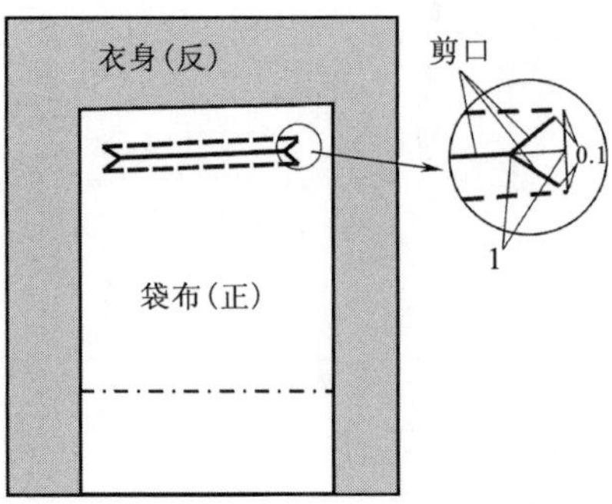 衣身（反）　剪口　0.1　1　袋布（正）		剪刀	先检查嵌线缉缝合适与否，然后在衣身反面按图示将袋口剪开
9	翻嵌线整理熨烫	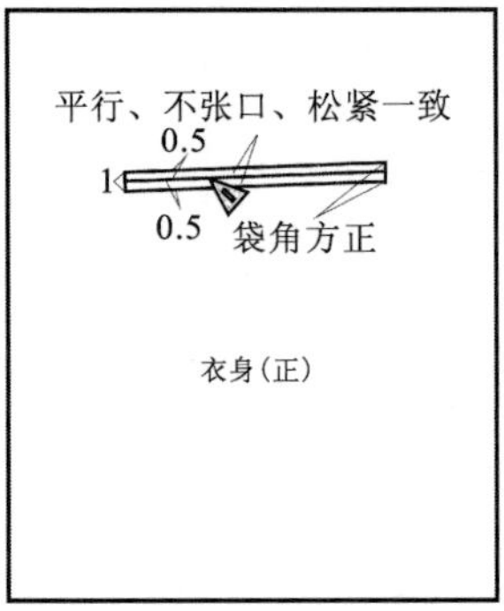 平行、不张口、松紧一致　0.5　1　0.5　袋角方正　衣身（正）		熨斗	将嵌线毛边翻到反面，按图示整理熨烫平服
10	嵌线下口与前袋布缝合	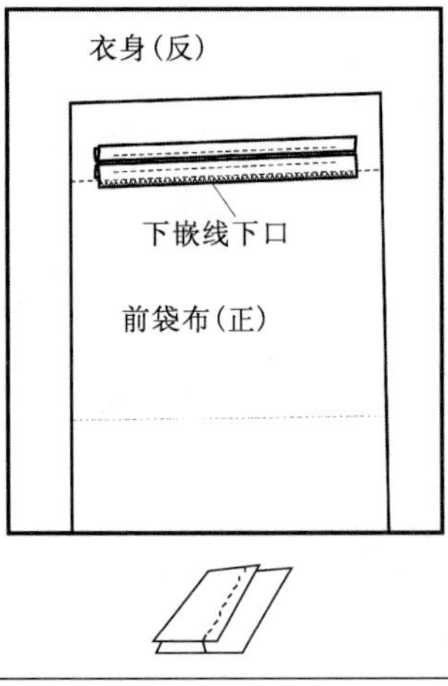 衣身（反）　下嵌线下口　前袋布（正）	14	单针平缝机	将下嵌线下口包缝边与前袋布缝定

续表

序号	工艺内容	工艺图示	针距密度（针/3cm）	使用工具	缝制方法
11	缝定袋盖、缝合后袋布、钩缝前后袋布	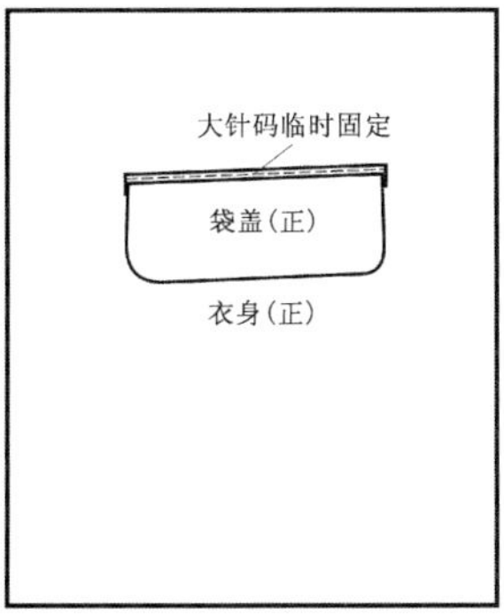 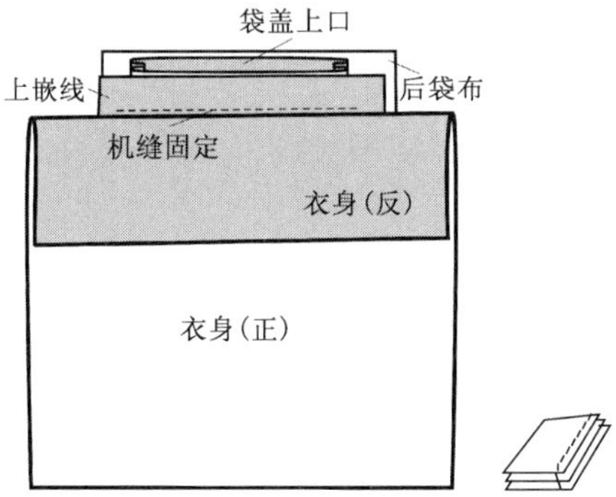 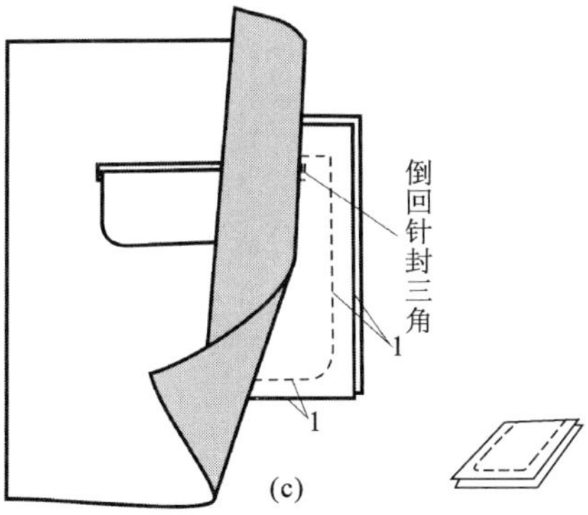 大针码临时固定 袋盖（正） 衣身（正） (a) 袋盖上口 上嵌线 后袋布 机缝固定 衣身（反） 衣身（正） (b) 倒回针封三角 1 1 (c)	14	单针平缝机、熨斗	a.将袋盖正面朝外，袋口线与上嵌线止口对齐，夹放在上、下嵌线之间，大针码在上嵌线上临时缝定 b.掀起衣身露出上嵌线缝份，将后袋布上口、袋盖上口、嵌线上口对齐、按图示位置机缝固定 c.顺势倒回针缝定袋口两边的三角与袋布和嵌线，然后钩缝前、后袋布其余三边 最后整理熨烫袋盖正面

（5）夹袋盖双嵌线挖袋对条方法如图 8-41 所示。

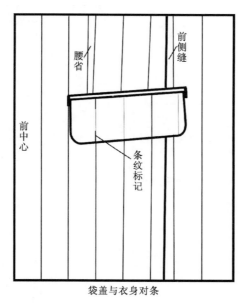

袋盖与衣身对条

图8-41　夹袋盖双嵌线挖袋对条方法

☆如按设计衣身和袋盖的条纹无法对齐时，只需对齐前中心处的
条纹即可

3.三角袋盖双嵌线内大袋缝制

（1）三角袋盖双嵌线内大袋的外观特征如图 8-42 所示。

（2）裁片准备如图 8-43 所示。

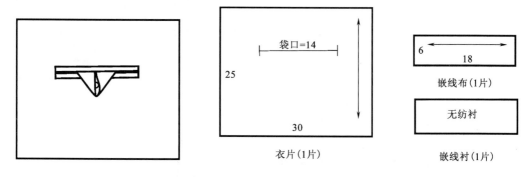

图8-42　三角袋盖双嵌线内大袋外观特征

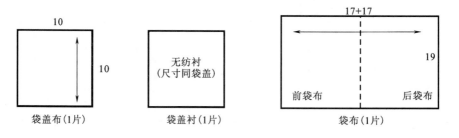

图8-43　裁片准备

（3）三角袋盖缝制方法：该袋属于带盖双嵌线挖袋类，所以，其缝制工艺与夹袋盖双嵌线挖袋基本相同，只是袋盖的裁剪和制作方法稍有不同，三角袋盖的制作方法如图8-44所示。

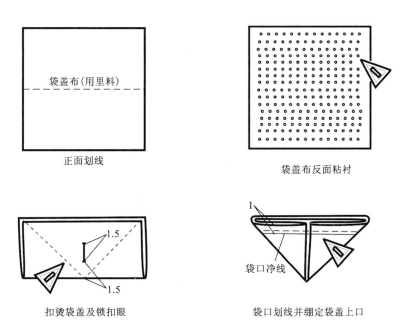

图8-44　三角袋盖制作方法

七、男西装假缝试样

假缝是指为了后续试样而用坯布或实物面料按一定的程序和方法将衣片缝合起来的做法。缝合可采用手缝或机缝，也可采用两者相结合的方法进行。但机缝针距密度要比一般机缝小，取 6~8 针 /3cm。

1.假缝工艺流程（图8-45）

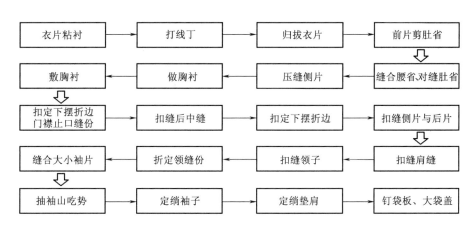

图8-45　假缝工艺流程图

2.衣片粘衬

根据配衬要求，将需要粘衬的部位粘衬，如图 8-46 所示。

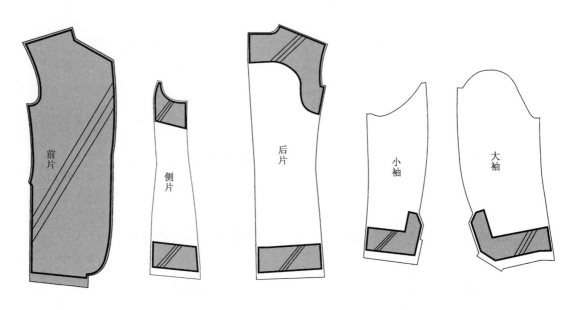

图8-46　衣片粘衬

3.打线丁与归拔

衣片需要打线丁和归拔的部位如图 8-47 所示。

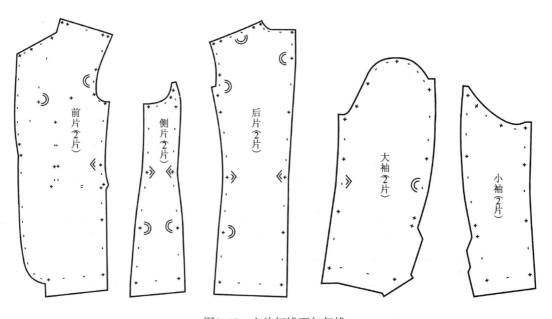

图8-47　衣片打线丁与归拔

4.假缝步骤

（1）前片合省缝压缝侧片：如图 8-48 所示。先剪开肚省，再合缝腰省，再按图示压缝侧片。

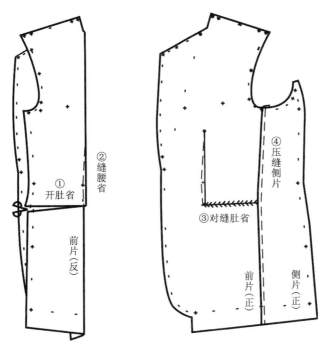

图8-48　前片合省缝

（2）做胸衬与敷胸衬：胸衬由挺胸衬、胸绒、盖肩衬组成，其中挺胸衬需要收胸省、开肩省，经过归拔后与胸绒、盖肩衬绗缝固定（图 8-49）。做好的胸衬置于前衣片反面，胸绒朝上，胸衬与衣片的位置关系如图 8-50 所示；用熨斗将胸衬的驳口牵条衬粘在衣片上，然后衣片正面朝上，下面垫一扁圆的物体，使胸部呈现出立体状态，也使得胸衬与衣片紧密贴合；敷衬需要缝五道线，从肩缝下 10cm 距驳口线 3cm 处开始，用棉线绷缝第一道线，从胸中部绷缝第二道线，依次第三道线、第四道线、第五道线。绷缝时，注意将衣片向驳口线与串口线交点方向拉出一些，使肩部平挺。

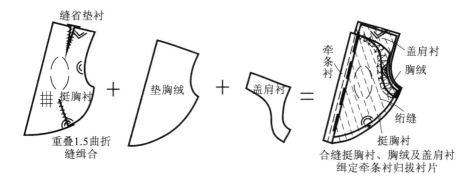

图8-49　做胸衬

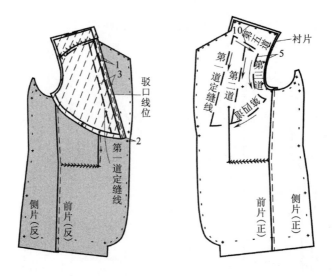

图8-50 敷胸衬

（3）扣缝衣身：如图 8-51 所示。

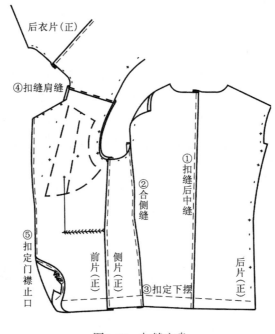

图8-51 扣缝衣身

（4）绱领：如图 8-52 所示。

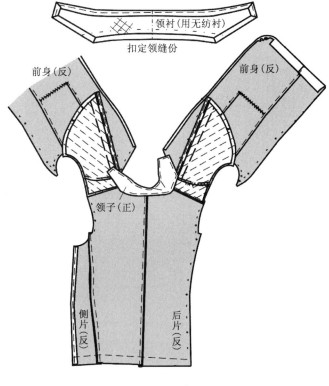

图8-52 绱领

（5）做袖：如图 8-53 所示。

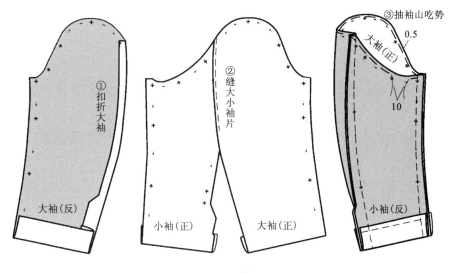

图8-53 做袖

（6）装垫肩：如图 8-54 所示。

（7）绱袖、缝钉口袋：如图 8-55 所示，完成假缝。

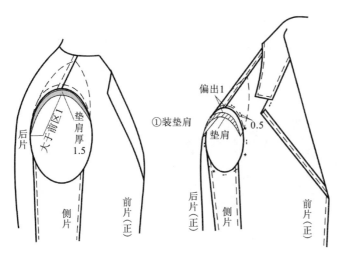

图8-54　装垫肩　　　　　　　　　　图8-55　绱袖、缝钉口袋

5.试穿与弊病纠正

（1）试穿条件：试穿对象应与制板时设定的号型标准和体型相同或相近；内穿衬衫，也可加穿一件薄型无领毛衫或马甲；也可选用符合上述要求的人台试穿。

（2）观察试穿效果：

①静态观察：从正面观察领、驳头、肩、胸、门襟及下摆；背部观察后领、肩、背部、腰臀部及下摆，最后观察侧部的袖窿底、侧部腰、臀部及下摆。

②动态观察：袖子在不同上举情况下的衣袖与衣身的状态变化及活动时舒适感；手臂在不同前摆和后摆动时衣身与衣袖状态变化与穿着者在活动时的舒适感。

（3）发现弊病、成因分析和修正措施：

服装弊病有许多表现特征，但大多是以不正常的皱纹形式出现的，我们不妨称其为皱纹性弊病。何为皱纹弊病？服装过肥、过宽会产生竖直状线性皱纹，面料轻薄也会产生各种自然皱纹，人体正常活动会产生各种动态皱纹。有意设计的各种褶裥、皱缩、波浪也可看成是工艺性皱纹。对上述皱纹，谁也不会认为它们是弊病。但对于合体、平挺的西装，在一些醒目的部位如出现几条静态皱纹，必然会引起人们视觉上的不适感，有的会引起穿着者生理上不适感。这就不能不说是弊病了。所以我们可以得出：在服装的各个部位中，凡是除了宽松过度、运动和设计需要等以外因素产生的服装皱纹均称为皱纹性弊病。

①弊病皱纹的分类及成因分析：根据皱纹特征不同将其分成两类。一类是在服装上呈现一条或若干条具有相同方向的线性皱纹，这类弊病多发生在人体相对较平服的部位，如背中部、肩胸部等。如图8-56所示。另一类皱纹是由一部位点向四周延伸的辐射状皱纹。该类弊病多发生在与人体相应的突起或凹进区域的服装部位。如背高点区、侧腰部等。如图8-57所示。

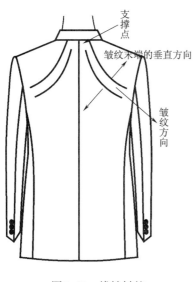

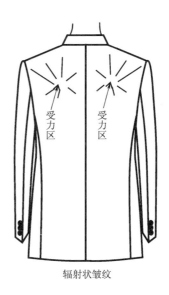

图8-56　线性皱纹　　　　　　　　　　图8-57　辐射状皱纹

②皱纹成因：第一类皱纹是由于皱纹方向的某部衣片长度可能短于其相应部位的人体表面长度或表明与皱纹相垂直的衣片某部长度可能长于其相应部位的人体表面长度。两者必居其一，也许两种可能同时存在。第二类弊病是由于衣片皱纹的辐射中心与相应部位人体表面形态不符，且弊病部位的放松量较少。

③弊病纠正：纠正原则是松则减小，紧则加大。关键是要找到弊病的紧或松的位置点或存在区。对于第一类皱纹弊病，要找出两个部位，一是皱纹与人体的接触部位，称为服装的受力区或支撑区，二是皱纹的末端。产生此类弊病可能是支撑点或受力点部位的衣片在皱纹方向长度不够，可通过加长该部位的长度进行修正，如修正后观察皱纹仍未消除，可能在衣片皱纹末端与其垂直方向尺寸过大，设法缩小该部位附近衣缝尺寸即可，当然也可能两个部位同时纠正方可达到理想效果。加长或缩短量要以起皱程度而定。是否合适要通过试穿观察皱纹消失，外观平服为标准。如图 8-58 所示。

对于第二类皱纹弊病，可按两种情况解决。

一是如受力区在人体的球面部位，则在皱纹末端的衣缝加大省量或施以归烫手段。如图 8-59 所示。

二是若服装皱纹的受力区是在人体的双曲面部位，则在双曲面附近的衣缝施以拔烫或增大该部位的松量。如图 8-60 所示。

(4) 弊病实例分析

①衣身皱纹弊病：

A. 领肩部皱纹：如图 8-61 所示皱纹源于前片领肩处，向胸宽方向延伸。显然，皱纹

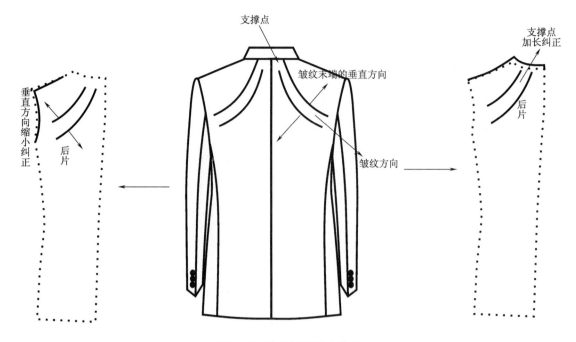

图8-58 线性皱纹弊病修正

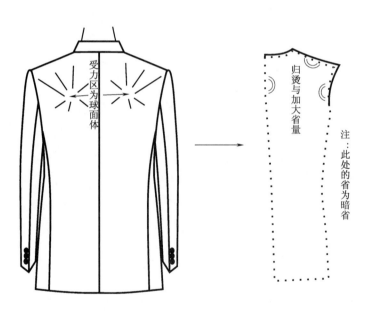

图8-59 辐射状皱纹弊病的修正（一）

的受力点是在领肩点附近区域。因此，可通过加长前衣片受力点处长度，具体即减小横领宽和抬高领肩点。如此处理还不理想可将与皱纹末端相垂直的肩点下落一定的量即可。

B. 侧身斜皱弊病：分两种情况纠正。若前侧身的皱纹涉及后身，可按图 8-62 所示方法纠正。若后身平服，则可按图 8-63 所示方法纠正。

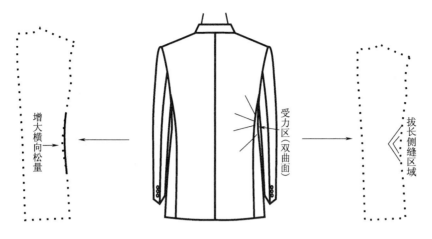

图8-60 辐射状皱纹弊病的修正（二）

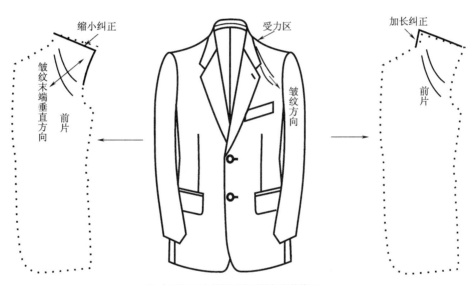

注：与领口配合的领子也要做相应的修正

图8-61 领肩部皱纹弊病的修正

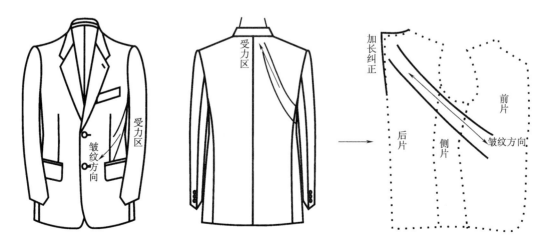

图8-62 侧身皱纹弊病修正（一）

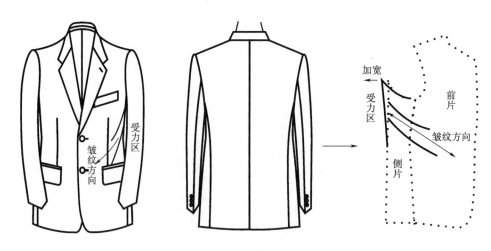

图8-63　侧身皱纹弊病修正（二）

C. 袖窿底部斜皱：该皱纹的特征是鼓起而集中，很显然是由于受人体臂根部的压迫堆积而成。纠正的方法是适当减小皱纹垂直方向的长度，如图 8-64 所示。

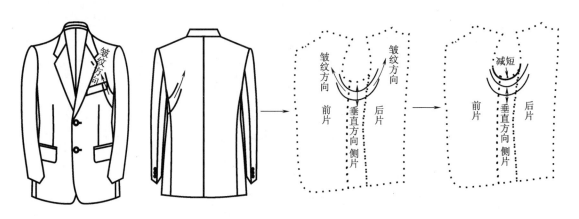

图8-64　袖窿底部皱纹弊病修正

D. 后肩横皱纹：该皱纹显然是由于横向长度不足引起。纠正的方法当然是增大该方向的长度。同时也可适当减小其垂直方向的长度。如图 8-65 所示。

②袖子弊病纠正：

A. 袖位偏前：袖位偏前会出现图 8-66 所示的皱纹弊病。纠正方法如图 8-66 所示。

B. 袖位偏后：袖位偏后会出现如图 8-67 所示的皱纹弊病。纠正方法如图 8-67 所示。

C. 袖山过高：袖山过高会在大袖的袖山区出现如图 8-68 所示的皱纹弊病。纠正方法如图 8-68 所示。

D. 袖山过低：袖山过低会在大袖的袖山区出现如图 8-69 所示的皱纹弊病。纠正方法如图 8-69 所示。

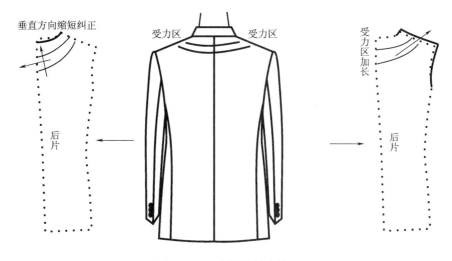

图8-65 后肩皱纹弊病修正

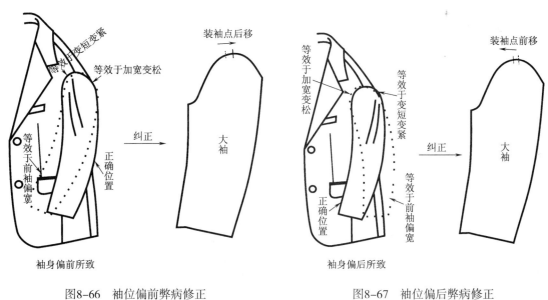

图8-66 袖位偏前弊病修正

图8-67 袖位偏后弊病修正

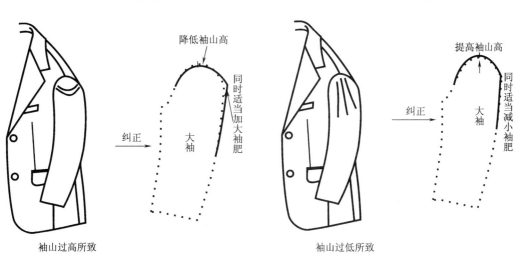

图8-68 袖山过高弊病修正

图8-69 袖山过低弊病修正

③领子弊病：

A. 后领起吊：该弊病特点是后领上抬使得领底缝露出，领翻折线高于领原翻折线。很显然，其是由于翻领外口过短而导致的。纠正的方法当然是加长领外口长度，领底线、领翻折线长度基本不变。如图 8-70 所示。

图8-70　后领起吊弊病修正

B. 后领下垂：该弊病的特点是后领外口下垂，使得领的翻折位低于领原翻折线且形成下弯状态。其是由于领外口过长而导致的。纠正方法是缩短领外口长度，适当减小翻折线长。如图 8-71 所示。

图8-71　后领下垂弊病修正

C. 领贴脖：该弊病的特点是在肩缝部位领翻折线贴脖过紧。引起原因是前后横领宽偏小。修正方法适当加宽前后横领宽，相应加大领底线和领翻折线。如图 8-72 所示。

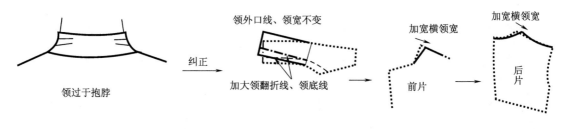

图8-72　领贴脖弊病修正

D. 领子离脖过远：此类弊病特征是在肩缝处领离脖距离过大。原因是翻折线过长，前后横领宽过大。纠正方法是减小领翻折线长度和横领宽宽度，同时相应改变领底线及对位点。如图 8-73 所示。

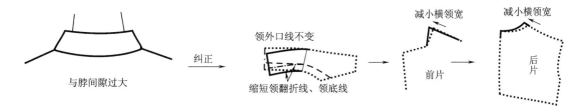

图8-73 领离脖过远弊病修正

在具体纠正弊病时，究竟是选择单纯增大还是单纯减小的方法，或是两种方法兼用，要由具体情况和试穿结果而定。此外，在遇到多种弊病共存时，纠正时掌握以下原则："各个击破"，其中，当弊病有轻重之分时，应按"先重后轻"的顺序进行；当弊病部位有上下之分时，应按"自上而下"顺序进行；因为纠正上部弊病往往兼有消除下部弊病之功效。

根据皱纹弊病的定义，由横向松量过小而引起的水平皱纹，由左右或前后不平衡引起的起吊，或下垂现象，都可以认为是皱纹弊病，对于发生在止口部位的搅盖或豁口现象，也可理解为皱纹弊病。事实上，将搅盖的左右两边连通即变为起吊，将豁口的左右两边连通即变为下垂。由于篇幅所限，这里不可能将所有服装弊病一一列举。重要的是弄明白弊病的起因和纠正原理，遇到类似弊病就好解决。

八、男西装缝制工艺

1.工艺板的制作

在西装成衣生产中，为使每一批产品保持各档规格的正确性和外形的一致性，除了必须使用正确的裁剪样板外，还需要使用各种工艺样板，以利于在缝制过程中对衣片或半成品的某些关键部位进行衡量、比照、控制。工艺样板按用途不同分以下几种。

（1）修正样板：指对变形后的衣片依照裁剪样板的全部或局部形状进行修正的一种工艺板。主要用于变形后衣片丝缕或条格严重歪斜的衣片。为保证经纬丝缕或条格归正的衣片仍符合规格尺寸及回复原有形状，在划样裁剪时，可视丝缕可能歪斜的程度，在衣片周围做相应放大，以便有一个修正余地。一般有整片修正和局部修正两种方法。整片修正样板与相应部件的裁剪样板完全一致；局部修正样板则是取裁剪样板的某个要修正的部位，如领口和袖窿部位或袖山弧线部位等。

（2）定形样板：指在缝制过程中，对某些重要且较小的部件外形、规格进行严格控制的一种工艺样板，这些样板都是净板。它主要用于领子、袖克夫、口袋等零部件。其又可分为划线板、缉线板和扣烫板。

①划线板：常用于止口翻边部位，使用时在毛样的止口部位按定形样板勾画净样止口线，以此作为缉暗线的线路。一般主要有：驳头门襟划线板（图8-74）、翻领划线板（图8-75）、袋盖划线板（图8-76）。由于划线板使用频繁，故宜用不易变形且又耐用的260g左右的裱卡纸。

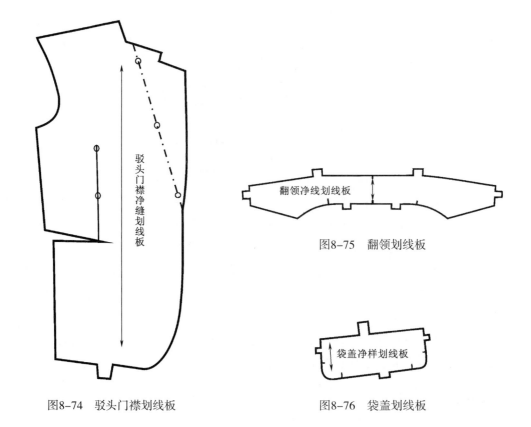

图8-74 驳头门襟划线板

图8-75 翻领划线板

图8-76 袋盖划线板

②扣烫板：主要用于止口部位单缉明线或对止口、形状和尺寸要求高的部件，如贴袋、嵌线、手巾袋等。使用时将烫板放在衣片部件中间，四周留有所需的缝份，然后用熨斗将这些缝份向烫板方向折光，扣倒并烫煞，以充分保证同一产品规格形状、大小的一致。

由于烫板使用时要受到摩擦，水蒸气热量、重压及频繁使用等因素作用，极易损坏，其材料宜选用不易变形的薄铁片或薄铜片。

（3）定位样板：指用来在半成品或基本成品中确定某些如袋位、扣眼位、省位等重要位置的样板。主要用于不易钻眼衣料产品或外观质量要求很高的高档产品。定位样板实际上取自裁剪样板上某一局部形状，有净样板和毛样板两种。对于衣片或半成品中的定位往往使用毛样板，如袋位、省位定位板（图 8-77、图 8-78）等。对于成品中的定位往往使用净样板，如扣眼定位板（图 8-79）等。

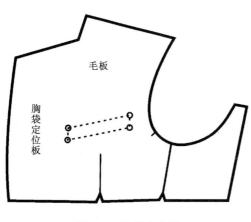

图8-77 胸袋定位板

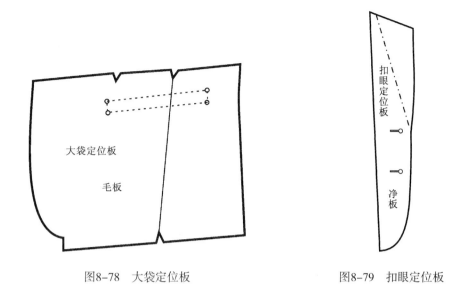

图8-78　大袋定位板　　　　　　　　　　　图8-79　扣眼定位板

定位样板一般多选用裱卡纸或黄板纸。

2.工艺流程

男西装制作各阶段工艺流程。

（1）设计技术部：男西装无论是以自主品牌方式，还是以OEM（贴牌）的方式（与世界著名服装公司合作），或者是外加工的方式进行生产，在设计技术部都要完成如图8-80所示的工作。

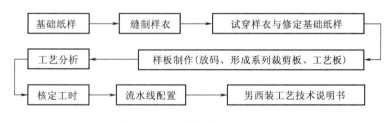

图8-80　设计技术部工艺流程

"男西装工艺技术说明书"和"样衣"确定后，由设计技术部负责落实与辅导，产品生产从裁剪车间开始。

（2）裁剪车间：裁剪车间主要是完成男西装各类衣片的裁剪工作。在衣片的裁剪过程中要重点做好以下几方面工作。

①以"男西装工艺技术说明书"为依据，核对各款各色男西装生产的数量，检查各类裁剪样板的型号、数量是否与工艺书相符。

②批量裁剪的排料，也称"划皮"，即表面一层。它是按男西装的型号、颜色和数量来排料，确定其用料。根据用料的长短，才能进行"铺布"（这个环节目前许多有条件的

服装公司是由 CAD/CAM 来完成）。

③西装材料的预处理，包括面、里料在"验布机"上进行检验，称"验布"；把面料、里料和辅料在"预缩机"里进行预缩处理，防止变形（主要是选用天然纤维制成的服装面料或含有较多天然纤维的混纺面料）。

④开裁前务必进行检查与复核衣片和部件的号型、数量、丝缕方向、倒顺及对称性；开裁后分清是否能用打孔机来钻眼。男西装面料、里料和辅料裁片在裁剪车间完成后，只有通过检验后方可由缝制车间领取生产。

裁剪车间的具体操作流程如图 8-81 所示，男西装单件裁剪排料图参见图 8-32。

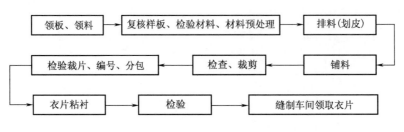

图8-81　裁剪车间操作流程

（3）缝制车间：缝制车间是服装制作与生产的中心，它是以"小组"为单位，大多是以"流水线"的形式来进行服装制作。流水线各工位的配置可按"男西装工艺技术说明书"来安排，并结合本小组员工的专业水平和能力大小，以及男西装的重点、难点工序，进行科学、合理地分工，使男西装的制作能够高效、有序、保质、保量地进行生产（图 8-82）。

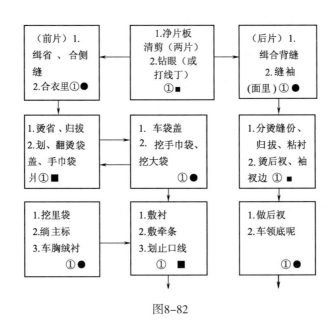

图8-82

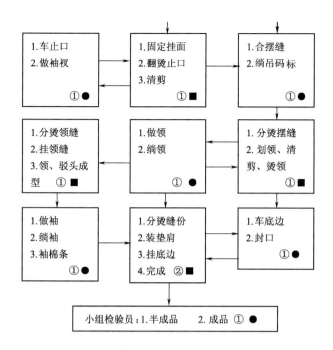

图8-82 车间小组的缝制工艺流程
●—车缝工 ■—案板工 ①—1人 ②—2人

图 8-82 为车间小组的缝制工艺流程图，是按 20 名员工和 1 名小组检验员标准设定的，其中包括一名小组长无固定工位，属机动人员。小组的工序和分工是小组长依据"男西装工艺技术说明书"来实施，其基本原则是达到产品制作过程的顺畅性、高效性。

小组完成男西装成品后，产品便进入下一个制作环节，即后段车间，简称尾段。

（4）后段车间：在后段车间里，将男西装成品进行后续的加工工艺，主要有锁眼、钉扣、手工、整烫、总检、包装和入库等工序，如图 8-83 所示。

图8-83 后段车间工艺流程

九、男西装缝制方法（表8-6）

表 8-6　男西装缝制方法

序号	工艺内容	工艺图示	针距密度（针/3cm）	使用工具	缝制方法
1	衣片粘衬	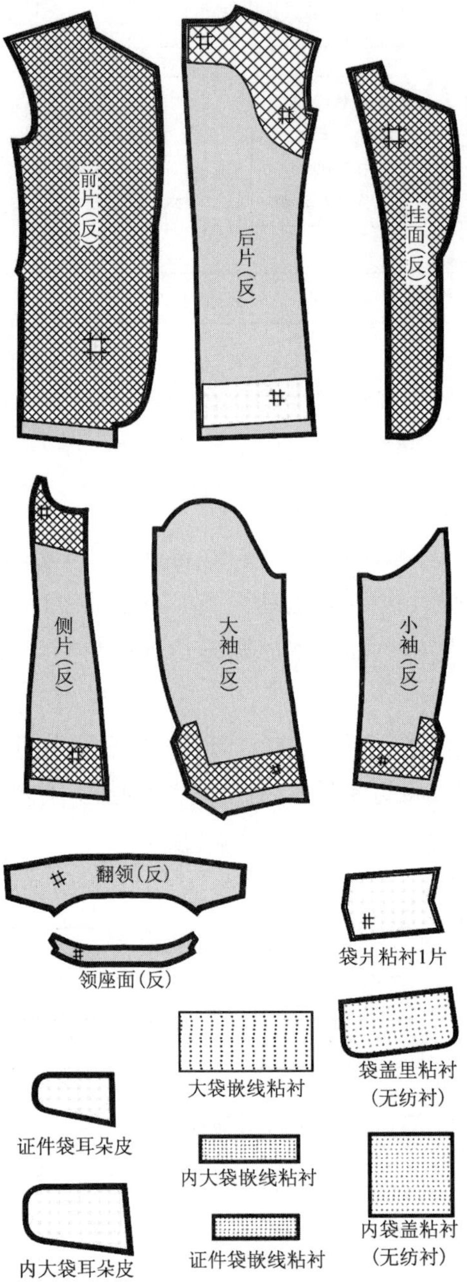 前片（反）　后片（反）　挂面（反） 侧片（反）　大袖（反）　小袖（反） 翻领（反） 领座面（反） 袋牙粘衬1片 大袋嵌线粘衬 袋盖里粘衬（无纺衬） 证件袋耳朵皮 内大袋嵌线粘衬 内袋盖粘衬（无纺衬） 内大袋耳朵皮　证件袋嵌线粘衬		黏合机、熨斗	面料和黏合衬分别用各自的裁剪样板裁出裁片（黏合衬比面料裁片四周小0.5cm） 按照面料裁片在下、黏合衬在上，依次送进黏合机的传送带（一般方向相对），也可用熨斗先将衬固定后，再用黏合机粘合 若手工粘衬，熨斗先从衣片中心开始，然后向四周辐射进行粘衬

续表

序号	工艺内容	工艺图示	针距密度（针/3cm）	使用工具	缝制方法
2	清剪前片、钻眼（定净缝、定位点）	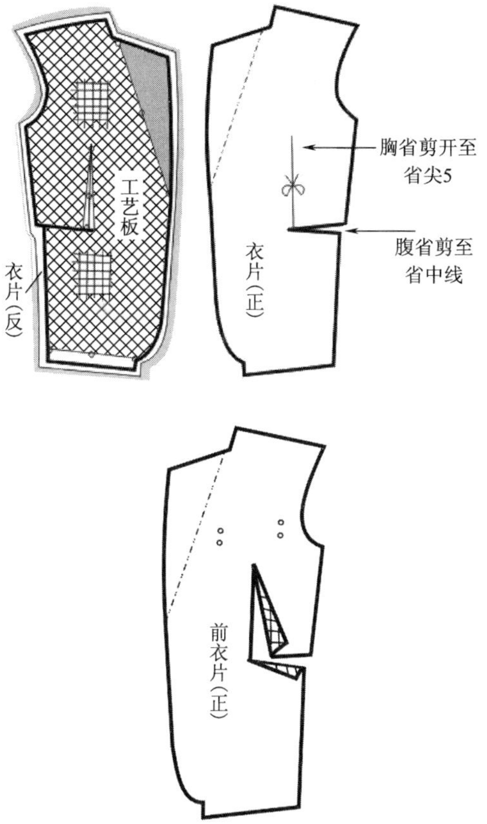 胸省剪开至省尖5 腹省剪至省中线		净片工艺板、定位板、铅笔（白蜡笔）或手缝针	以净片工艺板为依据清剪各裁片（一般对称两片叠在一起剪），用定位板标出部位的线和点 钻眼部位：翻折线、手巾袋位、省位、扣位、腰节线、底边线。也可用打线丁的形式，打线丁不必过多，标记出关键部位和点即可，线脚不宜过长 剪掉腹省量，并剪开胸省
3	缉省、缝合侧片	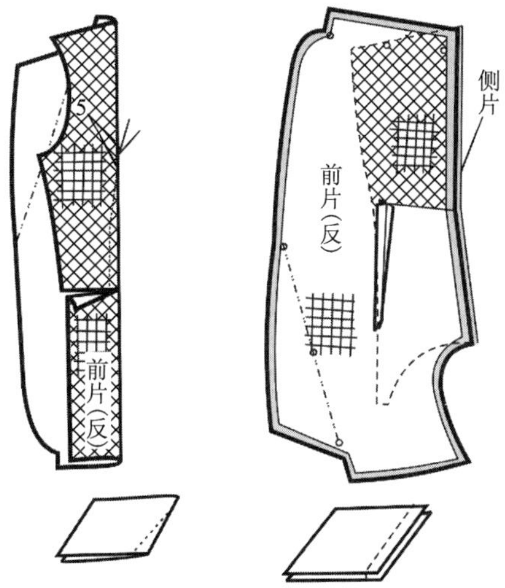	14	单针平缝机	缉胸省：将衣片沿省中线折叠，从省尖方向高于省尖5针处起针，沿省缝线缉省。要缉缝顺直、省尖缉尖且不能倒回针 缝合侧片：缝合时，侧片在下，与前片正面相对，中腰点对准，肚省拼齐缝缉 注意，如果面料薄，可以不剪开胸省，但缉省时要垫一块本色斜纱布料车省，以增加牢度

序号	工艺内容	工艺图示	针距密度（针/3cm）	使用工具	缝制方法
4	分烫前身省缝、粘袋口衬、定袋位	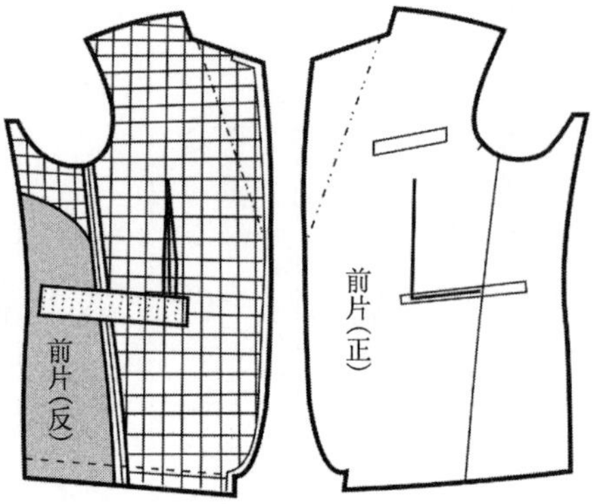		熨斗、白蜡笔	分烫省缝、侧缝。缝份烫平，省尖要烫平服、不起泡（可稍归拔） 袋口反面粘薄无纺衬 在衣片正面用白蜡笔、袋位板核准袋位点，划出大袋、手巾袋位
5	开大袋（人工挖袋）	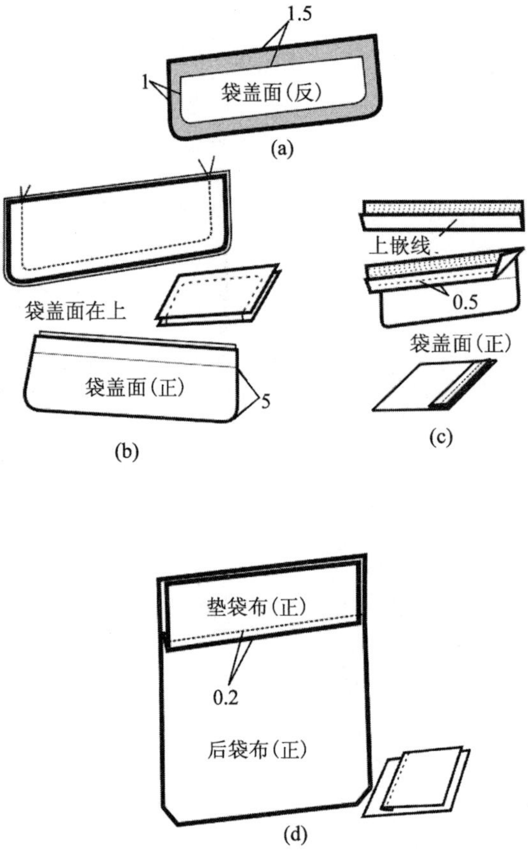	14	单针平缝机、剪刀	a. 将袋盖面用净样板（工艺板）划净样线后，按图示修剪缝份，两侧打剪口将袋盖里修成三边比袋盖面小0.3cm b. 袋盖面在上，面、里正面相对，毛边对齐钩缉袋盖。缉缝时，使袋盖面有里外容量，即袋盖成形后，袋盖角有窝势不反翘。然后将袋盖缝份修成梯状后翻出正面，进行熨烫，要烫出里外匀，止口不能反吐。最后在袋盖面按图示划嵌线定位线 c. 扣烫上嵌线条。然后按图示将嵌线条止口与定位线对齐，缉在袋盖正面，宽度0.5cm。该线迹即为缉袋盖的车缝线 d. 将垫袋布扣缝在后袋布袋口位，止口0.2cm

序号	工艺内容	工艺图示	针距密度（针/3cm）	使用工具	缝制方法
5	开大袋（人工挖袋）	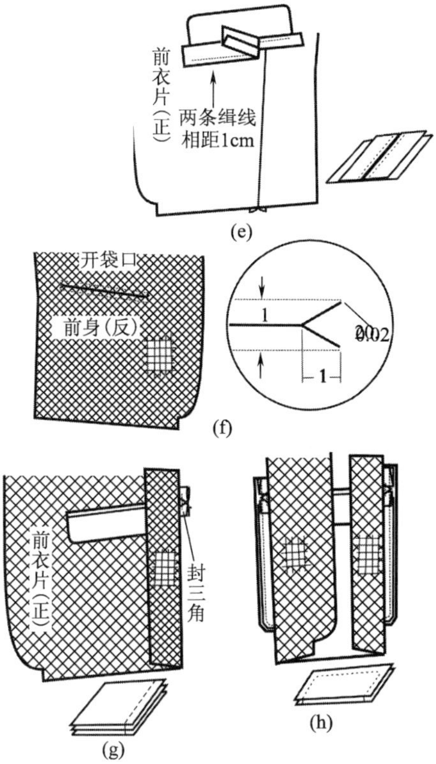 （e） （f） （g）　（h）			e. 缉袋盖和缉下嵌线条，两条缉线相距1cm，缉线长相等，缉缝在袋位处。起止针要倒回针 f. 开袋口，袋口两端剪成"Y"形，距缉线回针顶点0.02cm止，形成两端袋口1cm小正三角 g. 将上、下嵌线条两端及三角翻到袋口反面，然后车缝固定三角和嵌线条两端，即封三角 h. 缉前、后袋布，兜缉袋布，最后封袋口成形 目前，部分企业中挖大袋是用开袋机来完成缉嵌线条工序，然后由人工缉袋布从而完成口袋制作
6	挖手巾袋	图略	14	单针平缝机、熨斗、剪刀	参见本章"部件缝制工艺"中的"手巾袋缝制"内容

续表

序号	工艺内容	工艺图示	针距密度（针/3cm）	使用工具	缝制方法
7	挖里袋、绱主标	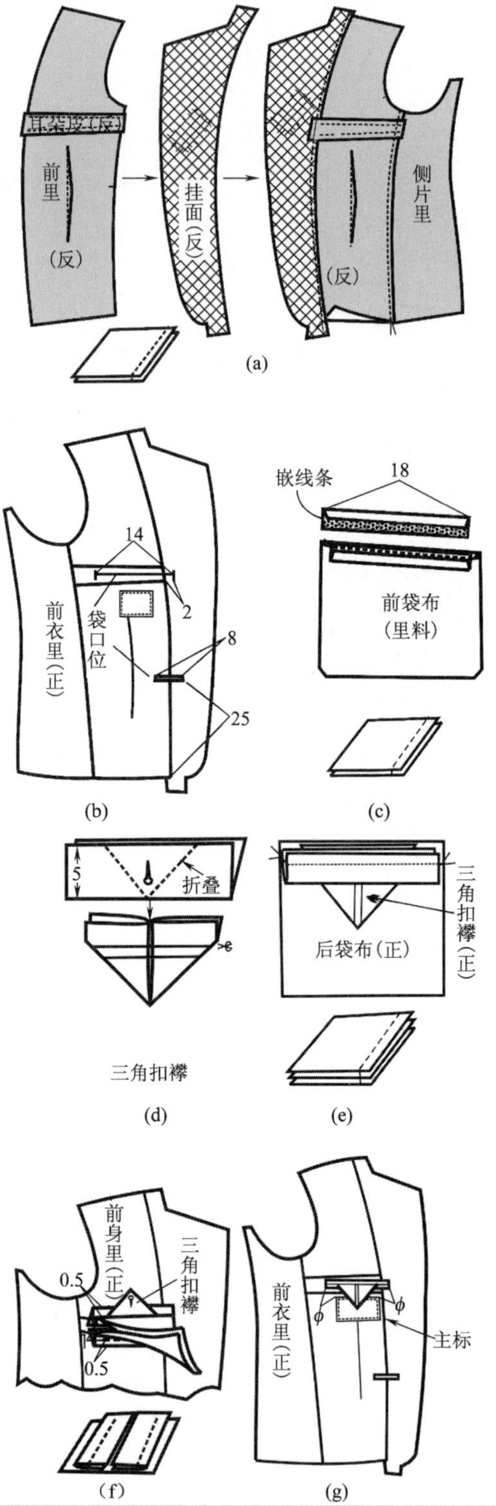	14	单针平缝机	a. 拼合耳朵皮，前片衣里设有耳朵皮，以增加口袋的牢固度；然后绱省；再依次与挂面和侧片缝合；最后向侧片方向倒烫缝份、省缝。但耳朵皮与挂面的缝份需打剪口分烫 b. 按工艺板在正面画出里大袋位、证件袋位，在挖袋前将主标车在左侧里袋下口附近 c. 将嵌线条粘无纺衬后扣烫，然后将下嵌线绱缝在前袋布上口位置 d. 做三角扣襻，将扣襻布反面粘无纺衬后对折，然后按图示锁眼，之后按图示再次折叠扣烫，最后按图示修剪扣襻上口缝份 e. 将三角扣襻夹在嵌线与袋布之间一起缝合 f. 挖双嵌线的里袋（方法同大袋） g. 完成图 注意，里袋的形式较多，这里的里袋嵌线条设计为采用面料，也可用里料做嵌线条

续表

序号	工艺内容	工艺图示	针距密度（针/3cm）	使用工具	缝制方法
8	做组合胸衬	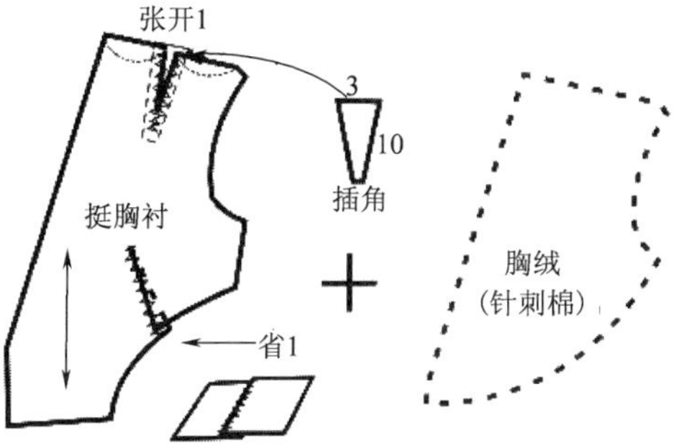 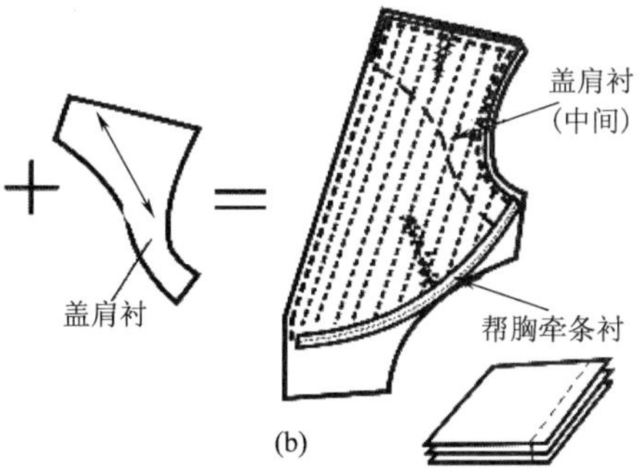 张开1 挺胸衬 省1 插角 3 10 胸绒（针刺棉） (a) 盖肩衬 盖肩衬（中间） 帮胸牵条衬 (b)	10	曲折缝机（多功能机、单针平缝机）、布馒头	a.挺胸衬收胸省、拼插角：挺胸衬用毛衬（或黑炭衬），先按图示位置剪开胸省和插角口，将胸省口重叠1cm，用曲折缝机搭缝。再将插角片垫于插角口下，将上口拉开1cm，用曲折缝机（或多功能机）将它们搭缝在一起，之后将其置于布馒头上熨烫服帖 b.组合：将盖肩衬夹在挺胸衬和胸绒之间，胸绒在上，按图示用大针码绗缝，将三者合为一体，缝线间距3cm左右，绗缝时用手把衬掀起来，保持按挺胸衬熨好的窝势缝。然后放在布馒头上熨烫 最后将帮胸牵条衬（直纱）盖缝在胸绒的弧形下口上，缝时将牵条衬稍拉紧 目前"组合定型毛衬"在男西装制作工艺中应用广泛

序号	工艺内容	工艺图示	针距密度（针/3cm）	使用工具	缝制方法
9	敷胸衬	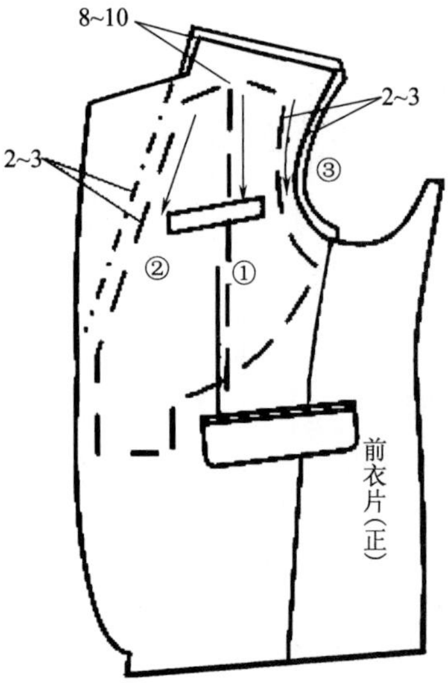	1/4cm、1/1cm	敷衬机（或手缝针）、布馒头	将前衣片正面朝下平放，胸衬绒面朝上放在前衣片上，衬的驳口线偏进前片驳口线上1cm、下1.5cm，肩部和袖窿部要大于前片1cm，然后翻过前片使其正面朝上，下垫布馒头，用手针单线绷缝敷衬。敷胸衬时窝势略向上，形成衣身略紧于胸衬之势，即形成面紧衬松，敷衬顺序是先中后边、先上后下 在反面用手针将袋布固定在衣片上，然后将衣片窝向衬面在布馒头上熨烫、定型 注意，有条件也可用敷衬机进行机械敷衬

续表

序号	工艺内容	工艺图示	针距密度（针/3cm）	使用工具	缝制方法
10	敷牵条	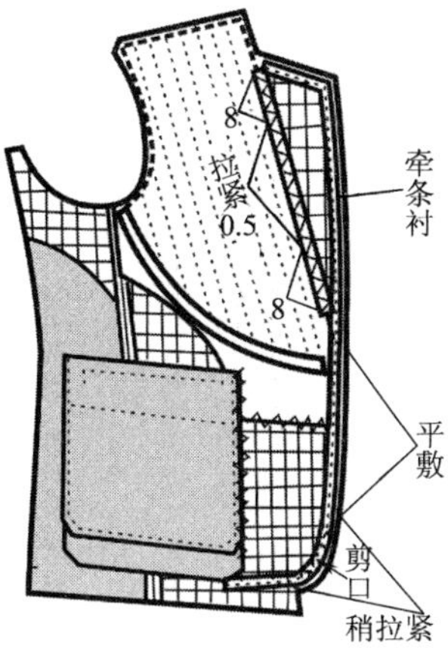		熨斗、手缝针	清剪胸衬头：将袖窿多余的衬修掉，肩缝处留0.5cm 敷驳口牵条衬：牵条用薄的直纱有纺黏合衬剪成2cm宽，一半宽盖住挺胸衬，敷时中部略拉紧。之后用三角针将其固定在衣身衬上，也可用缲边机固定 用铅笔按工艺板划出门襟及摆角止口净样线 粘止口牵条衬：采用1cm直丝牵条衬。先用缝纫机缝在止口缝份上，缝到驳头止口中部略拉紧，在驳头扣眼以下止口段平敷，摆角牵条稍敷紧，摆角处打几个剪口后用熨斗粘牢 用手针单线固定挺胸衬下端
11	合挂面	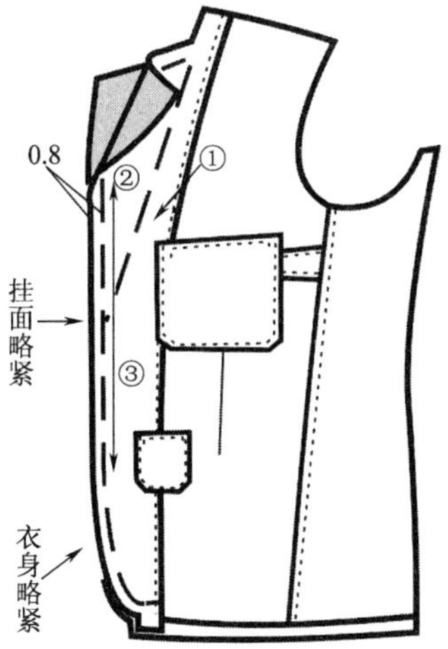	1/5cm	手缝针	绷定挂面：将挂面与前衣片正面相对，挂面在上，上下驳口线对齐，第一扣位以上挂面要比前衣片大出0.3cm，手针绷定。绷缝时，缝份0.5cm，先固定驳口线处，然后固定驳头边处，缝时挂面与衣片毛边对齐，这样可使驳头有必需的容量（窝势）；摆角附近挂面稍紧些，目的也是使摆角处衣身有一定的容量

序号	工艺内容	工艺图示	针距密度（针/3cm）	使用工具	缝制方法
12	车、定挂面	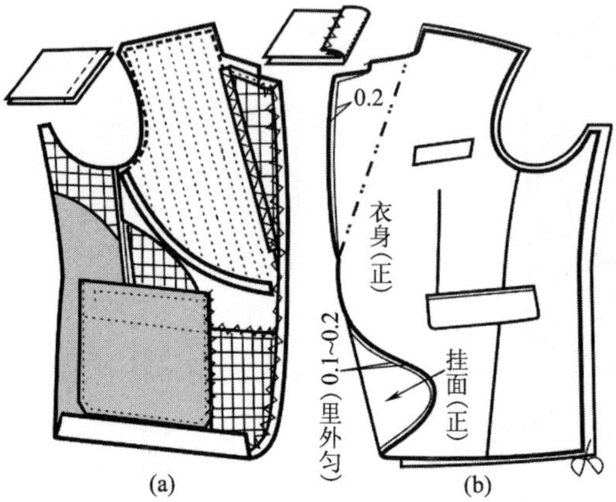 0.2 衣身（正） 0.1~0.2（里外匀） 挂面（正） (a)　(b)	14	单针平缝机、熨斗	a. 车缝挂面：衣面在上按止口净样划线车缝 扳止口：先将止口缝份修剪为梯形，即衣片缝份0.5cm，挂面缝份1cm，然后将缝份向衣身方向扣烫，最后用三角针将缝份固定在衣身上，称为扳止口。如有条件可使用切缝份机修缝份，用缲边机扳止口 b. 烫止口：将挂面正面翻出，整烫止口，达到烫煞、烫薄、烫顺、无反吐，驳口点以上挂面止口偏出（吐出）0.2cm，驳口点以下衣面止口偏出0.2cm 定挂面：用手针将挂面缝份固定于衣身上，称为定挂面，上下10cm不定 按前衣片面的大小，清剪前身衣里多余缝份
13	缉合背缝	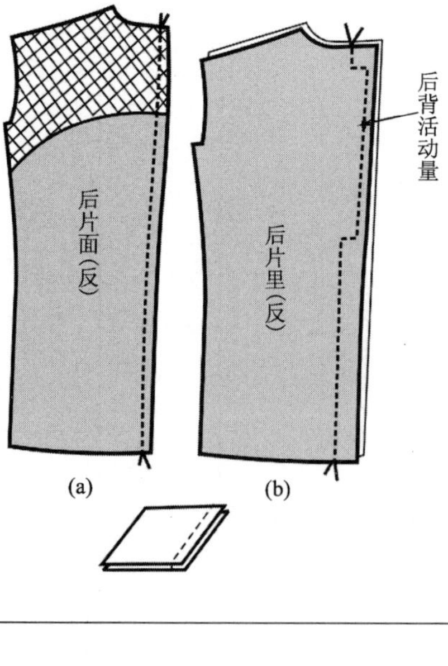 后片面（反）　后片里（反） 后背活动量 (a)　(b)	14	单针平缝机	a. 按缝制标记缉合衣面背缝 b. 缉合衣里背缝时要有后背活动量

续表

序号	工艺内容	工艺图示	针距密度（针/3cm）	使用工具	缝制方法
13	绱合背缝	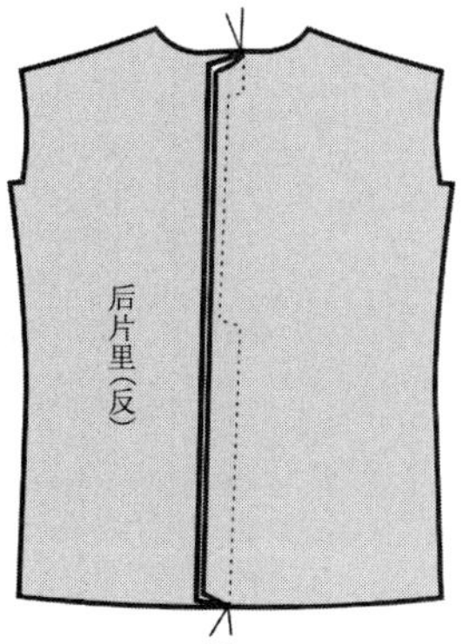 后片里（反） (c)	14	单针平缝机	c. 衣里一律倒缝熨烫
14	归拔后衣面	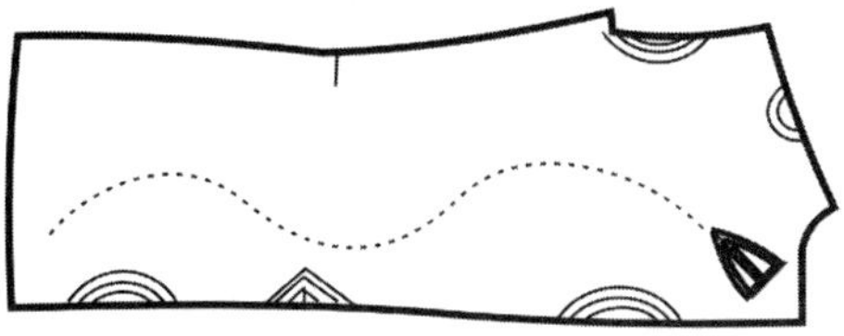 (a) 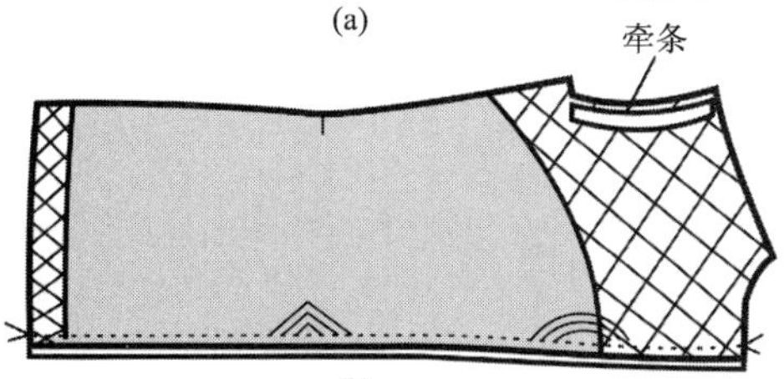 牵条 (b)		熨斗	a. 将后背缝胖势归拢，肩胛骨部位处归拢，袖窿处稍归拢，并将臀部胖势归拢；腰节处将凹势拔开 b. 后衣身袖窿处敷牵条，牵条为1cm直纱黏合牵条，之后分烫缝份 归拔后使衣片符合人体背部体型，肩胛骨处略凸，腰吸顺直
15	合衣面侧缝、扣烫底边、缲定底边	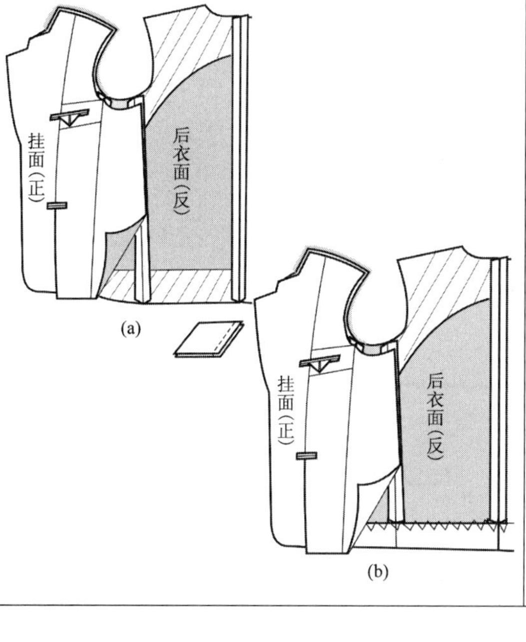 挂面（正） 后衣面（反） (a) 挂面（正） 后衣面（反） (b)	14	单针平缝机、熨斗、（缲边机）	a. 合衣面侧缝：将后片放在下面，与侧片侧缝正面相对，对位点对齐绱合，起止针倒回针。之后在布馒头上分烫缝份，烫时稍拔腰节部位 b. 扣烫底边、缲定底边：将底边沿标记向反面扣烫，注意要烫煞、烫顺，不能拔长，然后用手针三角针法将底边固定在衬上，线不要过紧，也可用缲边机缝定底边

序号	工艺内容	工艺图示	针距密度（针/3cm）	使用工具	缝制方法
16	合衣里侧缝	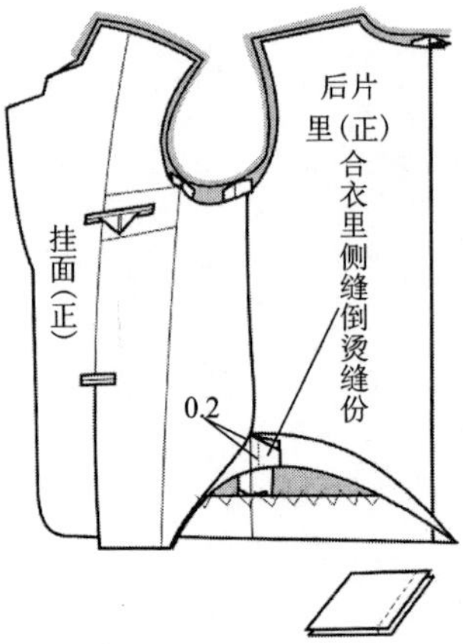	14	单针平缝机、熨斗	用与合衣面侧缝相同的方法合衣里侧缝，缝份为1cm。然后将缝份向后片方向倒烫，留0.2cm坐势
17	叠（定）侧缝	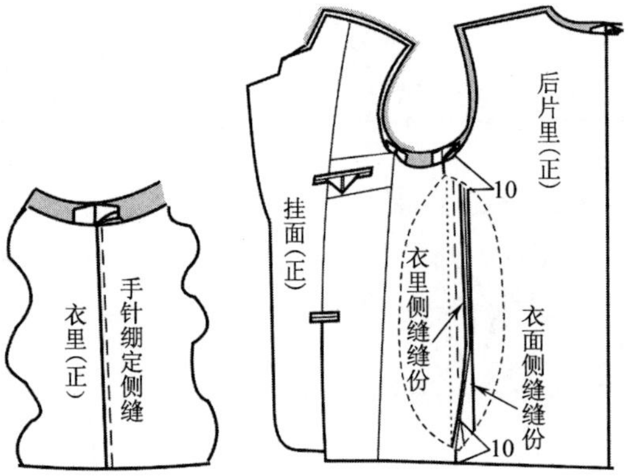	3	手针	将衣里朝上，面、里抚平，上下侧缝对齐。沿缝手针绷定，然后掀起衣里，从里面用手针将侧缝缝份与下面的衣面缝份倒钩针固定。距侧缝上下10cm不缝
18	清剪衣里缝份、扣烫绷定衣里底边	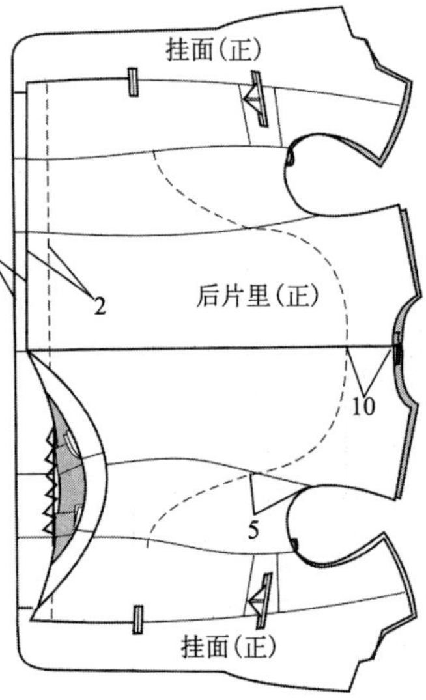	10	剪刀、熨斗、手针	将衣里朝上在平台上铺平，用手针将上、下两层侧片及后片固定在一起，然后将衣里底边向反面扣烫，使衣里底边偏进1cm，最后用手针绷缝固定底边，缝线距衣里底边止口2cm

续表

序号	工艺内容	工艺图示	针距密度（针/3cm）	使用工具	缝制方法
19	合肩缝	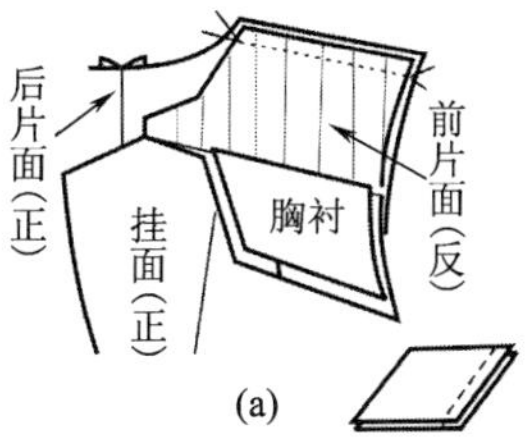 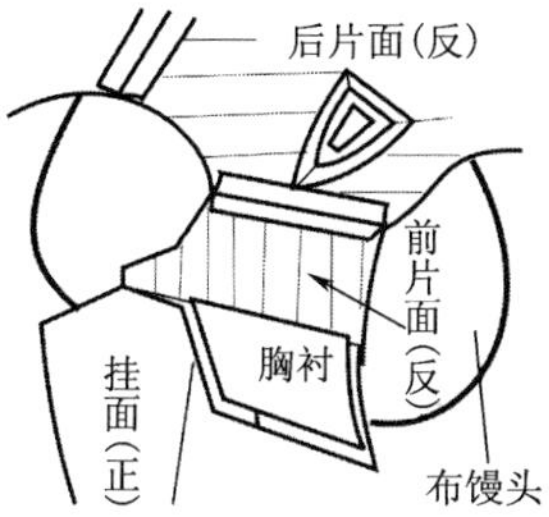 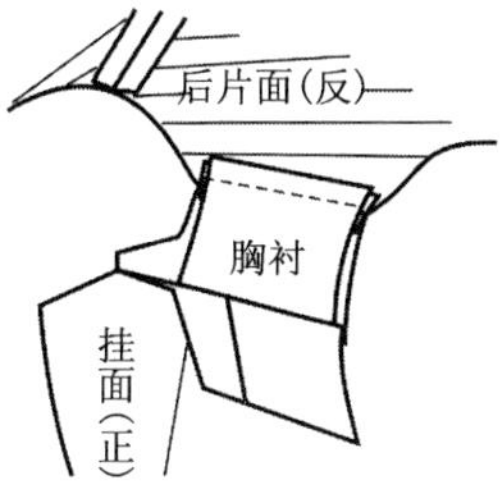 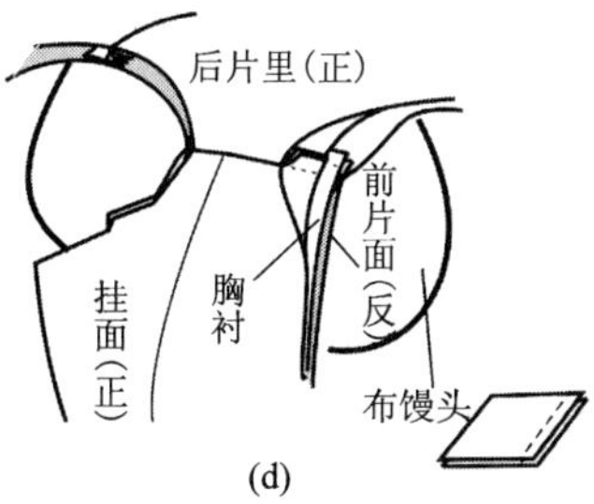	14	单针平缝机、熨斗、手针	a.合衣面肩缝：合肩缝时，后片在下且要有一定的吃势 b.分烫缝份、绷定肩缝：在布馒头上分烫缝份后，将肩部正面向上放在铁凳上抚平，丝缕理顺，用手针绷缝固定前片肩缝与挺胸衬（图略） c.定肩缝：掀起后衣片，顺势将绷好的后肩缝缝份手针或机缝与挺胸衬缝合在一起 d.合衣里肩缝：缝份向后片方向倒烫

序号	工艺内容	工艺图示	针距密度（针/3cm）	使用工具	缝制方法
20	做领	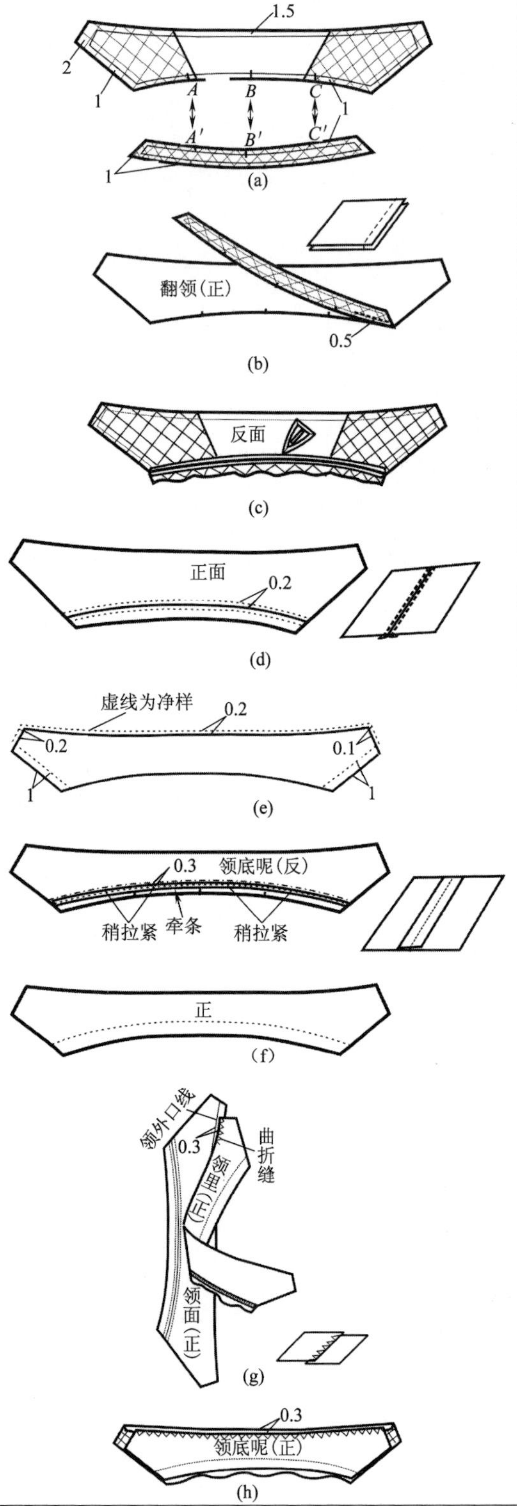	14	单针平缝机、熨斗、多功能机（或曲折缝机，也可手工三角针）	a. 划净样线、修领：用净板将粘衬的翻领面与领座划线，按图示的缝份要求清剪，并标出 A、B、C 对应点，便于准确拼合 b. 拼合翻领面与领座：将翻领面与领座正面相对，领座在上，对位点对齐按净线缝缉，缝份为 0.5cm，起止针倒回针 c. 分烫缝份 d. 从正面沿缝口两边压缉两道 0.2cm 的明线 e. 修领里（领底呢）：将领尖在领里净样基础上修小 0.1cm，领外口处修小 0.2cm，确保成形后的领尖尺寸符合设计的大小且止口薄而不反吐，领里串口斜线缝份 1cm f. 领里抽缝牵条：领里为领底呢，为了使领里翻折成形以及实现内紧外松贴颈效果，距翻折线 0.3cm 在领座部位缉缝一条 0.5cm 宽的斜丝牵条。缉缝时，后领部分稍拉紧牵条，目的是把领里处理成立体的效果，与领面吻合 g. 搭缝领面与领里：将领里上口盖住领面外口缝份 1.2cm，在领里上用曲折缝机绷缝 h. 扣烫领外口：要烫煞，领尖折烫成形，并清剪缝份 在领里和领面上分别标出绱领的三个对位点：后中点、两颈侧点，领子制作完毕，以备绱领（图略）

续表

序号	工艺内容	工艺图示	针距密度（针/3cm）	使用工具	缝制方法
21	装领	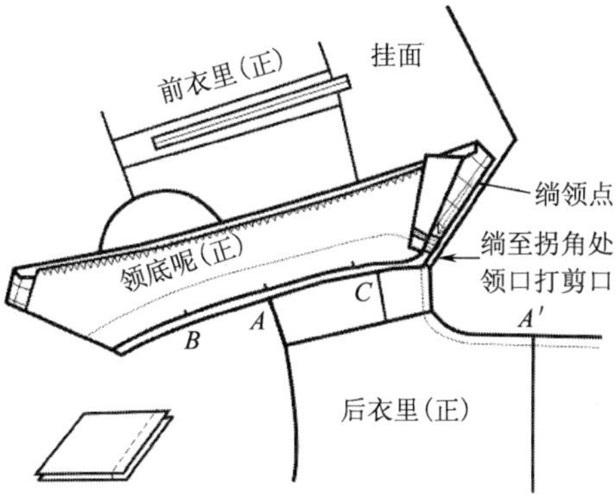 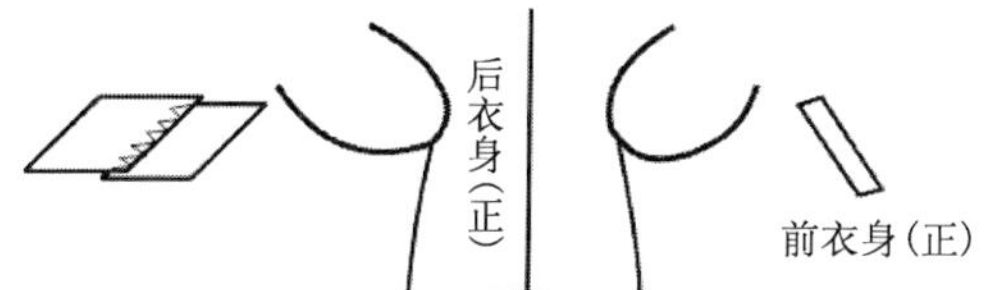 前衣里（正） 挂面 领底呢（正） 绱领点 绱至拐角处领口打剪口 C B A A' 后衣里（正） (a) 后衣身（正） 前衣身（正） 领底呢（正） (b)	8~14	多功能机或手工三角针	装领采用"一把绱"工艺 a.固定领口：用大针码将面、里的领口缝份绱缝在一起，注意缝线不能超过净缝线 绱领面：挂面在下与领面正面相对，领头与挂面绱领点对正，从右边绱领点开始缝至左边的绱领点，起止针倒回针，缝至领口拐角处在领口上打剪口（只对方形领口适用），注意不能剪过净缝线，领颈侧点对应点要对准肩缝 b.装领里：先分烫串口缝份，领面与挂面串口缝份倒向领子，再清剪缝份。衣身串口缝份修成0.3~0.5cm，挂面串口缝份修成0.5cm，领面缝份修成0.8cm，领里串口对准衣身串口，驳角缺嘴符合尺寸，用手针先擦缝领里；然后用多功能机三角针绷缝领里（也可用双面衬固定领里，三角针法缲缝） 包领两头：将领两头向领里方向扣烫，用双面衬将其粘于领里，注意保证领窝势和两边领头的大小一致 注意，装领也可采用"分绱法"，即首先绱领面劈缝，然后将领里用双面衬固定，最后绷缝

序号	工艺内容	工艺图示	针距密度（针/3cm）	使用工具	缝制方法
22	做袖	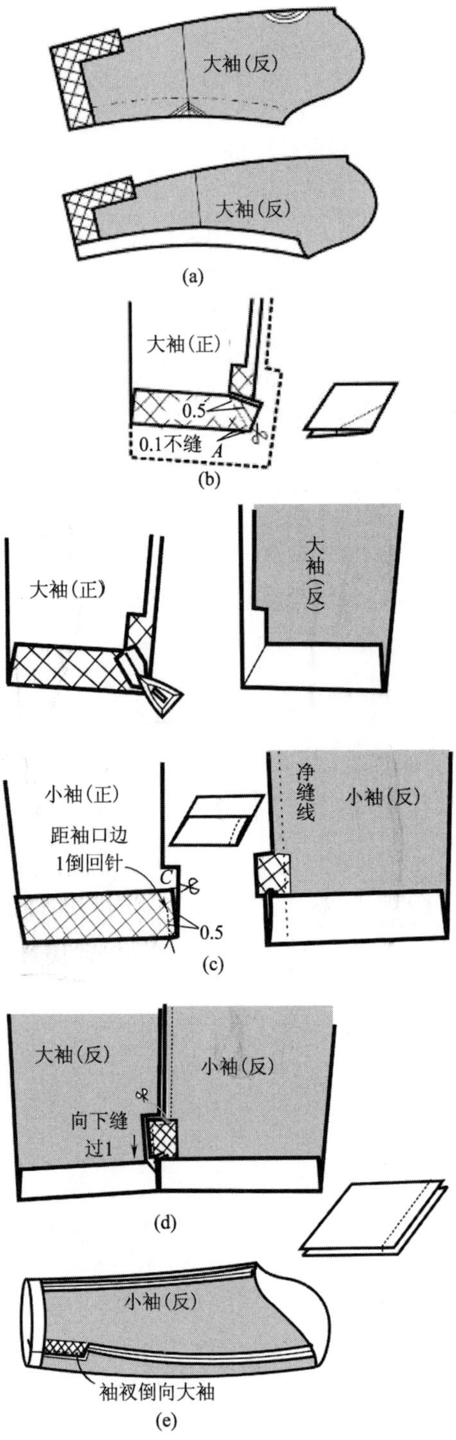	14	单针平缝机、熨斗、手缝针	a.归拔大袖：前袖缝肘线处拔开，直至将大袖翻折后，前偏袖线形成自然的内弧形为止；后袖缝袖山处归拢 b.做大袖衩：将大袖底边及袖衩按净缝扣烫，然后以扣烫印记夹角的平分线进行折叠缉缝衩角，留0.5cm缝份，其余剪掉。注意：缝合时从距夹角点A0.1cm处起针，分烫缝份；将袖口正面翻出，烫平 c.做小袖衩：先将袖口折边向正面扣烫，然后从折边袖衩侧起缝，距袖边1cm C点处倒回针，缝份0.5cm。过C点将袖衩打0.5cm剪口，然后将袖口正面翻出熨烫 d.合后袖缝：将大、小袖正面相对，小袖在上，后袖缝对齐，从袖山方向起缝，缝过袖口边1cm止针，起落针倒回针 e.分烫袖缝：先将小袖衩拐角处的缝份打一斜剪口，注意不要剪断缝线，然后在袖枕上分烫袖衩以上的缝份，袖衩向大袖方向倒烫 合前袖缝：将大、小袖正面相对，前袖缝对齐，大袖在上缝合，起止针倒回针，然后分烫缝份

续表

序号	工艺内容	工艺图示	针距密度（针/3cm）	使用工具	缝制方法
22	做袖	（f） （g） （h）	14	手针、单针平缝机、熨斗	缝合袖里：将袖里的大、小袖分别缝合，缝份0.8cm，然后向大袖片方向扣烫1cm的缝份，其中的0.2cm坐势为松量（图略） f.合袖里与袖面：使袖面、袖里反面朝外，左、右袖面与袖里正确匹配，将面与里的前、后袖缝一一对齐，使袖里的袖口套在袖面外，袖口毛边对齐（这时袖里与袖面的折边部分正面相对）；从对应缝开始，将袖口面、里缉合，然后手工三角针将袖口缝在袖面衬上，有条件也可用缲边机缲缝 g.叠袖里缝：将袖面袖口贴边对折，使袖里折向袖面（两者小袖相对）。用手工倒钩针将后袖缝面、里缝份扎牢，针距3cm，上、下10cm不扎。缝线不要过紧 h.整烫、清剪袖里：将袖面正面翻出，面、里抚平顺，距袖上口8cm处用手针将面、里固定，然后按图示衣里袖山长出袖面1.5cm、袖谷底长出2cm清剪袖里缝份，并打好剪口，以备缲袖

图中文字：
- 小袖里（反）
- 袖里（反）
- 后缝对齐
- 三角针绷缝
- 小袖面（反）
- 袖面（反）
- 10 不扎
- 不扎 10
- 大袖面（反）
- 大袖里（正）
- 1.5
- 袖面（正）
- 袖里
- 8
- 2

续表

序号	工艺内容	工艺图示	针距密度（针/3cm）	使用工具	缝制方法
23	装袖	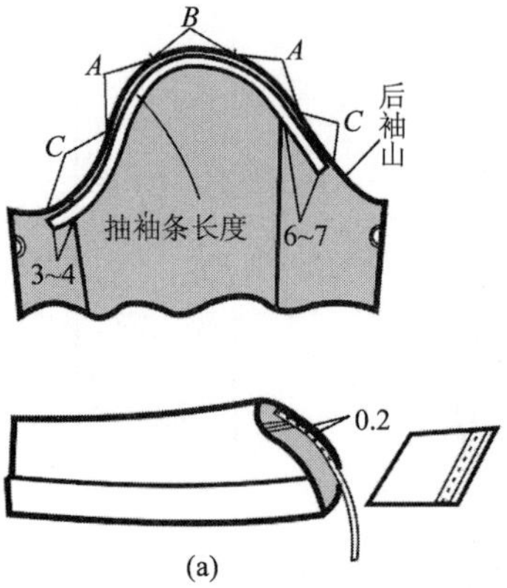 (a)  (b) 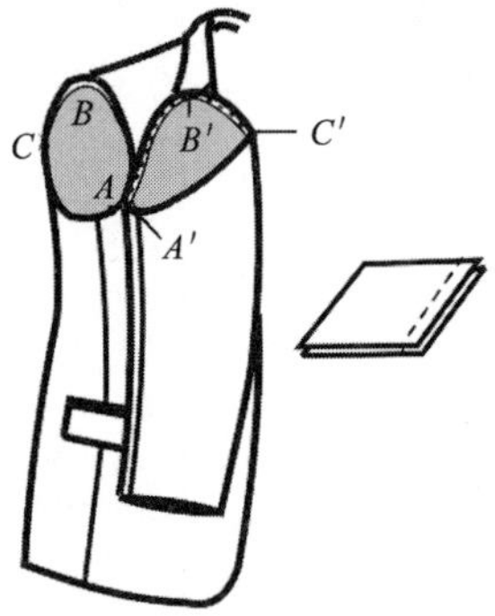 (c)	14	单针平缝机（绱袖机）、熨斗	a. 收袖山吃势：将 1cm 宽、长度为比大袖的袖山弧线长 10cm 左右的涤棉横纱（或斜纱）牵条放在袖面反面的袖山缝份上，按图示一起绱合，缝份 0.5cm。边缝边拉牵条，曲率大的部位较紧，图中 A 区的抽拉量约 1~1.2cm；B 区的抽拉量约 0.8~1cm；C 区平带牵条 注意：收缩量与袖子的流行及工艺有直接联系 b. 在铁凳上将抽缝的袖山抽皱烫平，然后将抽袖条打几个剪口 c. 绱右袖：先用右手从衣身的右袖窿里抓住袖山头 B 点，大致确定袖位，然后翻向衣反面，袖子套在袖窿里即可开始绱袖，从前袖缝 A′ 点对齐衣身 A 点开始绱袖，B 点和 C 点也一一对应 左袖比照右袖各对应点，从后袖缝开始绱袖（图略） 注意：现在企业用绱袖机装袖，这种情况下不需要抽袖吃势，但须多设计几个绱袖对位点，一般可设计为 6 个点；这样就可做到一一对应便于操作 检查装袖位置：手从里面托起衣服肩部，衣身自然垂顺，检查袖子前后位置是否合适，吃势是否均匀，袖肩部造型是否圆顺。袖子以自然下垂稍向前，或盖住大袋一半为袖子前后的标准位置 绱袖一般先绱右袖，因为是顺手操作，但也可以先从左袖绱起

续表

序号	工艺内容	工艺图示	针距密度（针 /3cm）	使用工具	缝制方法
24	绱袖垫条、绱垫肩	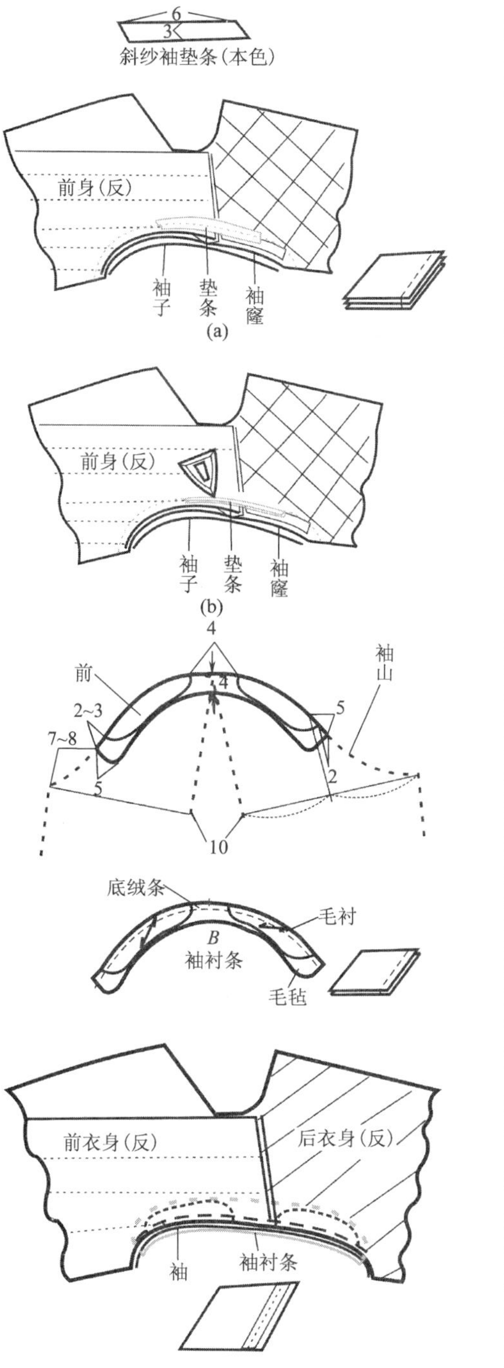6 3 斜纱袖垫条（本色） 前身（反） 袖子 垫条 袖窿 (a) 前身（反） 袖子 垫条 袖窿 (b) 4 前 4 袖山 2~3 5 7~8 5 2 10 底绒条 毛衬 B 袖衬条 毛毡 前衣身（反） 后衣身（反） 袖 袖衬条 (c)	8	单针平缝机、熨斗	a. 绱袖垫条：垫条的尺寸如图示，将袖垫条放于袖窿上，以肩缝居中，距绱袖线 0.2cm 车缝 b. 熨烫袖垫条 c. 绱袖衬条：袖衬条的尺寸如图示，它是由一条底绒条和两片毛衬缝合而成，将袖衬条放于袖缝上，B 点对准肩缝，外口与袖缝边对齐，底绒条贴袖，大针码缝绱，衬条稍有吃势

序号	工艺内容	工艺图示	针距密度（针/3cm）	使用工具	缝制方法
24	绱袖垫条、绱垫肩	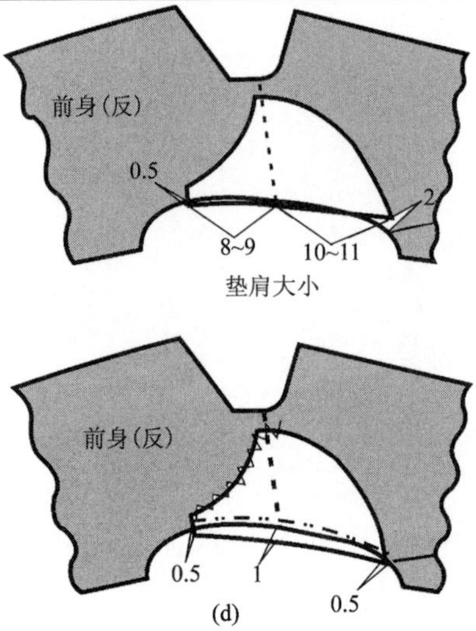 前身（反） 0.5　8~9　10~11　2 垫肩大小 前身（反） 0.5　1　0.5 (d)	8	单针平缝机、熨斗	d. 绱垫肩：垫肩的前后、左右位置如图示，在肩缝处垫肩偏出 0.8~1cm、两头出 0.2~0.5cm，如用手针绱，可用双线钩针将其缝定在袖窿上，再用三角针将前片垫肩部分及肩侧处定在前身上，之后将垫肩袖窿修顺（目前企业也有用绱垫肩机来绱垫肩） 　最后，从正面检查袖子，看垫肩是否圆顺自然
25	绱袖里	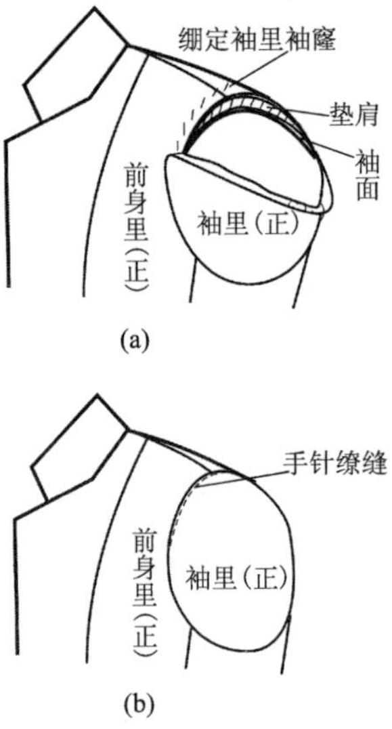 绷定袖里袖窿　垫肩　袖面 前身里（正）　袖里（正） (a) 手针缭缝 前身里（正）　袖里（正） (b)	14	手针、单针平缝机	a. 将袖里与衣里袖窿正面相对，对位点对齐，将下部机缝 　b. 将肩缝、袖窿部分的衣里抚平服，保持适当的松度用手针将衣里上部袖窿沿缝份扎定在垫肩上，再将袖里的未缝部分缝份向反面扣烫，用手针单线缭缝
26	定衣里·底边	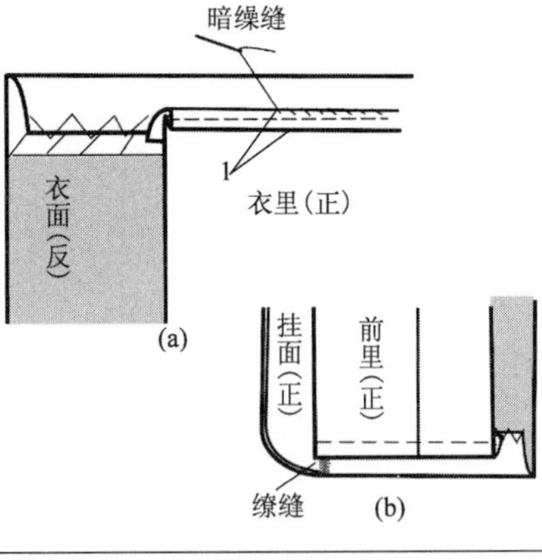 暗缭缝 衣面（反）　衣里（正）　1 (a) 挂面（正）　前里（正） 缭缝　(b)		手缝针	a. 向上掀起衣里的底边，错开衣里底边的折痕，向里挑起少量布暗缭缝 　b. 将挂面底边处的毛边缭缝封牢

续表

序号	工艺内容	工艺图示	针距密度（针/3cm）	使用工具	缝制方法
27	锁眼、钉扣	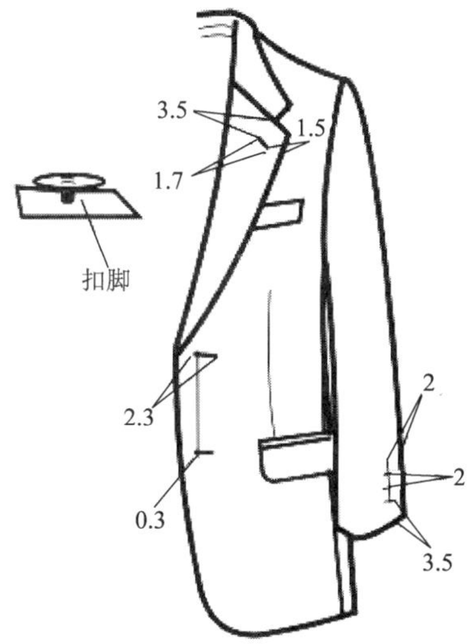		锁眼机、手缝针	锁眼：衣身为圆头眼，驳头为平头眼。眼位及大小如图所示 钉扣：衣身大扣要缠脚，即扣子与衣身之间要有与衣服的厚度相适应长度的钉扣线，扣位及间距如图所示
28	成品整烫			熨斗	整烫步骤：烫衣里、底边和侧缝，烫后身，烫前身止口、驳头止口，烫前胸、大袋,烫前肩、领止口，烫驳头反面、外驳头，烫驳头内侧，烫后领座，烫袖子 在企业里，整烫也是流水线程序操作，运用整烫设备，大致步骤为先用各种压烫机进行局部整形熨烫，如烫前身（面、里）、烫侧缝、烫后身、烫袖、烫肩部、烫驳头等，最后用蒸汽整烫领、驳头整体定型，悬挂晾干 熨烫的质量要求达到平、挺、直、圆、薄、窝、活

十、男西装质量标准

男西装的质量检验由后段车间的总检验员来实施，它包括外观检验、内里检验和尺寸检验，检验合格后方可进行包装。西装的检验顺序如图 8-84 所示。

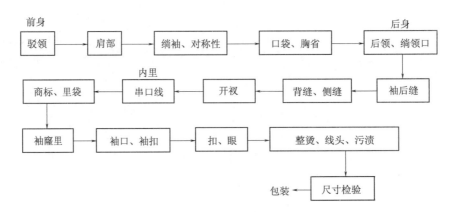

图8-84 西装检验流程

1.外观质量检验

（1）外观无线头、线丁、污渍、色差，粘衬各部位不起泡、不渗胶、不脱胶。

（2）衣面、里、衬松紧适宜，外观自然。

（3）领型左右对称，领尖、驳角服帖，领嘴大小一致。

（4）领窝圆顺、平服，领尖与串口线连接顺直、定缝平整。

（5）绱袖圆顺，吃势均匀，两袖前后、长短一致。

（6）袖衩长短、大小一致，袖扣两边对称。

（7）衣身胸部丰满、挺括自然、位置适宜对称，门、里襟长短一致，止口顺直，不搅不豁。

（8）省缝顺直、平整、左右对称、长短一致，左右大袋前后、高低对称，嵌线宽窄一致，袋口方正、无毛边冒出。

（9）垫肩平服，肩缝自然固定，左右对称。

（10）后身平服、不起吊，若有开衩则要求平服、顺直、不豁、不搅、不翘，衩长短符合标准。

（11）各部位熨烫平整，无极光、水花、烫迹、印痕。

2.衣内里质量检验

（1）主标、洗涤标、号型位置正确。

洗涤标（含材料成分）一般固定在里袋口下方（或卡片袋下方），也可固定在左侧缝衣里缝中，距离底边 20cm 左右。

（2）里袋、卡片袋袋口大小、深度符合标准。

（3）套结袋口、袋布固定，挂面缝固定。

（4）衣里、袖口里无下垂外露。

3. **成品规格检验**　公差范围：

（1）衣长 ±1.0cm。

（2）胸围 ±2.0cm（全幅）。

（3）领大 ±0.6cm（全幅）。

（4）总肩宽 ±0.6cm（全幅）。

（5）袖长 ±0.7cm。

4. **经纬纱向规定**

（1）前身：经纱以领口宽线为准，不允斜。

（2）后身：经纱以腰节下背中线为准，偏斜不大于0.5cm，条格料不允斜。

（3）袖子：经纱以前袖缝为准，大袖片偏斜不大于1.0cm，小袖片偏斜不大于1.5cm（特殊工艺除外）。

（4）领面：纬纱偏斜不大于0.5cm，条格料不允斜。

（5）袋盖：与大身纱向一致，斜料左右对称。

（6）挂面：以驳头止口处经纱为准，不允斜。

5. **对条对格规定**　面料有明显条、格在1.0cm及以上的按下列要求做：

（1）左、右前身：条料对条，格料对横，互差不大于0.3cm。

（2）手巾袋与前身：条料对条，格料对格，互差不大于0.2cm。

（3）大袋与前身：条料对条，格料对格，互差不大于0.3cm。

（4）袖与前身：袖肘线以上与前身格料对横，两袖互差不大于0.5cm。

（5）袖缝：袖肘线以下，后袖缝格料对横，互差不大于0.3cm。

（6）背缝：以上部为准，条料对称，格料对横，互差不大于0.2cm。

（7）背缝与后领面：条料对条，互差不大于0.2cm。

（8）领子、驳头：条格料左右对称，互差不大于0.2cm。

（9）侧缝：袖窿以下10cm处，格料对横，互差不大于0.3cm。

（10）袖子：条格顺直，以袖山为准，两袖互差不大于0.5cm。

注意，特别设计不受此限制。面料有明显条、格在0.5cm及以上的，手巾袋与前身条料对条，格料对格，互差不大于0.1cm。

6. **缝制针距密度规定**　见表8-7。

表8-7　缝制针距密度规定

项目	针距密度	备注
明暗线	11~13针/3cm	—
包缝线	不少于9针/3cm	—
手工针	不少于7针/3cm	肩缝、袖窿、领子不低于9针

续表

项目	针距密度		备注
手拱止口 机拱止口	不少于 5 针 /3cm		—
三角针	不少于 5 针 /3cm		以单面计算
锁眼	细线	12~14 针 /1cm	—
	粗线	不少于 9 针 /1cm	—
钉扣	细线	不少于 8 根线 / 孔	缠脚线高度与止口厚度相适应
	粗线	不少于 4 根线 / 孔	

注 细线指20tex及以下缝纫线，粗线指20tex以上缝纫线。

十一、男西装包装

现代服装越来越重视成品包装，特别是品牌服装的包装，男西装的包装更是如此。它不仅是成品的保护外层，而且也是男西装品牌的标志与宣传，更是公司形象的体现。男西装的包装原则是：不折叠、不摆放、自然垂挂。因此，男西装的一般包装形式如下：

（1）吊牌、衣架、塑料袋、挂架。

（2）吊牌、衣架、全封闭的拉链罩、挂架。

（3）吊牌、衣架、全封闭的拉链罩（或塑料袋）、独立纸盒。

（4）吊牌、衣架、全封闭的拉链罩（或塑料袋）、12 件（一打）装木箱垂挂。此种形式的包装保型性最好，适合长途运输，高档品牌男西装和展出服装经常采用。

十二、男西装使用设备简介

我们可以按照服装制作过程的阶段，把使用设备按缝纫的前后分为：缝前设备、缝中设备和缝后设备三大部分。

（一）缝前设备

缝前设备主要有缩水定型机、验布机、拉布机、裁剪机、钻孔机、黏合机等。

1.OSP—8800 *缩水定型机* 如图 8-85 所示。此设备具有以下特点：

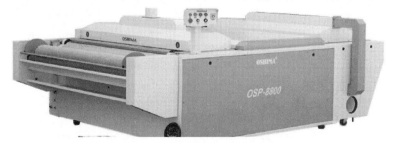

图8-85 OSP—8800缩水定型机

图8-86 YB—A型180/240验布机

（1）缩水加工是为了使未处理过的原布料柔软，并经过纬纱斜度的调整，确定原布尺寸。

（2）缩水加工后，原布在缝制时不易产生布料缩皱而且易于缝制，可避免设计前遗漏制作时所产生的布料伸展或收缩带来的问题。

（3）经缩水处理后的原布尺寸稳定，手感改善，后经多次整烫也不易缩水，经此处理使产品的品质达到最佳，并且附加值得到增加。

2.YB—A型180/240验布机　如图8-86所示。该设备用于棉、麻、丝绸、化纤等织物的检验，具有以下特点：

（1）采用先进的计长仪器，计长准确。

（2）变频调速，无张力，可任意调节卷物松紧。

（3）具有自动齐边功能。

3.NK—380VS全自动拉布机　如图8-87所示。该设备可代替人工铺布，具有以下特点：

（1）根据工作场地的大小及实际情况可以选择在左侧或右侧操作。

（2）液晶式触摸对话屏为标准设置，操作简单，轻松而方便。

（3）拉布速度为70m/min（max）。

图8-87 NK—380VS全自动拉布机

4.高速全自动裁床TAC—N　如图8-88所示。此设备具有以下特点：

（1）TAC优良设备和先进的CAM控制软件，最大限度地活用各种CAD设计的服装数据。

（2）高速度、高精度、高效率的自动切割。

（3）人机对话，操作简单方便。

5.FY—3/FY—5电剪刀　如图8-89、图8-90所示。此类设备具有以下特点：

（1）适用于棉、毛、麻、丝绸、化纤、皮革织物的成批裁剪。

（2）切口平直，且能做小曲率半径曲线裁剪。

（3）低噪声、运转平稳、操作方便、效率高。

（4）装有自动磨刀装置，使用操作更方便。

6.PCD 600 型电热记号钻孔机　如图 8-91 所示。此设备具有以下特点：

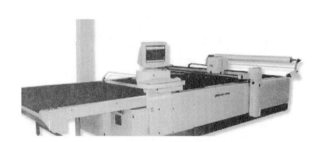

图8-88　高速全自动裁床TAC—N

图8-89　FY—3 电剪刀

图8-90　FY--5 电剪刀

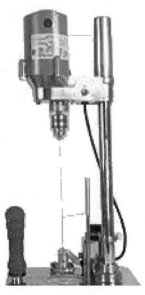

图8-91　PCD 600型电热记号钻孔机

（1）钻针固定导正环，使细钻针转动时不会产生震动，并可随钻针上下移动，保持钻针的稳定。

（2）设备结构设计轻巧，使操作更轻松、钻孔更准确。设备型号尺寸：6L、8L、10L。

7.连续式黏合机　如图8-92所示。此设备具有以下特点：

图8-92　连续式黏合机

（1）特制的独立两段加压方式，压力滚筒采用硅胶包覆气缸加压法，保证压力稳定且均匀分布在滚筒上的每一点，确保最佳的黏合效果。

（2）独立两段式加热系统经由微电脑温控仪控制，使温度达到理想效果。

（3）特殊的监控系统，可监控发热系统、皮带修正系统及电机、压力等。运动产生异常机器会自动判别，让维修工作更简便，提高生产效率。

（4）自动定时转动式皮带清洁系统，确保皮带在最佳的洁净度下工作，而不影响布料表面。

（5）超强的抽风冷却系统，让黏合后的布料在短时间内缓和定型，保证黏合效果。

8.HS—900型一般热熔黏合机　如图8-93所示。此设备具有以下特点：

（1）黏合衬与面料黏合必不可少的理想设备。

（2）经黏合后的衣料平整牢固，不起皱、耐洗涤。

（3）也可对各类面料进行缩水烘干，烫平定型之用。

图8-93　HS—900型一般热熔黏合机

（二）缝中设备

缝中设备主要有平缝机、包缝机、绗缝机、特种机、曲折机等。

1.**FY 8700A—5—6DT 无油自动电脑高速平缝机**　如图 8-94 所示。此设备具有以下特点：

（1）采用伺服电动机，轻松实现无级调速操作。

（2）自动剪线、倒缝、拨线、提升压脚、方便缝制工作。

（3）适用于薄型、中厚型针织、棉、化纤等缝料。

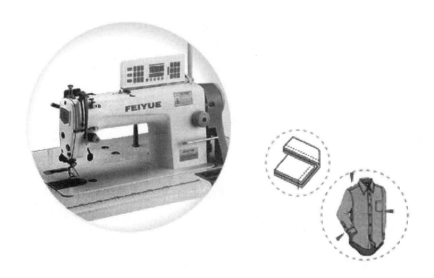

图8-94　FY 8700A—5—6DT 无油自动电脑高速平缝机

2.FY 84 高速变针分离针杆平缝机　如图 8-95 所示。此设备具有以下特点：

（1）推一下操作手柄，就可以停止左针或右针，有必要时可以单针机使用。

（2）机针送布，缝纫不会有偏差和缩小。

3.FY 2100—5—D1自动切线超高速包缝机　如图8-96所示。此设备具有以下特点：

图8-95　FY 84高速变针分离针杆平缝机

图8-96　FY 2100—5—D1自动切线超高速包缝机

（1）适用于各种薄料、中厚料织物的包边或包缝作业。

（2）缝纫张力低，在高速时也能缝出稳定漂亮的线迹。

（3）采用自动润滑装置，运转顺畅自如。

4.FY 8620 自动供条装置平缝开袋机　如图 8-97 所示。此设备具有以下特点：

（1）根据袋盖的长度，自动调整缝距及角刀的间隙。

（2）具备 3000r/min 的最高缝速、压脚快速返回等功能，缩短了缝制时间，提高了生产效率。

（3）采用特制滚边器，可以很好地压住过于光滑的布料，防止其错位，从而生产出高品质的缝纫产品。

（4）采用上送料方式，易缝制大、长物件。

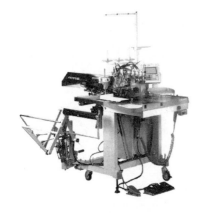

图8-97　FY 8620 自动供条装置平缝开袋机

5.FY 1960 程序式电脑花样机　如图 8-98 所示。
此设备具有以下特点：

（1）直控伺服电动机，低噪声、低振动。

（2）可自检上线断线，自动停止。

（3）电源断电时自动记忆使用的图案。

（4）缝制过程中可随时停止。

（5）用外部控制旋钮，可在 200~2500r/min 范围
内任意控制缝纫速度。

图8-98　FY 1960 程序式电脑花样机

6.FY 457A—125 自动高速曲折缝缝纫机　如图
8-99 所示。此设备具有以下特点：

（1）机针摆动受程序控制，可灵活地对应各种八字缝线迹。

（2）采用长臂型的机头，放置缝料位置宽阔，提高了操作性能和作业效率。

（3）采用容易操作的多功能控制面板，在高速运转时也能完成精确的缝制。

7.55 系列高级服装珠边机　如图 8-100 所示。此设备具有以下特点：

（1）缝纫速度：250~350 针 /min。

（2）针迹长度：最长针距 8mm，最短针距 0.5mm。

（3）线迹形式：1 针 1 线（手工线迹），实现上下线迹大小一致。

（4）缝线规格：普通缝纫线（专用珠边线）。

（5）机针型号：780np16#、18#、20#、23#。特有定位装置，完成缝纫更轻松。

（6）独特松紧线调节装置，可根据需要随意调节线迹松紧。

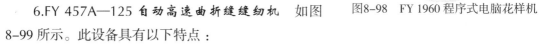

图8-99 FY 457A—125 自动高速曲折缝缝纫机

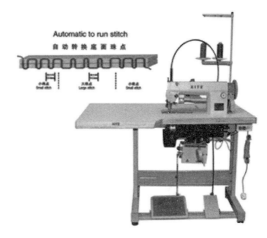

图8-100 55系列高级服装珠边机

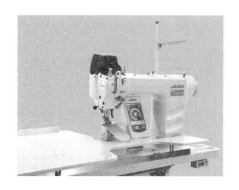

图8-101 DP—2100带自动归笼的
干式机头电子平缝绱袖机

8.DP—2100 带自动归笼的干式机头电子平缝绱袖机 如图 8-101 所示。此设备具有以下特点：

（1）通过 JUKI 独特的上送布同步带的左右独立驱动机构以及中压脚机构，可对送布量进行个别调节，能起到防止袖窿脱缝、在肩部易发生的横褶以及在肩部附近发生的褶皱。

（2）通过采用面线夹线装置，可以在每个部位设定最适合的张力。通过这个装置，可以根据皱褶量自动调节面线的松紧。此外每个花样的线张力都可以记忆储存，因此可以很简单地实现再次缝制。

（3）干式机头彻底消除了油污烦恼。DP—2100是世界首创的用于绱袖工序的干式机头缝纫机。在绱袖的工序中彻底消除了油污烦恼（绱轴、挑线杆装置，无须供油旋梭）。

9.FY 7900 电脑控制圆头锁眼机 如图 8-102 所示。此设备具有以下特点：

图8-102 FY 7900 电脑控制圆头锁眼机

（1）扣眼形状由电脑程序操作，可随意调整。

（2）可以用于直孔锁眼，操作简单。

（3）采用步频电动机，送布装置与机针动作装置各自独立。

10.FY 1850—2 **高速加固机**　如图 8-103 所示。此设备具有以下特点：

图8-103　FY 1850—2高速加固机

（1）小套结或纽孔尾结，适用于西装、牛仔裤、工作服等各类服装受力部位加固结缝制和圆头纽孔封尾加固。

（2）加固结易于调节，自动剪线，自动抬压脚，油槽式集中供油。

11.FY 781 **高速平头锁眼机**　如图 8-104 所示。此设备具有以下特点：

图8-104　FY 781高速平头锁眼机

（1）用于各种织物的纽孔缝锁，薄料、中厚料均宜。

（2）可缝制平线迹与三角线迹，线迹牢固美观。

（3）缝速高，纽孔长度、宽度及针数可调控。

（4）装有自动润滑系统及自动剪线装置。

12.FY 373 **钉扣机**　如图 8-105 所示。此设备具有以下特点：

（1）主要用于两孔或四孔的平纽扣缝钉，若加附具，可缝钉带柄及其他纽扣。

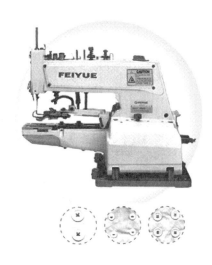

图8-105　FY 373 钉扣机

（2）单踏板启动，自动抬压脚，自动剪线，缝钉牢固可靠，维修简便。

（三）缝后设备

缝后设备主要包括熨烫机、电熨斗、蒸汽发生器、烫台、检针设备。

1. **双挂面蒸烫机**　如图 8-106 所示。此设备具有以下特点：

（1）人机界面程序控制，操作简单。

（2）作业面较大，有利于服装熨烫的操作。

2. **B 型立领蒸烫机**　如图 8-107 所示。此设备是便于领部成型的机器。

3. **AZT—A27 免烫蒸烫机**　如图 8-108 所示。此设备的特点是双缸可编程逻辑控制。

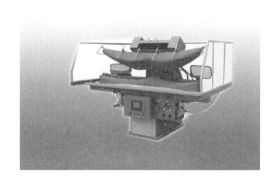

图8-106　双挂面蒸烫机

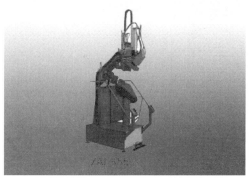

图8-107　B型立领蒸烫机

图8-108　AZT—A27免烫蒸烫机

4.ZYZ—150燃油蒸汽发生器　如图8-109所示。此设备具有以下特点：

（1）燃油：煤油或0#柴油，耗油量：3.5~7.5L/h。

（2）油泵功率：40W，风机功率：100W，水泵功率：550W，点水功率：18kW，限用压力：0.4MPa，蒸汽产量：30~150kg/h。

（3）可带熨斗：6~12个。

5.EL—121全自动带蒸汽烫台　如图8-110所示。此设备具有以下特点：

（1）整烫台面以"V"字漏门型风力原理设计，使台面吸力强劲，效果更佳。

（2）内置优质电热锅炉及特殊供水电动机，采用了电子自动操控，方便移动，以配合生产要求。

（3）外设操控指示灯及显示标志，一目了然，安全可靠。

（4）配有节能脚踏开关，方便快捷。

图8-109　ZYZ—150燃油蒸汽发生器

6.数码全自动检针器　如图8-111所示。此设备具有以下特点：

（1）指示灯显示（LED）控制面板，操作方便，具有自动记数功能。

（2）探头发光管显示断针位置。

（3）电频显示外界磁场干扰及铁量成分比例。

（4）电频显示灵敏度调节。

（5）当检测到断针或铁类物体时，声、光、仪表同时报警，输送带停止或自动返回。

除上述设备外，还有绱垫肩机、敷衬机、梯形缝份切割机、袋盖缝制机、缲边机等。

图8-110　EL—121全自动带蒸汽烫台

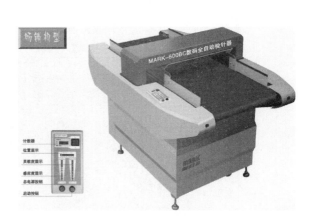

图8-111　数码全自动检针器

本章小结

　　本章学习了男西装的制板、选料排料、缝制、熨烫、成品检验等一系列内容，与女西装相同，在对衣片放缝之前，要对其进行处理和检验确认，但不同的是，女西装领子（青果领）采用的是连领座的结构设计，而男西装领面采用的是分领座设计，不是直接一步制出，是先按连领座翻领制出领，再按要求变化制出领座和翻领，男西装的领里采用连领座结构，由于结构处理不同，其选用的材料也不同。这样做的结果，可使成衣的领子更合体、更美观。与女西装的另一个不同点是，在正式缝制前，还要进行假缝、试样和修样等工作，最后得到更合适的样板，方可进入工业化生产，为使生产质量得到保证，还要制作相应的工艺板。男西装的缝制设备更专业化，如挖袋有自动开袋机，绱袖有专用的绱袖机，整烫有一套专业的整烫设备。对选用条格面料的西装，在相关衣片之间的对条对格要求更细、更高；在选料方面，不同季节、不同穿用场合的西装都不同，辅料的品种和要求要多于女西装，如胸衬。本章重点包括制板，衣片归拔，制作胸袋、夹袋盖大袋，做绱领、绱袖和门襟止口处理。难点是绱袖、做胸袋和大袋。实践证明，在正式缝制之前，需用棉布对袋、袖进行缝前训练，以熟悉缝制的程序、方法和要求。通过对本章的学习和训练可知，男西装在选料、制板、缝制、熨烫和检验等方面，是所有缝制工艺中难度最大的。

思考题

　　1.男西装与女西装相比，其缝制有哪些不同？

　　2.为什么男西装要选、敷胸衬？

　　3.男西装袖与女西装袖有哪些不同？

　　4.为什么男西装领面要做成分领座式翻领，而领里又选用领底呢制作？

　　5.制作裁剪板前为什么要对一些净板进行结构处理？为什么要进行检验与确认？为什么要进行假缝试样？

　　6.为什么袖山要有吃势？同一规格、不同面料的西装，袖吃势都相同吗？

　　7.为什么在制作袖里裁剪板前，要对袖净板进行变化？

　　8.为什么在西装某些部位要粘牵条衬？

　　9.在结构和工艺上，袖里、衣里的纵向和横向松量是如何处理的？

　　10.为什么对西装的某些衣片要进行归、拔熨烫处理？归拔程度是否相同？

第九章　大衣缝制工艺

专业知识、专业技能与训练

课题名称：大衣缝制工艺

课题内容：

1.男大衣缝制工艺

2.女大衣缝制工艺

课题用时：

总学时：40学时

学时分配：制板、裁剪、粘衬10学时，缝制30学时

教学目的与要求：

1.使学生掌握大衣的制板知识与技能（包括根据款式进行规格设计、结构制图、结构变形原理与方法及衣片放缝）。

2.使学生熟悉从制图到制成品的程序及每个程序的任务、方法与要求。

3.使学生熟悉选配制作大衣所需的面料、里料、衬料及其他辅料等。

4.熟悉成衣缝制工艺流程、方法和要求。

5.熟悉成品质量检验的标准、方法和要求。

教学方法：理论讲授、示范操作、实物样品参考、巡回辅导。

课前准备：

1.知识准备：

（1）复习大衣的结构设计知识和有关材料知识。

（2）每人制作一套男装、女装原型板，号/型规格自选。

2.材料准备：

（1）制板工具与材料，除结构设计所需要的一切工具外，还应准备锥子（用于纸样钻眼定位）、剪口机（用于纸样边缘打剪口标记）以及牛皮纸（120~130g）8~10张。

（2）缝制工具:剪刀、镊子、14~16号机针等。

（3）缝制材料：机缝线2轴。

（4）面料：主要选用弹性好，有一定的重量感，光泽较柔和，外观丰满挺括、耐磨抗起球、保暖性能好的中厚或较厚重的纯毛精纺、粗纺机织物，毛混纺精、粗纺机织物和纯化纤仿毛呢机织物。具体品种有：华达呢、精纺中厚花呢、礼服呢、法兰绒、女衣呢、制服呢、海军呢、大衣呢、粗纺花呢羊绒等。也可选用宽条灯芯绒、棉卡其织物。从学生

练习角度考虑，建议选用价格适中，但外观和手感优良的混纺毛织物或纯化纤仿毛织物。

用料量：幅宽144cm、150cm，需要布长＝衣长×2。

（5）里料：应选用柔软、光滑，较吸湿透气，耐磨抗静电、冷感性不太强的人丝美丽绸、双纱涤丝美丽绸、涤丝绸、醋纤里子绸、尼龙绸等化纤仿丝绸织物以及绢丝纺、电力纺等真丝织物，建议选用涤丝美丽绸或醋纤里子绸。

用料量：幅宽144cm、150cm，需要布长＝衣长×2。

（6）衬料：

①有纺衬：可用于衣身、袖片及领面，包括机织有纺衬和经编垫纬衬，前者较硬实，多用于厚料及中厚衣料；后者较稀薄，柔软而富弹性，多用于较薄衣料，学生可根据所选面料的厚薄选配衬料。

用料量:有纺衬幅宽都是90cm，需要衬长＝衣长+50cm。

②牵条黏合衬：用在加工和使用过程中易变形的部位，如袖窿、领口、领翻折线、驳口线和门襟止口线等。1cm直条衬需5m左右，1cm斜纱衬3m左右。

（7）其他材料：垫肩1副，厚1.5cm，针刺料；纽扣直径为2.6cm，6粒，用于门襟和袖衩装饰。

本章教学重点：

1.大衣的制板知识与技能（包括净板的结构处理、检验与确认和毛板制作）。

2.大衣的缝制流程与缝制方法和要求。

3.选配缝制大衣所需要的有关材料和估算用量的能力。

课后作业：

独立完成一件男或女大衣的制图、制板、材料选配、排料、裁剪与粘衬、缝制、整烫和检验的全部工作（制图规格自设）。

第一节 男大衣缝制工艺

一、概述

大衣是人们穿着在所有衣服之外的服装，是具有防风、防寒、防尘等功能的户外服，穿用时更强调其功能性。因其用途、形态、衣料的不同而有各种名称的大衣，如按款式分有派克大衣、大翻领圆摆长大衣等；按用途可分为风衣、雨衣、秋冬大衣、防寒大衣、军用大衣、制服大衣、礼服大衣等；按形态分有长袖大衣、半袖大衣、箱形大衣及卡腰式大衣和宽松式大衣等；按面料又可分为呢料大衣、裘皮大衣、皮革大衣、编织大衣及棉大衣、羽绒大衣等；按制作工艺分有单层大衣、带夹里大衣、两面穿大衣和多功能大衣等。随季节的变换，一些大衣内的保暖材料可加可减。今天的大衣已成为人们生活中不可或缺的服装之一。男大衣是穿在套装外面的衣服并有一定宽松度服装的总称。毛呢大衣是男士大衣中最常见的一类款式，选用纯毛大衣呢做面料，以优质羽纱做里料，内有树脂衬和软衬，配有轧压花纽扣，单排扣、双排扣，翻领、驳领，箱形侧缝直顺，左、右各做斜插袋，圆装袖，外形大方、实用，显示出男士的气派与风度。

二、男大衣款式特征

直腰身，翻驳倒挂西装领，单排四粒扣，斜插袋，圆装袖，袖中缝设一分割缝，袖口装饰袖襻，钉1粒扣，门襟、里襟、领、肩、袖中缝、侧缝、袋爿、背缝、底边等部位缉缝明线（图9-1）。

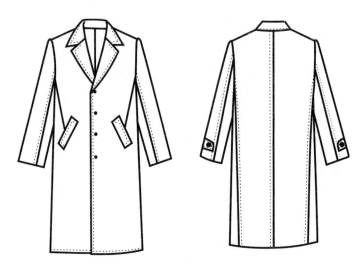

图9-1 男大衣款式图

三、男大衣制图规格

1. **男大衣主要部位制图规格** 见表9-1。

表 9-1 男大衣主要部位制图规格 单位：cm

部位（号/型）	衣长	胸围（B）	总肩宽（S）	袖长（SL）	袖口宽
规格（175/92A）	107	120	48	63.5	17.5

2. **男大衣细部制图规格** 见表9-2。

表 9-2 男大衣细部制图规格 单位：cm

部位	袋大	袋爿宽	翻领（a）	底领（b）	领角大	驳头宽
规格	19	4	5.5	3.5	7	7

四、男大衣结构制图（图9-2）

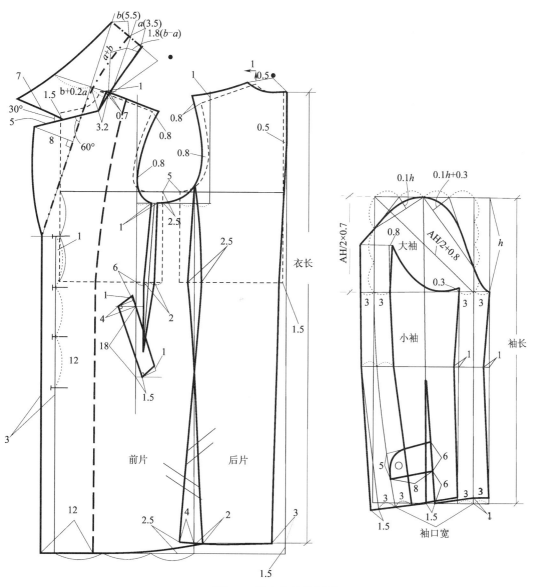

图9-2　男大衣结构制图

五、男大衣样板制作

1. **领面与挂面的结构处理**　如图 9-3、图 9-4 所示。

2. **面料毛样板及主要零部件毛样板**　如图 9-5 所示，包括前片、后片、前袖片、后袖片、小袖片、挂面、领面、领里、挖袋嵌线片等。

3. **里料样板及主要零部件样板**　如图 9-6 所示，包括前片、后片、大袖片、小袖片、大袋片、里袋布及嵌线片、三角袋盖片等。

4. **有纺黏合衬样板**　如图 9-7 所示，包括前片、挂面、底边、袖口等。

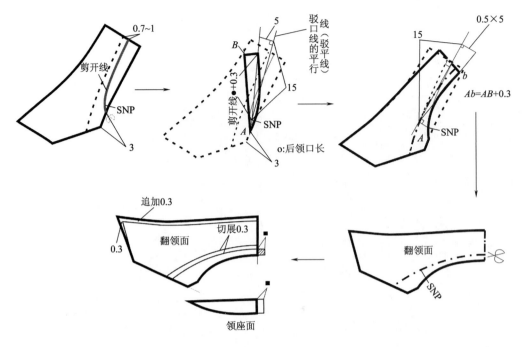

图9-3 领面的结构处理

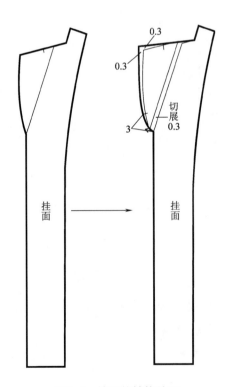

图9-4 挂面的结构处理

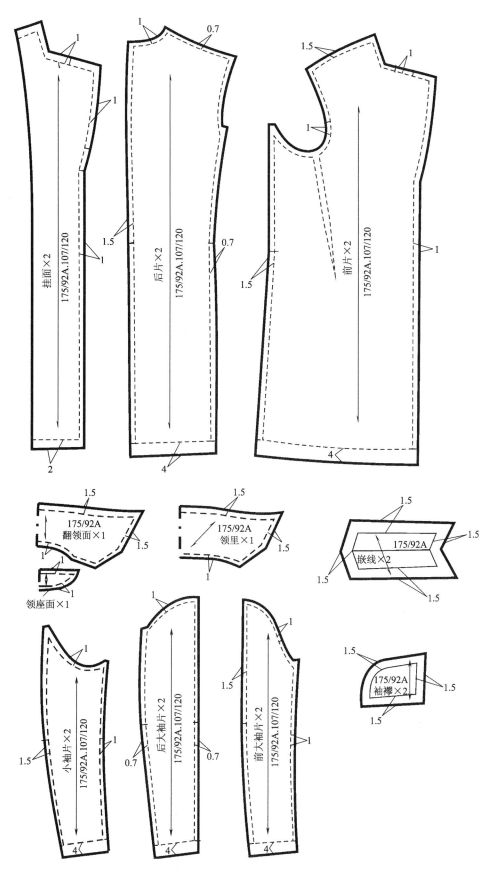

图9-5 面料样板

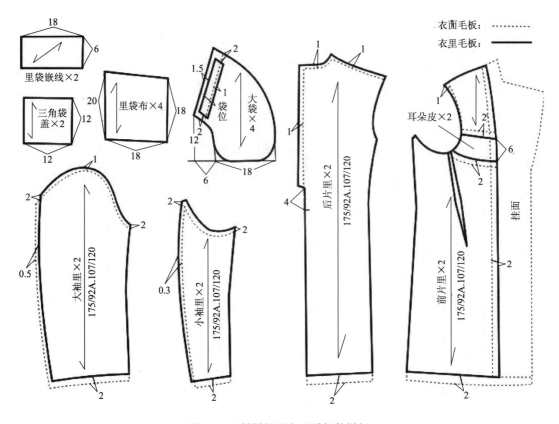

图9-6 里料样板及主要零部件样板

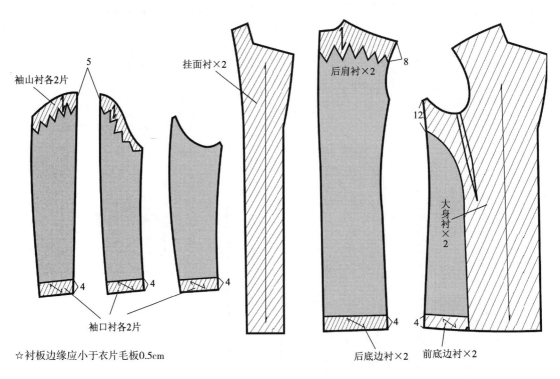

图9-7 有纺黏合衬样板

六、男大衣排料图

1.男大衣基本用料

（1）常用面料：

纯毛面料：花呢、华达呢、羊绒等。

化纤及混纺面料：如毛涤花呢、涤纶等。

（2）常用里料：美丽绸、醋纤里子绸、尼龙绸羽纱等。

（3）常用辅料：有纺黏合衬、无纺黏合衬、垫肩、毛衬、胸绒等。

2.男大衣排料图

（1）面料排料：如图 9-8 所示。

（2）里料排料：如图 9-9 所示。

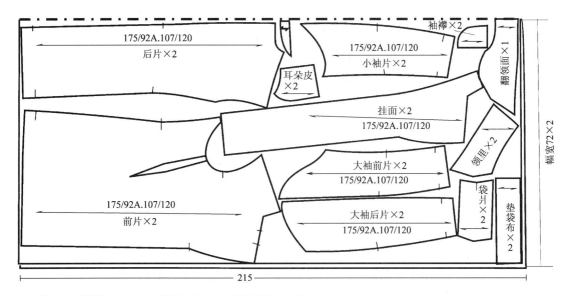

注　前衣片四周另加放0.5cm，预留缩率，在缝制前再进行修剪

图9-8　面料排料图

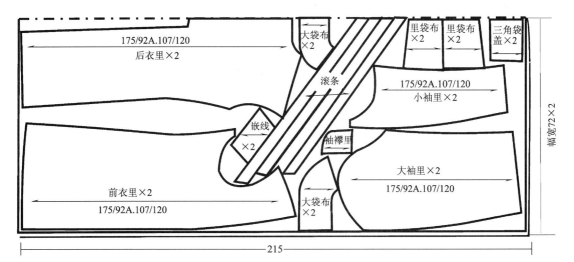

图9-9　里料排料图

（3）衬料排料：如图9-10所示。

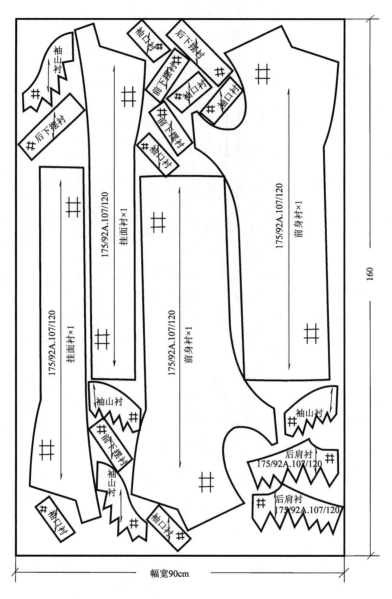

图9-10 衬料排料图

七、男大衣缝制工艺流程图

1. **生产流程** 如图 9-11 所示。

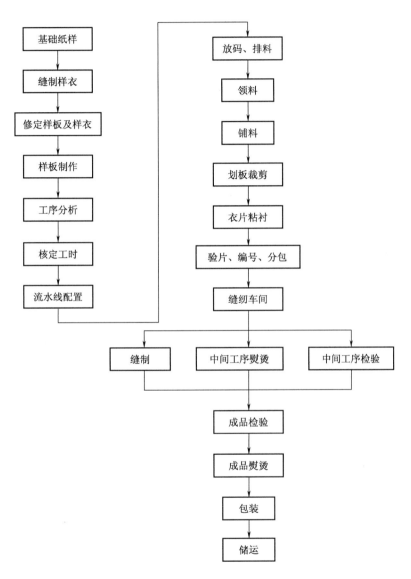

图9-11 生产流程图

2. **缝制阶段工艺流程图**　如图 9-12 所示。

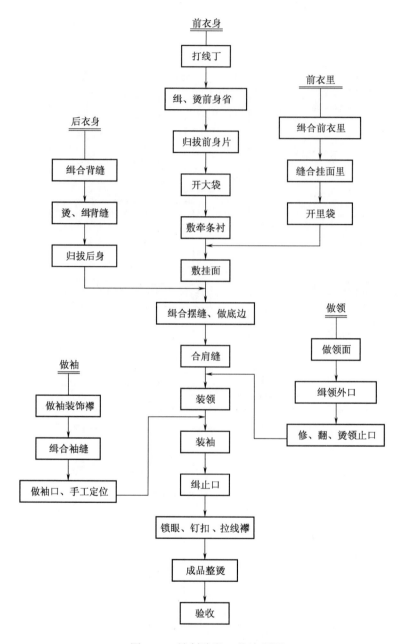

图9-12　缝制阶段工艺流程图

八、男大衣缝制方法（表9-3）

表 9-3　男大衣缝制方法

序号	工艺内容	工艺图示	针距密度（针/3cm）	使用工具	缝制方法
1	打线丁	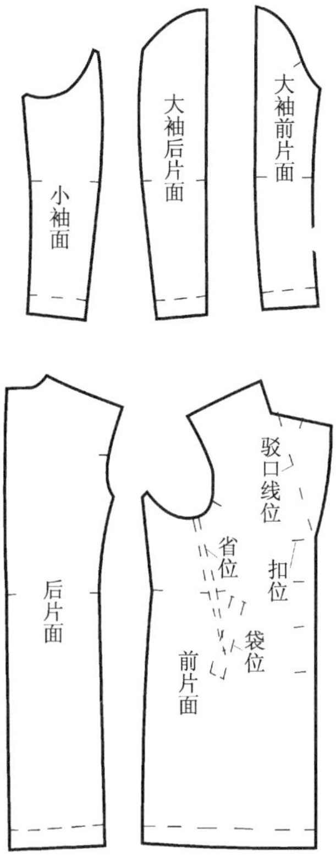 小袖面　大袖后片面　大袖前片面 后片面　驳口线位　省位　扣位　袋位　前片面	1	手缝针	打线丁位置：领缺嘴、翻折线、袋位、扣眼位、腰节线、省位、底边线及各对位点 修剪前衣片预留热缩缝（先打线丁，后修剪，可防止面料滑动，保证丝缕正确）
2	缉、烫前身省	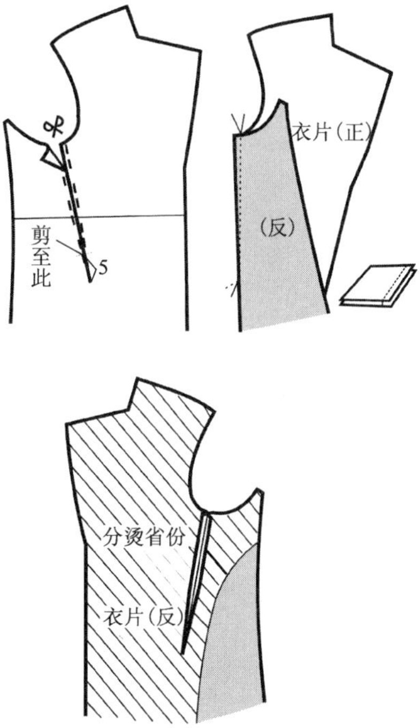 剪至此　5　衣片（正）（反） 分烫省份　衣片（反）	14	单针平缝机、熨斗、剪刀	按图示将省中线剪开，然后缉省，最后分烫省缝，要把省缝烫平、烫煞

序号	工艺内容	工艺图示	针距密度（针/3cm）	使用工具	缝制方法
3	归拔前身片	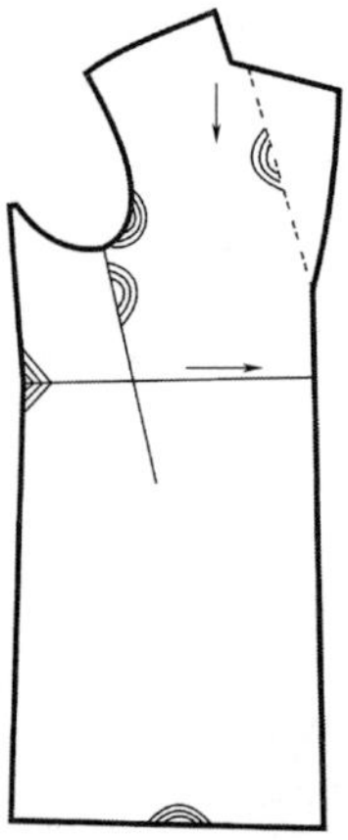		熨斗	将袖窿处斜丝缕归拢的同时，把胖势推向胸部 将驳头胖势归拢，推向胸部中间 将肩部横丝推向胸部，横开领略大，外肩点横丝略朝上推 推烫止口：将第一粒扣眼以下止口烫平、烫直 将底边弧线归直、烫平，胖势向上推
4	开大袋	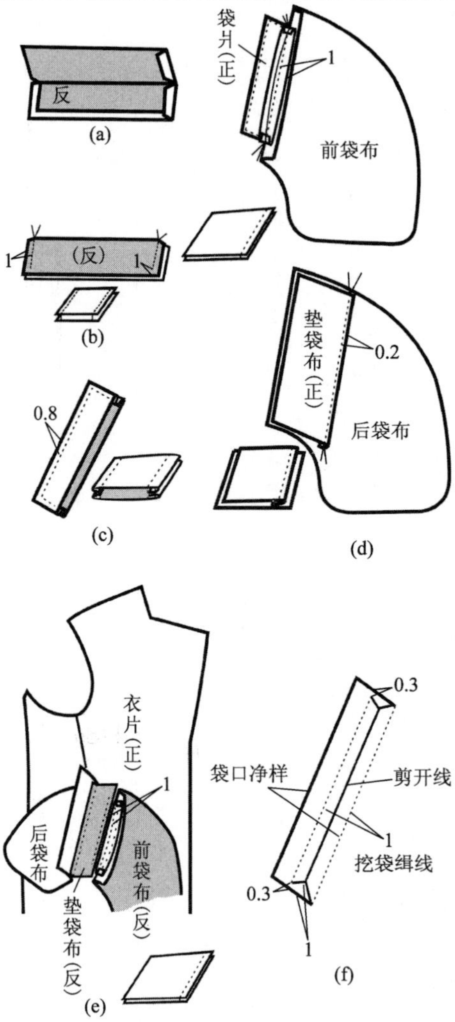	11~13	单针平缝机、熨斗、手缝针、剪刀	a. 按净样扣烫袋牙 b. 缉合袋牙两端 c. 翻出袋牙正面，熨烫后压缉 0.8cm 止口明线 d. 袋牙接缝前袋布，后袋布扣缝垫袋布下口 e. 缝缉袋布、垫袋布 f. 开袋

序号	工艺内容	工艺图示	针距密度（针/3cm）	使用工具	缝制方法
4	开大袋	 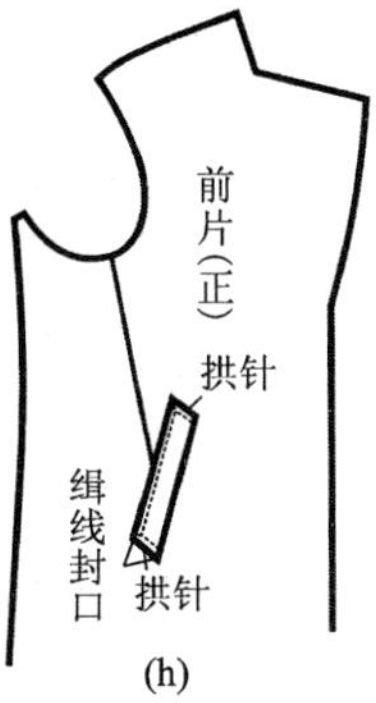 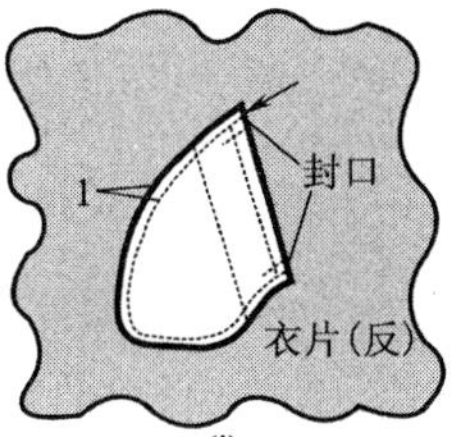 衣片（反）　后袋布（反）　前袋布（正）（g）　前片（正）　拱针　缉线封口　拱针（h）　1　封口　衣片（反）（i）	11~13	单针平缝机、熨斗、手缝针、剪刀	g.分缝、翻烫袋片 h.封袋口，用手针暗拱或用缲边机缲缝 i.兜缉袋布
5	敷牵条衬	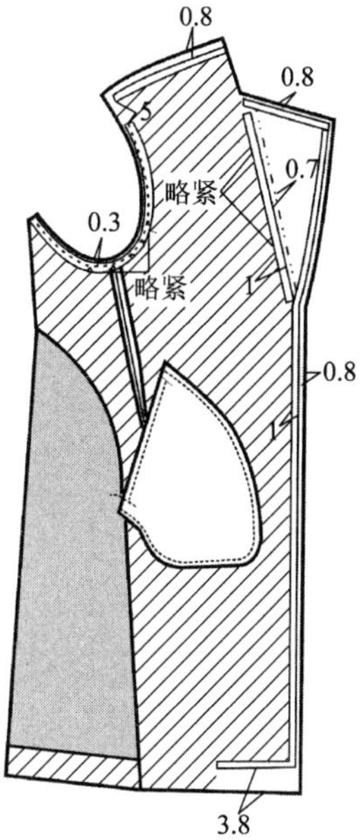 0.8　0.8　5　0.7　略紧　0.3　略紧　1　0.8　1　3.8		熨斗	在肩缝、袖窿、驳头止口及驳折线部位敷牵条衬。要求牵条衬在领串口和驳角处平敷，在驳头外口中段要略紧些，在扣眼以下止口平敷，摆角及驳折线中段略敷紧些。牵条衬用1cm宽直纱条，袖窿牵条要先按小于半个缝份车缝上，缝时不要拉紧，在弧度大的部位将牵条衬外口打几个剪口，然后用熨斗压粘

续表

序号	工艺内容	工艺图示	针距密度（针/3cm）	使用工具	缝制方法
6	绲合前衣里	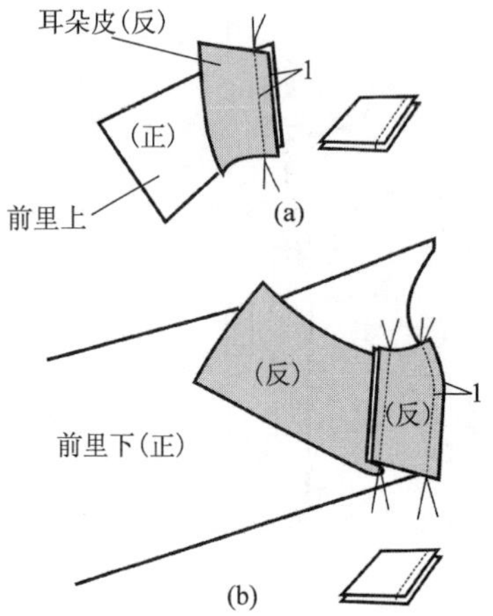 耳朵皮（反） （正） 前里上 （a） （反） 前里下（正） （反） （b）	11~13	单针平缝机、熨斗	a. 耳朵皮与前衣里上部绲合 b. 将前衣里下部与耳朵皮拼合，缝份向里料倒烫
7	缝合挂面里	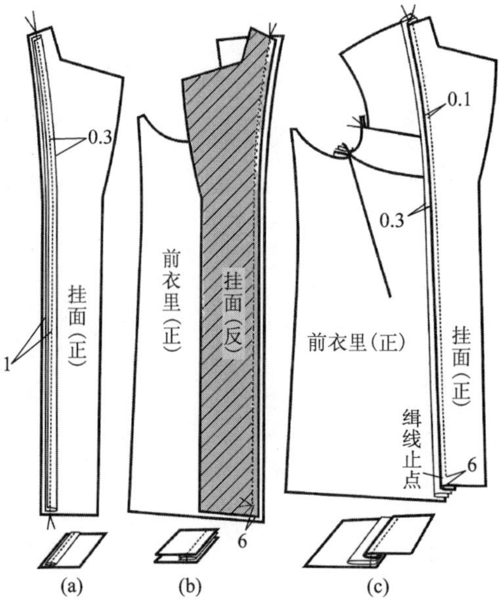 0.3 挂面（正） 1 前衣里（正） 挂面（反） 前衣里（正） 0.1 0.3 挂面（正） 绲线止点 6 6 （a）（b）（c）	11~13	单针平缝机、熨斗	a. 将嵌条向反面对折，折边朝挂面止口放于挂面里口上方，毛边对齐，沿挂面里口平绲，缝份1cm，缝线距折边0.3cm b. 将嵌条夹于挂面和衣里之间，挂面在上，沿第一次缝线绲合 c. 将挂面与衣里展平，缝份倒向挂面，但耳朵皮部分烫，沿挂面里口压绲0.1cm止口，衣里略有吃势

序号	工艺内容	工艺图示	针距密度（针/3cm）	使用工具	缝制方法
8	开里袋	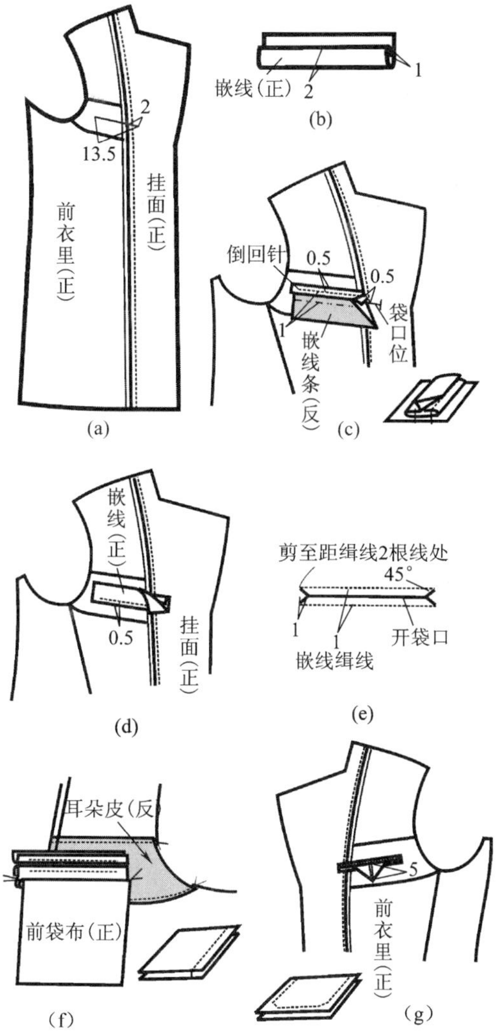	11~13	单针平缝机、熨斗、剪刀	a. 按图示的位置定好袋位 b. 烫2cm宽的嵌线条 c、d. 按袋位缉嵌线条 e. 开袋口，剪袋口三角 f. 嵌线下口接缝前袋布、封袋口三角（同西装大袋做法） g. 做三角袋盖，拼接后袋布，装三角袋盖，兜缉袋布（同西装里袋做法）

序号	工艺内容	工艺图示	针距密度（针/3cm）	使用工具	缝制方法
9	敷挂面	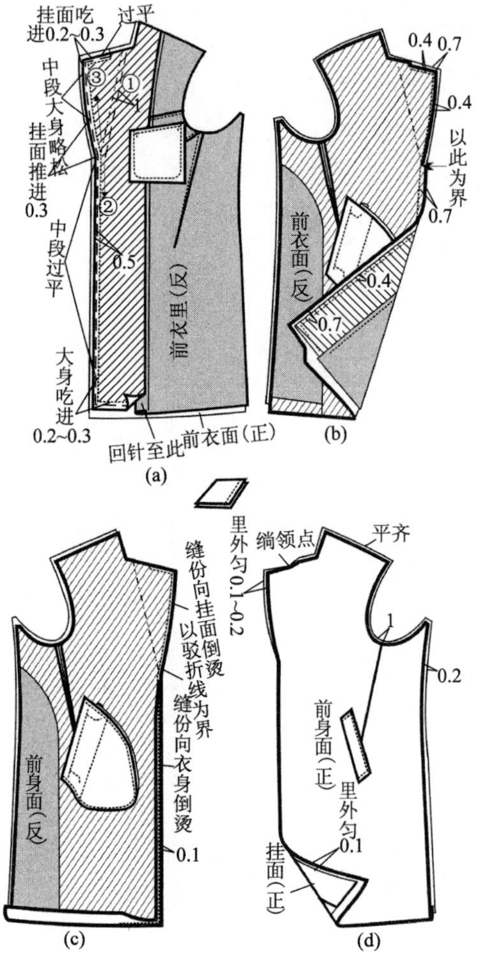	11~13	手缝针、单针平缝机、熨斗	a. 放正衣片，将挂面与其正面相对叠放在上面，驳口点以上挂面偏出0.5cm，以下与衣身平齐。按图示顺序手针擦缝挂面，擦缝0.5cm，要将驳口点以上挂面毛边与衣身毛边对齐擦缝，之后衣片在上机缉挂面。缝份1cm，以驳口点为界，驳头从下向上缉，门襟止口部分从上向下缉，起落针倒回针 b. 修止口缝份，将缝份修成上0.4cm，下0.7cm的梯形状 c. 将驳口点以下缝份向衣身方向倒烫，留坐势0.1cm，驳口点以上缝份向相反方向倒烫，留坐势0.1cm d. 将挂面正面翻出熨烫，要烫出图示的里外匀；之后用手针或缲边机将止口缝份缝定在衣身上，称扳止口；最后用手针将挂面里口缝份缝定在衣身上，上下15cm不定，称滴挂面 修前衣里，把衣里烫平，留出适量的缝份松量，修掉多余的缝份

工艺图示中标注：
挂面吃进0.2~0.3　过平
中段大身略松
挂面推进0.3
中段过平
大身吃进0.2~0.3
回针至此　前衣面（正）
前衣里（反）
0.5
（a）

0.4　0.7
0.4
以此为界
0.7
前衣面（反）
0.4
0.7
（b）

里外匀　缲领点
缝份向挂面倒烫
以驳折线为界
缝份向衣身倒烫
前身面（反）
0.1
（c）

平齐
0.2
前身面（正）
里外匀
0.1
挂面（正）
1
（d）

续表

序号	工艺内容	工艺图示	针距密度（针/3cm）	使用工具	缝制方法
10	缉合背缝	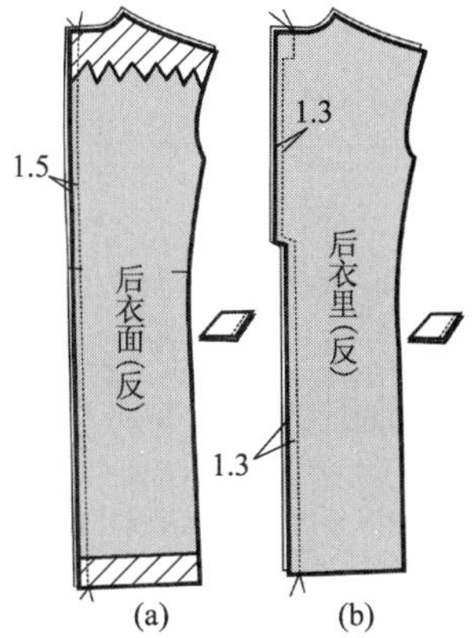	11~13	单针平缝机	a. 按缝制标记将后衣面正面相对平缝缉合背缝，缝份1.5cm b. 按同样的方法缉合后衣里背缝
11	烫背缝、缉止口	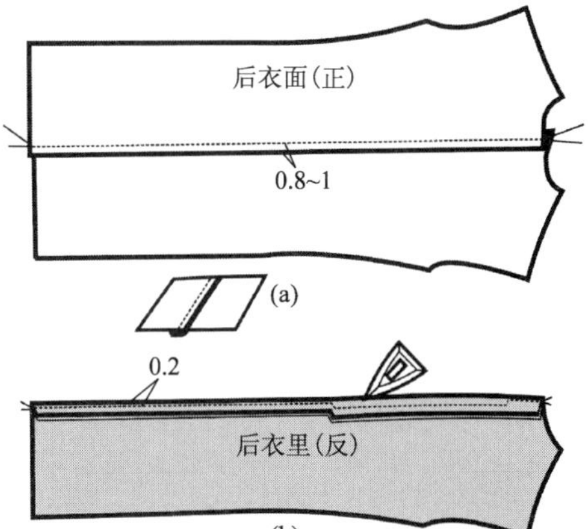	11~13	熨斗、单针平缝机	a. 烫衣面背缝，将缝份向衣身左侧倒烫，然后将正面朝上，沿背缝左侧缉0.8～1cm明止口 b. 将衣里缝份倒烫，下部留0.2cm坐势
12	归拔后身	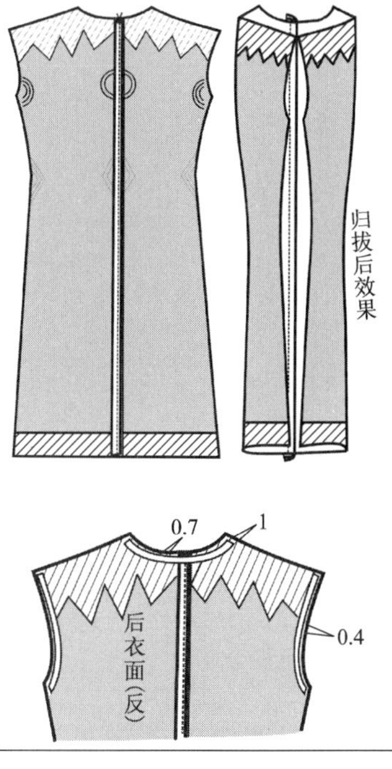	11~13	熨斗	归拔后身：在后背袖窿处归拢，将后背缝胖势归拢，肩胛骨部位处稍拔长，肩头横丝推向背胛部位，腰节处将凹势拔出，并将臀部处胖势归拢 敷牵带：在后衣面的领口、袖窿部位粘直丝牵条衬 按缝制标记向里扣烫下摆底边（图略）

续表

序号	工艺内容	工艺图示	针距密度（针/3cm）	使用工具	缝制方法
13	缉合侧缝、做底边	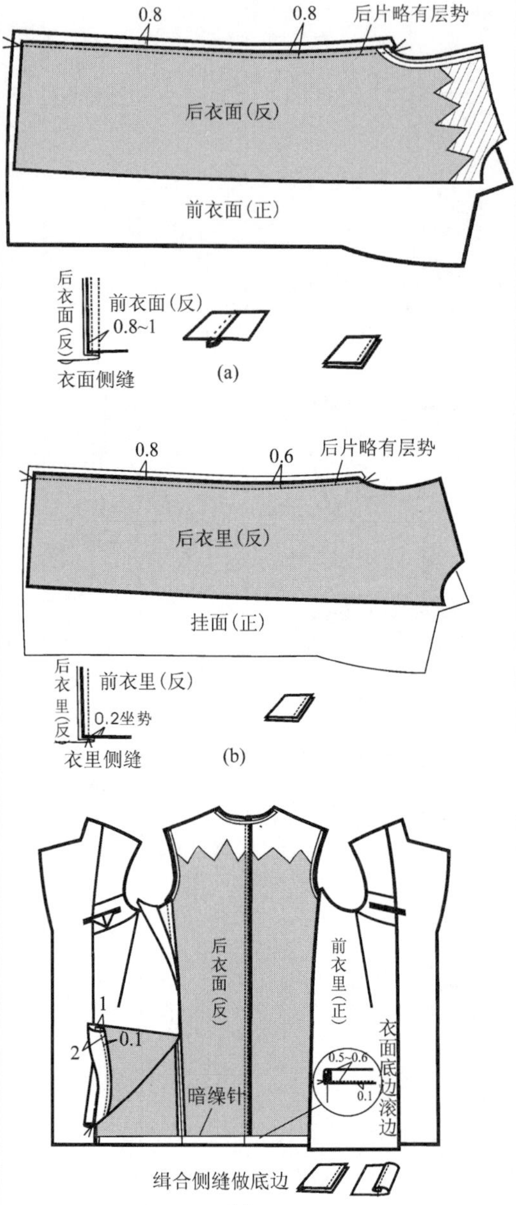 0.8　0.8　后片略有层势 后衣面（反） 前衣面（正） 后衣面（反）　前衣面（反） 0.8~1 衣面侧缝 (a) 0.8　0.6　后片略有层势 后衣里（反） 挂面（正） 后衣里（反）　前衣里（反） 0.2坐势 衣里侧缝 (b) 后衣面（反）　前衣里（正） 1 0.1 2 暗缲针 0.5~0.6 0.1 衣面底边滚边 缉合侧缝做底边 (c)	11~13	单针平缝机、熨斗、卷边器、手缝针	a. 缉衣面侧缝，前片在下正面朝上侧缝偏出0.8cm，与后片正面相对缉0.6cm缝份，然后将缝份向后身方向倒烫，最后从正面后片侧缉0.8~1cm明止口 b. 缉衣里侧缝，方法同衣面，然后倒烫缝份（缝份倒向后片且留0.2cm坐势） c. 按线丁将前、后衣片底边扣烫顺直，用手针暗缲缝定，将衣里底边卷边缝合，宽2cm 做衣面底边：底边用45°斜料滚边，滚边宽0.5~0.6cm，然后用手针暗缲针法将其缝在下摆衣身上

续表

序号	工艺内容	工艺图示	针距密度（针/3cm）	使用工具	缝制方法
13	缝合侧缝、做底边	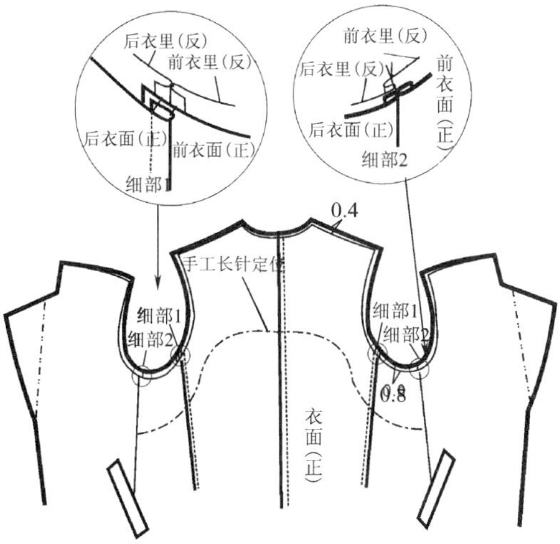 后衣里(反)　前衣里(反) 前衣里(反) 后衣里(反) 后衣面(正)　前衣面(正) 后衣面(正) 细部2 前衣面(正) 细部 0.4 手工长针定位 细部1 细部2 细部1 细部2 0.8 衣面(正) (d)	11~13	单针平缝机、熨斗、卷边器、手缝针	d.将衣面、衣里铺放在平台上抚平顺，用手针按图示绷定，最后按大身里留出适量的余势修剪衣里袖窿及肩缝缝份
14	合肩缝	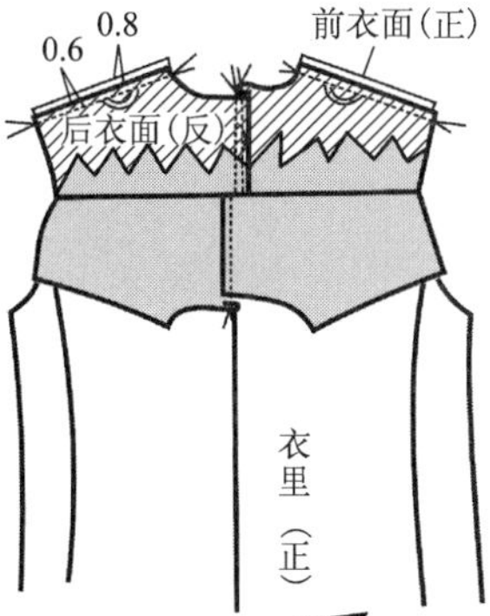  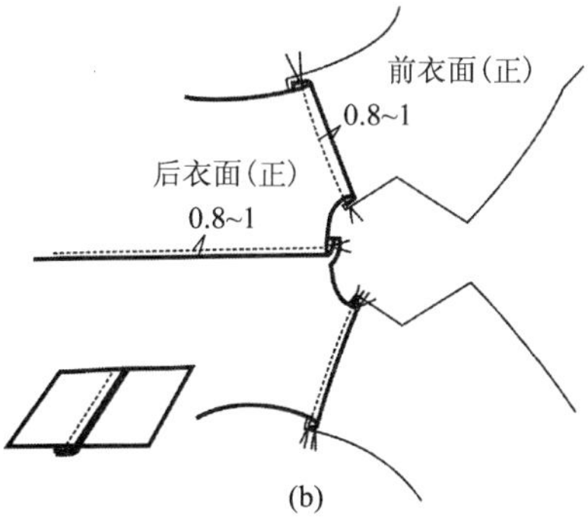 0.6　0.8　前衣面(正) 后衣面(反) 衣里(正) (a) 前衣面(正) 0.8~1 后衣面(正) 0.8~1 (b)	11~13	单针平缝机、熨斗	a.缝合衣面肩缝，前片在下正面朝上肩缝偏出0.8cm，后片与前片正面相对沿后肩缝缝0.6cm缝份，将肩缝平缝缝合，然后将缝份向后片倒烫 b.从后衣面正面压缝0.8~1cm明止口线 最后缝合衣里肩缝并将缝份向后片倒烫（图略）

序号	工艺内容	工艺图示	针距密度（针/3cm）	使用工具	缝制方法
15	做领面	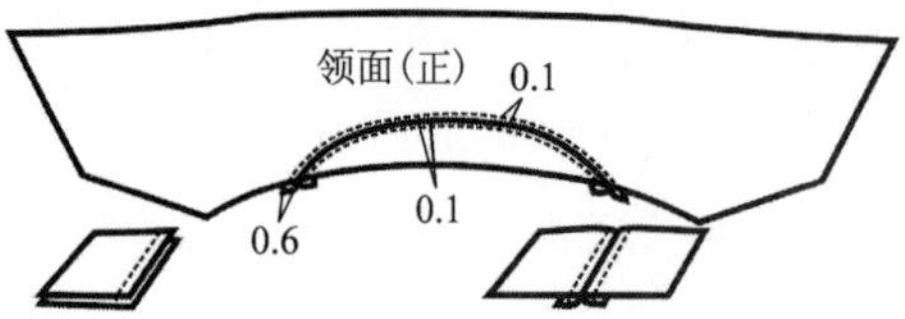 领面（正）0.1 0.6 0.1	11~13	单针平缝机	拼合领面、领座修剪缝份至0.6cm分烫缝份，从正面缝口两边各缉0.1cm止口线
16	缉领外口	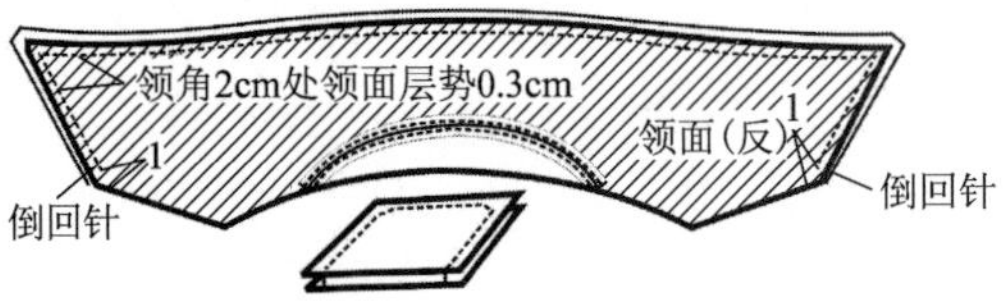 领角2cm处领面层势0.3cm 领面（反）1 倒回针 1 倒回针	11~13	单针平缝机	先画出领面净样线 修剪领面、领里外口及领头缝份，领面1cm，领里0.7cm(图略) 钩缉领外口，领面在上，与领里正面相对，外口对齐平缝缉合，领角两侧略吃0.3cm，起止针倒回针
17	修、翻、烫领止口	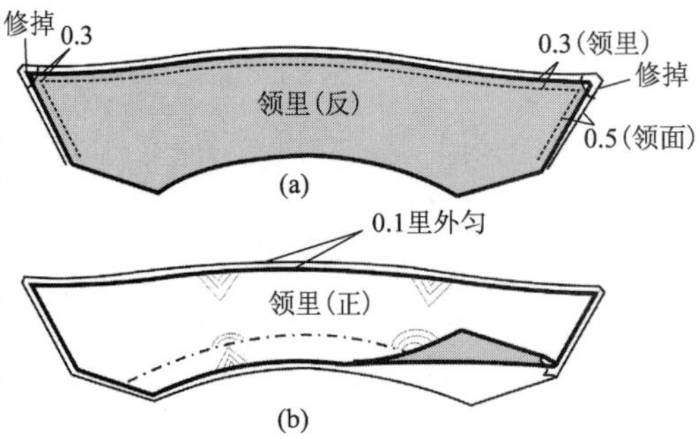 修掉0.3 0.3（领里） 领里（反） 修掉 0.5（领面） (a) 0.1里外匀 领里（正） (b)		熨斗、剪刀	a.修剪领缝份，领面留缝份0.5cm，领里留缝份0.3cm将缝份向领里方向扣烫（图略） b.将领子正面翻出，然后熨烫外口，要烫出里外匀，领里止口要偏进0.1cm,最后按图示归拔领子

续表

序号	工艺内容	工艺图示	针距密度（针/3cm）	使用工具	缝制方法
18	装领	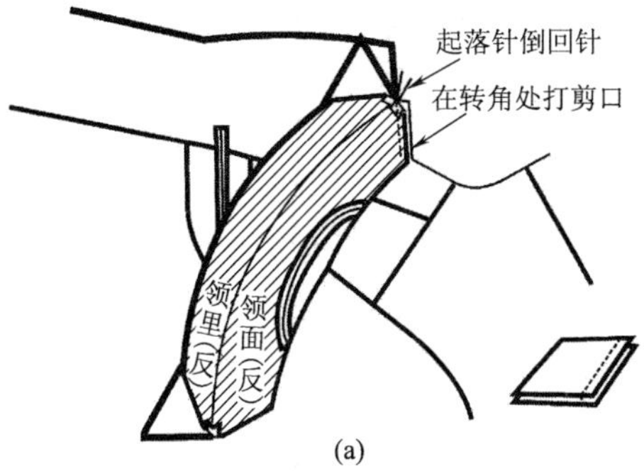 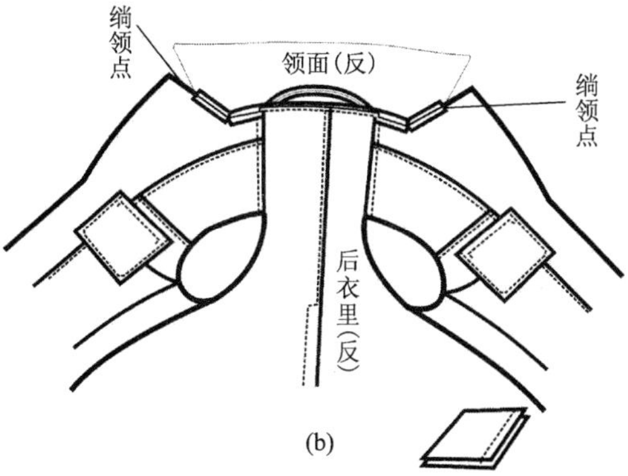	11~13	单针平缝机、熨斗、手缝针	a.装领面：领面缝缀在衣里领圈上，两者正面相对，对位点对准，从一个绱领点起缝到另一个绱领点止针，起落针倒回针，缝至转角处将领面缝份打剪口，不要剪到净缝线，然后分烫缝份 b.装领里：翻转衣身，将领里串口对准衣身驳角缺嘴，对准绱领点，与领面同法缝缀，然后分烫缝份 将领面、领里在串口处的缝份固定，称滴串口，最后将领口面、里缝份机缝或手针缝固定（擦领口）（图略）
19	做袖装饰襻	 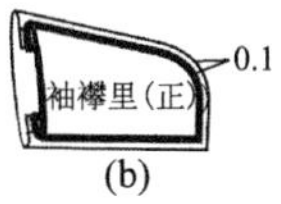 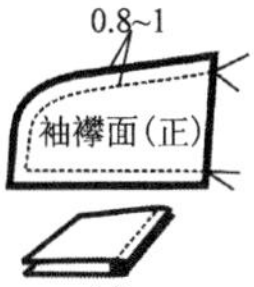	11~13	单针平缝机、熨斗	a.先将袖襻面、里画净缝线，然后将面、里缝份分别修成1cm和0.3cm b.将袖襻面、里正面相对，毛边对齐，面在上按净样线钩缀缝合，保证面略有层势，将袖襻正面翻出，烫出里外匀 c.从正面沿边压缀0.8~1cm明止口

序号	工艺内容	工艺图示	针距密度（针/3cm）	使用工具	缝制方法
20	缉合袖缝	大后袖（反）　大前袖（正）袖襻　0.8　0.6（a）　0.8~1（b）　大袖片（反）　小袖片　0.8　0.6（c）　大袖片（正）　0.8~1　4（d）　（e）	11~13	单针平缝机、熨斗	a. 合袖中缝，缉缝时前袖片在下且偏出后袖片0.8cm，沿后袖片缉0.6cm缝份，在缝缉过程中按标记要求夹进袖襻，注意袖襻要与前袖片正面相对 b. 将缝份朝后袖片方向倒烫，在正面缉0.8~1cm明线 c. 合缉小袖片，方法、要求与合袖中缝相同 d. 将缝份向大袖片倒烫，在正面沿大袖侧缉0.8~1cm明线 e. 归拔袖片后扣烫袖口底边 缝合前、后袖缝，缝份1cm，之后分缝烫平（图略） 缝合袖里前、后袖缝，缝份0.8cm，然后将其向大袖方向倒烫1cm(留0.2cm松量)（图略）
21	接缝袖口手工定位	0.2坐势　袖里（反）　袖面（反）　0.2坐势（a）　手缝定袖至此　车缝吃势1.5　小袖面（正）　0.7　手针绷定面里　10　2　袖面袖山线　手缝定袖起点　10　10　袖里（正）（b）　（c）	机缝11~13 手针3	单针平缝机、熨斗、手缝针	a. 拼接袖面、袖里袖口，将袖里袖口套在袖面袖口外，注意相应的袖缝要对齐，机缝缉合 用三角针将袖贴边缝定在袖面上，也可用缲边机缝定 b. 将袖里袖口留1cm坐势折转，使其小袖与小袖面相对，前缝上下对齐，将袖面、袖里在缝份处用长针固定 c. 将袖面正面向外翻套在袖里外。然后用长针将袖面、袖里手工定位，之后修剪袖里袖山缝份

序号	工艺内容	工艺图示	针距密度（针/3cm）	使用工具	缝制方法
22	装袖	略少 略多 略多 平 逐渐减少 (a) 小袖面(正) 前衣面(正) (b) (c) 肩缝 袖垫条 4~6 (d) 前衣面(反) 后衣面(反) 1 0.5 0.5 8~9 10~11 (e)	11~13	单针平缝机、熨斗、手缝针	a. 抽袖山吃势，用手针或大针码机缝袖面袖山缝份，缝线距净缝0.3cm，抽拉缝线，形成合理的吃势分布，然后在烫凳上将抽皱烫平顺 b. 钉扎袖子，将袖子与袖窿正面相对，对位点对准，先用手针按0.8cm缝份将其绷定 c. 检查袖子是否合乎要求。检查方法：一只手从里面托起肩部，使衣身自然下垂，袖子以自然下垂略向前或盖住袋片袋一半为宜 d. 从（b）图①点开始向上机缝绱袖，缝份1cm，当缝到袖山时，加缝一块4~6cm长、2cm宽的本料斜垫条，之后将缝份向袖窿方向烫倒，把垫条向袖子方向倒烫，形成假分缝 e. 绱垫肩，垫肩的位置如图示，用双线钩针将垫肩固定在前衣片、肩缝及袖窿部位 装袖里：将袖里袖山与衣里袖窿对位点对齐，用手针或机缝缉合，然后用手针将衣里袖窿缝份定在垫肩和缝份上，腋下拉带襻，将袖里、袖面窿底固定（图略） 有条件的企业可用绱袖机和绱垫肩机绱袖

序号	工艺内容	工艺图示	针距密度（针/3cm）	使用工具	缝制方法
23	缉止口	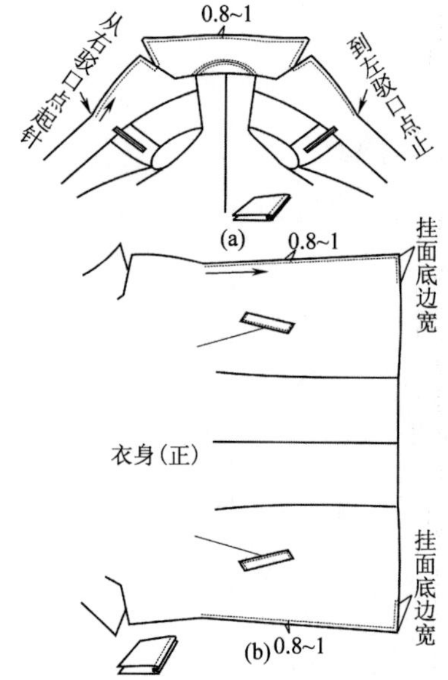 0.8~1 到右驳口点止 到左驳口点止 (a) 0.8~1 挂面底边宽 衣身（正） 挂面底边宽 (b) 0.8~1	11~13	单针平缝机	a.压缉领及驳头明止口 b.压缉门、里襟明止口
24	锁眼、钉扣、拉线襻	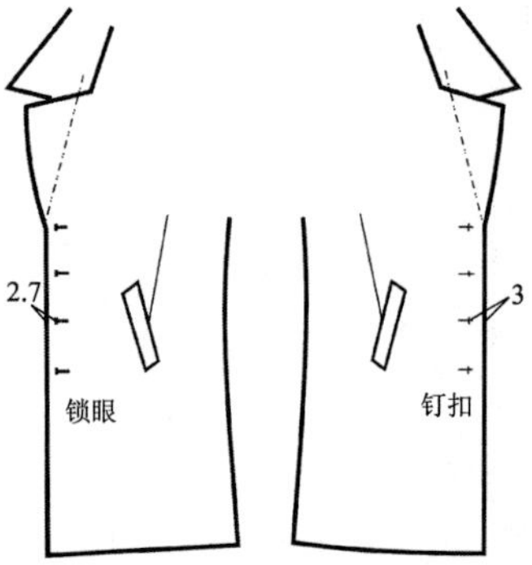 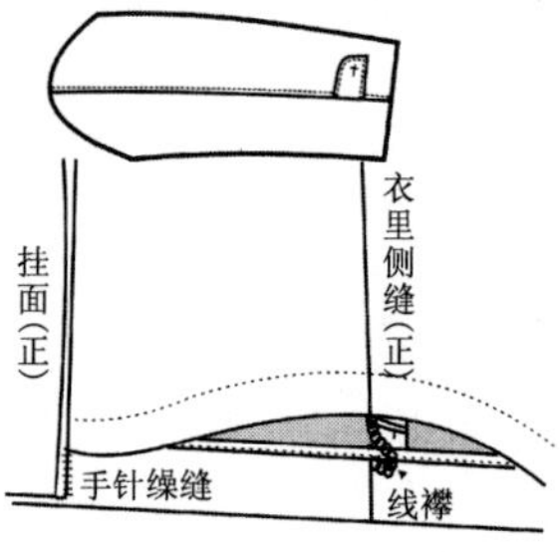 2.7 3 锁眼 钉扣 挂面（正） 衣里侧缝（正） 手针缲缝 线襻			
25	成品整烫	图略		熨斗	整烫步骤：烫衣里、烫底边和侧缝、烫后背、烫前身止口、烫驳头止口、烫前胸、烫大袋、烫前肩、烫领止口、烫驳头反面、烫外驳头、烫驳头内侧、烫后领座、烫袖子

九、男大衣质量标准

1.成品规格（允许偏差范围）

（1）衣长 ±1.5cm。

（2）胸围 ±2.0cm（5·4 系列）。

（3）袖长 ±0.7cm。

（4）肩宽 ±0.6cm。

2.缝制要求

（1）针距密度要求：

①明暗线：11~13 针 /3cm。

②包缝线：不少于 9 针 /3cm。

③手工针：不少于 7 针 /3cm（肩缝、袖窿、领子不少于 9 针 /3cm）。

④三角针：不少于 5 针 /3cm（以单面计算）。

⑤锁眼：12~14 针 /1cm（细线）。

⑥钉扣：每孔不少于 8 根线（细线，绕脚线高度与止口厚度相适应）。

（2）各部位缝制线路顺直、整齐、牢固。主要表面部位缝制皱缩不低于 4 级。

（3）上下线松紧适宜，无跳线、断线、脱线、连根线头。底线不得外露。

（4）领子平服，领面松紧适宜。

（5）绱袖圆顺，两袖前后基本一致。

（6）滚条、压条要平服，宽窄一致。

（7）袋布的垫料要折光边或包缝。

（8）袋口两端应打结，可采用套结机或平缝机倒回针。

（9）袖窿、袖缝、底边、袖口、挂面里口、大衣侧缝等部位叠针牢固。

（10）锁眼定位准确，大小适宜，扣与眼对位，整齐牢固。纽脚高低适宜，线结不外露。

（11）商标、号型标志、成分标志、洗涤标志位置端正、清晰准确。

（12）各部位明线和链式线迹不允许跳针，明线不允许接线，其他缝纫线迹 30cm 内不得有两处单跳或连续跳针，不得脱线。

（13）缝份宽度不小于 0.8cm（开袋、领止口、门襟止口缝份等除外）。起止针处应有倒回针。

3.外观质量要求

（1）部位外观质量要求：

①领子：领面平服，领窝圆顺，左右领尖不翘。

②驳头：串口、驳口顺直，左右驳头宽窄、领嘴大小对称，领翘适宜。

③止口：顺直平挺，门襟不短于里襟，不搅不豁，两圆头大小一致。

④前身：胸部挺括、对称，面、里、衬服帖，省道顺直。

⑤袋、袋盖:左右袋高、低、前、后对称，袋盖与袋口宽相适应，袋盖与大身的花纹一致。

⑥后背：平服。

⑦肩：肩部平服，表面没有褶，肩缝顺直，左右对称。

⑧袖：缉袖圆顺，吃势均匀，两袖前后、长短一致，袖口装饰襻大小、高低一致，袖口扣位两侧一致。

（2）整烫外观要求：

①各部位熨烫平服、整洁，无烫黄、水渍、亮光。

②敷黏合衬部位不允许有脱胶、渗胶及起皱，各部位表面不允许有渗胶。

第二节　女大衣缝制工艺

女大衣的设计受流行及穿用场合的影响较大。一般来说，短大衣动感强、活动方便、约束较小；长大衣显得沉稳庄重，但活动机能差，对人的束缚较大。大衣是通过各部位不同的造型设计而变化出众多的款式。由于大衣多采用较厚重的面料，如粗花呢、法兰绒、女士呢等中厚呢绒，因而造型以简洁为特点，各部位较多采用最基本的结构形式。女大衣的制作工艺比套装简单，这是由于大衣的面料多具有掩盖功能，而使敷衬简单化。另外，从造型上多以宽松和半宽松廓型为主，因而结构简洁。因此，女大衣的制作工艺相对女套装而言简易得多。

一、女大衣款式特征

关门领，一粒明扣暗门襟，两个斜开袋，插肩袖，直腰身。部分袖窿、肩袖缝及领口缉明线（图9-13）。

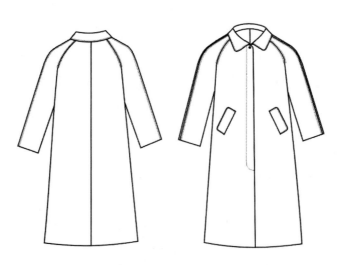

图9-13　女大衣款式图

二、女大衣制图规格

1. 女大衣主要部位制图规格　见表9-4。

表9-4　女大衣主要部位制图规格　　　　　　　单位：cm

部位（号/型）	衣长	胸围（B）	总肩宽（S）	袖长（SL）	袖口宽
规格（165/88A）	102	110	42	56	16

2. 女大衣细部制图规格　见表9-5。

表9-5　女大衣细部制图规格　　　　　　　单位：cm

部位	袋大	袋片宽	翻领	领座	领角大
规格	16.5	4.5	5.5	3.5	11

三、女大衣结构制图

1. 原型板处理　如图9-14所示。

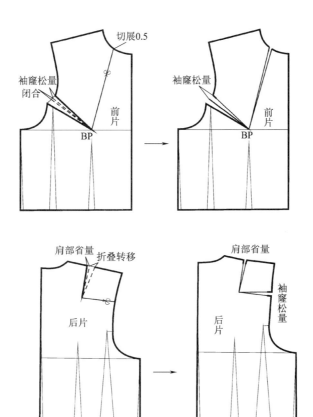

图9-14　原型板处理

2.**女大衣结构制图** 如图9-15所示。

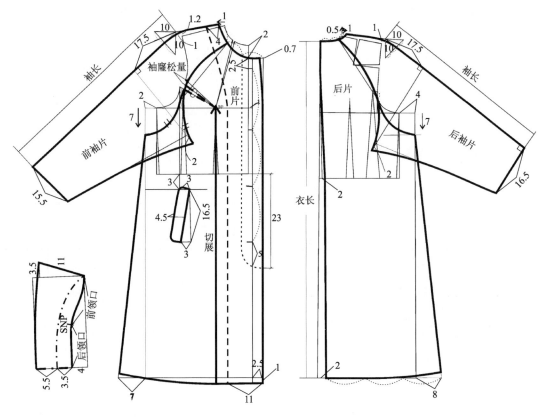

图9-15　女大衣结构制图

四、女大衣样板制作

1.**面料样板制作** 如图9-16所示，包括前片、后片、袖片、挂面、领面、领里、袋爿、垫袋布等。

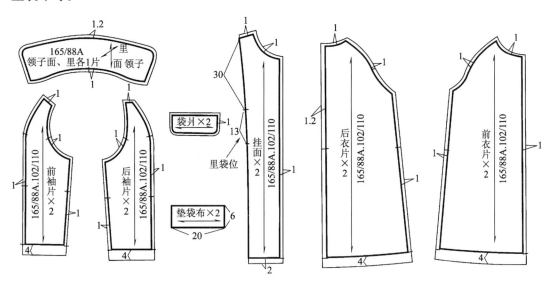

图9-16　面料样板

2. 里料样板制作　如图 9-17 所示，包括前片、后片、袖片、大袋、里袋袋布及暗门襟片等。

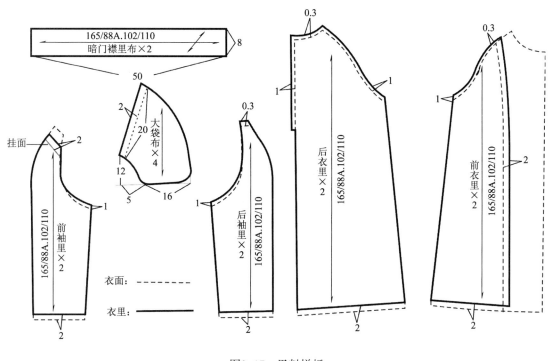

图9-17　里料样板

3. 有纺黏合衬样板制作　如图 9-18 所示，包括前片、领子、挂面、袖肩头、底边、袖口、袋爿及暗门襟贴布等。

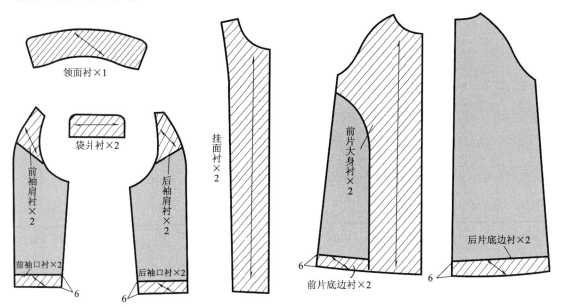

图9-18　有纺黏合衬样板

五、女大衣排料图

1.女大衣基本用料

（1）常用面料：

纯毛面料：花呢、华达呢、羊绒等。

化纤及混纺面料：毛涤花呢、法兰绒、中厚呢绒等。

（2）里料：美丽绸、醋纤里子绸、尼龙绸等。

（3）常用辅料：有纺黏合衬、无纺黏合衬、垫肩等。

2.女大衣排料图

（1）面料排料：如图9-19所示。面料幅宽150cm，用料：长=2×衣长=205cm。

（2）里料排料：如图9-20所示。里料幅宽150cm，用料：长=2×衣长=205cm。

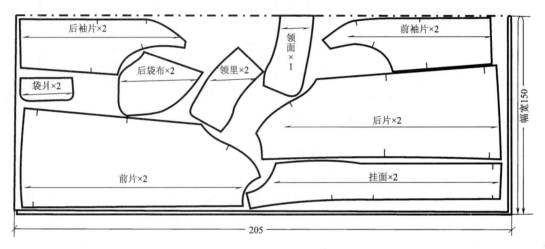

注：前衣片四周另加放0.5cm，预留缩率，在缝制前再进行修剪

图9-19　面料排料图

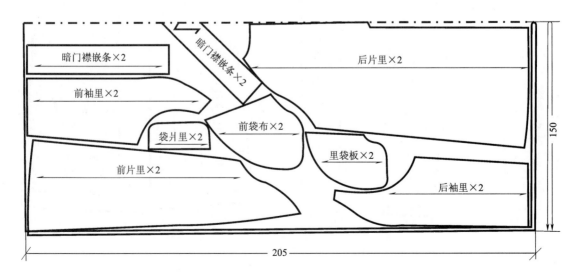

注：剩余空间可裁剪三角齿形袋边装饰布片

图9-20　里料排料图

六、女大衣缝制工艺流程图

1. **生产流程**　同男大衣生产流程，如图9-11所示。
2. **缝制阶段工艺流程**　如图9-21所示。

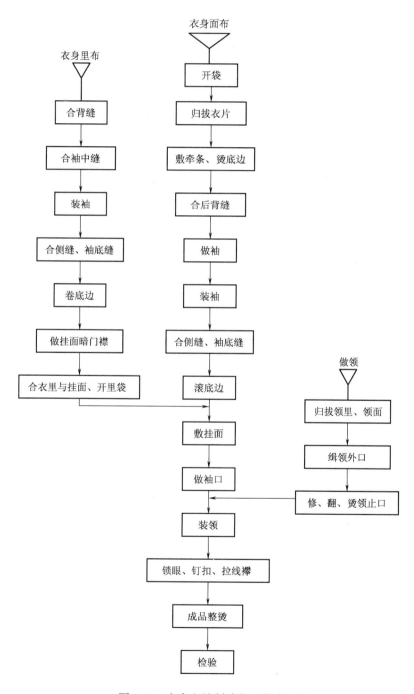

图9-21　女大衣缝制阶段工艺流程图

七、女大衣缝制方法（表9-6）

表 9-6　女大衣缝制方法

序号	工艺内容	工艺图示	针距密度（针/3cm）	使用工具	缝制方法
1	开袋		15	单针平缝机、熨斗	a. 袋爿面粘衬后划净样线，修剪缝份为 1cm，袋爿里三边小于袋爿面 0.3cm，最后面、里正面相对，毛边对齐，按净样绱合袋爿 b. 将袋爿正面翻出熨烫，要烫出里外匀，之后从正面绱 0.8cm 明止口 c. 将袋爿与前袋布接缝 d. 绱袋爿、后袋布，两绱线间距为 1.5cm，后袋布的绱线长度比袋口两端各偏进 0.3cm e. 按图示开剪袋口，注意不能剪到倒回针顶点 f. 先将后袋布翻到反面，从正面沿上口压绱 0.1cm 止口 g. 将前袋布翻到反面，袋爿向上翻转压住袋口，再从袋爿缝灌缝与前袋布固定（要掀起后袋布），之后用手针拱缝袋爿两侧，也可用绷边机缝定 h. 从反面将前、后袋布钩缝，缝份 1cm

续表

序号	工艺内容	工艺图示	针距密度（针/3cm）	使用工具	缝制方法
2	归拔衣片	 前衣片(反)		熨斗	将前衣片袖窿处斜丝缕归拢的同时，把胖势推向胸部 　将前身止口的撇胸归直，推向胸部中间 　把底边弧线归直、烫平，胖势向上推
3	敷牵条、烫底边	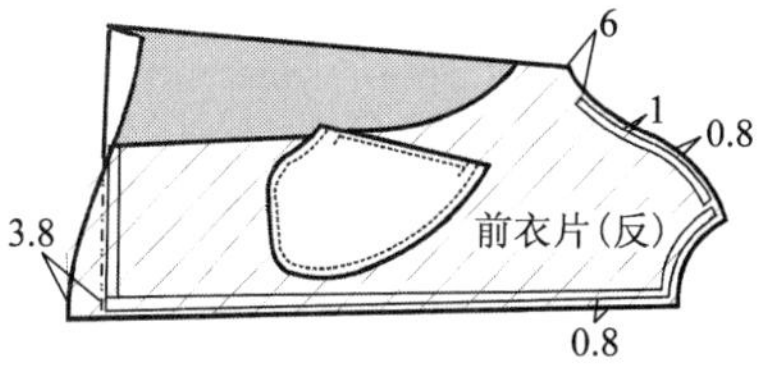 前衣片(反)　6　1　0.8　3.8　0.8		熨斗	归拔之后，在领口、门襟止口、底边及袖窿等部位敷上牵条，在袖窿中段、门襟止口下口至底边转角处牵条略敷紧，其他部位平敷即可，领口、袖窿用1cm斜牵条，其他用1cm直纱牵条，敷牵条的位置如图示 　按底边的缝制标记将底边向反面扣烫
4	合后背缝	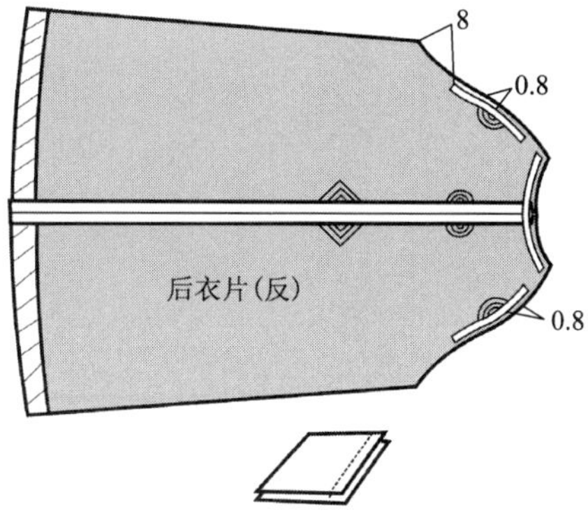 后衣片(反)　8　0.8　0.8	14	单针平缝机、熨斗	按缝制标记合缉后衣面背缝，缝份1.2cm 　归拔后片：将袖窿处斜丝缕略归拢，后中腰线略拔开 　领口、袖窿处敷1cm斜牵条，领口平敷，袖窿中段略敷紧，位置要求如图示 　分烫背缝缝份

序号	工艺内容	工艺图示	针距密度（针/3cm）	使用工具	缝制方法
5	做袖	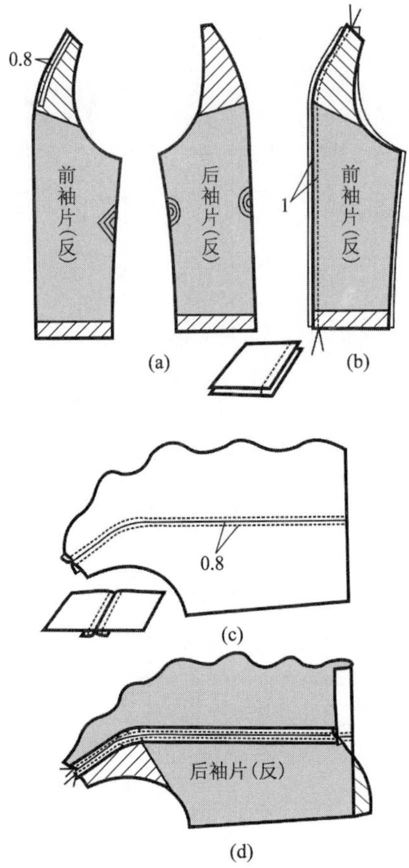	14	单针平缝机、熨斗	a.归拔袖片，之后在袖中缝肩部斜丝处敷1cm斜牵条，位置要求如图示 b.合绱袖中缝，将前、后袖片正面相对，袖缝对齐车缝，缝份1cm，起止针倒回针 c.将弧线部分缝份打剪口，分烫缝份，从正面袖缝两侧分别绱0.8cm止口 d.袖口粘衬，之后按缝制标记将袖口底边向反面扣烫
6	装袖	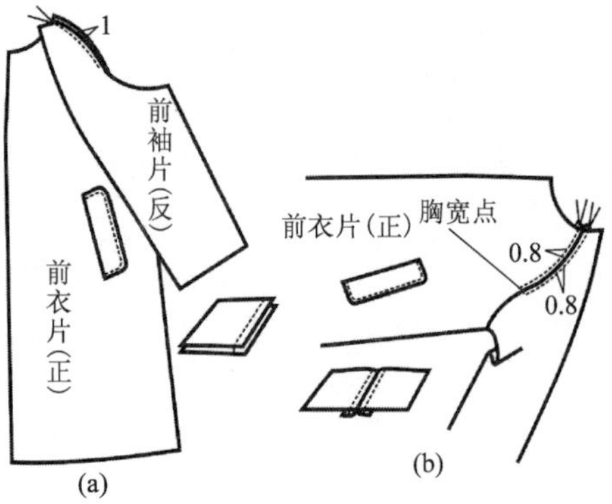	14	单针平缝机、熨斗	a.前衣片在下，前袖片在上，正面相对，袖缝与袖窿对位点对准，平缝绱合，缝份1cm，起止针倒回针 b.在布馒头上分烫袖缝，然后在正面沿缝两边分别绱0.8cm止口，至胸宽点 相同方法装后袖（图略）

序号	工艺内容	工艺图示	针距密度（针/3cm）	使用工具	缝制方法
7	合侧缝、袖底缝	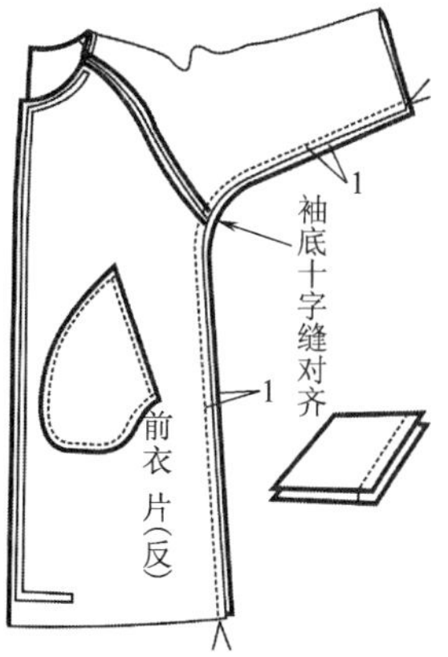	14	单针平缝机、熨斗	后衣片在下，前衣片在上，侧缝、袖底缝对齐，前、后袖窿缝对准，将侧缝、袖底缝一起缝合，缝份1cm 在袖枕上分烫缝份
8	衣面滚底边	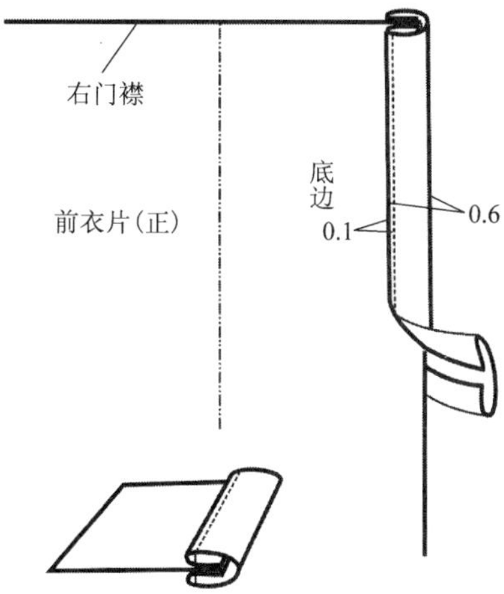	14	单针平缝机、滚边器	先将滚条毛边扣烫，从右襟侧底边起滚边，滚条用45°斜里料，滚边宽0.6cm，缉0.1cm止口 按缝制标记扣烫底边（图略） 用滚边器时，先将滚条塞进滚边器上、下槽内，再把底边夹在中间滚包。滚条宽2.6cm，长为底边长度+（5~8）cm
9	合衣里背缝	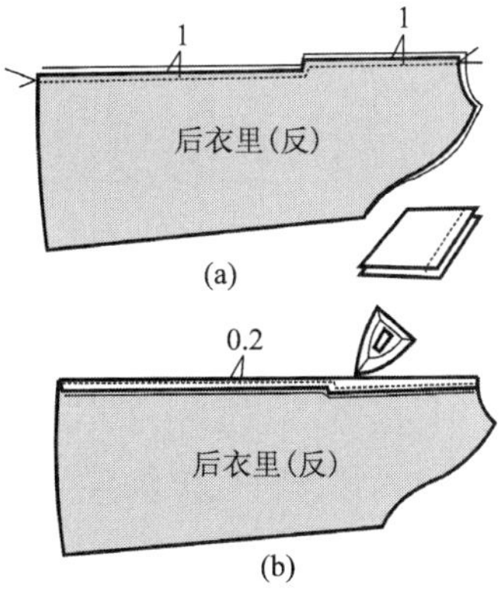	14	单针平缝机、熨斗	a.按缝制标记合缉后衣里背缝，缝份1cm b.扣烫背缝，留0.2cm坐势

序号	工艺内容	工艺图示	针距密度（针/3cm）	使用工具	缝制方法
10	合袖里中缝	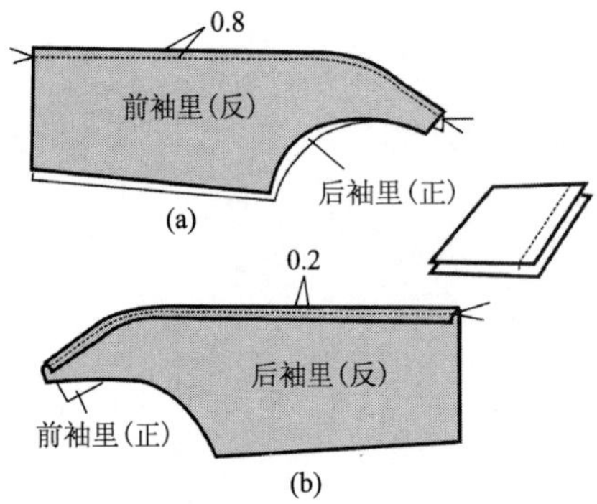	14	单针平缝机、熨斗	a.按0.8cm缝份合缉袖中线 b.将缝份向后袖里方向扣烫，留0.2cm坐势
11	装袖里	图略	14	单针平缝机、熨斗	与衣面相同方法缉合，缝份1cm，然后将缝份向后衣片方向倒烫
12	合摆缝里、袖底缝里	图略	14	单针平缝机、熨斗	与衣面相同方法缉合侧缝里、袖底缝里，缝份1cm 然后将缝份向后衣片方向倒烫，留0.2cm坐势
13	卷衣里底边	图略	14	单针平缝机、熨斗	将衣里底边卷边，第一次向反面折1cm宽，第二次折2cm宽 然后熨烫平服，熨烫时注意不要将底边拔长

续表

序号	工艺内容	工艺图示	针距密度（针/3cm）	使用工具	缝制方法
14	做挂面暗门襟	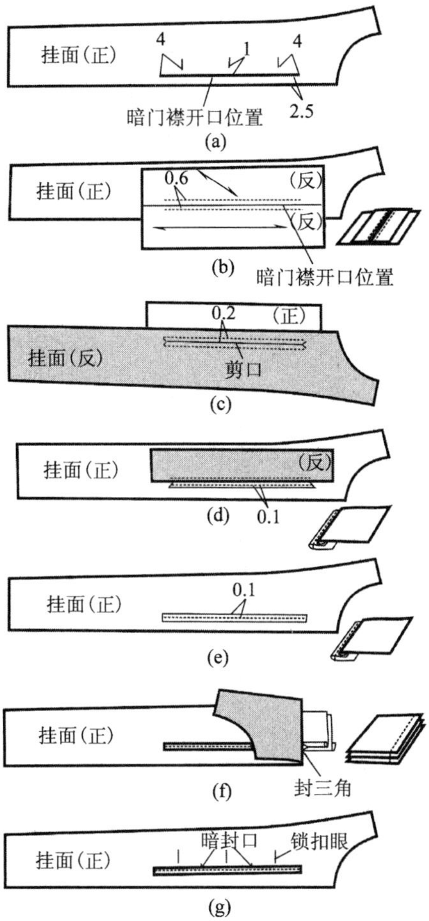 挂面（正）　4　1　4 暗门襟开口位置　2.5 (a) 挂面（正）　0.6　（反） （反） (b)　暗门襟开口位置 0.2　（正） 挂面（反）　剪口 (c) 挂面（正）　（反） (d)　0.1 挂面（正）　0.1 (e) 挂面（正） (f)　封三角 挂面（正）　暗封口　锁扣眼 (g)	14	单针平缝机、熨斗	a. 按门襟挂面画出扣眼位、暗门襟开口位置 b. 缉嵌线与垫布，嵌线布用斜料，垫布用直料，缉0.6cm宽的两条线 c. 剪开口，两头剪成三角形。要求同前述嵌线袋制作方法 d. 将垫布翻到反面，沿开口缉0.1cm止口线 e. 将嵌线布翻到反面，沿开口另一侧缉0.1cm的止口线，注意不要和垫布缉在一起 f. 掀起挂面，将三角与嵌线布和垫布封缉在一起 g. 按扣眼位锁眼，再按图示位置在反面把挂面与嵌线布和垫布固定在一起
15	合衣里与挂面、开里袋	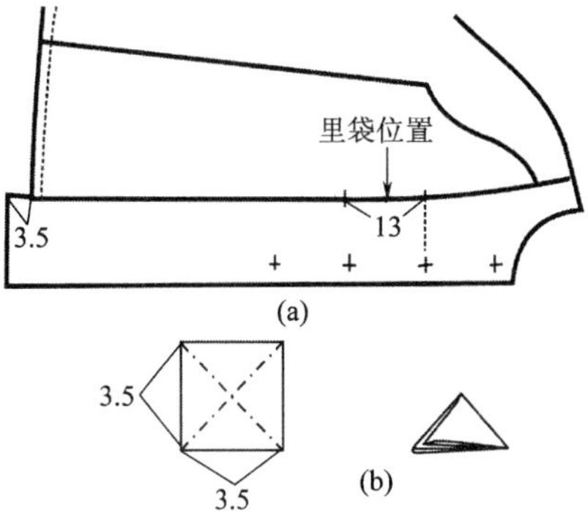 里袋位置 3.5　13 (a) 3.5 3.5 (b)	14	单针平缝机、熨斗	a. 挂面与前衣里缉合，缝份1cm，留出里袋位不缝，起落倒回针，然后分烫缝 b. 按图示方法做三角齿形袋边装饰片9~10片

续表

序号	工艺内容	工艺图示	针距密度（针/3cm）	使用工具	缝制方法
15	合衣里与挂面、开里袋	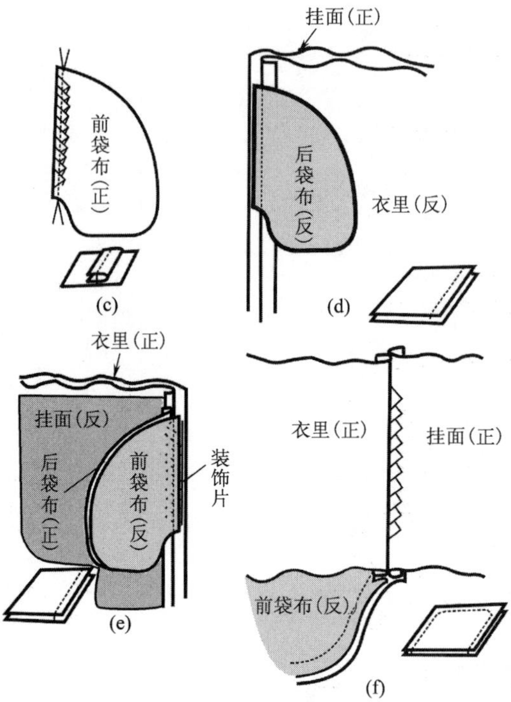	14	单针平缝机、熨斗	c. 将装饰片按图示叠放，然后与后袋布的袋口缝合在一起 d. 将后袋布的袋口与挂面袋口位缝份正面相对，沿袋口位缝缉 e. 将袋布沿缝线向下折转，再用相同方法将缝有装饰片的前袋布缝缉在衣里的袋口缝份上 f. 钩缉袋布、封袋口，先将袋布三边钩缝，缝份1cm，然后在反面袋口位将前、后袋布及衣里缝份用来回针缉合在一起封口
16	敷挂面	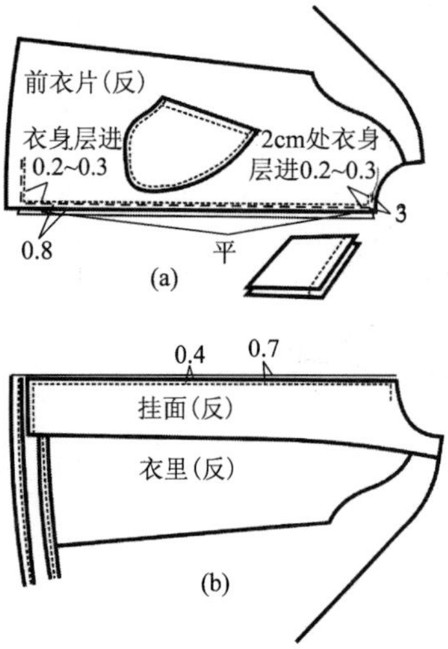	14	单针平缝机、熨斗、手缝针	a. 先画出前衣片止口净样线，再将挂面与前衣片正面相对，按图示的松紧要求手针绷缝固定，缝份0.8cm，然后衣片在上按净缝线缉合，门襟侧由上向下缉，里襟侧由下向上缉 b. 按图示将门襟缝份修成梯形状

续表

序号	工艺内容	工艺图示	针距密度（针/3cm）	使用工具	缝制方法
16	敷挂面	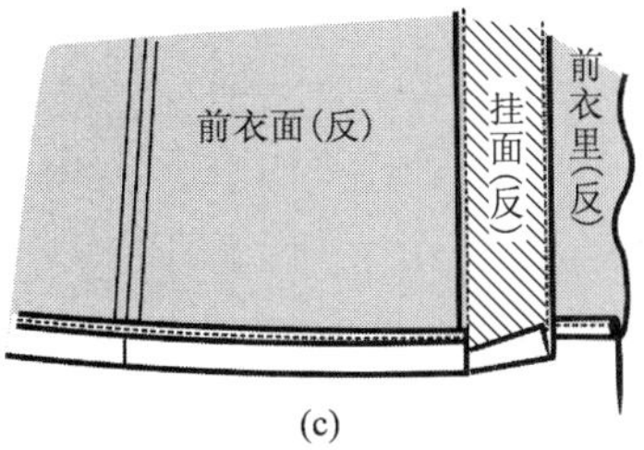 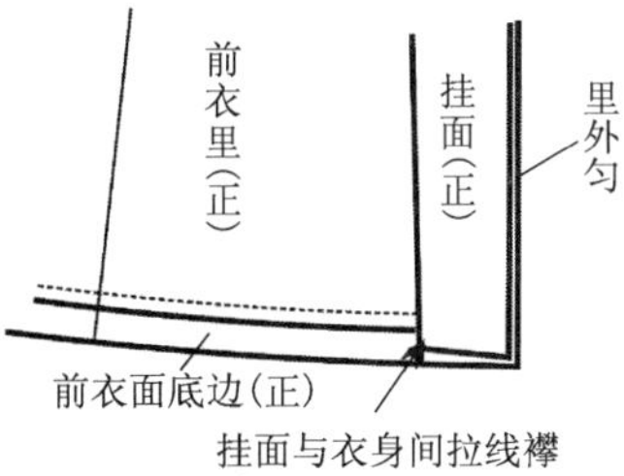 前衣面（反）　挂面（反）　前衣里（反） (c) 前衣里（正）　挂面（正）　里外匀 前衣面底边（正）　挂面与衣身间拉线襻 (d)	14	单针平缝机、熨斗、手缝针	c. 将前衣面与挂面底边扣烫后翻出正面熨烫，注意勿使止口反吐 d. 最后扳定止口，滴定挂面里口，制作方法同男西装及男大衣
17	做袖口	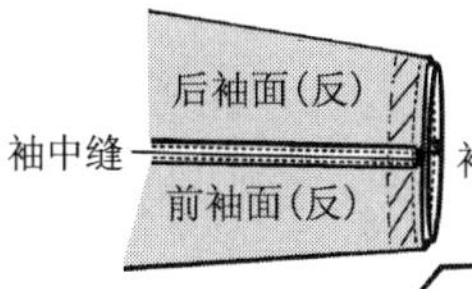 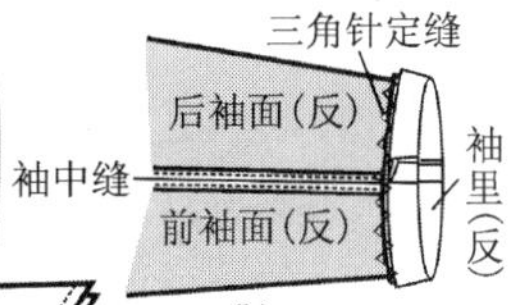 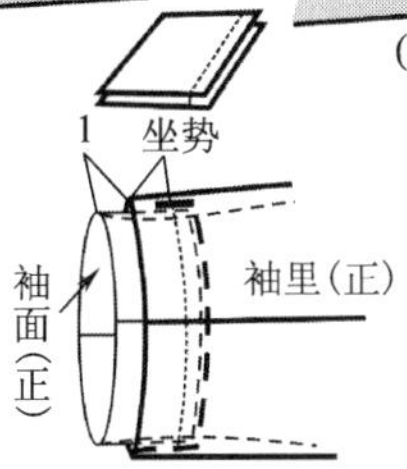 三角针定缝 后袖面（反）　后袖面（反） 袖中缝　前袖面（反）　袖中缝　前袖面（反）　袖里（反） (a)　(b) 坐势 袖面（正）　袖里（正） (c)	14	单针平缝机、熨斗、手缝针	a. 将袖面反面翻出，袖里正面向外塞进袖面里，使袖面、里的袖中、袖底缝对齐，袖口对齐绱合，缝份1cm b. 将袖面口折边向袖面反面扣烫，用三角针将其固定在袖面上 c. 将袖子正面翻出，袖里在外，按一定的坐势烫底边
18	归拔领里、领面	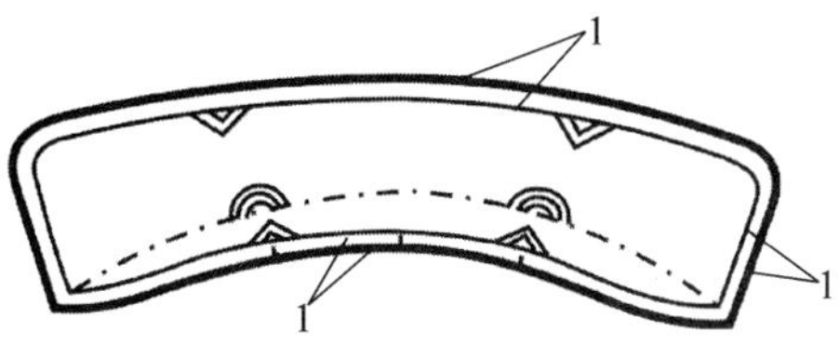 1 1		熨斗	在粘好衬的领面上划净样线，然后归拔领片，在左、右对肩缝剪口附近，领座下口、翻领外口拔开，领翻折线略归拢

序号	工艺内容	工艺图示	针距密度（针/3cm）	使用工具	缝制方法
19	绱领外口	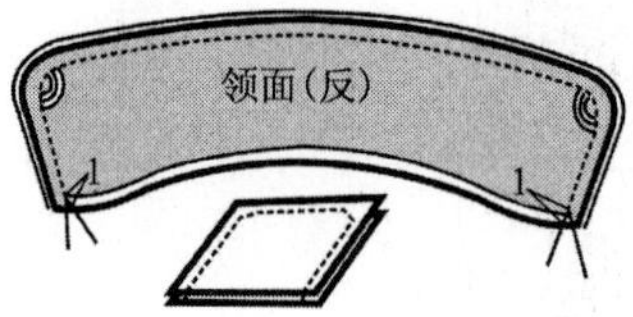 领面（反）	14	单针平缝机	将领面缝份修成1cm，领里外口、领头比领面小0.3cm修好，然后将领面、里正面相对标记对准，领面在上沿净缝线绱合领外口及领头，起止针倒回针。领角两侧吊紧领里，略层0.3cm
20	修、翻、烫领止口	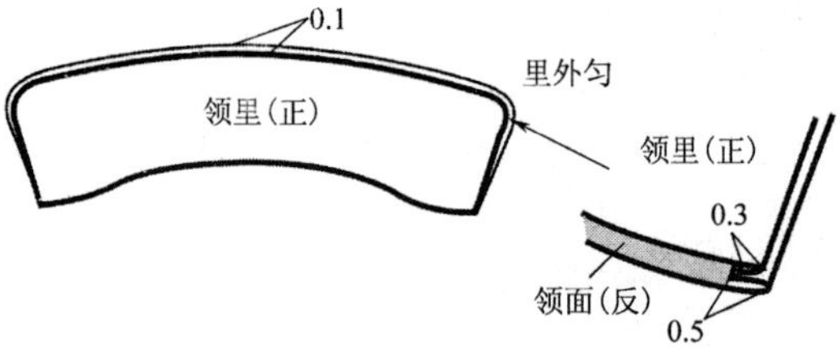 0.1 领里（正） 里外匀 领里（正） 0.3 领面（反） 0.5		剪刀、熨斗	修剪领缝份，领面留缝份0.5cm，领里留缝份0.3cm 扣烫领止口 翻出正面进行熨烫，要烫出里外匀，领里偏进0.1cm 沿领翻折线向领里方向烫折领子，使其呈立体状，修齐面、里领下口缝份
21	装领	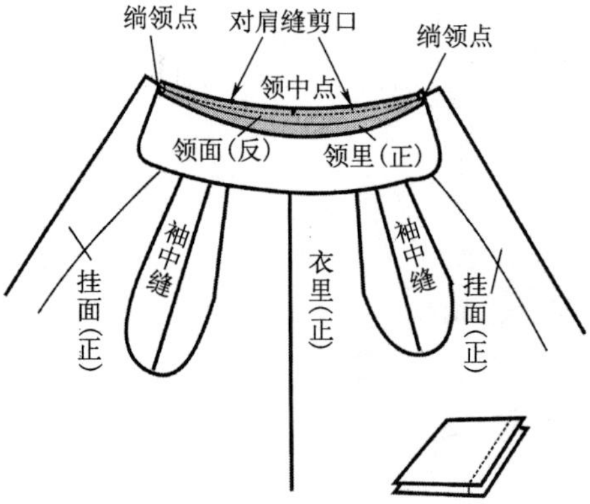 绱领点 对肩缝剪口 绱领点 领中点 领面（反） 领里（正） 袖中缝 衣里（正） 袖中缝 挂面（正） 挂面（正）	14	单针平缝机、熨斗、手缝针	装领面：将领面与衣里领口正面相对，领子剪口对准肩缝、后背中点，领两头对准绱领点，平缝绱合，缝份1cm，起止针倒回针 装领里：翻转大身，将领里与衣面领口正面相对，对位点对准绱合 在布馒头上将缝份分烫（图略） 将面、里领口用手针或机缝固定，称为扎领口（图略）

续表

序号	工艺内容	工艺图示	针距密度（针/3cm）	使用工具	缝制方法
22	缉止口	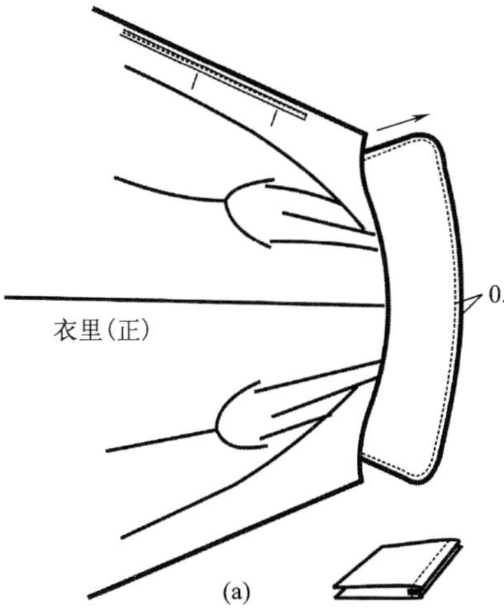 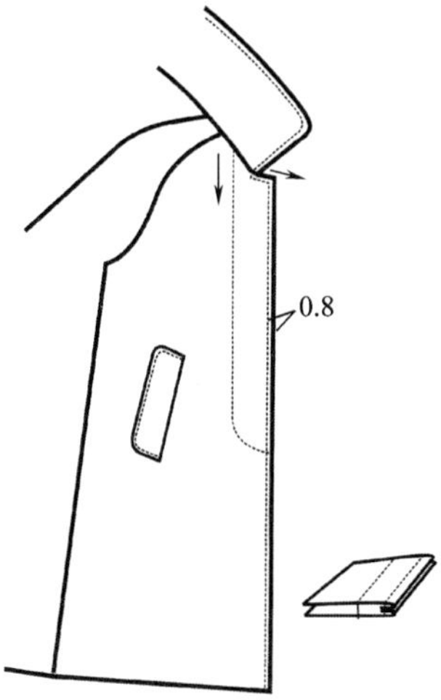 衣里（正） 0.8 (a) 0.8 (b)	14	单针平缝机	a. 从正面连续缉领头、领外口、门里襟止口 0.8cm 明止口，中途不允许断线或跳线 b. 门襟缉明装饰线且封口
23	锁眼、钉扣、拉线襻	图略	缝型6.05.01	手缝针	锁眼，钉扣，挂面下口、侧缝处拉线襻，方法同男大衣
24	成品整烫	图略		熨斗	整烫步骤：烫衣里、烫底边和侧缝、烫后背、烫前身止口、烫驳头止口、烫前胸、烫大袋、烫前肩、烫领止口、烫驳头反面、烫外驳头、烫驳头内侧、烫后领座、烫袖子

八、女大衣质量标准

1.成品规格（允许偏差范围）

（1）衣长 ±1.5cm。

（2）胸围 ±2.0cm。

（3）袖长 ±1.2cm。

（4）肩宽 ±0.6cm。

2.缝制要求及外观质量标准

（1）各部位面、里、衬松紧适宜。

（2）绱领端正，领窝圆顺、领面平服。左、右领尖不翘、大小一致，装领两端整齐牢固，要求左右对称。领止口不反吐，并且平服、顺直。

（3）绱袖圆顺，吃势均匀，松紧适宜。两袖前后、长短一致。袖口大小一致，装袖明绱线长短、宽窄一致。

（4）胸部丰满、挺括，位置适宜对称。省道顺直、平服，左右对称、长短一致。左右袋高低、前后对称，袋嵌线大小、宽窄、圆角一致，袋角无毛出。止口顺直平挺，门襟不短于里襟，不搅不豁，两圆头大小一致。

（5）肩部平服，表面没有褶，肩缝顺直，左右对称。

（6）各部位缝制线路顺直、整齐、牢固，侧缝、肩缝、袖缝、背缝、领缝平服。

（7）各部位熨烫平服、整洁，无烫黄、水渍、亮光，采用黏合衬的部位不渗胶、不脱胶及起皱，各部位表面不允许有渗胶。

3.经纬纱向技术规定

（1）前身：经纱以领口宽线为准，不允斜。

（2）后身：经纱以腰节下背中线为准，西服偏斜不大于0.5cm，大衣偏斜不大于1.0cm；条格料不允斜。

（3）袖子：经纱以前袖缝为准，大袖片偏斜不大于1.0cm，小袖片偏斜不大于1.5cm（特殊工艺除外）。

（4）领面：纬纱偏斜不大于0.5cm，条格料不允斜。

（5）袋盖：与大身纱向一致，斜料左右对称。

（6）挂面：以驳头止口处经纱为准，不允斜。

本章小结

本章学习了较传统男、女大衣的缝制，它同样包括制板、选料排料、缝制、检验等系列内容。所不同的是，大衣在结构制图上与西装有所不同，在领口、肩缝和袖窿等方面有不同的变化，弄清变化的原理非常重要，同样对翻驳领的净样板也要进行放缝前的结构处理，大衣的有些衣片的缝型，衣片毛边的处理与西装有所不同，大衣面与里的底边处理上也不同于西装，比较、分析、总结这些异同点，对服装专业学习是非常重要的。本章的重点仍是领子、袖子的缝制。另外，大衣的明缉线的尺寸正确与否，线迹的顺直、密度与美观，对大衣外观效果的影响也应予以重视。

思考题

1.为什么男大衣的领面要采用分领座式结构，而领里却不采用？

2.女大衣领能否采用与男大衣相同的结构处理？

3.为什么领面采用直纱向，而领里采用斜纱向？

4.你认为制领工艺还有什么不同的方法？

5.你认为缉袖工艺还有什么不同的方法？

6.大衣面、里的底边处理为什么与西装不同？

第十章　中式服装缝制工艺

专业知识、专业技能与训练

课题名称：中式服装缝制工艺

课题内容：

1.中国传统特色工艺

2.装袖旗袍缝制工艺

3.中式男装缝制工艺

4.中式女马甲缝制工艺

课题用时：

总学时：56学时

学时分配：制板10学时，裁剪粘衬4学时，缝制42学时

教学目的与要求：

1.使学生掌握女旗袍、女马甲和中式男装的制板知识与技能（包括规格设计、结构制图及衣片放缝）。

2.掌握主要中国传统缝制工艺。

3.使学生熟悉从制图到制成品的程序及每个程序的任务、方法与要求。

4.熟悉成衣缝制工艺流程、方法和要求。

5.熟悉成品质量检验的标准、方法和要求。

教学方法：理论讲授、示范操作、实物样品参考、巡回辅导。

课前准备：

1.知识准备：

（1）复习中式服装结构设计和服装材料学的有关知识。

（2）每人制作一套男装原型板、女装原型板，号/型标准自选。

2.材料准备：

（1）制板工具与材料：除结构设计所需要的一切工具外，还应准备锥子（用于纸样钻眼定位）、剪口机（用于纸样边缘打剪口标记）以及牛皮纸（120~130g）8张（用于裁剪板和工艺板制作）。

（2）缝制工具:剪刀、镊子、14号机针等。

（3）缝制材料：机缝线3轴。

（4）旗袍面料：传统礼仪类旗袍要选用弹性好，有一定的重量感，光泽亮丽，外观

较挺的传统丝织物。颜色以红色、粉红、绿色为主，有素色和花色两类。夏季可选择淡雅的真丝印花面料，如斜纹绸、双绉、桑波缎、绉缎等；春秋季以织锦缎、古香缎、花软缎及天鹅绒、金丝绒、乔其绒等面料为主。现代旗袍可选用柔软、光泽柔和、吸湿透气、穿着舒适的棉织物和其他丝织物，花色无严格限制，如纯棉府绸、花贡缎、罗缎、平绒、涤纶绸缎、精纺女衣呢等。用料量：丝织物幅宽大多属中幅（90cm、113cm），如选90cm幅宽，需要布长=衣长×2+袖长；如选113cm幅宽，需要布长=衣长+袖长，另外还需滚条布和盘扣用布，滚条多选素色、亮丽、柔软的软缎或素绉缎，颜色与面料对比度要大，这类用布大多幅宽为113cm，可用与幅宽等量的布（113cm）。

（5）里料：应选用柔软、光滑，较吸湿透气，皮肤触感舒适的织物，如绢丝纺、电力纺、羽纱、软缎、醋纤里子绸等。幅宽 113cm ，需要布长=衣长+袖长。

（6）衬料：①无纺衬30cm。②牵条黏合衬，牵条衬实际上就是将薄的机织黏合衬裁成一定宽度的直纱向或斜纱向的衬条，主要用于旗袍在加工和使用过程中易变形的部位，如袖窿、领口、两侧开衩部位。0.3cm直条衬需要2m左右，1cm斜纱衬需要2m左右。

（7）其他材料：垫肩1副，厚1cm，针刺料；隐形拉链（长30cm）1条。

教学重点：

1.装袖旗袍的制板知识与技能（包括净样板的检验与确认和毛样板的制作）。

2.中国传统缝制工艺的内容和方法。

3.选配缝制装袖旗袍所需的有关材料和估算用料的能力。

课后作业：

1.独立完成一件旗袍的制板、选配用料、裁剪、缝制和质量检验系列工作。

2.独立完成一件中式男装或中式女马甲的制板、选配用料、裁剪、缝制和质量检验系列工作。

一、概述

中式服装是指具有中国服饰特色的服装，即人们俗称的唐装，是民族的产物。它在一定程度上融入了民间的手工艺术之精华。主要是指在面料及扣子上大大体现了中国民间手工艺品的精细和巧妙，在效果上能够展示中国古代文化特色的、稳重高雅的民族风格。

当代的中式服装虽然发展变化了，但仍然保持着过去所固有的特点和风格。而我们今天的所谓"唐装"，盘花扣襻，对襟或偏襟、立领、西装接袖（圆装袖），完全是"满装"的延续和改良，是在汉文化的影响下逐渐形成的。

1.**中式女子服装的演变** 清代的旗人穿长袍，其款式是直筒式，腰部无曲线，长及脚背，圆领口，下摆和袖口较大，平袖口两边较大，一般采用镶缘工艺。此时汉人妇女则穿上衣下裙，这种长袍后来就演变成汉族妇女的主要服饰——旗袍。

上袄下裙是民国初年衣裙上下配穿的一种女子服装，其上衣一般为襟式（大襟、直襟、右斜襟），下摆有圆有直，衣袖、衣领各异，成为后来中式女子上装的基型。

2. **中式男子服装的演变** 盛唐时期，由于胡服的传入和民族的融合，男子服饰逐渐变成宽衣大袖长裙丝履，有衬里的称为袍，无衬里的称为衫。至清代，已演变成袍、褂、袄、衫、裤等形式。

民国后期，长袍成为这一时期最具代表性的服装，后来成为中式男子上装的基型。

二、中式服装的构成

1. **中式服装的面料** 清代前期，面料主要有绫、锦、绸、绢、葛等。现今大多的中式服装选用真丝绸缎制作。

2. **中式服装的纹样** 织物的纹样沿袭明代的汉文化特征，其纹样多为吉祥图案，结构多为团形纹、菱形纹、散点纹，总体纹样风格以细腻繁琐的满花形式为主。

3. **中式服装的式样** 随着历史的前进和社会的进步，当代中式服装与传统的中式服装已有了比较大的发展，在款式结构上：

（1）领子有大圆领、小圆领、方领、元宝领等。

（2）门襟有人字襟、双圆襟、连环襟、琵琶襟、一字襟等。

（3）袖子有长袖、中袖、短袖、无袖、连肩袖、圆装袖，宽袖口、紧袖口等。

4. **中式服装的缝制** 明清至近代一直讲究手工缝制，同时采用刺绣、滚边、镶边、珠片绣、珍珠绣等传统工艺，装饰上盘扣，使服装表现出浓厚的民族风格。随着生活节奏的加快和人们需求的增加，中式服装的加工缝制工艺也在不断地发展更新，原来以手工作坊生产为主逐渐被以机器为主的规模化工业生产所代替。

第一节 传统特色工艺

一、滚边

滚边就是用其他的条状布料将主要布片的毛边包裹成宽度均匀一致的装饰边的一种缝制工艺。滚边的宽度一般在 0.3~0.6cm 范围内。

滚边按照工艺制作方法可分成单层滚光式和双层滚光式（表 10-1）。单层滚光式又可分为单层单面滚光式和单层双面滚光式（它们各自又有明线式和暗线式之分）；双层滚光式滚边分为明线式双层滚边和暗线式双层滚边。

滚边布一般采用 45° 正斜纱条。45° 正斜纱条伸缩性最大，易于操作，包滚效果好。滚边布应尽量避免接头，若要接头须按斜条的直纱边拼接。为防止滚边布拉伸后变窄，裁剪时可酌情放宽。单层滚边布宽度一般为滚边宽度的 4 倍，双层滚边布宽度一般为滚边宽度的 6 倍（图 10-1）。

表 10-1 滚边工艺方法

工艺内容	工艺图示	缝型符号	使用工具	工艺说明
单层滚光式滚边	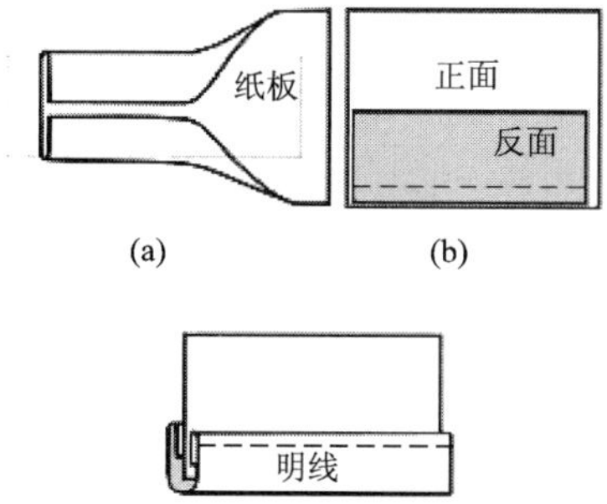 纸板 / 正面 / 反面 / (a) / (b) / 明线 / 单层双面滚光 / (c)		平缝机、熨斗、硬纸板	a. 用纸板扣烫滚条两毛边 b. 滚条与衣片正面相对平缝缉合，缝份 0.3~0.6cm，在滚包弧形衣片边时，滚条在凹处稍拉紧，在凸处稍推送。然后修剪缝份，宽度为 0.3 ~ 0.6cm c. 将滚条沿缝线翻转，盖在第一道线迹上，使其盖过 0.1cm，然后在翻转的折边上压缉 0.1~0.2cm 的止口 也可用带滚边夹头的平缝机一次完成滚边，要求滚边平服无扭曲
单层滚光式滚边	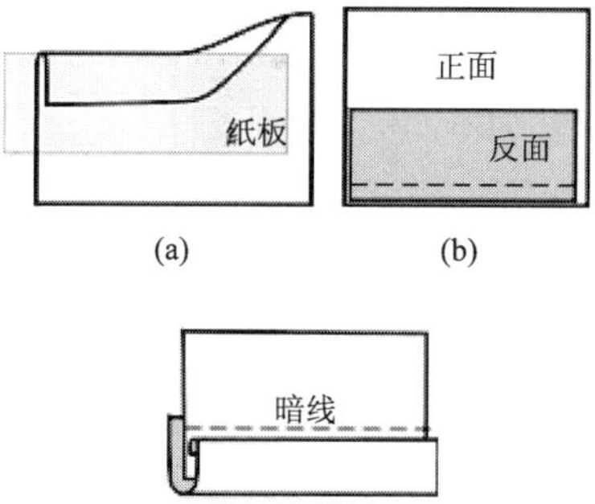 纸板 / 正面 / 反面 / (a) / (b) / 暗线 / 单层单面滚光 / (c)		平缝机、硬纸板、熨斗	a. 用纸板扣烫滚条一边 b. 滚条与衣片正面相对平缝缉合，缝份 0.3~0.6cm，在滚包弧形衣片边时，凹处稍拉紧、凸处稍推送。然后修剪缝份，宽度为 0.3 ~ 0.6cm c. 将滚条沿缝线翻转折平，用压脚压住，紧靠布边折转，从正面灌缝，缉缝时须将滚条边向外拉，使放松后线迹暗藏于内
双层滚光式滚边	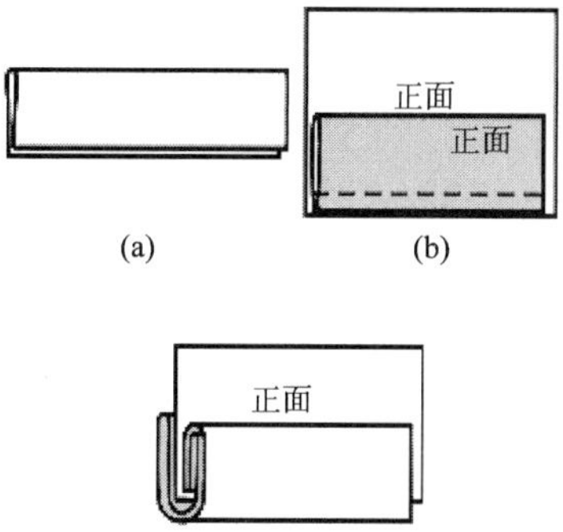 正面 / 正面 / (a) / (b) / 正面 / (c)		平缝机、熨斗	a. 根据滚边宽度确定裁剪滚条布，然后将滚条沿中线向反面扣烫 b. 将滚条与布片正面相对，毛边对齐车缝，缝份 0.3~0.6cm；在滚包弧形衣片边时，方法与前述相同 修剪缝份为 0.3 ~ 0.6cm c. 将滚条沿缝线翻转折平，用压脚压住，紧靠布边折转线灌缝第二道线。缉缝时须将滚条边向外拉，使放松后线迹暗藏于内

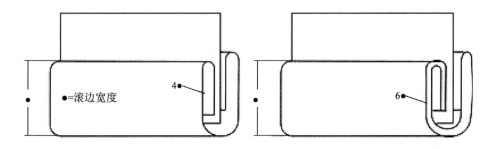

图10-1　滚边布宽度

二、镶边（异色）

镶边就是用异色的面料镶缝在衣片边缘部分的一种装饰工艺。镶边宽度不宜过宽，一般不超过 6 cm，再宽就称为分割了。

镶边按照制作工艺可分为暗缝式镶边和明缝式镶边（表 10-2）。

镶边用料的纱向一般与衣片的纱向一致，以保证面料的整体外观质感协调一致。对于面料肌理不明显的和无纺材料可以采用横纱或斜纱。镶边要精确裁剪，缝份一定要准确，一般为 0.6cm。必须做对位记号。可根据面料的质地适当粘衬，以防拉伸变形。

表 10-2　镶边工艺方法

工艺内容	工艺图示	缝型符号	使用工具	工艺说明
暗缝式镶边	反面 反面 正面 正面	┼	单针平缝机、熨斗、主衣片净样板、镶边净样板、剪刀	先按设计要求裁配衣片和镶条，将镶条与衣片正面相对，缝边对齐，衣片在下平缝，缝至拐角处机针不拔出，将衣片拐角剪一斜剪口，使衣片边与镶边对齐继续缝合，注意剪口不能超过净缝线 修剪缝份，弧线部位的缝份要小一些且要打几个剪口 将缝份分开烫平，然后将衣片烫平服
明缝式镶边	正面 正面 反面	┤	单针平缝机、熨斗、主衣片净样板、镶边净样板、剪刀	先按设计要求裁配衣片和镶条，用净样板折转扣烫镶边里侧缝份 镶边布的正面与主衣片反面相对，下口边对齐平缝 翻转压烫镶边布外边缘，止口不能反吐，然后将镶边平铺在衣片上，沿止口折光边，缉0.1cm的止口 注意：如镶条边缘是弧形，则要适当打几个剪口

三、嵌线

嵌线就是在衣片的边缘或内部分割缝处嵌上一条细条状嵌条布的一种装饰工艺。嵌条布的颜色最好与衣片的颜色对比强烈或深浅不同。

嵌条布用料采用45°正斜纱条，裁剪宽度大约为1.8cm，成品嵌线宽度为0.3~0.8cm之间。

嵌线工艺主要有单嵌线、双嵌线和夹线嵌（表10-3）。

表 10-3 嵌边工艺方法

工艺内容	工艺图示	缝型符号	使用工具	工艺说明
单嵌线工艺			单针平缝机、熨斗	把嵌条布向反面对折，先与一衣片正面相对，毛边对齐缝合，缝份0.5cm 将另一衣片正面朝下夹住嵌条，三者毛边对齐，沿着上一条线缝合，然后将其翻转铺平熨烫 也可先将其毛边扣光，按图示盖过缝线0.1cm，沿边压缉0.1cm止口
双嵌线工艺			单针平缝机、熨斗	两片衣片分别与两个嵌条布缝合 先后与垫条布缝合
夹线嵌工艺			单针平缝机、熨斗、特殊压脚或单压脚	夹线嵌多用于衣片的边缘部位，在嵌条布的中间夹裹细绳，使其凸起增强立体感 缝制方法与单嵌线相同，但缝制时要用特殊压脚。嵌线压脚有单边压脚和沟槽压脚两种

四、荡条

荡条就是在衣服某些部位（一般不在衣片的边缘部位，而是靠近衣片的边缘部位）缝缉上长布条的传统特色缝制工艺。荡条与镶边的主要区别在于镶边是缝拼在衣襟、领口、衩边、底边、袖口边、裤口边等处的边缘部位；而荡条则是直接缝缉在衣襟、衩边、袖口边、裤口边等靠近边缘的部位。荡条常用于中式礼服、旗袍和职业服装中。

荡条常用的方法有暗荡、明荡、单荡、双荡和多荡（表10-4）。荡条也可和滚边组合使用。

表 10-4　荡条工艺方法

工艺内容	工艺图示	缝型符号	使用工具	工艺说明
荡条工艺	反面 正面 正面 正面 暗荡 正面 正面 正面 明荡　　正面 正面 双荡		单针平缝机、熨斗	荡条的两边缘折转烫平 机缝或手缝到服装的相关部位 正面缉明线的称为明荡，反之称为暗荡，装饰一道荡条的称为单荡，两道荡条的称为双荡

荡条大多采用绸缎料制作。一般采用斜纱，斜纱荡条平服无链形。短距离的荡条可采用直纱条。荡条的成品宽度在 1 ~ 4cm 之间，可按实际需要而定。

五、盘扣

盘扣是用手工将布料、毛线、丝带、铜丝等材料做成纽扣的过程。盘扣制作考究，造型美观，花样繁多，是中式服装中独特的手工技艺。

盘扣可分为直脚扣和花式扣（表 10-5）。

表 10-5　盘扣工艺方法

工艺内容	工艺图示	工艺说明
直脚扣工艺	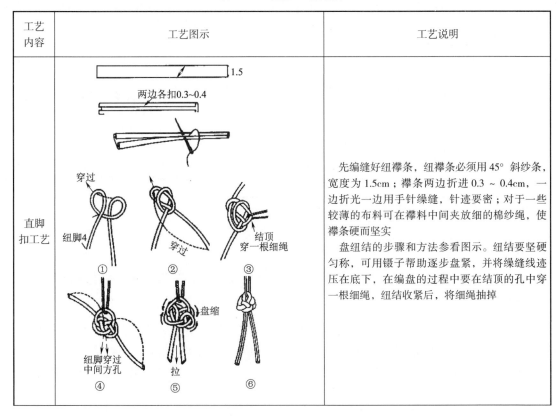	先编缝好纽襻条，纽襻条必须用 45° 斜纱条，宽度为 1.5cm；襻条两边折进 0.3 ~ 0.4cm，一边折光一边用手针缲缝，针迹要密；对于一些较薄的布料可在襻料中间夹放细的棉纱绳，使襻条硬而坚实 盘纽结的步骤和方法参看图示。纽结要坚硬匀称，可用镊子帮助逐步盘紧，并将缲缝线迹压在底下，在编盘的过程中要在结顶的孔中穿一根细绳，纽结收紧后，将细绳抽掉

续表

工艺内容	工艺图示	工艺说明
花式扣工艺	 ① ② ③ ④ ⑤ ⑥ ⑦ 蝴蝶形花式扣 葫芦形花式扣	花式扣的形态多种多样，其大小没有固定的尺寸，可根据款式和装饰效果而定。花式扣的制作讲究规律性，都是由基本部分的纽头和变化部分的扣花组成，纽头部分的编盘步骤和方法与直脚扣相同 　　纽襻应是扁平的，中间嵌一根细铜丝，使纽襻富有可塑性，便于盘曲各种形状。制作时应先构思再盘曲，尽可能一次完成，盘好后要用线固定，并用镊子修正形状，必须保证整件服装的扣花左右对称、上下一致 　　另外，花式扣还有空心、实心、双色之分

　　一对盘扣是由纽头、纽襻和扣花组成。

六、装饰

　　1. **花边**　花边是服装的主要装饰用品之一。在古代，多数为手绣花边，现代花边可机织或针织，且新材料、新花色、新图案层出不穷，更趋高档和豪华。花边常用于服装的领口、袖口、门襟及胸前等处，以增强服装的秀气、雅致。

　　常用的花边镶缝方法有夹缝法、镶贴法、盖贴法等。

　　花边的缝制方法比较简单，其步骤和方法见表10-6中图示。

　　2. **小珠片**　小珠片指为了增强服装的光感效果和整体档次，在服装的局部位置钉缝小珠片的一种装饰性工艺。珠片的孔数有1孔和2孔，缝钉方法参照表10-6中图示。

3. **珍珠** 珍珠也是一种装饰性工艺,效用与小珠片相同。缝钉方法参照表10-6中图示。

4. **贴花** 贴花是利用零碎的布料,运用刺绣的方法贴补在衣片上,是一种简单而又实用的技法。

按照方法和材料的不同,贴花可分为平贴花、立体贴花。

平贴花的具体方法是在衣片上印好所绣图案纹样后,将零料也印上同样的图案纹样,沿边剪下后用双面胶或手针固定在衣片上,然后用机器平绣和锁边绣即可。为了突出浮雕效果,也可先垫上棉花或海绵之类的蓬松物。

立体贴花一般像梅花、桃花等图案,做法是选好碎料,按花形大小剪成正方形的小块,对角折成三角形,将两条角边用拱针抽成一个花瓣。把做好的五个花瓣穿在一起,用平绣将毛边压住,然后点上花蕊即可。

表 10-6 装饰工艺方法

工艺内容	工艺图示	缝型符号	使用工具	工艺说明
花边	夹缝法　盖贴法　镶贴法		单针平缝机、熨斗、特殊压脚	夹缝法:先将花边与一侧布片固缝一道,再与另一侧布片相对,把花边夹在中间 盖贴法:直接把花边覆盖在衣片上,在中间压缉一道线 镶贴法:与双嵌线缝制方法基本相同,将两主片的边缘扣净相对压缉在花边的两侧边缘上
小珠片	.1出针　2入针　(a)　(b)　3出针　4入针　5出针　(c)　(d)		手缝针、线	a.线打好结,从衣片的反面刺出,将小珠片穿入针内 b.从第二针刺入,再从第三针刺出,将小珠片穿入针内 c.从第四针刺入,再从第五针刺出,将小珠片穿入针内 d.将针从中间刺入,在反面封结

续表

工艺内容	工艺图示	缝型符号	使用工具	工艺说明
珍珠			手缝针、线	a.珍珠的缝钉方法与小珠片相同，也是刺出后穿入设计好的相应数量的珍珠 b、c.刺入的位置是决定设计图形的关键，一定要准确 d.线头和线尾结要封牢
贴花			手缝针、线、硬纸板	a.贴花前先按图案剪裁花布，不同颜色的花布在重叠部分应留0.3cm余量，使衔接牢固，并有层次感 b.用纸板将边缘扣净，修剪缝份至0.3cm c.将贴花覆盖在衣片相应的位置上，既可用锁边针法锁缝，也可用花式缝纫机沿边做"Z"字针

5. **图案**　中式服装中的图案既要反映自然美的规律又要蕴藏中华特色的民族风格。它包括面料自身的图案和局部手绘或刺绣的图案。中式服装中的图案一般分布在领、袖、襟及前身部位，尤其以胸部为中心的统一体。

第二节　装袖旗袍缝制工艺

旗袍是中国特有的、具有民族风格的传统服装。旗袍始于清代，是满装的延续和改良，为旗人女子所穿。最初的旗袍为连袖造型，整件旗袍由一整块面料裁制而成。经过多年的演变，旗袍与西方的四面体结构方法相结合，产生了前后片分离、斜肩缝、装袖、胸腰省等结构，更适合各类体型穿着。如今，旗袍已成为东方女性服饰特有的象征。

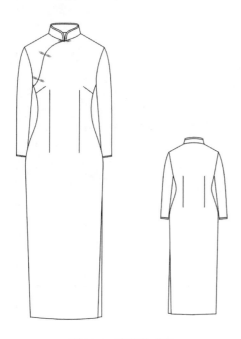

图10-2　旗袍款式图

一、旗袍款式特征

旗袍的设计构思巧妙，结构严谨，采用立领，右偏全开襟结构，有腋下省、袖肘省，腰部收省较合体，两侧开衩，不仅能充分展示人体曲线美，而且行动方便。旗袍面料多采用真丝绸缎、绒料及棉麻织物，素色及图案花纹均可。工艺采用传统的镶、嵌、滚、盘技法，可配珠片或刺绣图案，雅俗共赏（图10-2）。

二、旗袍制图规格（表10-7、表10-8）

表 10-7　原型制图参数

单位：cm

名称（号/型）	背长	胸围（B）	总肩宽（S）	颈根围（N）	全臂长
规格（160/84A）	38.5	94	39.4	36	52

表 10-8　旗袍制图规格

单位：cm

名称	衣长	袖长	总肩宽（S）	胸围（B）	腰围（W）	臀围（H）
规格	110	53	40.6	94	78	102

三、旗袍结构制图

旗袍结构制图如图 10-3 所示。

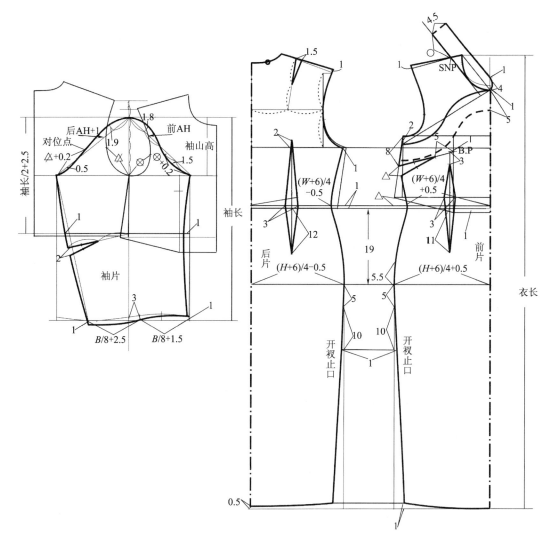

图10-3　旗袍结构制图

四、旗袍样板制作

1. 面料样板制作　如图 10-4 所示。

2. 里料及辅料样板制作　如图 10-5 所示。

五、旗袍排料图

1. 旗袍面料排料图　如图 10-6 所示。

2. 旗袍里料排料图　如图 10-7 所示。

六、旗袍缝制工艺流程图

为保证旗袍生产的延续性和质量的可靠性，必须进行工序分析制定缝制工艺流程，指导流水线顺利生产（图 10-8）。

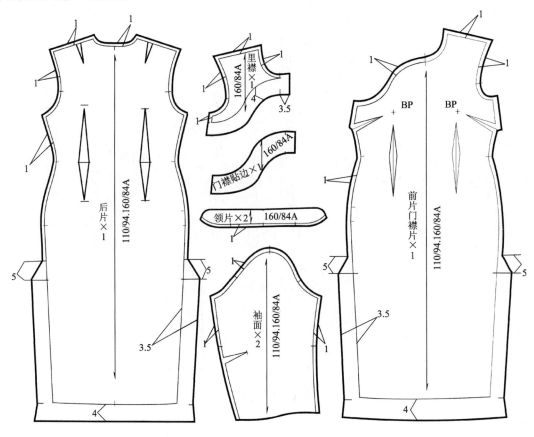

图10-4　面料样板

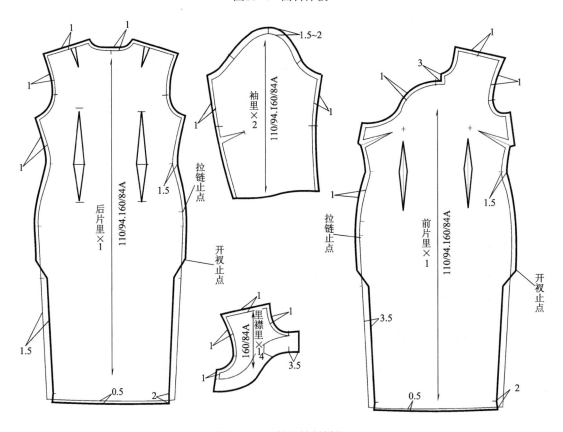

图10-5　里料及辅料样板

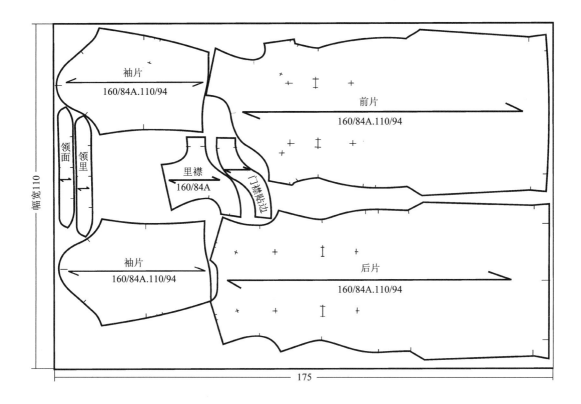

图10-6　面料排料图

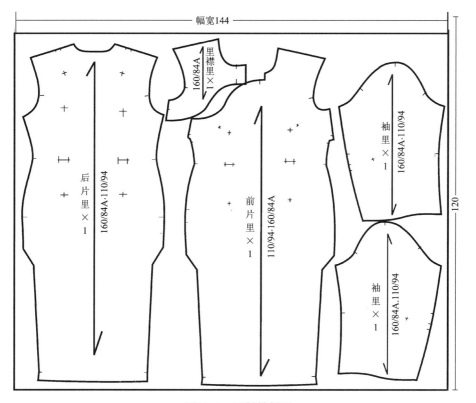

图10-7　里料排料图

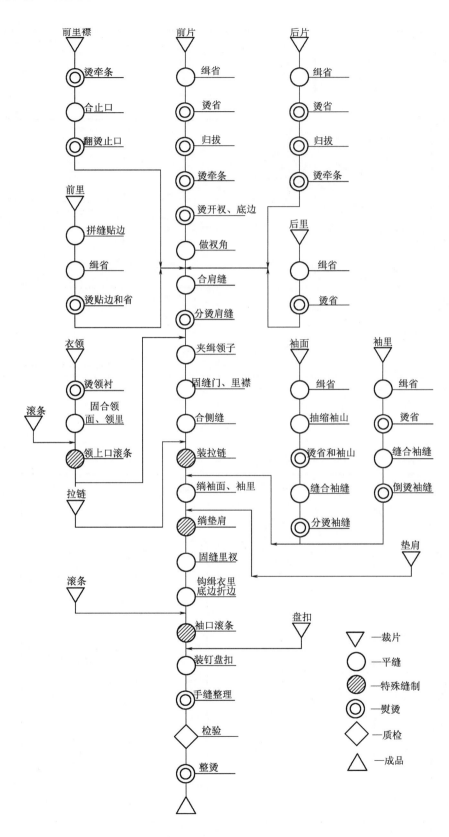

图10-8　旗袍缝制工艺流程图

七、旗袍缝制方法

1.前、后衣片的缝制（表10-9）

表 10-9　前、后衣片缝制方法

序号	工艺内容	工艺图示	缝型符号	针距密度（针/3cm）	使用工具	缝制方法
1	缉省	 前片（反）　后片（反）	⊕	14~16	单针平缝机	沿省中线对折，从省底缉至省尖，确保省尖的尖顺，余留线头1cm，打结后修剪成0.5cm长 将前、后衣片沿中线对折进行推归拔，保证左右对称，先将侧腰处拔出，再将侧臀处归进，最后将中心线部位推成曲线形，一定要使吸腰和臀凸均匀合体，省缝要倒向各自的中心线，前腋省倒向袖窿方向
2	归拔前、后片					
3	烫粘牵条衬	 前片（反）　后片（反）　牵条			熨斗、烫台	将前、后衣片平放，用1cm直纱牵条衬沿斜襟、侧缝和开衩的净缝偏进0.1cm粘烫，松紧要适度，不要破坏归拔的形状，烫粘要平服

续表

序号	工艺内容	工艺图示	缝型符号	针距密度（针/3cm）	使用工具	缝制方法
4	扣烫开衩和底边折边					将纸板放在开衩和底边的净样线上并向反面扣烫，要保证开衩和底边顺直不拉伸
5	修剪衩角		╪	14~16	熨斗、烫台、单针平缝机、硬纸板	捏起衩角，确定两边的角分线位置，留取0.6cm缝份将余角剪掉
6	缉缝衩角					将衩角两边正面相对，毛边对齐平缝，衩角里口边缘处留1cm不缝，然后分缝烫平

2. 前、后衣里的缝制 见表10–10。

表10–10 前、后衣里缝制方法

序号	工艺内容	工艺图示	缝型符号	针距密度（针/3cm）	使用工具	缝制方法
1	镶缝门襟贴边		╪	14~16	单针平缝机	将贴边与前衣里正面相对，对位平缝，缝到直角边时，机针要扎在衣片上，将衣里在拐角处打斜剪口转角缉缝，注意贴边与里料的松紧，一定要平服
2	缉省		⊅			沿省中线对折，从省底缉至省尖，为确保省尖的尖顺，余留线头1cm
3	烫贴边和省				熨斗、烫台	将贴边缝份打几个剪口后分烫，省缝倒向后侧缝方向，与衣面省倒向相反

3. 右里襟的缝制 见表10-11。

表 10-11 右里襟缝制方法

序号	工艺内容	工艺图示	缝型符号	针距密度（针/3cm）	使用工具	缝制方法
1	烫粘牵条	(反)			单针平缝机、熨斗、烫台	将1cm斜纱牵条沿里襟下口净线烫粘
2	合里襟面、里止口	里襟里 (反) 修剪至0.6 4	╪	14~16		里襟面与里襟里正面相对，面在上，下口对齐缉缝，缝份1cm，起止针倒回针，靠近侧缝处留4cm不缝，为了方便固缝门、里襟
3	翻烫止口	(正) 4				将止口缝份修剪成0.6cm，然后翻出烫实，注意要烫出里外匀

4. 衣领的缝制 见表10-12。

表 10-12 衣领缝制方法

序号	工艺内容	工艺图示	缝型符号	针距密度（针/3cm）	使用工具	缝制方法
1	熨烫领衬	领衬 领面			熨斗、烫台	在领面和领里的反面分别粘无纺衬，按照领样修剪好，注意领衬要比领子四周小0.5cm，以防粘合时漏胶
2	固缝领子	固缝 领里	╪	9~10	单针平缝机	将粘好衬的领面和领里反面相对，四周对齐，用大针码固缝在一起，缝份1cm，为使领面、领里有窝势，缝时领里在下并稍拉紧

续表

序号	工艺内容	工艺图示	缝型符号	针距密度（针/3cm）	使用工具	缝制方法
3	领上口滚条	0.6 领里		14~16	滚边压脚	选与衣身面料有一定对比度的单色柔软料作为滚条料，裁成45°、宽3cm的斜纱长滚条。按第一节的单层滚光式工艺方法扣烫滚条，然后将扣烫好的滚条与领面正面相对缝缉，缝份为0.5cm，之后将滚条向上翻转，使滚条的另一边盖过第一缝线0.1cm，用手针将该边缲缝在领里上。也可用带滚边压脚的平缝机一次完成领子的滚边

5. 袖面、袖里的缝制　见表10-13。

表 10-13　袖面、袖里缝制方法

序号	工艺内容	工艺图示	缝型符号	针距密度（针/3cm）	使用工具	缝制方法
1	缉缝袖面肘省	（正）（反）		14~16	单针平缝机	沿省中线对折，省口对齐，从省口缉至省尖，止针不要倒回针，为确保省尖尖顺，余留3cm线头后打结，然后修剪成0.5cm长，之后将袖面肘省缝份向上烫倒，袖里肘省向下烫倒
2	缝抽袖面袖山吃势	吃缩 0.8 （反）		8		
3	烫袖肘省、袖山				熨斗	大针码在袖山净线外0.8cm处缉缝，然后抽拉缝线抽出袖山吃势。吃势主要分布在袖山头附近，前、后吃量大约各1cm，而且要过渡均匀，之后在烫凳上将抽皱烫平服
4	缉缝袖里肘省	袖里（正）（反）		14~16	单针平缝机、烫凳	

续表

序号	工艺内容	工艺图示	缝型符号	针距密度（针/3cm）	使用工具	缝制方法
5	缝合袖里底缝	 合袖缝	 ╪		单针平缝机	将袖面和袖里分别正面相对，前、后袖缝对齐，前缝在上缝合袖缝，缝合时要稍拉前缝
6	分烫袖面底缝	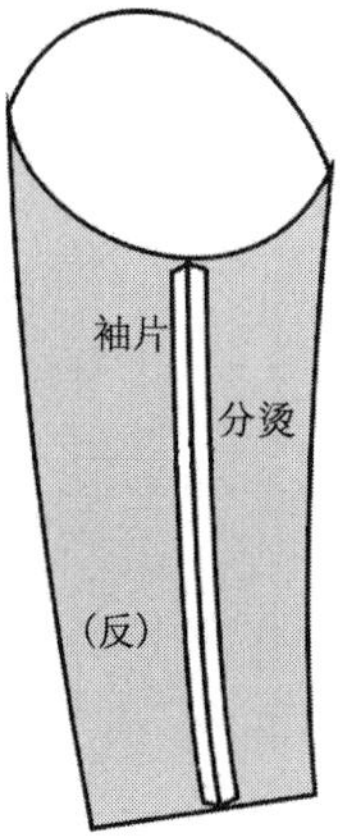 袖片 分烫 （反）			熨斗、烫台	分烫袖面缝份
7	倒烫袖里底缝	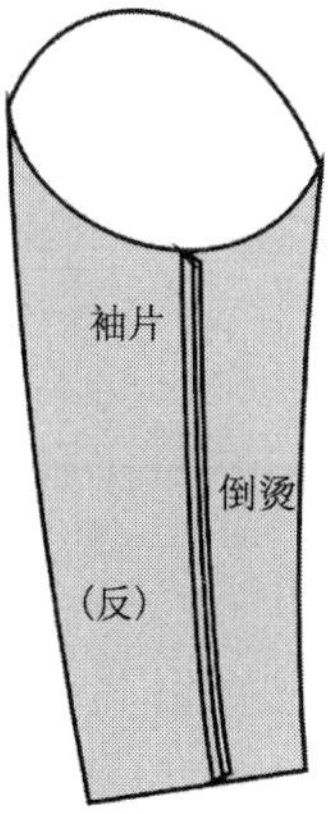 袖片 倒烫 （反）			熨斗、烫台	将袖里缝份向前袖方向烫倒

6. 半成品的组合缝制　见表 10-14。

表 10-14　半成品组合缝制方法

序号	工艺内容	工艺图示	缝型符号	针距密度（针/3cm）	使用工具	缝制方法
1	合面、里肩缝	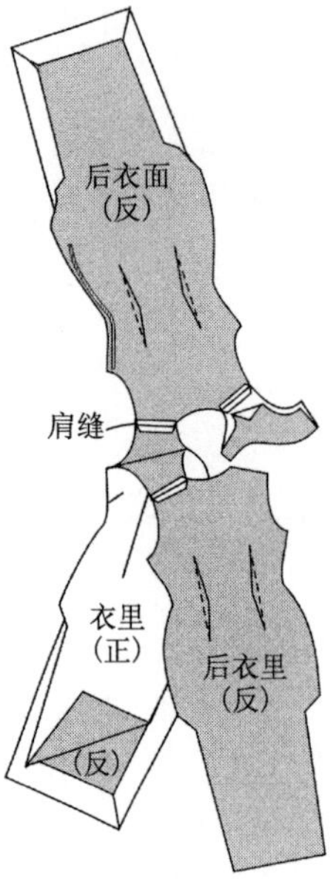	═	14~16	单针平缝机	分别将衣面、衣里前后衣片的肩部分别正面相对，先合衣里肩缝，再合衣面肩缝，以避免拉伸衣面领口和袖窿，之后在烫凳上分别分烫肩缝
2	分烫肩缝				熨斗、烫凳	
3	夹缝领子、钩缝门襟	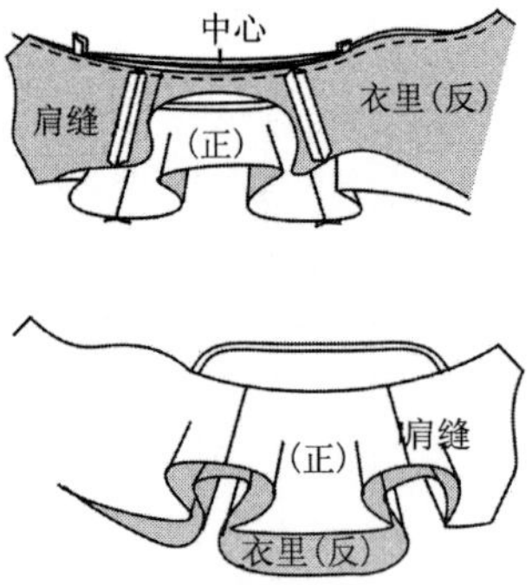		12~14	单针平缝机	将领面下口与衣面领圈正面相对，对位点对齐，大针码固定，然后将衣里领口正面与领里下口相对，对位点对齐，从右里襟止口起缝一直夹缝到左襟止口，这样不容易错位。注意：领口一定不要吃缩，不然会影响领口以下衣身的平整

续表

序号	工艺内容	工艺图示	缝型符号	针距密度（针/3cm）	使用工具	缝制方法
4	固缝门、里襟	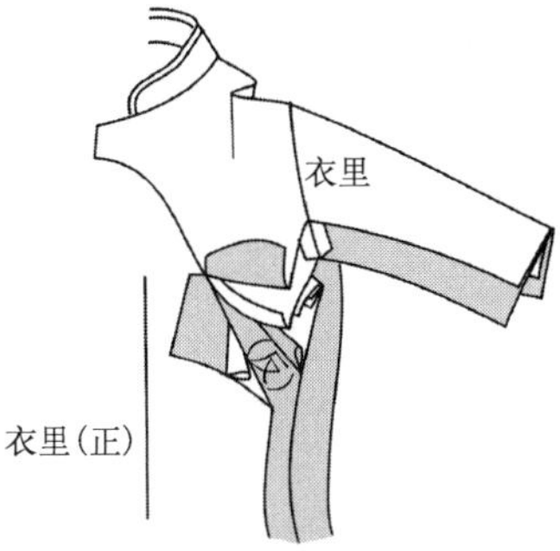 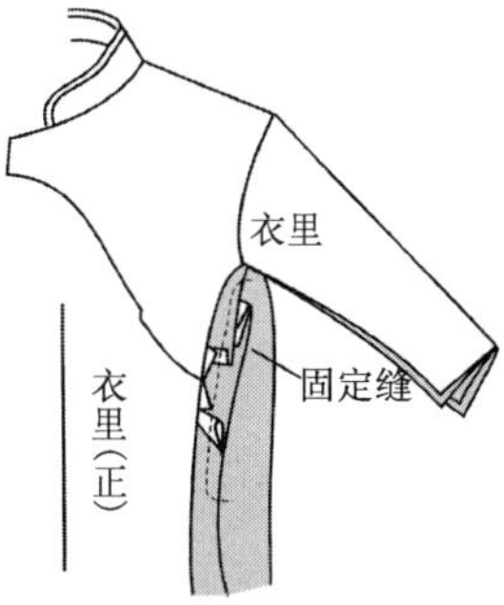 衣里 衣里（正） 衣里（正） 固定缝	≡	14~16	单针平缝机	先确定右里襟与左门襟的重合线,在重合线止口方向1cm缝份处剪开4cm,然后将剪开4cm处的右里襟与左门襟的衣里拼接缝合,使右里襟与左门襟的里与里结合成一片,要缝到位,无毛漏 　再将右里襟与左门襟的面整理平整,要对正平服,固定缝合,缉缝平正,使右里襟与左门襟的面与面结合成一片
5	合衣面侧缝	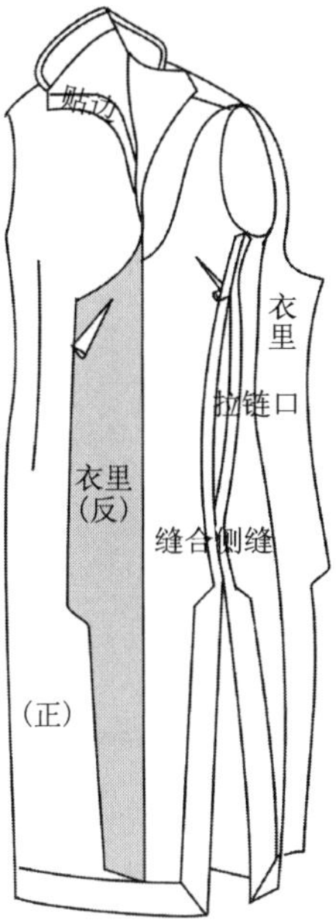 衣里 拉链口 衣里（反） 缝合侧缝 （正）	╪	14~16	单针平缝机	分别将衣面右侧缝和衣里右侧缝正面相对缝合至开衩处,起止针倒回针,留出拉链口不缝,留出的口要比拉链口小3~4cm,再将衣面左侧缝正面相对缝合至开衩处 　然后将衣里左侧缝正面相对缝合至开衩处,起止针倒回针
6	合衣里侧缝					

续表

序号	工艺内容	工艺图示	缝型符号	针距密度（针/3cm）	使用工具	缝制方法
7	右侧缝装隐形拉链	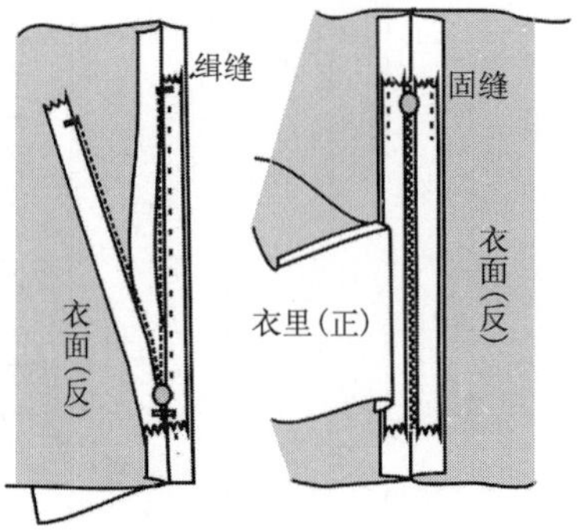缉缝 衣面(反) 固缝 衣里(正) 衣面(反)		14~16	单针平缝机（带单边压脚）	详见第四章隐形拉链缝绱方法
8	绱袖面	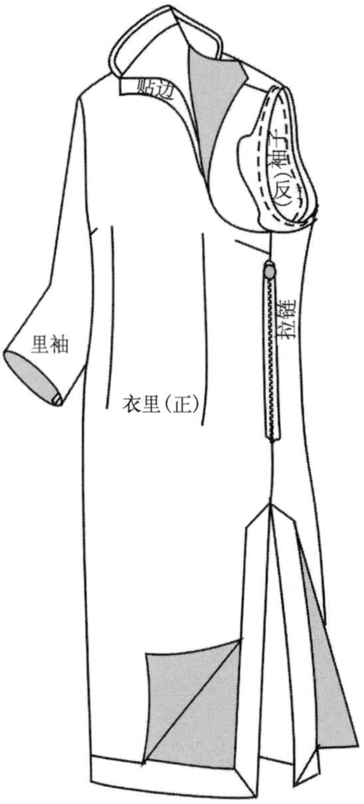贴边 袖子(反) 拉链 里袖 衣里(正)		14~16	单针平缝机	将衣里正面翻在外，然后将袖子套进衣面袖窿里，袖山与袖窿正面相对，对位点对准车缝一圈，要注意袖山吃量保持原来的抽缩状态，不要拉伸 从衣身的面、里中间将衣身翻到反面，然后将袖里袖山套进衣里袖窿里，袖山与袖窿正面相对，对位点对准车缝一圈，将垫肩的中点对齐衣面肩缝点，将压脚的压力调小，面底线调松，用大针码沿袖窿缝绱垫肩。缝垫肩时，衣身袖窿部位要推送约1.5cm的吃量
9	绱袖里					
10	绱垫肩	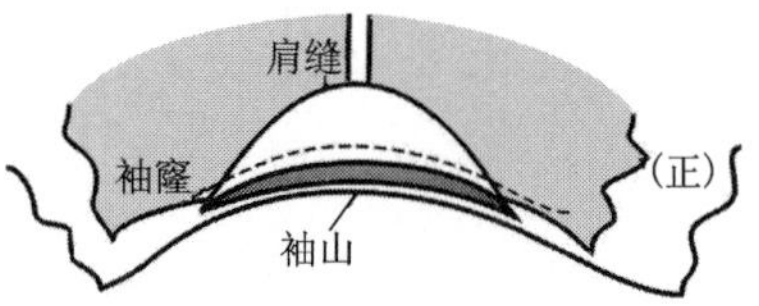肩缝 袖窿 (正) 袖山				

序号	工艺内容	工艺图示	缝型符号	针距密度（针/3cm）	使用工具	缝制方法
11	钩缝里衩		╪	14~16		将衣身里正面翻出，然后将里衩及底边的缝份向反面扣烫，之后将里衩与面衩及底边缝份正面相对，在里面缝合，缝份1cm，转角处针不能拔出，将里衩缝份打斜剪口，上下缝份理顺再继续车缝直至完成，注意里料松紧要适度
12	钩缝衣里底边					
13	大翻膛					将衣身从袖口处翻出整理
14	袖口滚条		⊑	14~16		将袖面、袖里袖口对齐，袖缝对齐，先用大针码固定，然后用滚条将袖口滚包，注意滚条接缝处毛边要折光
15	装钉盘扣		⊐	6~8	手针	纽头缝钉在门襟上，纽襻缝钉在里襟上
16	手缝整理					纽头需露出门襟外，缝钉前先倒回针疏缝固定扣位，防止拉伸扭曲

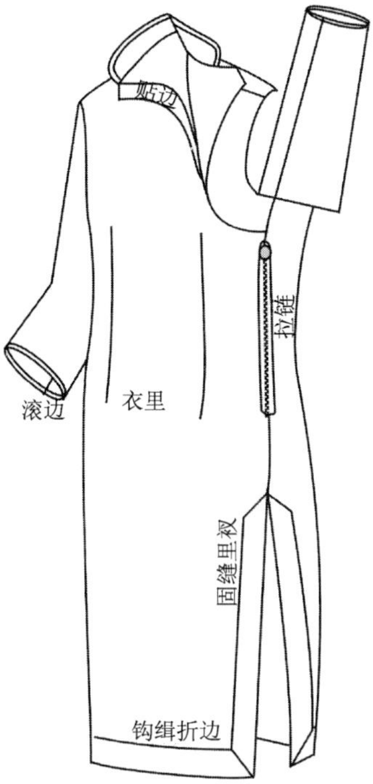

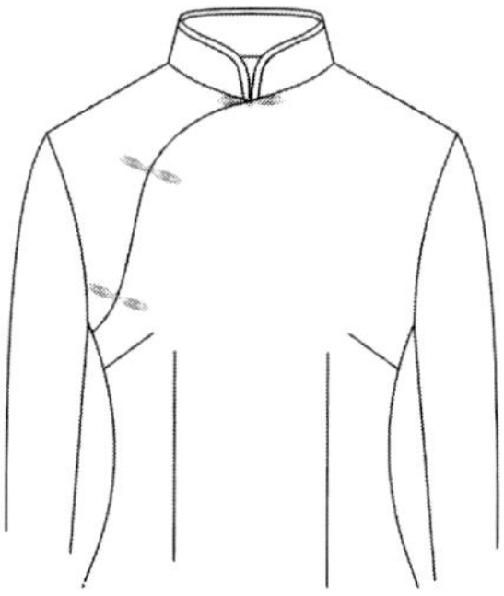

工艺图示中标注：贴边、衣里、滚边、拉链、固缝里衩、钩缉折边

八、旗袍质量标准

1. 裁片的质量标准 见表 10-15。

表 10-15 裁片的质量标准

序号	部 位	纱向要求	拼接范围	对条对格部位
1	前衣身	经纱，倾斜不大于 2.5cm	不允许拼接	大小片
2	后衣身	经纱，倾斜不大于 2.5 cm	不允许拼接	—
3	袖 片	经纱，倾斜不大于 1 cm	不允许拼接	前袖隆
4	衣 里	经纱，倾斜不大于 2.5 cm	不允许拼接	—
5	领 子	经纱，倾斜不大于 1 cm	不允许拼接	左右领角

2. 成品规格测量方法及允许偏差 见表 10-16。

表 10-16 成品规格测量方法及允许偏差

单位：cm

序号	部 位	测量方法	允许偏差
1	领 大	领子摊平横量下口	±0.5
2	肩 宽	由肩袖缝交叉点摊平横量	±0.5
3	胸 围	扣好纽扣，前后身摊平，沿袖隆底缝横量（周围计算）	±1.0
4	腰 围	拉好拉链，扣好纽扣，沿腰部最窄处横量（周围计算）	±1.0
5	臀 围	将旗袍摊平，由腰节处往下 17~18cm 处横量（周围计算）	±1.0
6	衣 长	由前身领肩高点垂直量至底边，或由后领缝正中垂直量至底边	±1.5
7	袖 长	由袖子最高点量至袖口边	±0.5

3. 外观质量标准 见表 10-17。

表 10-17 外观质量标准

序号	部位	外观质量标准
1	领子	左右领角形状一致，平挺
2	省道	省道顺直、平服
3	开衩	开衩平服、顺直，不豁不搅
4	滚边	宽窄一致，松紧适中
5	缝线	与衣身配色，针距密度 14 ~ 16 针 /3cm，缝线松紧适中，手针不露线迹
6	偏襟	门、里襟松度一致，平服，不裂嘴
7	纽扣	针距、缝线松紧适中，位置准确
8	整烫	熨烫平挺，缝份倒伏，无水渍，无亮光，无烫黄

第三节　中式男装缝制工艺

中式男装（唐装）也是中国特有的、具有民族风格的传统服装，名称的由来始于唐代移民称呼的延续，款式是满装长袍和马褂的延续和改良，最初中式男装为连袖造型，款式的特点舒适宽松，经过多年的演变，又融合西方的立体造型，逐渐改为装袖式。中式男装的面料一般采用绸缎类。

一、中式男装款式特征

中式男装的款式单一，结构简洁，采用立领，右右对称开襟结构，直腰身较合体，两侧小开衩，前身下部两侧明贴袋，前襟直盘扣（图 10-9）。

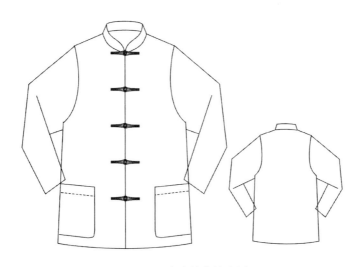

图10-9　中式男装款式图

二、中式男装制图规格（表10-18、表10-19）

表 10-18　原型制图参数

单位：cm

名称（号/型）	背长	胸围（B）	总肩宽（S）	颈根围（N）	全臂长
规格（175/92A）	43.5	102	44.8	37.8	57

表 10-19　中式男装制图规格

单位：cm

名称	衣长	袖长（SL）	总肩宽（S）	胸围（B）
成品规格	74.5	62	46.8	106

三、中式男装结构制图（图10-10）

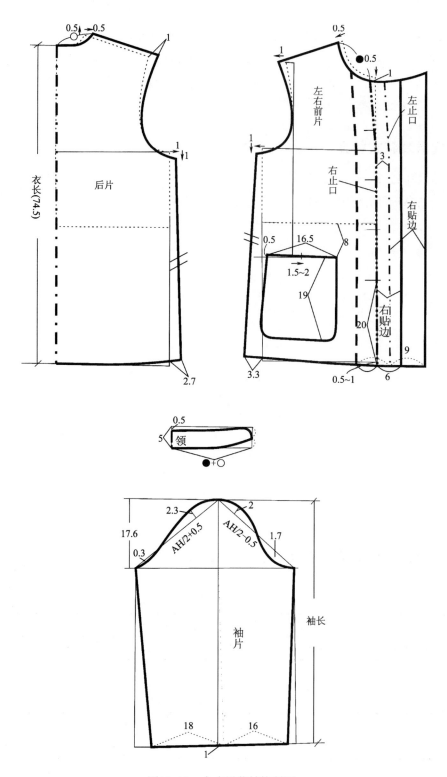

图10-10　中式男装结构制图

四、中式男装样板制作

1.**面料样板制作** 如图 10-11 所示。

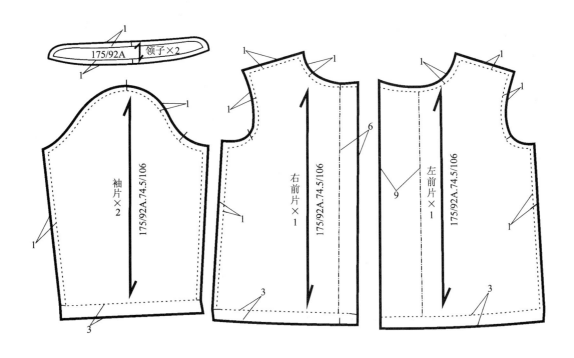

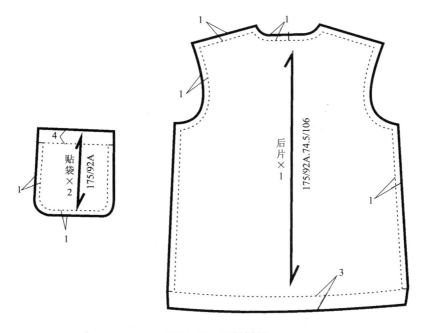

图10-11 面料样板

2.里料样板制作 如图 10-12 所示。

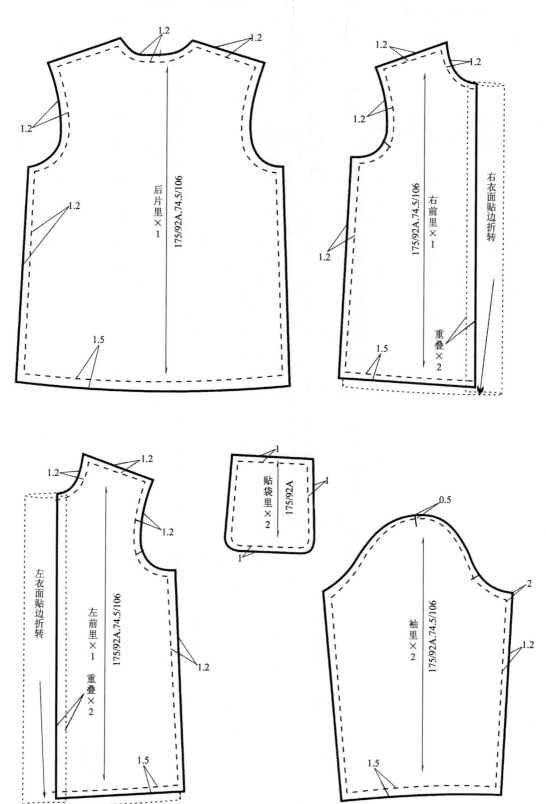

图10-12 里料样板

五、中式男装排料图

1.面料排料　如图 10-13 所示。

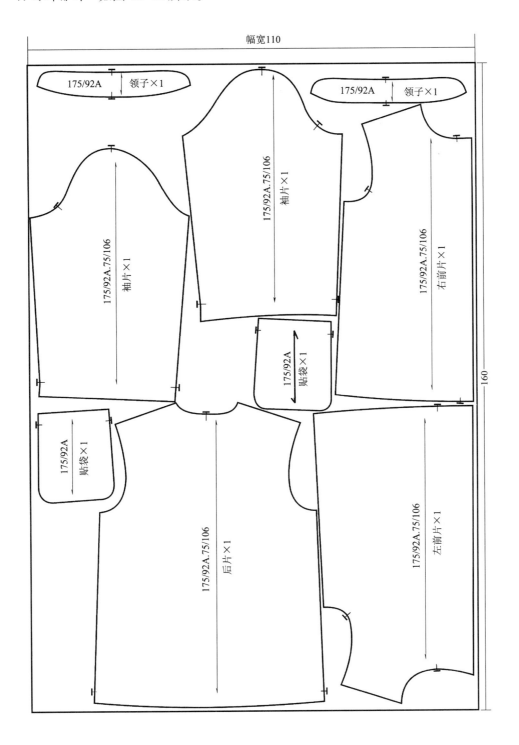

图10-13　面料排料图

2.**里料、辅料排料**　如图 10-14 所示。

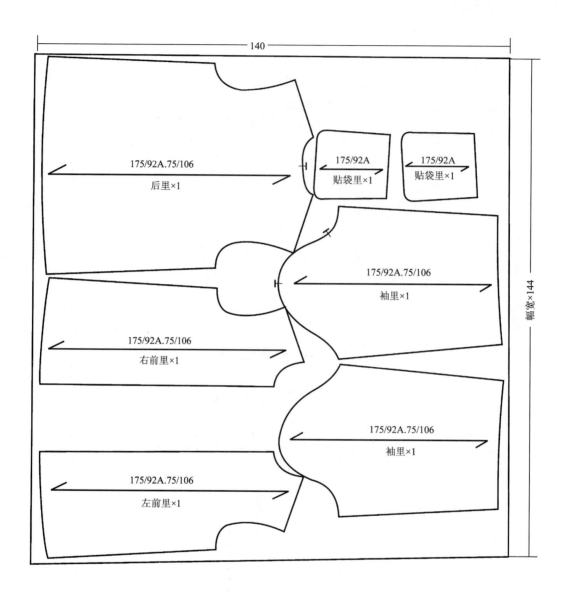

图10-14　里料、辅料排料图

六、中式男装缝制工艺流程图（图10-15）

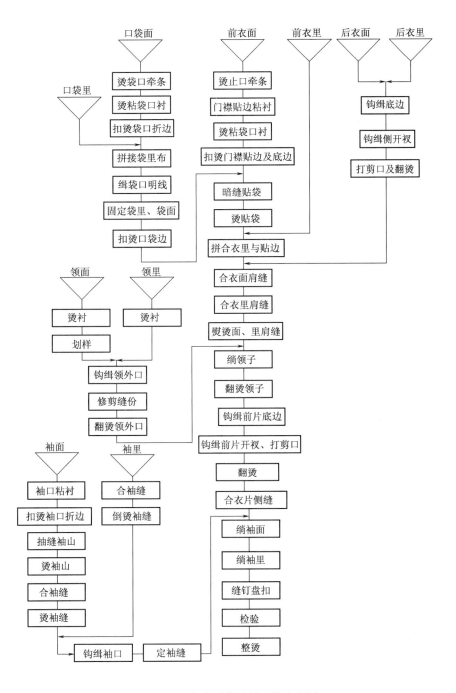

图10-15 中式男装缝制工艺流程图

七、中式男装缝制方法

1. 贴袋的制作 见表 10-20。

表 10-20　贴袋缝制方法

序号	工艺内容	工艺图示	缝型符号	针距密度（针/3cm）	使用工具	缝制方法
1	烫粘袋面口牵条和袋口衬	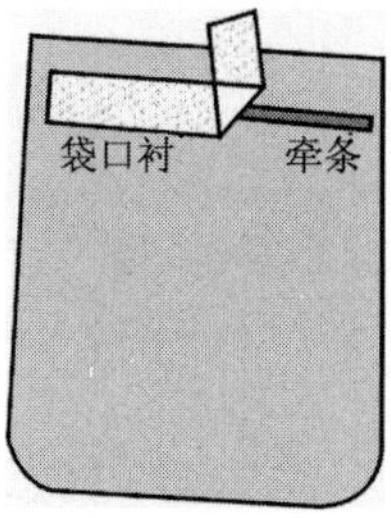 袋口衬　牵条			熨斗、烫台、硬纸板	先将 1cm 直牵条沿袋口净样线烫好，再将袋口衬覆盖在牵条上烫实、烫平服 用纸板扣烫袋口折边 将袋里上口向反面扣烫 1cm，然后和袋面口折边正面相对扣压缝接 在正面缉袋口明线，袋口明线宽 3cm
2	扣烫袋口折边					
3	拼接袋里布	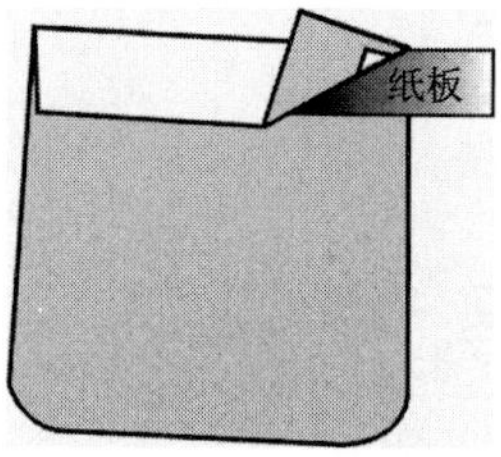 纸板	⊐	14~16		
4	缉袋口明线	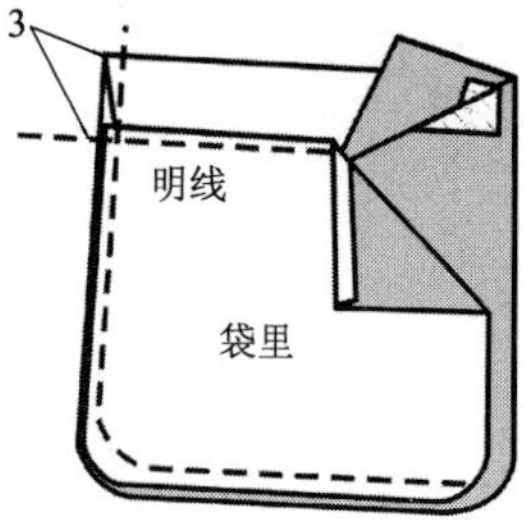 3　明线　袋里	⊨	14~16	单针平缝机	将袋面和袋里整理平服，然后沿边固定，固定线距口袋边缘 0.5cm
5	固定袋面和袋里		⊨	14~16		
6	扣烫口袋边缘				熨斗、烫台	向里扣烫其他缝份

2. 前衣面、里的缝制　见表 10-21。

表 10-21　前衣面、里缝制方法

序号	工艺内容	工艺图示	缝型符号	针距密度（针/3cm）	使用工具	缝制方法
1	烫粘止口牵条	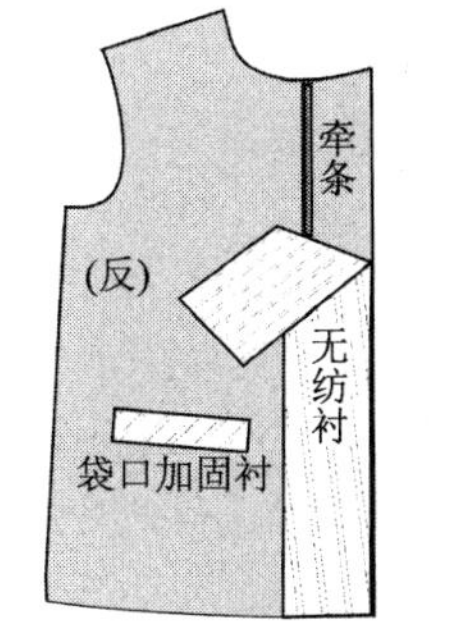 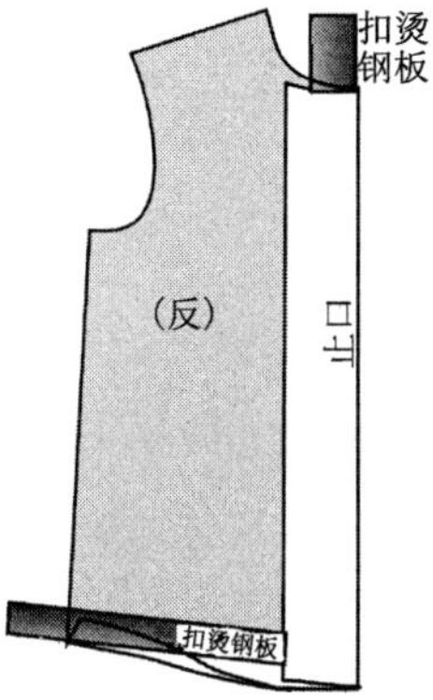			熨斗、烫台、钢板	先将门襟止口归直，然后将牵条沿门襟止口净样线烫粘，在撇胸部位要稍拉紧牵条，其余部位牵条要平服
2	门襟贴边粘衬					在门襟贴边烫粘一层薄无纺衬，无纺衬主要起平整面料、保型和便于制作的作用，大多用于衣片的边缘部位，所以烫粘要平整牢固
3	烫袋口加固衬					在袋口的反面两个端点之间烫一条无纺加固衬，加固衬不可少，防止袋口撕裂
4	扣烫门襟贴边及底边					用扣烫钢板扣烫止口和底边
5	暗缝贴袋	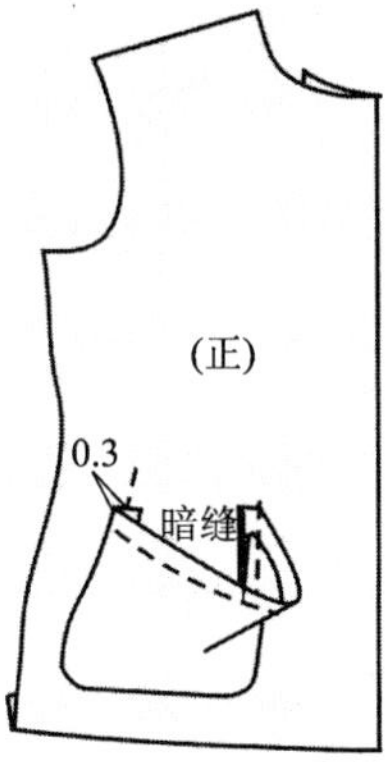	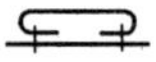	14~16	单针平缝机	先在前衣面上用可消失划粉划出口袋的轮廓 将口袋的一边用单边压脚暗缝，缝线距口袋扣烫线0.3cm
6	定烫贴袋				熨斗、烫台	
7	拼合贴边与衣里		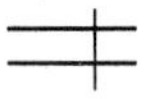	14~16	单针平缝机（带单边压脚）、熨斗	门襟贴边与衣里正面相对，里口毛边对齐平缝，然后将衣里沿缝线翻转烫平，面、里松紧一定要适度

3. 衣领的缝制 见表 10-22。

表 10-22　衣领缝制方法

序号	工艺内容	工艺图示	缝型符号	针距密度（针/3cm）	使用工具	缝制方法
1	烫粘领衬	领衬			熨斗、烫台	领衬裁配要比领面稍小一圈，粘衬后用净样板在领面衬上划样
2	钩绱领面、领里外口	领面（正）		14~16	单针平缝机	领面和领里正面相对钩绱，钩绱时领里在下稍拉紧，以使领面、领里形成卷曲的窝势
3	修剪领缝份	领面（正） 0.3 修剪			剪刀	将缝份修剪成梯形，领面的缝份0.7cm，领里的缝份0.4cm。领头部分缝份修剪成0.3cm
4	翻烫领外口	领面　　　　（正）			熨斗、烫台	翻出领正面，熨烫领外口，切勿使领里止口反吐，领里要翻足

4. 衣袖面、里的缝制 见表 10-23。

表 10-23　衣袖面、里缝制方法

序号	工艺内容	工艺图示	缝型符号	针距密度（针/3cm）	使用工具	缝制方法
1	烫袖口衬及袖折边				熨斗、烫台	袖口折边处烫一片有纺衬，衬下口刚好压住净样线

续表

序号	工艺内容	工艺图示	缝型符号	针距密度（针/3cm）	使用工具	缝制方法
2	抽缝袖山	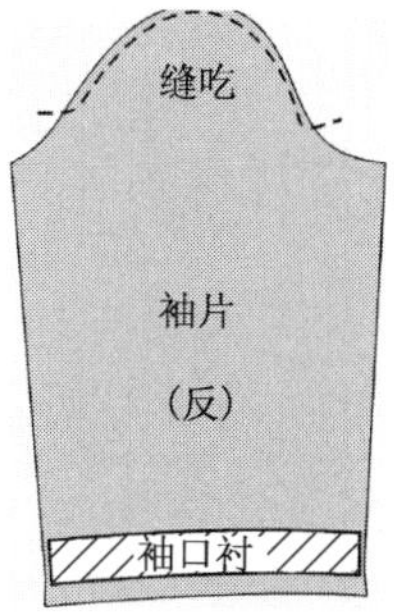 缝吃 袖片（反） 袖口衬	⊨	7~8	单针平缝机	用平缝机大针码抽缝袖山，缝线距毛边0.7cm，吃量主要分配在前后袖山头，且要匀，吃量控制在1.5~2cm之间
3	烫袖山				熨斗、烫台	
4	缝合袖面前后袖缝	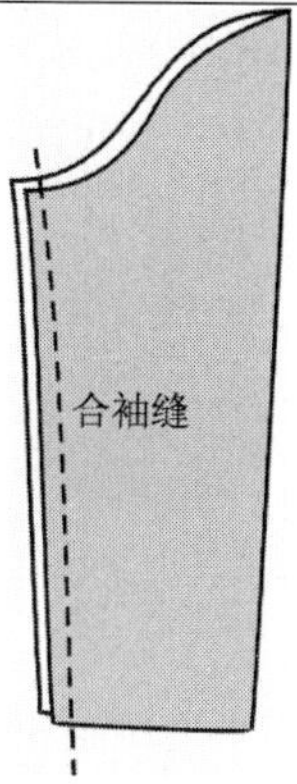 合袖缝	⊨	14~16	单针平缝机	将袖面和袖里的前后缝正面相对缝合，缝份1cm，在其中一个袖里缝中间留翻口20cm
5	缝合袖里前后袖缝					
6	分烫袖面缝份	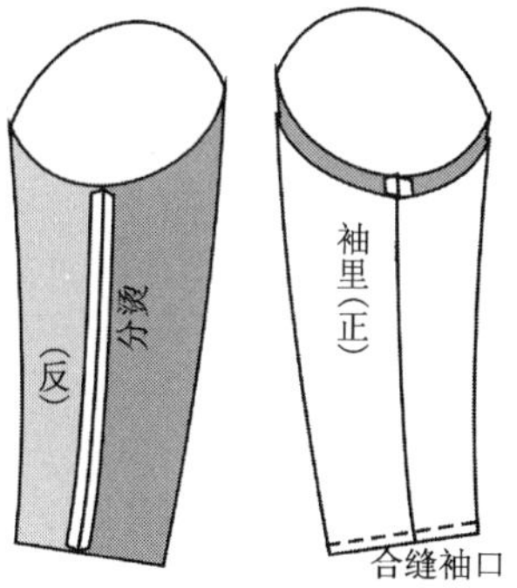 分烫（反） 袖里（正） 合缝袖口			熨斗、烫台	然后在烫台上分烫袖面缝份，将袖里缝份向大袖倒烫，留0.2cm坐势 将熨烫好的袖面和袖里的袖口正面相对钩绲，然后把袖里从折边的一半折向袖面小袖，袖里缝份与袖面一边缝份相叠机缝或手缝，在袖缝的下三分之一处打固定点，缝线要稍松
7	钩绲袖面、里袖口		⊨	12~14	单针平缝机	
8	定袖缝	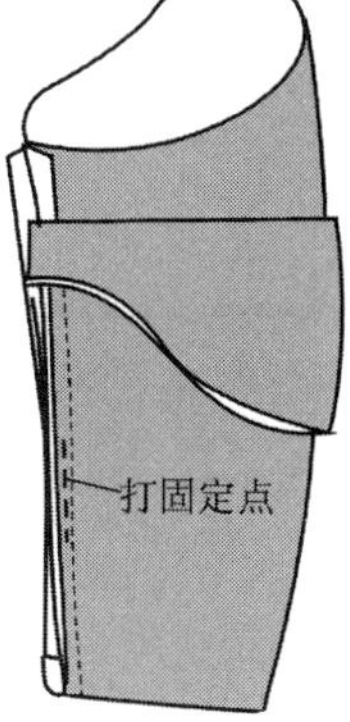 打固定点	⊫	7~8	单针平缝机	

5. 半成品的组合缝制 见表 10-24。

表 10-24 半成品组合缝制方法

序号	工艺内容	工艺图示	缝型符号	针距密度（针/3cm）	使用工具	缝制方法
1	缝合衣面肩缝		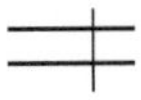			
2	缝合衣里肩缝			14~16	单针平缝机、熨斗、烫台	先缝合衣里的肩缝，再合衣面肩缝，以避免拉伸领口和袖口，缝份 1cm，然后分烫肩缝
3	熨烫肩缝					
4	夹缉领子	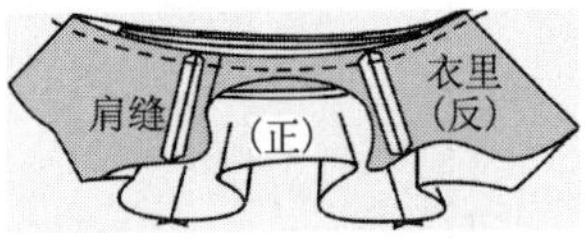	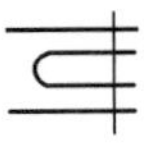	12~14	单针平缝机	将衣身反面翻出，领子正面向外，夹于衣身面、里领口之间，对位点对准，先将领面和衣面领口固缝，再与衣里领口夹缝，这样不容易错位。注意：领口一定不要吃缩，否则会影响领下衣身的平整。然后将领子翻出，烫平服
5	翻烫领子	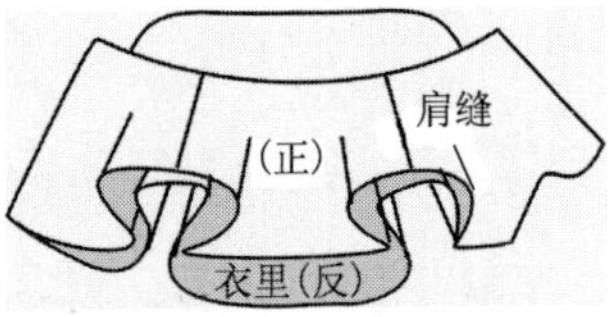			熨斗、烫台	
6	钩缉前片底边	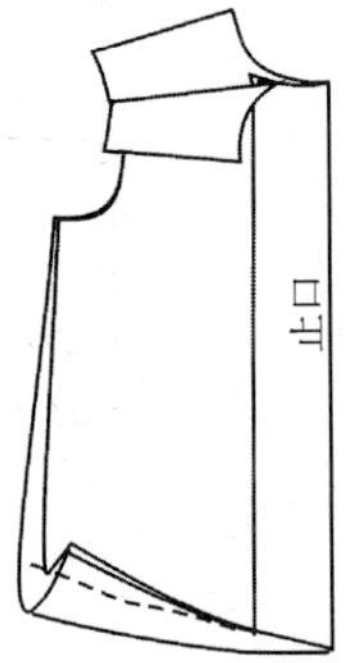	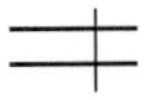	12~14	单针平缝机、剪刀	分别将左、右衣片在止口部位反向对折，面面相对钩缉底边，缝份为 1cm，线迹要松在开衩止点打剪口
7	钩缉前片侧开衩并打剪口	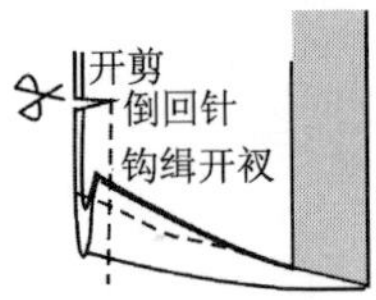				

续表

序号	工艺内容	工艺图示	缝型符号	针距密度（针/3cm）	使用工具	缝制方法
8	翻烫	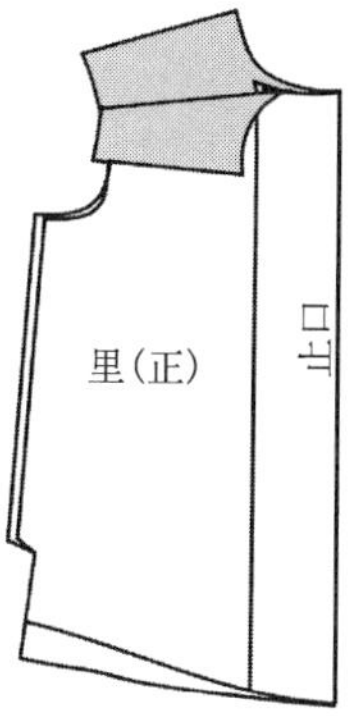 里（正）　　口止			熨斗、烫台	分别将左、右前衣片在止口部位反向对折，面面相对钩绲底边，缝份为1cm，线迹要松翻出正面后，熨烫底边及开衩
9	钩绲后片底边	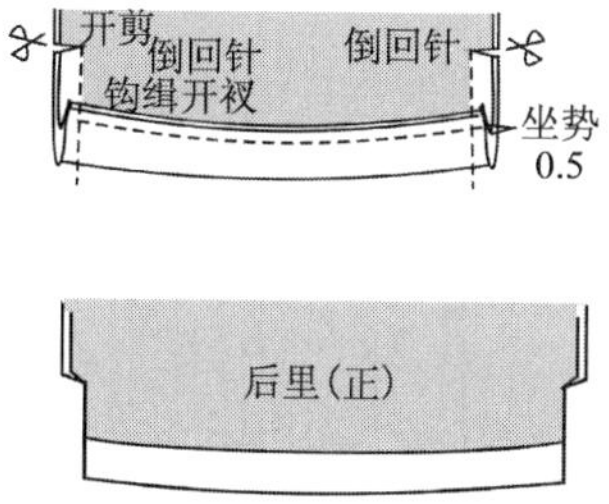 开剪　倒回针　倒回针　钩绲开衩　坐势0.5　后里（正）		12~14	单针平缝机	按底边折边部位反向对折，面面相对钩绲侧开衩，缝份为1cm，衣里一定要留坐势
10	钩绲后片侧开衩			14~16		
11	打剪口、翻烫				熨斗、烫台、剪刀	在开衩止点处打一垂直剪口最后翻出正面，铺平，熨烫底边及开衩
12	合衣面侧缝	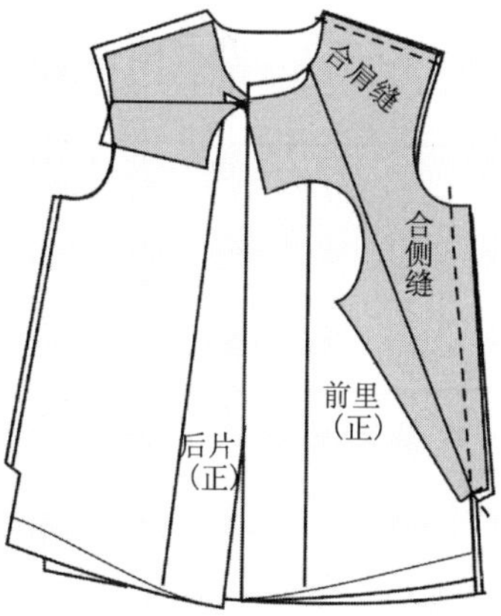 合肩缝　合侧缝　后片（正）　前里（正）		14~16	单针平缝机	先合衣面侧缝，将前、后衣面的侧缝正面相对绲缝，缝份为1cm将整个衣片翻过来，再缝合衣里侧缝，缝份为1cm，不要把前、后衣里缝颠倒最后分烫衣面、衣里侧缝缝份
13	合衣里侧缝					
14	分烫面、里侧缝					

续表

序号	工艺内容	工艺图示	缝型符号	针距密度（针/3cm）	使用工具	缝制方法
15	绱缝袖面	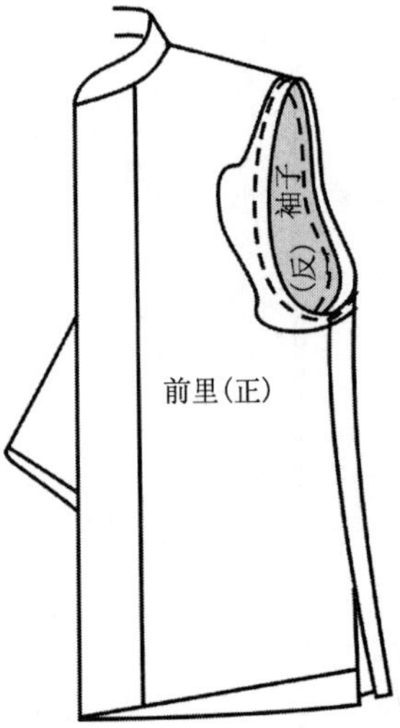 前里(正) 袖(反)	╪	14~16	单针平缝机、手缝针	绱袖前先将袖里的袖山缝份向反面扣烫，然后将衣身里正面翻出，再将袖面正面朝外套于衣身袖窿内，使绱袖点对位，将衣里袖窿掀起，机缝一圈绱缝袖面，缝份为1cm
16	绱袖里					将袖里与衣身里袖窿绱袖点对位，先机缝袖底部分，缝份为1cm，剩余未缝部分用手针绱缝，缝时先将袖里绷缝固定于袖窿上，再手针细密缲缝
17	缝钉直盘扣、整烫	 完成图			手缝针	纽头缝钉在门襟上，纽襻缝钉在里襟上 　　纽头需露出门襟外，缝钉前先倒回针疏缝固定扣位，防止拉伸扭曲，最后整烫

八、中式男装质量标准

1. **裁片的质量标准**　见表10-25。

表 10-25　裁片的质量标准

序号	部位	纱向要求	拼接范围	对条对格部位
1	前衣身	经纱，倾斜不大于 2.5cm	不允许拼接	大小片
2	后衣身	经纱，倾斜不大于 2.5 cm	不允许拼接	—
3	袖片	经纱，倾斜不大于 1 cm	不允许拼接	前袖隆
4	衣里	经纱，倾斜不大于 2.5 cm	不允许拼接	—
5	领子	经纱，倾斜不大于 1 cm	不允许拼接	左右领角

2. 成品规格测量方法及允许偏差　见表 10-26。

表 10-26　成品规格测量方法及允许偏差　　　　　　　　单位：cm

序号	部位	测量方法	允许偏差
1	领大	领子摊平横量，立领量上口，特殊领口按工艺设计	± 0.5
2	肩宽	由肩袖缝的交叉点摊平横量，连肩袖不量	± 0.8
3	胸围	扣好纽扣，前后身摊平，沿袖隆底缝横量，周围计算	± 1.0
4	衣长	摊平衣身，由前身肩缝最高点垂直量至底边，或由后领缝正中垂直量至底边	± 1.5
5	袖长	圆袖由袖子最高点量至袖口边中间，连肩袖由后领中沿肩袖缝交点量至袖口边中间	± 0.5

3. 外观质量标准　见表 10-27。

表 10-27　外观质量标准

序号	部位	外观质量标准
1	领子	左、右领角形状一致，平挺，领圈平服无皱
2	省道	省尖平顺，省道顺直
3	开衩	开衩平服、顺直，不卷不翘，长度一致，不搅不豁
4	缝线	与衣身配色，针距密度 14 ~ 17 针 /3cm，缝线松紧适中，手针不露线迹
5	门、里襟	门、里襟松度一致，平服，不豁不搅，长度一致
6	盘扣	针距、缝线松紧适中，位置准确，缝钉牢固
7	整烫	熨烫平挺，缝份倒伏，无水渍，无亮光，无烫黄

缝制规定：不论明线、暗线，不少于 14 针 /3cm。

第四节　中式女马甲缝制工艺

中式女马甲又称为坎肩、背心，其款式有对襟、大襟、缺襟等，多装立领。一般穿在外套里面，其式样也比较短小。至晚清，逐渐将马甲穿在外面。后来又出现饰有一排直盘扣的马甲，四周镶边，作为一种特殊人物的表征。延续至今，已成为现代中式女马甲显著特征。

一、中式女马甲款式特征

中式女马甲的设计简洁雅致，采用立领，左右对开襟结构，有袖窿省，侧缝吸腰较合体，两侧开衩，充分展示人体曲线美。中式女马甲面料多采用真丝绸缎、绒料，采用异色镶嵌边缘（图 10-16）。

图10-16　中式女马甲款式图

二、中式女马甲制图规格（表10-28、表10-29）

表 10-28　原型制图参数

单位：cm

名称（号/型）	背长	胸围（B）	总肩宽（S）	颈根围（N）	全臂长
规格（160/84A）	38.5	94	39.4	36	52

表 10-29　中式女马甲制图规格

单位：cm

名称	衣长	总肩宽（S）	胸围（B）	腰围（W）	臀围（H）
成品规格	68	40.6	94	84	102

三、中式女马甲结构制图（图10-17）

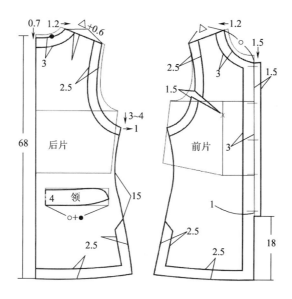

图10-17　中式女马甲结构制图

四、中式女马甲样板制作

1. **面料样板制作**　如图 10-18 所示。

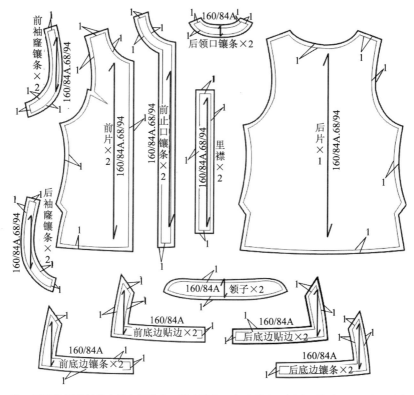

注：需要粘无纺衬的衣片和部位有：袖窿镶条、底边贴边、领子、前片止口、领口镶条、里襟

图10-18　中式女马甲面料毛样板

2.里料样板制作　如图10-19所示。

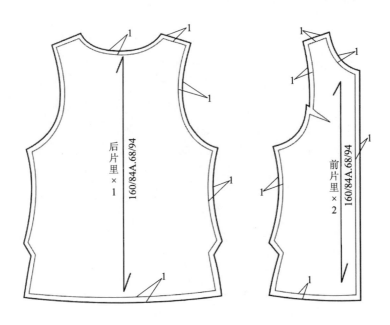

图10-19　里料样板制作

五、中式女马甲排料图

1.异色镶条排料　如图10-20所示。

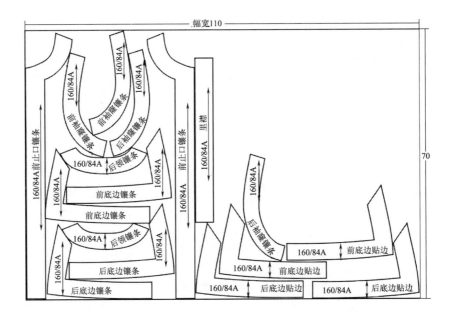

图10-20　异色镶条排料图

2. **面料排料**　如图 10-21 所示。

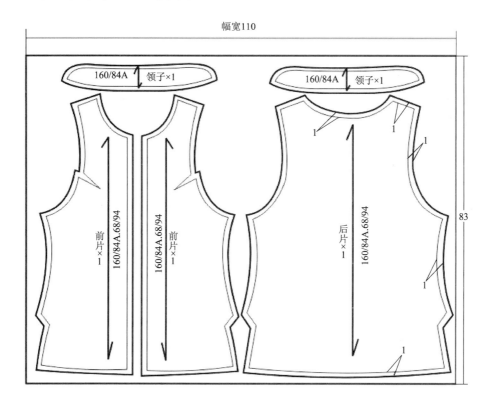

图10-21　面料排料图

3. **里料排料**　如图 10-22 所示。

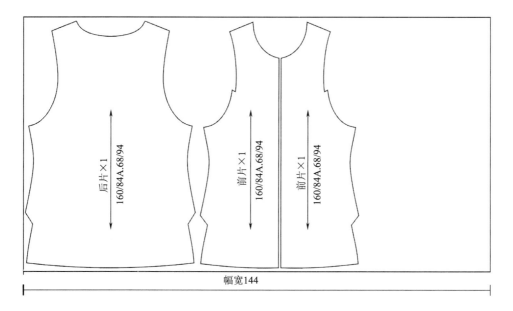

图10-22　里料排料图

六、材料准备

1. **面料**　可选用中厚型各种毛料、棉料、化纤混纺料及纯化纤料，幅宽 110cm 较省料。用料量：衣长 +15~20cm。

2. **镶条料**　选用与面料质地相同或相近的各种单色料，幅宽 110cm 较省料。用料量 = 衣长 +5cm 左右。

3. **里料**　选用与面料色泽、性能、质地、价格相匹配的各种里料，幅宽 144cm，用料量 = 衣长 +5cm 左右。

4. **衬料**　选用无纺衬，幅宽 90cm，用料量 = 衣长 +5cm。

七、中式女马甲缝制工艺流程图（图10-23）

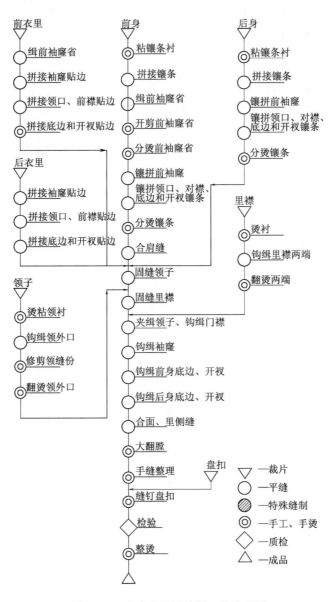

图10-23　中式女马甲缝制工艺流程图

八、中式女马甲缝制方法

1. 前、后衣面缝制 见表 10-30。

表 10-30 前、后衣面缝制方法

序号	工艺内容	工艺图示	缝型符号	针距密度（针/3cm）	使用工具	缝制方法
1	前、后片边缘及镶条粘无纺衬				熨斗、烫台	将衣片的止口边缘烫3cm宽的无纺衬，烫衬的目的是要保证衣片和镶条不走形，再将前袖窿、领口、对襟和里襟的镶条烫无纺衬
2	缉前袖窿省		⊕	14~16	单针平缝机	沿省中线对折，省口对位，从省口缉至省尖，留出余线打结，省尖要尖顺
3	开剪前袖窿省				剪刀	将省开剪至缝份为0.3cm处，然后分缝烫平
4	分烫前袖窿省				熨斗、烫台	
5	镶拼前袖窿、领口、对襟、底边和开衩镶条		╪	14~16	单针平缝机	将前、后片袖窿、领口、对襟和底边、开衩镶条拼缝在相应的部位，缝份为1cm，将弧线部位缝份打几个剪口，然后分烫缝份，曲度大的拼缝可将缝份修剪至0.6cm
	分烫镶条缝份				熨斗、烫台	
6	镶拼后袖窿、领口、底边和开衩镶条		╪	14~16	单针平缝机	方法如前片（图略）
	分烫镶条缝份				熨斗、烫台	

2. 前、后衣里缝制 见表10-31。

表10-31 前、后衣里缝制方法

序号	工艺内容	工艺图示	缝型符号	针距密度（针/3cm）	使用工具	缝制方法
1	缉前袖窿省	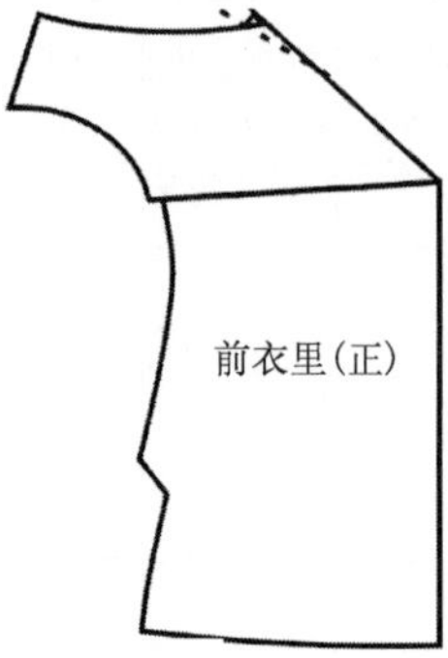 前衣里（正）	 ⫡	14~16	单针平缝机	
2	拼接前、后袖窿贴边	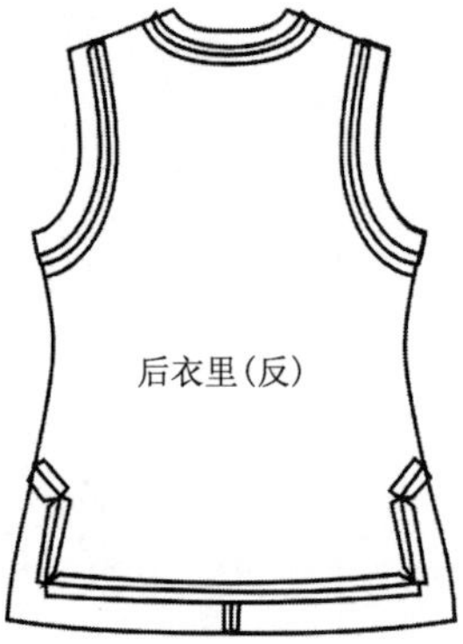  后衣里（反）	 ⫢	14~16	单针平缝机	缉前袖窿省与前衣面的方法相同 在缉缝袖窿、领口、前襟、底边和开衩贴边时，由于里料与面料质地和厚薄不同，所以缉缝时要注意两边的松紧，一定要对准对位点，最后按与衣面相同的方法和要求分烫缝份
3	拼接领口、前襟贴边					
4	拼接底边和开衩贴边	前衣里（反）				

3. 右里襟缝制 见表10-32。

表 10-32 右里襟缝制方法

序号	工艺内容	工艺图示	缝型符号	针距密度（针/3cm）	使用工具	缝制方法
1	烫粘无纺衬				熨斗、烫台	右里襟烫粘无纺衬
2	钩缉里襟两端		╫	14~16	单针平缝机	将里襟对折，正面相对，钩缉两端，缝份为 1cm
3	翻烫两端				熨斗、烫台	翻出正面，将两端烫平，止口烫煞、烫直

4.衣领缝制 见表10-33。

表 10-33 衣领缝制方法

序号	工艺内容	工艺图示	缝型符号	针距密度（针/3cm）	使用工具	缝制方法
1	烫粘领衬	领衬			黏合机	领衬（无纺衬）比领面一圈稍小 0.3cm，粘衬后用净样板在领里衬一面划样
2	钩缉领外口	领面（正）	╫	14~16	单针平缝机	钩缉时领面在下，使领面、领里形成卷曲窝势
3	修剪领缝份	领面（正） 0.3 修剪			剪刀	缝份修剪成梯形，领面缝份为 0.6cm，领里缝份为 0.4cm，领头缝份修为 0.3cm
4	翻烫领外口	领面（正）			熨斗、烫台	将领子正面翻出熨烫，领外口一定烫出里外匀，不允许出现止口反吐现象

5. 半成品组合缝制　见表 10-34。

表 10-34　半成品组合缝制方法

序号	工艺内容	工艺图示	缝型符号	针距密度（针/3cm）	使用工具	缝制方法
1	合左、右肩缝	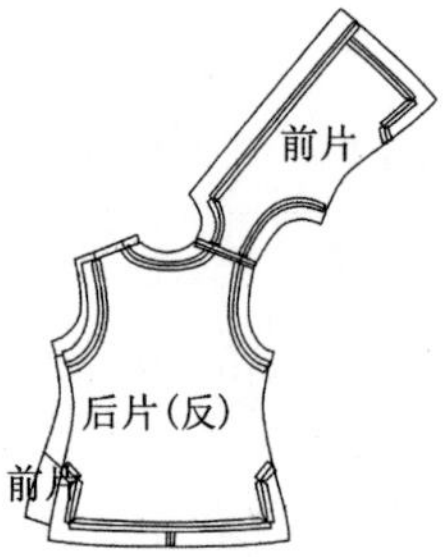	✚	14~16	单针平缝机	将前、后肩缝正面相对，相应的镶缝对准平缝，缝份为1cm；然后分缝烫平，在缝制和熨烫时要避免拉伸肩缝及领口
2	分烫肩缝				熨斗、烫台	
3	固缝领子	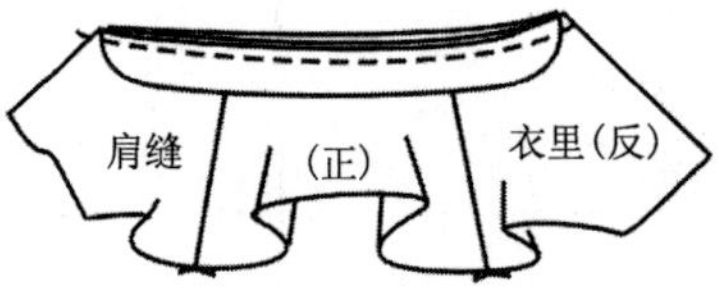		12~14	单针平缝机	为了方便后面工序的制作，先将领子和门襟大针码绷缝在衣片的正确位置上
4	固缝里襟	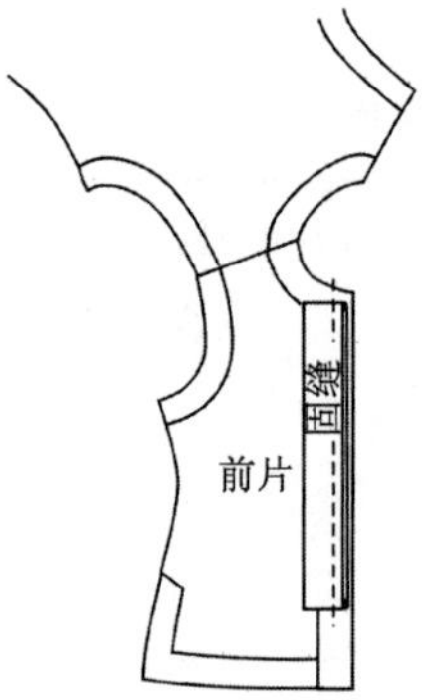		12~14	单针平缝机	
5	夹缉领子、钩缉门襟	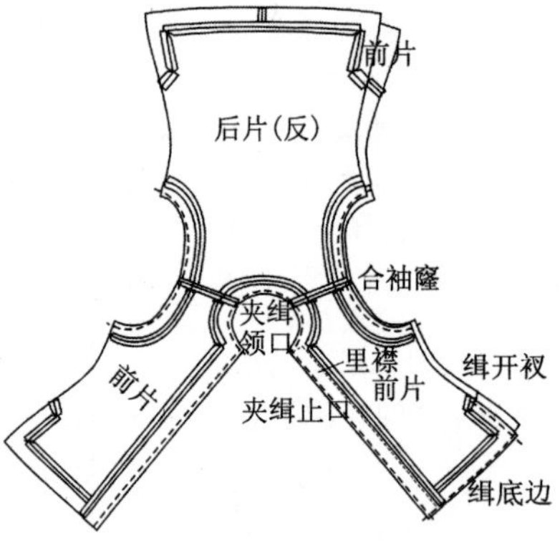		12~14		衣里和衣面正面相对，将领子和门襟夹在中间
6	钩缉袖窿			14~16	单针平缝机	从右门襟开始，经过领口缉一圈，缝份为1cm 钩缝两前片的袖窿、底边和开衩，缝份为1cm，在开衩止口倒回针
7	钩缉底边和开衩					

续表

序号	工艺内容	工艺图示	缝型符号	针距密度（针/3cm）	使用工具	缝制方法
8	翻烫	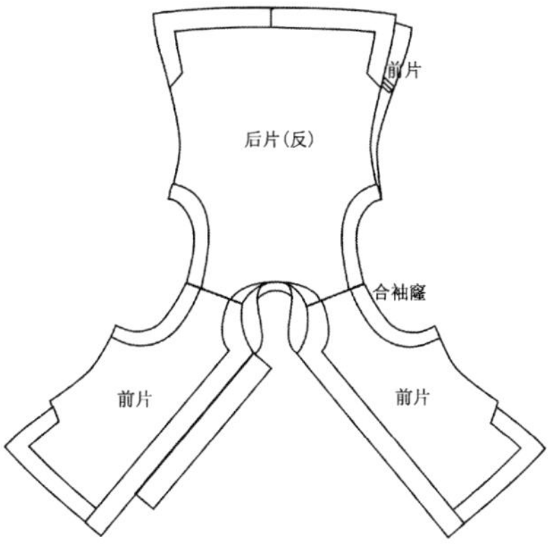 后片(反) 前片 合袖窿 前片 前片			熨斗、烫台	在开衩止口打剪口，翻出正面熨烫止口，切记不可止口反吐
9	钩缉后身底边和开衩	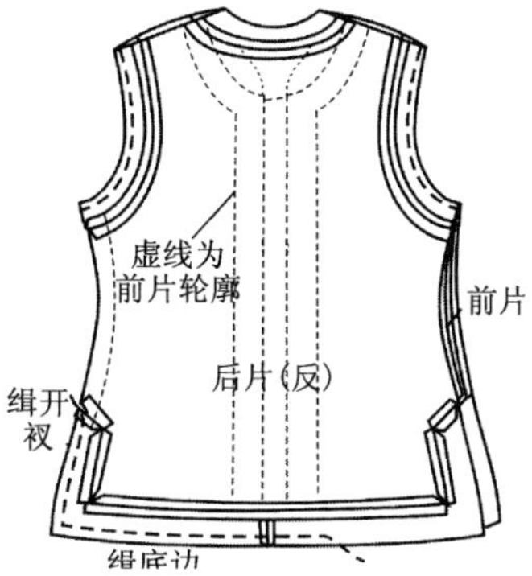 虚线为前片轮廓 后片(反) 前片 缉开衩 缉底边	╪	12~14	单针平缝机	将后片面与前片面正面相对，后片里与前片里正面相对，把前片夹在后片的面、里之间，并按照前片的方法钩缝底边及开衩
10	合衣面、衣里侧缝	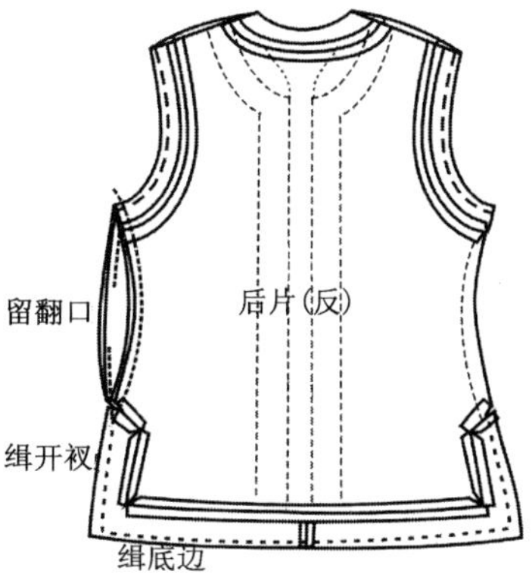 留翻口 后片(反) 缉开衩 缉底边	╪	12~14	单针平缝机	衣片面的前、后侧缝正面相对，衣里侧缝正面相对形成一个圈，沿圈合缉，缝份为1cm，将衣里侧缝、衣面侧缝分别缝合　注意，在左或右侧衣里的侧缝处留15cm开口，作为翻口

续表

序号	工艺内容	工艺图示	缝型符号	针距密度（针/3cm）	使用工具	缝制方法
11	大翻膛					从衣里侧缝的翻口处将衣身的正面翻出 然后用手针将侧缝翻口封死
12	手缝整理			7~8	手缝针	纽头缝钉在左门襟上，纽襻缝钉在右里襟上
13	缝钉盘扣					纽头需露出门襟外，缝钉前先倒钩针疏缝固定扣位，防止拉伸扭曲
14	整烫				熨斗、烫台	最后整烫

九、中式女马甲质量标准

1.裁片的质量标准 见表10-35。

表 10-35 裁片的质量标准

序号	部位	纱向要求	拼接范围	对条对格部位
1	前衣身	经纱，倾斜不大于2.5cm	不允许拼接	大小片
2	后衣身	经纱，倾斜不大于2.5cm	不允许拼接	—
3	衣里	经纱，倾斜不大于2.5cm	不允许拼接	—
4	领子	经纱，倾斜不大于1cm	不允许拼接	左右领角

2.成品规格测量方法及允许偏差 见表10-36。

表 10-36 成品规格测量方法及允许偏差

单位：cm

序号	部位	测量方法	允许偏差
1	领大	领子摊平横量，立领量上口，特殊领口按工艺设计	±0.5
2	肩宽	前后衣身摊平，横量两肩端点距离	±0.8
3	胸围	扣好纽扣，前后衣身摊平，横量袖窿底缝之间的距离，周围计算	±1.0
4	臀围	前后衣身摊平，横量臀部，周围计算	±1.0
5	衣长	摊平衣身，从后领缝中点垂直量至底边	±1.5

本章小结

本章分别学习了中式服装的传统特色工艺，装袖旗袍的缝制工艺，中式男装和中式女马甲的缝制工艺，滚边、嵌线、盘扣是中式服装及现代服装设计中常用的重要元素。旗袍是我国服饰文化的经典之作，它的制板、选料和缝制都很严谨和考究，旗袍中的前、后腰省的大小和形状，对其腰、臀及胸部合体、精美的外观影响很大，前、后省的大小和形状因人体前、后体型的不同而不同。另外，旗袍的领子高度与抱颈度、美观度和规格设计、制图方法密切相关。在缝制方面，绱领、绱袖、缉省、熨烫和摆衩都很关键。

本章的重点、难点是旗袍，中式男装和中式女马甲在制板和工艺上相对要简单些。

思考题

1.为什么旗袍被称为我国的国粹之一？

2.为什么旗袍的领子、门襟、开衩和底边要包滚条？

3.为什么滚条要裁成斜料？

4.你认为旗袍现在的腰省应设计成什么形状最理想？前、后省的大小和形状是否一样？

5.在使用过程中应如何打理旗袍（包括洗涤、熨烫和收藏）？

6.开衩处如不粘牵条衬会出现什么问题？

参考文献

［1］韩滨颖.现代时装缝制新工艺大全［M］.北京：中国轻工业出版社，1997.

［2］香港理工大学纺织及制衣学系，香港服装产品开发与营销研究中心.牛仔服装的设计加工与后整理
［M］.北京：中国纺织出版社，2002.

［3］管晞春，吴经熊.时装缝制工艺［M］.上海：上海文化出版社，2003.

［4］丁锡强.新唐装［M］.上海：上海科学技术出版社，2002.

［5］孙兆全.成衣纸样与服装缝制工艺［M］.北京：中国纺织出版社，2000.

［6］陈东生，甘应进，吴建川，王勇.新编服装生产工艺学［M］.北京：中国轻工业出版社，2005.

［7］李正.服装结构设计教程［M］.上海：上海科学技术出版社.2002.

［8］巴黎裁剪研究院.男装裁剪法［M］.黄瑾，奚洋，译.北京：中国商业出版社，1991.

［9］刘瑞璞.服装纸样设计原理与应用：女装编［M］.北京：中国纺织出版社，2005.

［10］文化服装学院.套装·背心［M］.张祖芳，潘菊琴，王明珠，译.上海：东华大学出版社，2007.